职业教育“十三五”
数字媒体应用人才培养规划教材

CorelDRAW X7 实例教程

第 5 版 | 微课版

张俊竹 / 主编　刘小洪 / 副主编

人民邮电出版社
北京

图书在版编目（CIP）数据

CorelDRAW X7实例教程 : 微课版 / 张俊竹主编. -- 5版. -- 北京 : 人民邮电出版社, 2019.11
职业教育“十三五”数字媒体应用人才培养规划教材
ISBN 978-7-115-45030-2

Ⅰ. ①C… Ⅱ. ①张… Ⅲ. ①图形软件－职业教育－教材 Ⅳ. ①TP391.412

中国版本图书馆CIP数据核字(2019)第274301号

内 容 提 要

本书全面系统地介绍了 CorelDRAW X7 的基本操作方法和矢量图形的制作技巧，包括 CorelDRAW X7 入门知识、CorelDRAW X7 的基础操作、绘制和编辑图形、绘制和编辑曲线、编辑轮廓线与填充颜色、排列和组合对象、编辑文本、编辑位图、应用特殊效果和综合设计实训。

本书内容的讲解均以课堂案例为主线，通过各案例的实际操作，学生可以快速熟悉软件功能和设计思路。书中的软件功能解析部分使学生能够深入了解软件功能；课堂练习和课后习题可以拓展学生的实际应用能力，提高学生使用 CorelDRAW X7 软件的技巧。

本书适合作为职业院校数字媒体艺术类专业课程的教材，也可以作为相关从业人员的参考用书。

◆ 主　　编　张俊竹
　副 主 编　刘小洪
　责任编辑　桑　珊
　责任印制　马振武
◆ 人民邮电出版社出版发行　　北京市丰台区成寿寺路 11 号
　邮编　100164　　电子邮件　315@ptpress.com.cn
　网址　http://www.ptpress.com.cn
　大厂回族自治县聚鑫印刷有限责任公司印刷
◆ 开本：787×1092　1/16
　印张：16.75　　　　2019 年 11 月第 5 版
　字数：426 千字　　　2025 年 1 月河北第12次印刷

定价：49.80 元

读者服务热线：(010)81055256　印装质量热线：(010)81055316
反盗版热线：(010)81055315
广告经营许可证：京东市监广登字 20170147 号

第5版前言 FOREWORD

CorelDRAW 是由 Corel 公司开发的矢量图形处理和编辑软件，它功能强大、易学易用，深受图形图像处理爱好者和平面设计人员的喜爱，已经成为这一领域最流行的软件之一。目前，我国很多职业院校的数字媒体艺术专业，都将 CorelDRAW 作为一门重要的专业课程。为了帮助职业院校的教师比较全面、系统地讲授这门课程，使学生能够熟练地使用 CorelDRAW 进行创意设计，我们几位长期在职业院校从事 CorelDRAW 教学的教师和专业平面设计公司经验丰富的设计师进行合作，共同编写了本书。

本书全面贯彻党的二十大精神，以社会主义核心价值观为引领，传承中华优秀传统文化，坚定文化自信，使内容更好体现时代性、把握规律性、富于创造性。

我们对本书的编写体系做了精心的设计，按照“课堂案例－软件功能解析－课堂练习－课后习题”这一思路进行编排，力求通过课堂案例演练，使学生快速掌握软件功能和设计思路；通过软件功能解析使学生深入学习软件功能和制作特色；通过课堂练习和课后习题，拓展学生的实际应用能力。在内容编写方面，我们力求细致全面、重点突出；在文字叙述方面，我们注意言简意赅、通俗易懂；在案例选取方面，我们强调案例的针对性和实用性。

为方便教师教学，本书配备了所有案例的素材及效果文件、微课视频、PPT 课件、教学教案、教学大纲等丰富的教学资源，任课教师可到人邮教育社区（www.ryjiaoyu.com）免费下载使用。本书的参考学时为 48 学时，其中实训环节为 16 学时，各章的参考学时参见下面的学时分配表。

第5版前言

章	课程内容	学时分配	
		讲授	实训
第 1 章	CorelDRAW X7 入门知识	1	
第 2 章	CorelDRAW X7 的基础操作	2	
第 3 章	绘制和编辑图形	4	2
第 4 章	绘制和编辑曲线	3	2
第 5 章	编辑轮廓线与填充颜色	4	2
第 6 章	排列和组合对象	3	2
第 7 章	编辑文本	4	2
第 8 章	编辑位图	2	2
第 9 章	应用特殊效果	4	2
第 10 章	综合设计实训	5	2
学时总计		32	16

由于编者水平有限，书中难免存在疏漏和不妥之处，敬请广大读者批评指正。

编　者

2023 年 5 月

教学辅助资源

素材类型	名称或数量	素材类型	名称或数量
教学大纲	1 套	课堂实例	27 个
电子教案	10 单元	课后实例	18 个
PPT 课件	10 个	课后答案	18 个

配套视频列表

章	视频微课
第 3 章 绘制和编辑图形	绘制游戏机
	绘制装饰画
	绘制徽章
	绘制卡通汽车
	绘制饮品标志
	绘制卡通手表
第 4 章 绘制和编辑曲线	绘制卡通猫
	绘制南瓜
	绘制夏日岛屿
	绘制急救箱
	绘制卡通绵羊
第 5 章 编辑轮廓线与填充颜色	绘制卡通图标
	绘制蔬菜插画
	绘制时尚人物
	绘制卡通火车
	绘制可爱棒冰插画
第 6 章 排列和组合对象	制作假日游轮插画
	绘制木版画
	绘制可爱猫头鹰
	制作药膳书籍封面
第 7 章 编辑文本	制作咖啡招贴
	制作台历
	制作冰淇淋宣传内页
第 7 章 编辑文本	制作蜂蜜广告
	制作旅游宣传单
	制作网页广告
第 8 章 编辑位图	制作万圣节门票
	制作商场广告
	制作心情卡
	制作夜吧海报
第 9 章 应用特殊效果	制作网页服饰广告
	制作立体文字
	制作美食标签
	制作家电广告
	制作促销海报
	制作电脑吊牌
第 10 章 综合设计实训	制作美食代金券
	制作手机海报
	制作汽车广告
	制作旅游书籍封面
	制作牛奶包装
	设计重阳节海报
	设计房地产广告
	设计舞蹈宣传单
	设计干果包装

目录 CONTENTS

第1章

CorelDRAW X7 入门知识 1

1.1 CorelDRAW 的概述 2
1.2 CorelDRAW 的历史 2
1.3 CorelDRAW 的应用领域 2
1.3.1 插画设计 2
1.3.2 字体设计 3
1.3.3 广告设计 3
1.3.4 VI 设计 3
1.3.5 包装设计 4
1.3.6 界面设计 4
1.3.7 排版设计 5
1.3.8 产品设计 5
1.3.9 服饰设计 6
1.4 图形和图像的基础知识 6
1.4.1 位图与矢量图 6
1.4.2 色彩模式 7
1.4.3 文件格式 10
1.5 CorelDRAW X7 中文版的工作界面 10
1.5.1 工作界面 11
1.5.2 使用菜单 11
1.5.3 使用工具栏 12
1.5.4 使用工具箱 12
1.5.5 使用泊坞窗 13

第2章

CorelDRAW X7 的基础操作 15

2.1 文件的基础操作 16
2.1.1 新建和打开文件 16
2.1.2 保存和关闭文件 16
2.1.3 导出文件 17
2.2 绘图页面显示方式的设置 17
2.2.1 设置视图的显示方式 17
2.2.2 设置预览的显示方式 19
2.2.3 设置显示比例 20
2.2.4 利用视图管理器显示页面 20
2.3 页面布局的设置 21
2.3.1 设置页面大小 21
2.3.2 设置页面标签 22
2.3.3 设置页面背景 22
2.3.4 插入、删除与重命名页面 22

第3章

绘制和编辑图形 24

3.1 绘制图形 25
3.1.1 课堂案例——绘制游戏机 25
3.1.2 绘制矩形 28
3.1.3 绘制椭圆形和圆形 31
3.1.4 课堂案例——绘制装饰画 33
3.1.5 绘制基本形状 36
3.1.6 绘制图纸 37
3.1.7 绘制表格 38
3.1.8 课堂案例——绘制徽章 38
3.1.9 绘制多边形 41
3.1.10 绘制星形 42
3.1.11 绘制螺旋形 43
3.2 编辑对象 44
3.2.1 课堂案例——绘制卡通汽车 44

CONTENTS

3.2.2 对象的选取 48
3.2.3 对象的缩放 49
3.2.4 对象的移动 51
3.2.5 对象的镜像 52
3.2.6 对象的旋转 53
3.2.7 对象的倾斜变形 54
3.2.8 对象的复制 55
3.2.9 对象的删除 56
课堂练习——绘制饮品标志 57
课后习题——绘制卡通手表 57

第 4 章
绘制和编辑曲线 58

4.1 绘制曲线 59
4.1.1 课堂案例——绘制卡通猫 59
4.1.2 认识曲线 63
4.1.3 手绘工具的使用 63
4.1.4 贝塞尔工具的使用 65
4.1.5 艺术笔工具的使用 66
4.1.6 钢笔工具的使用 68
4.1.7 B 样条工具的使用 69
4.1.8 折线工具的使用 70
4.1.9 三点曲线工具的使用 70
4.1.10 智能绘图工具的使用 71
4.2 编辑曲线 72
4.2.1 课堂案例——绘制南瓜 72
4.2.2 编辑曲线的节点 75
4.2.3 编辑曲线的端点和轮廓 78
4.2.4 编辑和修改几何图形 79
4.3 修整图形 81
4.3.1 课堂案例——绘制夏日岛屿 81
4.3.2 合并 87
4.3.3 修剪 88
4.3.4 相交 89
4.3.5 简化 89
4.3.6 移除后面对象 90
4.3.7 移除前面对象 90
4.3.8 边界 91
课堂练习——绘制急救箱 91
课后习题——绘制卡通绵羊 92

第 5 章
编辑轮廓线与填充颜色 93

5.1 编辑轮廓线和均匀填充 94
5.1.1 课堂案例——绘制卡通图标 94
5.1.2 使用轮廓工具 98
5.1.3 设置轮廓线的颜色 98
5.1.4 设置轮廓线的粗细及样式 99
5.1.5 设置轮廓线角的样式及端头样式 100
5.1.6 使用调色板填充颜色 100
5.1.7 均匀填充对话框 101
5.1.8 使用颜色泊坞窗填充 104
5.2 渐变填充和图样填充 105
5.2.1 课堂案例——绘制蔬菜插画 105
5.2.2 使用属性栏进行填充 115
5.2.3 使用工具进行填充 115
5.2.4 使用“渐变填充”对话框填充 115
5.2.5 渐变填充的样式 117
5.2.6 图样填充 118
5.3 其他填充 119
5.3.1 课堂案例——绘制时尚人物 119
5.3.2 底纹填充 123

目录

5.3.3 PostScript 填充 124
5.3.4 网状填充 125
5.3.5 滴管工具 126
课堂练习——绘制卡通火车 127
课后习题——绘制可爱棒冰插画 128

第 6 章
排列和组合对象 129

6.1 对齐和分布 130
6.1.1 课堂案例——制作假日游轮插画 130
6.1.2 多个对象的对齐和分布 135
6.1.3 网格和辅助线的设置和使用 137
6.1.4 标尺的设置和使用 139
6.1.5 标注线的绘制 140
6.1.6 对象的排序 140
6.2 群组和结合 141
6.2.1 课堂案例——绘制木版画 142
6.2.2 群组 145
6.2.3 结合 146
课堂练习——绘制可爱猫头鹰 146
课后习题——制作房地产宣传单 147

第 7 章
编辑文本 148

7.1 文本的基本操作 149
7.1.1 课堂案例——制作咖啡招贴 149
7.1.2 创建文本 153
7.1.3 改变文本的属性 155
7.1.4 文本编辑 155
7.1.5 文本导入 157
7.1.6 字体设置 158
7.1.7 字体属性 159
7.1.8 复制文本属性 160
7.1.9 课堂案例——制作台历 160
7.1.10 设置间距 167
7.1.11 设置文本嵌线和上下标 168
7.1.12 设置制表位和制表符 170
7.2 文本效果 172
7.2.1 课堂案例——制作冰淇淋宣传内页 172
7.2.2 设置首字下沉和项目符号 176
7.2.3 文本绕路径 177
7.2.4 对齐文本 178
7.2.5 内置文本 179
7.2.6 段落文字的连接 179
7.2.7 段落分栏 180
7.2.8 文本绕图 180
7.2.9 课堂案例——制作蜂蜜广告 181
7.2.10 插入字符 187
7.2.11 将文字转化为曲线 187
7.2.12 创建文字 187
课堂练习——制作旅游宣传单 188
课后习题——制作网页广告 189

第 8 章
编辑位图 190

8.1 导入并调整位图 191
8.1.1 课堂案例——制作万圣节门票 191
8.1.2 导入位图 194
8.1.3 裁切位图 194

CONTENTS

8.1.4 转换为位图 195
8.1.5 调整位图的颜色 195
8.1.6 位图色彩模式 196
8.2 使用滤镜 199
8.2.1 课堂案例——制作商场广告 199
8.2.2 三维效果 203
8.2.3 艺术笔触 205
8.2.4 模糊 206
8.2.5 颜色转换 207
8.2.6 轮廓图 208
8.2.7 创造性 208
8.2.8 扭曲 210
8.2.9 杂点 212
8.2.10 鲜明化 213
课堂练习——制作心情卡 213
课后习题——制作夜吧海报 214

第 9 章
应用特殊效果 215

9.1 图框精确裁剪和色调的调整 216
9.1.1 课堂案例——制作网页服饰广告 216
9.1.2 图框精确剪裁效果 220
9.1.3 调整亮度、对比度和强度 221
9.1.4 调整颜色通道 221
9.1.5 调整色度、饱和度和亮度 222
9.2 特殊效果 222
9.2.1 课堂案例——制作立体文字 222
9.2.2 制作透视效果 229
9.2.3 制作立体效果 230
9.2.4 课堂案例——制作美食标签 231
9.2.5 使用调和效果 236
9.2.6 制作阴影效果 238
9.2.7 课堂案例——制作家电广告 239
9.2.8 设置透明效果 244
9.2.9 编辑轮廓图效果 245
9.2.10 使用变形效果 246
9.2.11 制作封套效果 247
9.2.12 使用透镜效果 248
课堂练习——制作促销海报 248
课后习题——制作电脑吊牌 249

第 10 章
综合设计实训 250

10.1 卡片设计——制作美食代金券 251
10.1.1 【项目背景及要求】 251
10.1.2 【项目创意及制作】 251
10.2 海报设计——制作手机海报 252
10.2.1 【项目背景及要求】 252
10.2.2 【项目创意及制作】 252
10.3 广告设计——制作汽车广告 252
10.3.1 【项目背景及要求】 252
10.3.2 【项目创意及制作】 253
10.4 图书装帧设计——制作旅游图书封面 253
10.4.1 【项目背景及要求】 253
10.4.2 【项目创意及制作】 254
10.5 包装设计——制作牛奶包装 254
10.5.1 【项目背景及要求】 254
10.5.2 【项目创意及制作】 255

目录

10.6　课堂练习 1——设计重阳节海报　255
10.6.1　【项目背景及要求】　255
10.6.2　【项目创意及制作】　255
10.7　课堂练习 2——设计房地产广告　256
10.7.1　【项目背景及要求】　256
10.7.2　【项目创意及制作】　256
10.8　课后习题 1——设计舞蹈宣传单　257
10.8.1　【项目背景及要求】　257
10.8.2　【项目创意及制作】　257
10.9　课后习题 2——设计干果包装　257
10.9.1　【项目背景及要求】　257
10.9.2　【项目创意及制作】　258

01

第1章 CorelDRAW X7 入门知识

本章将主要介绍 CorelDRAW X7 的基本概况和基本操作方法。通过对本章的学习，读者可以初步认识和使用这一创作工具。

课堂学习目标

- 了解 CorelDRAW 软件及其应用领域
- 掌握图形和图像的基础知识
- 熟悉 CorelDRAW 中文版的工作界面

1.1 CorelDRAW 的概述

CorelDRAW 是由加拿大 Corel 公司开发的专用图形设计软件。CorelDRAW 拥有强大的绘制、编辑图形图像的功能，广泛应用于插画设计、平面设计、排版设计、包装设计、产品设计、网页设计和印刷等多个领域，深受平面设计师、专业插画师、互联网设计师的喜爱，已经成为专业设计师和爱好者的必备工具。

1.2 CorelDRAW 的历史

1989 年的春天，CorelDRAW 1.0 面世，成为了第一款适用于 Windows 的图形设计软件，同时此版本引入了全彩的矢量插图和版面设计程序，在计算机图形设计领域掀起了一场风暴式革命浪潮。接着 1990 年和 1991 年 CorelDRAW 的 1.11 版本和 2 版本分别发布。

1992 年，CorelDRAW 3 发布，这是具有里程碑意义的首款一体化图形套件。随后，CorelDRAW 几乎每年发布一个版本，随着版本的不断升级和优化，CorelDRAW 的功能也越来越强大。至 2006 年，CorelDRAW Graphics Suite X3 发布，软件开始以 X 版命名，直至 X8 版本。CorelDRAW Graphics Suite 2017 在 2017 年发布，这次的版本采用了年份的命名方式。

2018 年，CorelDRAW Graphics Suite 2018 发布，是目前最新版本的 CorelDRAW 软件。随着软件包和版本功能的更新，设计师可以借助 CorelDRAW 将创意转化为更加精美的设计作品。

1.3 CorelDRAW 的应用领域

CorelDRAW X7 是集图形设计、文字编辑、排版及高品质输出于一体的设计软件，它被广泛地应用于平面广告设计、包装装潢、彩色出版和多媒体制作、文字处理和排版、企业形象设计、包装设计、书籍装帧设计等众多领域。

1.3.1 插画设计

现代插画艺术发展迅速，已经被广泛应用于互联网、广告、包装、报纸、杂志和纺织品领域。使用 CorelDRAW 绘制的插画简洁明快，独特新颖，已经成为流行的插画表现形式，如图 1-1 所示。

图 1-1

1.3.2 字体设计

字体设计随着人类文明的发展而逐步成熟。根据字体设计的创意需求，使用 CorelDRAW 可以设计制作出多样的字体，通过独特的字体设计将企业或品牌传达给受众，强化企业形象与品牌的诉求力，如图 1-2 所示。

图1-2

1.3.3 广告设计

广告以多样的形式出现在大众生活中，通过互联网、手机、电视、报纸和户外灯箱等媒介来发布。使用 CorelDRAW 设计制作的广告具有更强的视觉冲击力，能够更好地传播广告和推广内容，如图 1-3 所示。

图1-3

1.3.4 VI 设计

VI 是企业形象设计的整合。CorelDRAW 可以根据 VI 设计的创意构思，完成整套的 VI 设计制作工作，将企业理念、企业文化、企业规范等抽象概念进行充分的表达，以标准化、系统化、统一化的方式塑造良好的企业形象，如图 1-4 所示。

图1-4

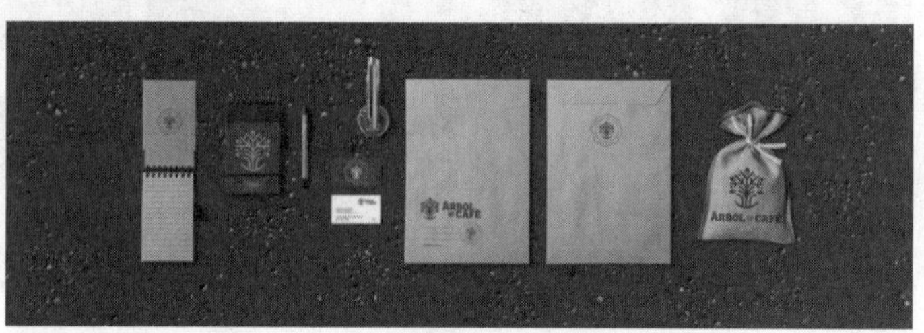

图 1-4（续）

1.3.5　包装设计

在书籍装帧设计和产品包装设计中，CorelDRAW 对图像元素的绘制和处理也至关重要，更可以完成产品包装平面模切图的制作，是产品包装设计的必备利器，如图 1-5 所示。

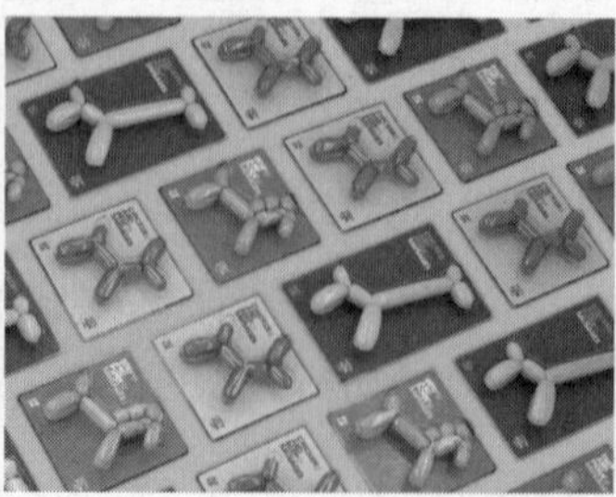

图 1-5

1.3.6　界面设计

随着互联网的普及，界面设计已经成为一个重要的设计领域，CorelDRAW 的应用就显得尤为重要。它可以美化网页元素、制作各种细腻的质感和特效，已经成为界面设计的重要工具，如图 1-6 所示。

图1-6

1.3.7 排版设计

在排版设计中，使用 CorelDRAW 将图形和文字进行灵活的组织、编排和整合，从而形成更具特色的艺术形象和画面风貌，提高读者的阅读兴趣和理解能力，已成为现代设计师的必备技能，如图 1-7 所示。

图1-7

1.3.8 产品设计

在产品设计的效果图表现阶段，经常要使用 CorelDRAW 来实现。利用 CorelDRAW 的强大功能来充分表现出产品功能上的优越性和细节，让设计的产品能够赢得顾客的青睐，如图 1-8 所示。

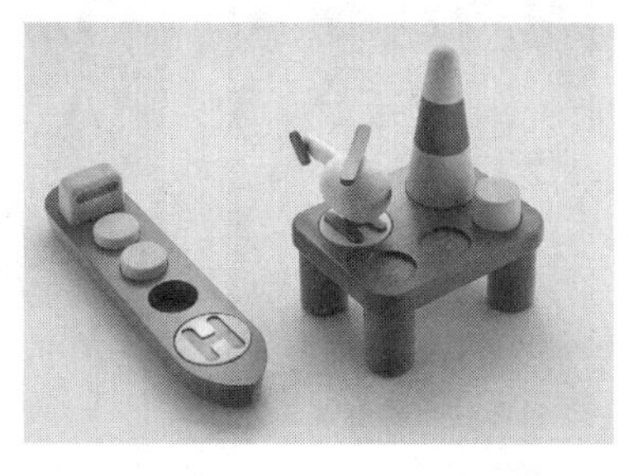
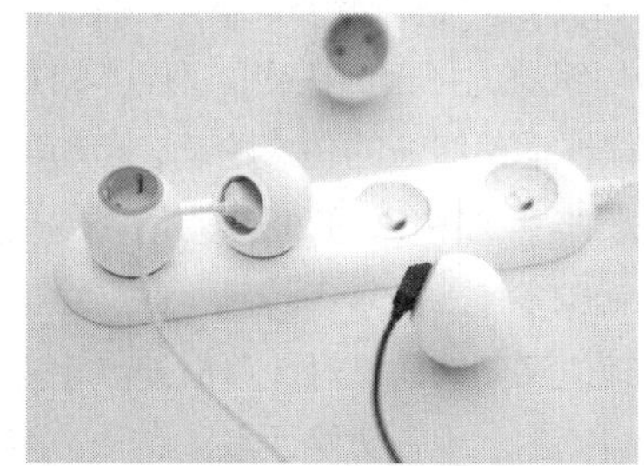

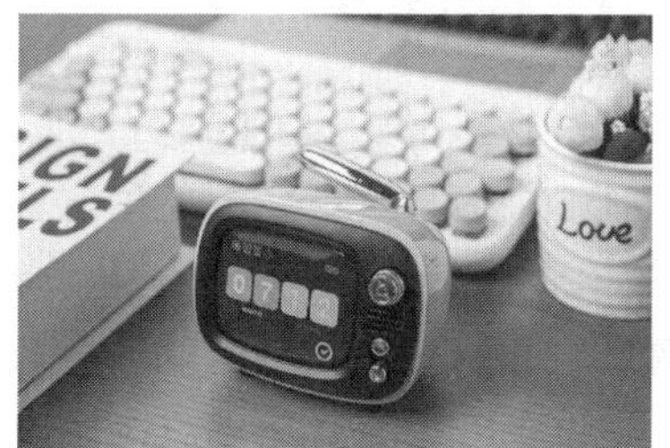

图1-8

1.3.9 服饰设计

随着科学与文明的进步，人类的艺术设计手段也在不断发展，服装艺术表现形式也越来越丰富多彩，利用 CorelDRAW 绘制的服装设计图，可以让受众领略并感受服装本身的无穷魅力，如图 1-9 所示。

图 1-9

1.4 图形和图像的基础知识

如果想要应用好 CorelDRAW X7，就需要对图像的种类、色彩模式及文件格式有所了解和掌握。下面我们就进行详细的介绍。

1.4.1 位图与矢量图

在计算机中，图像大致可以分为两种：位图图像和矢量图像。位图图像效果如图 1-10 所示，矢量图像效果如图 1-11 所示。

图 1-10

图 1-11

位图图像又称为点阵图，是由许多点组成的，这些点称为像素。许许多多不同色彩的像素组合在一起便构成了一幅图像。由于位图采取了点阵的方式，每个像素都能够记录图像的色彩信息，因而可以精确地表现色彩丰富的图像。但图像的色彩越丰富，图像的像素就越多（即分辨率越高），文件也就越大，因此处理位图图像时，对计算机硬盘和内存的要求也较高。同时，由于位图本身的特点，图像在缩放和旋转变形时会产生失真的现象。

矢量图像是相对位图图像而言的，也称为向量图像，它是以数学的矢量方式来记录图像内容的。矢量图像中的图形元素称为对象，每个对象都是独立的，具有各自的属性（如颜色、形状、轮廓、大小和位置等）。矢量图像在缩放时不会产生失真的现象，并且它的文件占用的内存空间较小。这种图像的缺点是不易制作成色彩丰富的图像，无法像位图图像那样精确地描绘各种绚丽的色彩。

这两种类型的图像各具特色，也各有优缺点，并且两者之间具有良好的互补性。因此，在图像处理和绘制图形的过程中，将这两种图像交互使用、取长补短，一定能使创作出来的作品更加完美。

1.4.2 色彩模式

CorelDRAW X7 提供了多种色彩模式，这些色彩模式提供了将色彩协调一致地用数值表示的方法。这些色彩模式是使设计制作的作品能够在屏幕和印刷品上成功表现的重要保障。在这些色彩模式中，经常使用到的有 RGB 模式、CMYK 模式、Lab 模式、HSB 模式及灰度模式等。每种色彩模式都有不同的色域，读者可以根据需要选择合适的色彩模式，并且各个模式之间可以互相转换。

1. RGB 模式

RGB 模式是我们在工作中使用最广泛的一种色彩模式。RGB 模式是一种加色模式，它通过红、绿、蓝 3 种色光相叠加而形成更多的颜色。同时 RGB 也是色光的彩色模式，一幅 24 bit 的 RGB 图像有 3 个色彩信息的通道：红色（R）、绿色（G）和蓝色（B）。

每个通道都有 8 位的色彩信息——一个 0 ~ 255 的亮度值色域。RGB 3 种色彩的数值越大，颜色就越浅，如 3 种色彩的数值都为 255 时，颜色被调整为白色；RGB 3 种色彩的数值越小，颜色就越深，如 3 种色彩的数值都为 0 时，颜色被调整为黑色。

3 种色彩的每种色彩都有 256 个亮度水平级。3 种色彩相叠加，可以有 256 × 256 × 256=1670 万种可能的颜色。这 1670 万种颜色足以表现出这个绚丽多彩的世界。用户使用的显示器就是 RGB 模式的。

选择 RGB 模式的操作步骤：选择“编辑填充”工具，在弹出的“编辑填充”对话框中单击“均匀填充”按钮，切换到相应的对话框，或按 Shift+F11 组合键，弹出“编辑填充”对话框中的“均匀填充”对话框，选择“RGB”颜色模型，如图 1-12 所示。在对话框中可设置 RGB 颜色值。

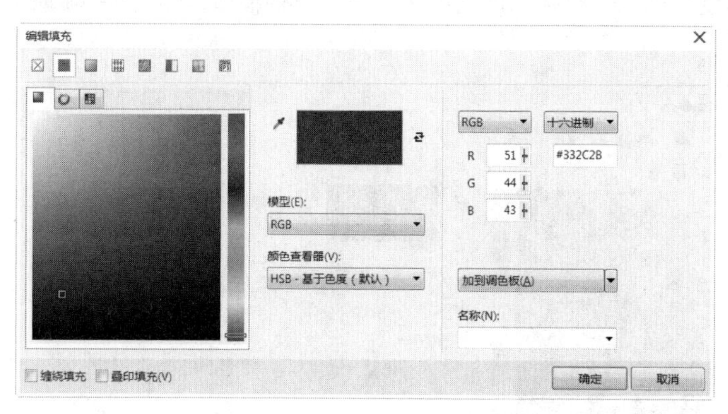

图 1-12

在编辑图像时，RGB 色彩模式应是最佳的选择。由于它可以提供全屏幕的多达 24 位的色彩范围，一些计算机领域的色彩专家称之为“True Color”真彩显示。

2. CMYK 模式

CMYK 模式在印刷时应用了色彩学中的减法混合原理，它通过反射某些颜色的光并吸收另外一些颜色的光来产生不同的颜色，是一种减色色彩模式。CMYK 代表了印刷上用的 4 种油墨色：C 代表青色，M 代表洋红色，Y 代表黄色，K 代表黑色。CorelDRAW X7 默认状态下使用的就是 CMYK 模式。

CMYK 模式是图片和其他作品中最常用的一种印刷方式。这是因为在印刷中通常都要进行四色分色，然后出四色胶片，再进行印刷。

选择 CMYK 模式的操作步骤：选择“编辑填充”工具，在弹出的“编辑填充”对话框中单击“均匀填充”按钮，切换到相应的对话框，选择“CMYK”颜色模型，如图 1-13 所示。在对话框中可设置 CMYK 颜色值。

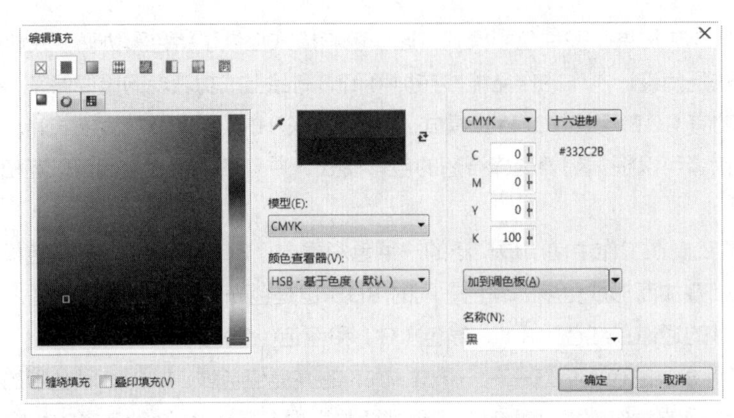

图 1-13

3. Lab 模式

Lab 是一种国际色彩标准模式，它由 3 个通道组成：一个通道是透明度，即 L；其他两个是色彩通道，即色相和饱和度，用 a 和 b 表示。a 通道包括的颜色值从深绿到灰，再到亮粉红色；b 通道是从亮蓝色到灰，再到焦黄色。这些色彩混合后将产生明亮的色彩。

选择 Lab 模式的操作步骤：选择“编辑填充”工具，在弹出的“编辑填充”对话框中单击“均匀填充”按钮，切换到相应的对话框，选择“Lab”颜色模型，如图 1-14 所示。在对话框中可设置 Lab 颜色值。

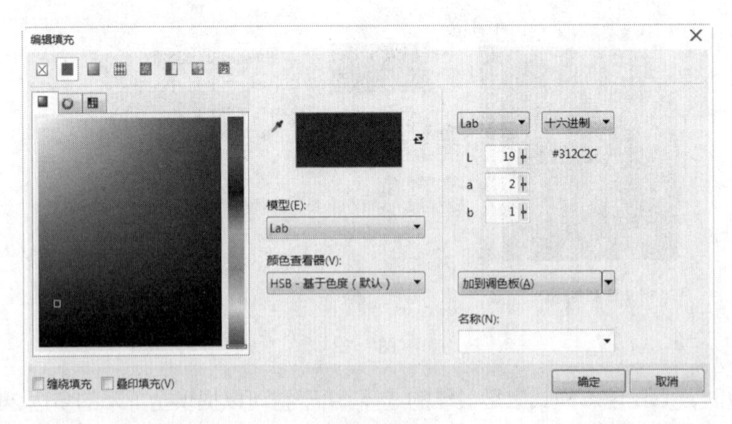

图 1-14

Lab 模式在理论上包括了人眼可见的所有色彩，它弥补了 CMYK 模式和 RGB 模式的不足。在这种模式下，图像的处理速度比在 CMYK 模式下快数倍，与 RGB 模式的速度相仿，而且在把 Lab 模式转成 CMYK 模式的过程中，所有的色彩都不会丢失或被替换。事实上，在将 RGB 模式转换成 CMYK 模式时，Lab 模式一直扮演着中介者的角色。也就是说，RGB 模式先转成 Lab 模式，再转成 CMYK 模式。

4. HSB 模式

HSB 模式是一种更直观的色彩模式，它的调色方法更接近人的视觉原理，在调色过程中更容易找到需要的颜色。

H 代表色相，S 代表饱和度，B 代表亮度。色相的意思是纯色，即组成可见光谱的单色。红色为

0 度，绿色为 120 度，蓝色为 240 度。饱和度代表色彩的纯度，饱和度为零时即为灰色，黑、白两种色彩没有饱和度。亮度是色彩的明亮程度，最大亮度是色彩最鲜明的状态，黑色的亮度为 0。

进入 HSB 模式的操作步骤：选择“编辑填充”工具，在弹出的“编辑填充”对话框中单击“均匀填充”按钮，切换到相应的对话框，选择“HSB”颜色模型，如图 1-15 所示。在对话框中可设置 HSB 颜色值。

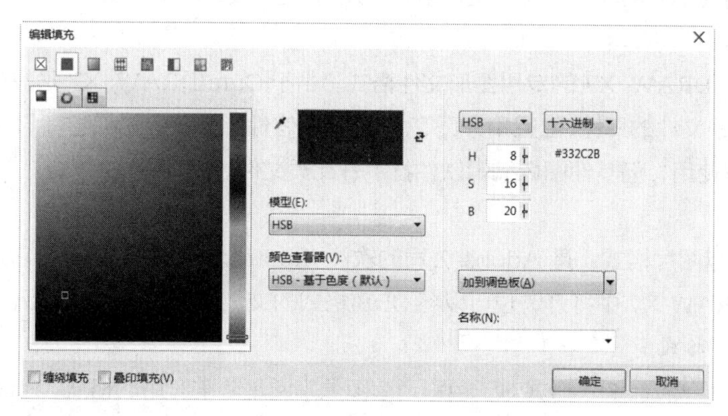

图 1-15

5. 灰度模式

灰度模式形成的灰度图又叫 8bit 深度图。每个像素用 8 个二进制位表示，能产生 2^8 即 256 级灰色调。当彩色文件被转换为灰度模式文件时，所有的颜色信息都将从文件中丢失。尽管 CorelDRAW X7 允许将灰度模式文件转换为彩色模式文件，但不可能将原来的颜色完全还原。所以，当要转换成灰度模式时，请先做好图像的备份。

像黑白照片一样，灰度模式的图像只有明暗值，没有色相和饱和度这两种颜色信息。0%代表黑，100%代表白。

将彩色模式转换为双色调模式时，必须先转换为灰度模式，然后由灰度模式转换为双色调模式。在制作黑白印刷品时会经常使用灰度模式。

进入灰度模式的操作步骤：选择“编辑填充”工具，在弹出的“编辑填充”对话框中单击“均匀填充”按钮，切换到相应的对话框，选择“灰度”颜色模型，如图 1-16 所示。在对话框中可设置灰度值。

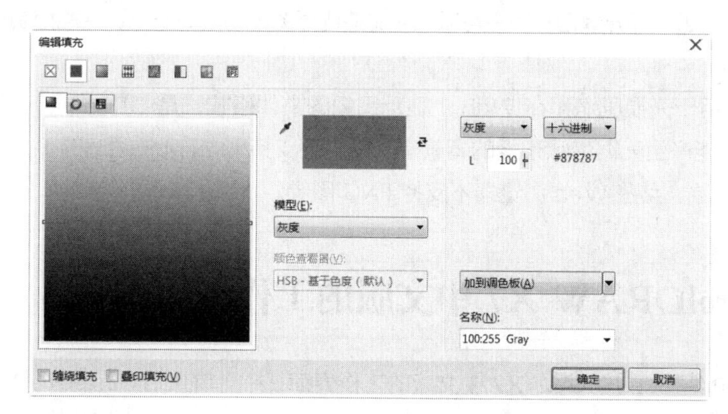

图 1-16

1.4.3 文件格式

当用 CorelDRAW X7 制作或处理好一幅作品后，就要进行保存。这时，选择一种合适的文件格式就显得十分重要。

CorelDRAW X7 中有 20 多种文件格式可供选择。在这些文件格式中，既有 CorelDRAW X7 的专用格式，也有用于应用程序交换的文件格式，还有一些比较特殊的格式。

1. CDR 格式

CDR 是 CorelDRAW X7 的专用图形文件格式。由于 CorelDRAW X7 是矢量图形绘制软件，所以 CDR 可以记录文件的属性、位置和分页等。但它的兼容性比较差，虽然它在所有 CorelDRAW X7 应用程序中均能够使用，但其他图像编辑软件打不开此类文件。

2. AI 格式

AI 是一种矢量图片格式，是 Adobe 公司的软件 Illustrator 的专用格式。它的兼容性比较好，既可以在 CorelDRAW X7 中打开，也可以将 CDR 格式的文件导出为 AI 格式。

3. TIF（TIFF）格式

TIF 即标签图像格式。TIF 格式对于色彩通道图像来说是非常有用的格式，具有很强的可移植性。它可以用于 PC、Macintosh 及 UNIX 工作站三大平台，是这三大平台上使用广泛的绘图格式。用 TIF 格式存储时应考虑到文件的大小，因为 TIF 格式的结构要比其他格式更大、更复杂。TIF 格式支持 24 个通道，能存储多于 4 个通道的文件格式。TIF 格式非常适合于印刷和输出。

4. PSD 格式

PSD 是 Photoshop 软件的专用文件格式。PSD 格式能够保存图像数据的细小部分，如图层、附加的通道等 Photoshop 对图像进行特殊处理的信息。在没有最终决定图像存储的格式前，最好先以 PSD 格式存储。另外，Photoshop 打开和存储 PSD 格式的文件较其他格式更快。但是 PSD 格式也有缺点，就是存储的图像文件特别大，占用磁盘空间较多。由于在一些图形程序中没有得到很好的支持，所以其通用性不强。

5. JPEG 格式

JPEG 即 Joint Photographic Experts Group，译为“联合图片专家组”。JPEG 格式既是 Photoshop 支持的一种文件格式，也是一种压缩方案。它是 Macintosh 上常用的一种存储类型。JPEG 格式是压缩格式中的“佼佼者”，与 TIF 文件格式采用的 LIW 无损失压缩相比，它的压缩比例更大。但它使用的有损压缩会丢失部分数据。用户可以在存储前选择图像的最后质量，这能控制数据的损失程度。

6. PNG 格式

PNG 格式是用于无损压缩和在 Web 上显示图像的文件格式，是 GIF 格式的无专利替代品，它支持 24 位图像且能产生无锯齿状边缘的背景透明度；还支持无 Alpha 通道的 RGB、索引颜色、灰度和位图模式的图像。某些 Web 浏览器不支持 PNG 图像。

1.5 CorelDRAW X7 中文版的工作界面

本节我们将介绍 CorelDRAW X7 中文版的工作界面，并简单介绍 CorelDRAW X7 中文版的菜单、工具栏、工具箱及泊坞窗。

1.5.1 工作界面

CorelDRAW X7 中文版的工作界面主要由“标题栏”“菜单栏”“标准工具栏”“工具箱”“标尺”“绘图页面”“页面控制栏”“状态栏”“属性栏”“泊坞窗”和“调色板”等部分组成，如图 1–17 所示。

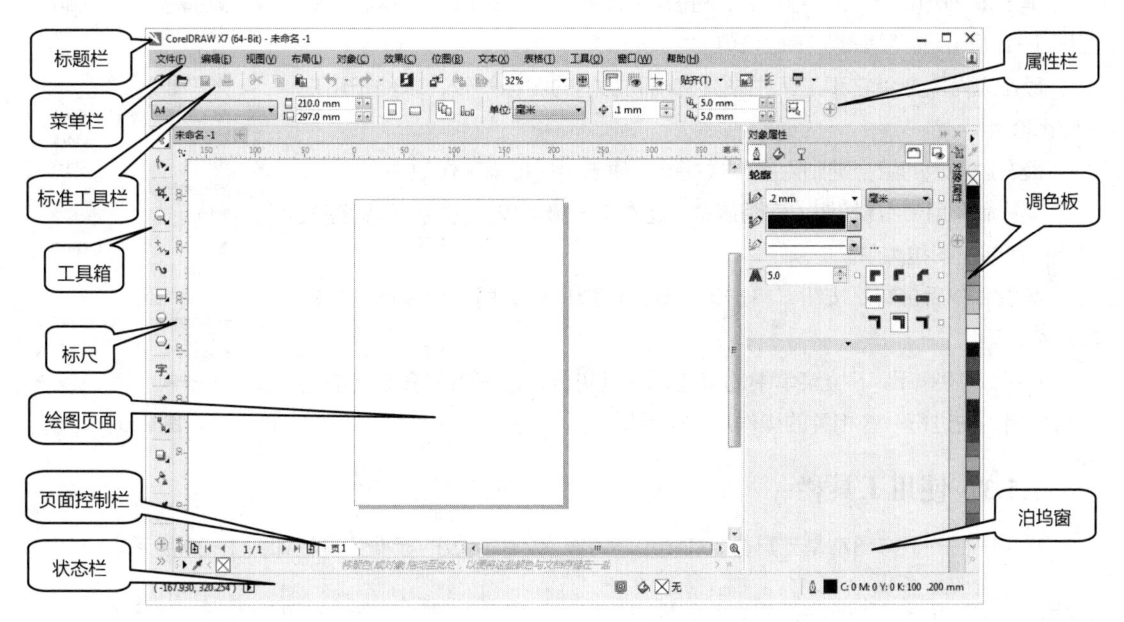

图 1–17

标题栏：用于显示软件和当前操作文件的文件名，还可以用于调整 CorelDRAW X7 中文版窗口的大小。

菜单栏：集合了 CorelDRAW X7 中文版中的所有命令，并将它们分门别类地放置在不同的菜单中，供用户选择使用。执行 CorelDRAW X7 中文版菜单中的命令是基本的操作方式。

标准工具栏：提供了常用的操作按钮，可使用户轻松地完成基本的操作任务。

工具箱：分类存放着 CorelDRAW X7 中文版中常用的工具，这些工具可以帮助用户完成各种工作。使用工具箱，可以大大简化操作步骤，提高工作效率。

标尺：用于度量图形的尺寸，并对图形进行定位，是进行平面设计工作时不可缺少的辅助工具。

绘图页面：指绘图窗口中带矩形边缘的区域，只有此区域内的图形才可被打印出来。

页面控制栏：可以用于创建新页面并显示 CorelDRAW X7 中文版中文档各页面的内容。

状态栏：可以为用户提供有关当前操作的各种提示信息。

属性栏：显示了所绘制图形的信息，并提供了一系列可对图形进行相关修改操作的工具。

泊坞窗：这是 CorelDRAW X7 中文版中最具特色的窗口，因它可放在绘图窗口边缘而得名。它提供了许多常用的功能，使用户在创作时更加得心应手。

调色板：可以直接对所选定的图形或图形边缘的轮廓线进行颜色填充。

1.5.2 使用菜单

CorelDRAW X7 中文版的菜单栏包含“文件”“编辑”“视图”“布局”“对象”“效果”“位

图”“文本”“表格”“工具”“窗口”和“帮助”等几个大类，如图 1-18 所示。

文件(F) 编辑(E) 视图(V) 布局(L) 对象(C) 效果(C) 位图(B) 文本(X) 表格(T) 工具(O) 窗口(W) 帮助(H)

图 1-18

单击每一类的按钮都将弹出其下拉菜单。如单击“编辑”命令，将弹出图 1-19 所示的“编辑”下拉菜单。

最左边为图标，它和工具栏中具有相同功能的图标一致，以便于用户记忆和使用。

最右边显示的组合键则为操作快捷键，便于用户提高工作效率。

某些命令后带有▸按钮，表明该命令还有下一级菜单，将鼠标指针停放其上即可弹出下拉菜单。

某些命令后带有…按钮，单击该命令即可弹出对话框，允许进一步对其进行设置。

此外，“编辑”下拉菜单中的有些命令呈灰色状，表明该命令当前还不可使用，需进行一些相关的操作后方可使用。

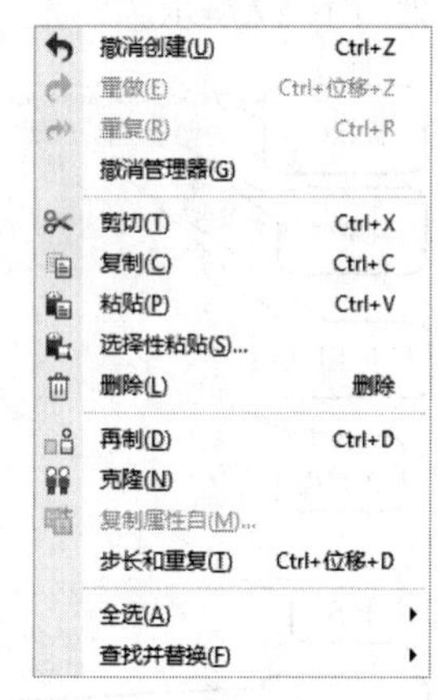

图 1-19

1.5.3 使用工具栏

在菜单栏的下方通常是工具栏，CorelDRAW X7 中文版的标准工具栏如图 1-20 所示。

图 1-20

这里存放了最常用的命令按钮，如“新建”“打开”“保存”“打印”“剪切”“复制”“粘贴”“撤销”“重做”“搜索内容”“导入”“导出”“发布为 PDF”“缩放级别”“全屏预览”“显示标尺”“显示网格”“显示辅助线”“贴齐”“欢迎屏幕”“选项”和“应用程序启动器”等。它们可以使用户便捷地完成以上这些基本的操作动作。

此外，CorelDRAW X7 中文版还提供了其他一些工具栏，用户可以在“选项”对话框中选择它们。选择“窗口 > 工具栏 > 文本”命令，则可显示“文本”工具栏，“文本”工具栏如图 1-21 所示。

图 1-21

选择“窗口 > 工具栏 > 变换”命令，则可显示“变换”工具栏，“变换”工具栏如图 1-22 所示。

图 1-22

1.5.4 使用工具箱

CorelDRAW X7 中文版的工具箱中放置着在绘制图形时常用到的一些工具，这些工具是每一个软件使用者都必须掌握的基本操作工具。CorelDRAW X7 中文版的工具箱如图 1-23 所示。

在工具箱中，依次分类排放着“选择”工具、“形状”工具、“裁剪”工具、“缩放”工具、“手绘”工具、“艺术笔”工具、“矩形”工具、“椭圆形”工具、“多边形”工具、“文本”工具、“平行度量”工具、“直线连接器”工具、“阴影”工具、“透明度”工具、“颜色滴管”工具、“交互式填充”工具和“智能填充”工具等几大类。

其中，有些工具按钮带有小三角标记◢，表明其还有展开工具栏，用鼠标单击即可展开。例如，单击“阴影”工具，将展开工具栏，如图 1-24 所示。

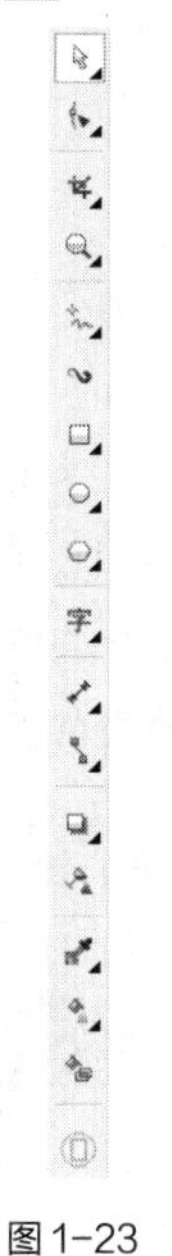

图 1-23

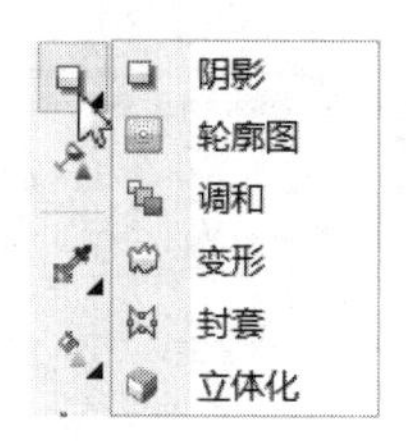

图 1-24

1.5.5 使用泊坞窗

CorelDRAW X7 中文版的泊坞窗是一个十分有特色的窗口。当打开这一窗口时，它会停靠在绘图窗口的边缘，因此被称为“泊坞窗”。选择“窗口 > 泊坞窗 > 对象属性”命令，或按 Alt+Enter 组合键，即弹出图 1-25 右侧所示的“对象属性”泊坞窗。

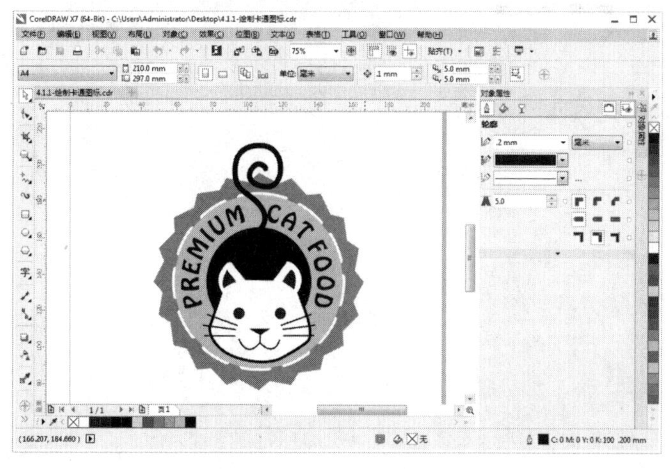

图 1-25

用户还可将泊坞窗拖曳出来，放在任意的位置，并可通过单击窗口右上角的按钮将窗口卷起，如图 1-26 所示。因此，它又被称为“卷帘工具”。

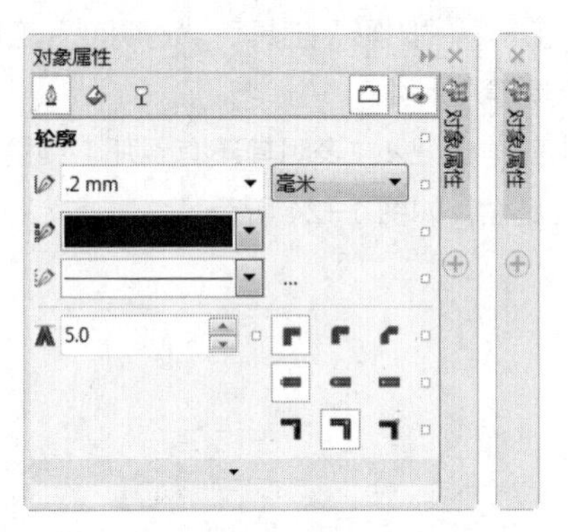

图 1-26

CorelDRAW X7 中文版泊坞窗的列表，位于“窗口 > 泊坞窗”子菜单中。可以选择“泊坞窗”下的各个命令来打开相应的泊坞窗。用户可以打开一个或多个泊坞窗，当几个泊坞窗都打开时，除了活动的泊坞窗之外，其余的泊坞窗将沿着泊坞窗的边缘以标签形式显示，效果如图 1-27 所示。

图 1-27

02

第2章 CorelDRAW X7 的基础操作

本章将主要介绍 CorelDRAW X7 文件的基础操作方法、改变绘图页面的显示模式和显示比例的方法以及设置作品尺寸的方法。通过对本章的学习，读者可以初步掌握本软件的一些基础操作方法。

课堂学习目标

- 熟练掌握文件的基础操作
- 掌握绘图页面显示模式的设置
- 掌握页面布局的设置

2.1 文件的基础操作

掌握一些基本的文件操作方法是开始设计和制作作品所必需的技能。下面我们将介绍 CorelDRAW X7 中文版的一些基本操作。

2.1.1 新建和打开文件

1. 使用 CorelDRAW X7 启动时的欢迎窗口新建和打开文件

启动软件时的欢迎窗口如图 2-1 所示。单击“新建文档”，可以建立一个新的文档；单击“从模板新建”，可以使用系统默认的模板创建文件；单击“打开其他”，弹出图 2-2 所示的“打开绘图”对话框，可以从中选择要打开的图形文件；单击“打开最近用过的文档”下方的文件名，可以打开最近编辑过的文件，在左侧的“最近使用过的文件预览”框中显示选中文件的效果图，在“文档信息”框中显示文件名称、文件创建时间和位置、文件大小等信息。

图 2-1

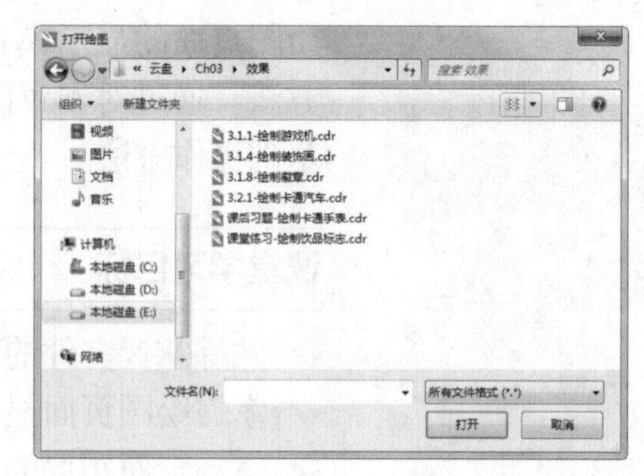

图 2-2

2. 使用命令或快捷键新建和打开文件

选择“文件 > 新建”命令，或按 Ctrl+N 组合键，可新建文件。选择“文件 > 从模板新建”或“打开”命令，或按 Ctrl+O 组合键，可打开文件。

3. 使用标准工具栏新建和打开文件

也可以使用 CorelDRAW X7 标准工具栏中的“新建”按钮和“打开”按钮来新建和打开文件。

2.1.2 保存和关闭文件

1. 使用命令或快捷键保存文件

选择“文件 > 保存”命令，或按 Ctrl+S 组合键，可保存文件。选择“文件 > 另存为”命令，或按 Ctrl+Shift+S 组合键，可更名保存文件。

如果是第一次保存文件，在执行上述操作后，会弹出图 2-3 所示的“保存绘图”对话框。在对话框中，可以设置“文件名”“保存类型”和“版本”等保存选项。

2. 使用标准工具栏保存文件

可使用 CorelDRAW X7 标准工具栏中的“保存”按钮来保存文件。

3. 使用命令、快捷键或按钮关闭文件

选择“文件 > 关闭”命令，或按 Alt+F4 组合键，或单击绘图窗口右上角的“关闭”按钮☒，可关闭文件。

此时，如果文件未保存，将弹出图 2-4 所示的提示框，询问用户是否保存文件。单击“是”按钮，则保存文件；单击“否”按钮，则不保存文件；单击“取消”按钮，则取消保存操作。

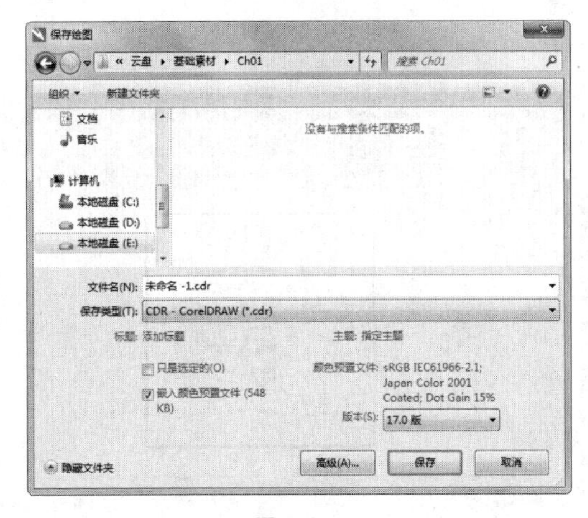

图 2-3

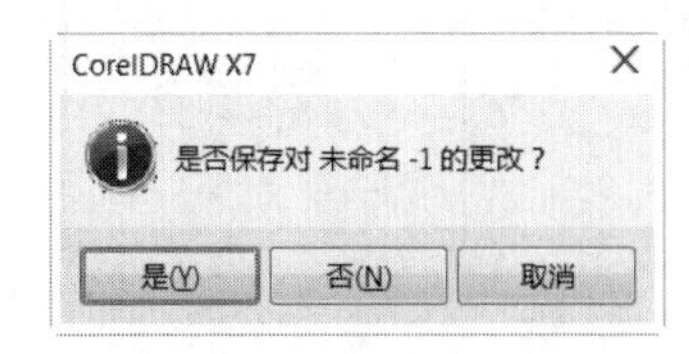

图 2-4

2.1.3 导出文件

1. 使用命令或快捷键导出文件

选择“文件 > 导出”命令，或按 Ctrl+E 组合键，弹出图 2-5 所示的“导出”对话框。在对话框中，可以设置“文件路径”“文件名”和“保存类型”等选项。

2. 使用标准工具栏导出文件

使用 CorelDRAW X7 标准工具栏中的“导出”按钮也可以将文件导出。

图 2-5

2.2 绘图页面显示方式的设置

在使用 CorelDRAW X7 绘制图形的过程中，用户可以随时改变绘图页面的显示模式和显示比例，以便于更加细致地观察所绘图形的整体或局部。

2.2.1 设置视图的显示方式

在菜单栏中的“视图”菜单下有 6 种视图显示方式：简单线框、线框、草稿、普通、增强和像素。每种显示方式对应的屏幕显示效果都不相同。

1. “简单线框”方式

“简单线框”方式只显示图形对象的轮廓，不显示绘图中的填充、立体化和调和等操作效果。此外，它还可显示单色的位图图像。“简单线框”方式显示的视图效果如图 2-6 所示。

2. “线框”方式

“线框”方式只显示单色位图图像、立体透视图和调和形状等，而不显示填充效果。“线框”方式显示的视图效果如图 2-7 所示。

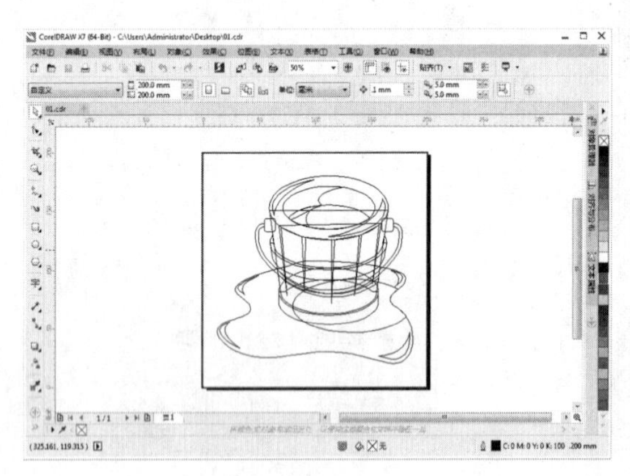

图 2-6

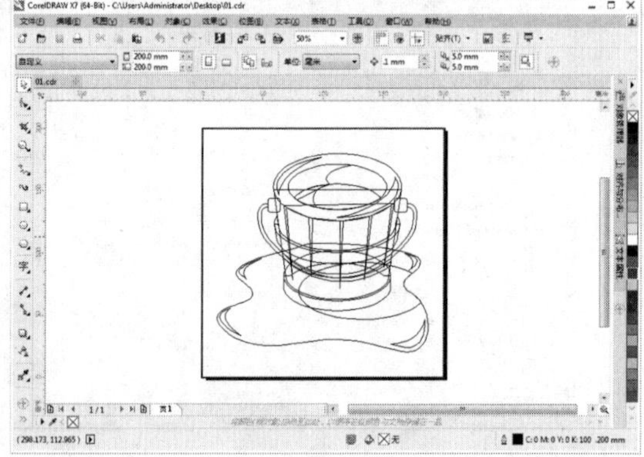

图 2-7

3. “草稿”方式

“草稿”方式可以显示标准的填充和低分辨率的视图。同时在此方式中，利用了特定的样式来表明所填充的内容。如平行线表明是位图填充，双向箭头表明是全色填充，棋盘网格表明是双色填充，“PS”字样表明是 PostScript 填充。“草稿”方式显示的视图效果如图 2-8 所示。

4. “普通”方式

“普通”方式可以显示除 PostScript 填充外的所有填充以及高分辨率的位图图像。它是最常用的显示方式，它既能保证图形的显示质量，又不影响计算机显示和刷新图形的速度。“普通”方式显示的视图效果如图 2-9 所示。

图 2-8

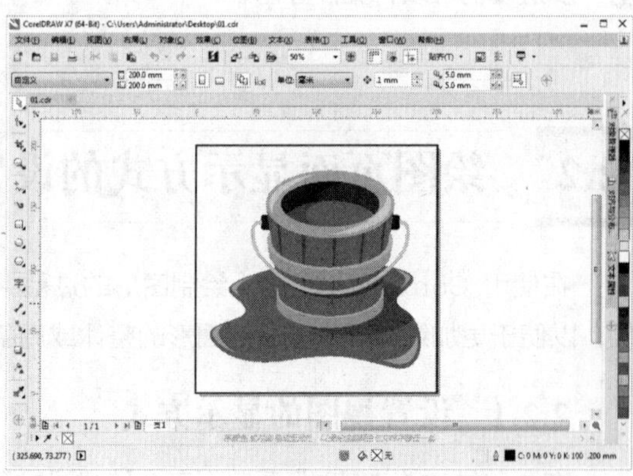

图 2-9

5. “增强”方式

“增强”方式可以显示最好的图形质量，它在屏幕上提供了最接近实际的图形显示效果。“增强”方式显示的视图效果如图 2-10 所示。

6. “像素”方式

“像素”方式使图像的色彩表现更加丰富，但放大到一定程度时会出现失真现象。“像素”方式显示的视图效果如图 2-11 所示。

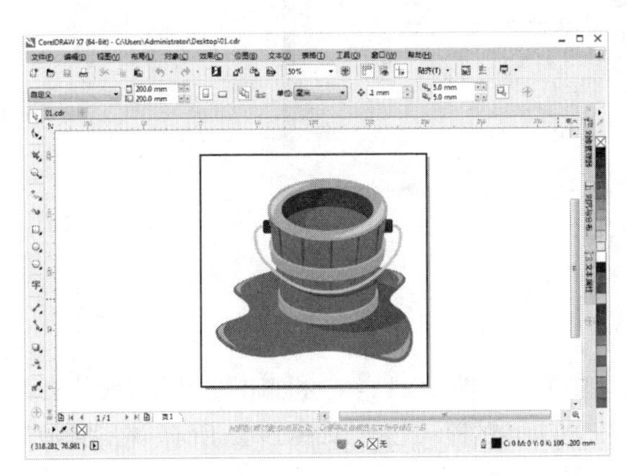

图 2-10

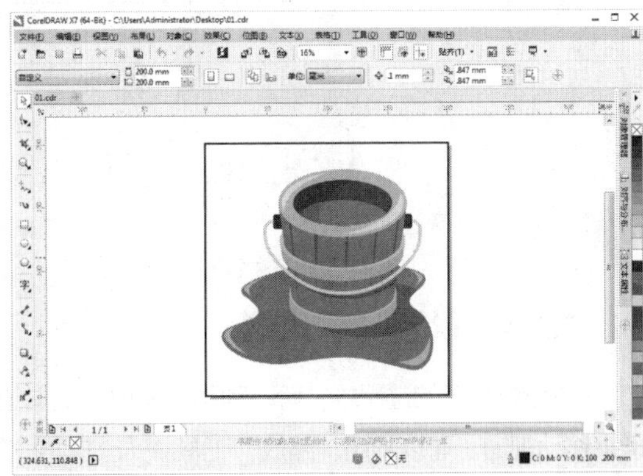

图 2-11

2.2.2 设置预览的显示方式

在菜单栏的“视图”菜单下还有 3 种预览显示方式：全屏预览、只预览选定的对象和页面排序器视图。

“全屏预览”显示方式可以将绘制的图形整屏显示在屏幕上，选择“查看 > 全屏预览”命令，或按 F9 键即可全屏预览。“全屏预览”的效果如图 2-12 所示。

“只预览选定的对象”显示方式只是整屏显示所选定的对象，选择“查看 > 只预览选定的对象”命令即可只预览选定的对象。效果如图 2-13 所示。

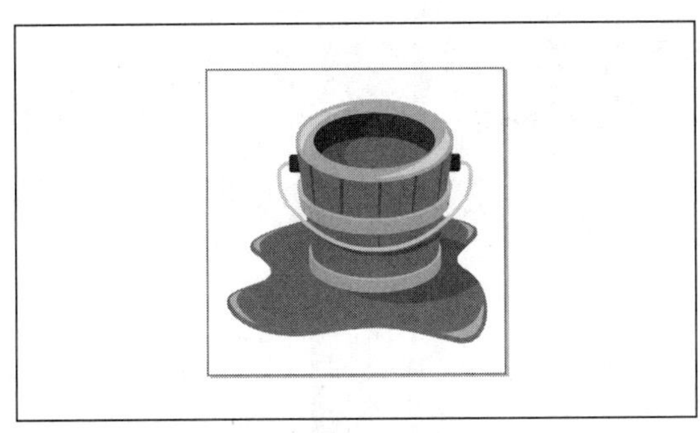

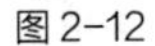

图 2-12

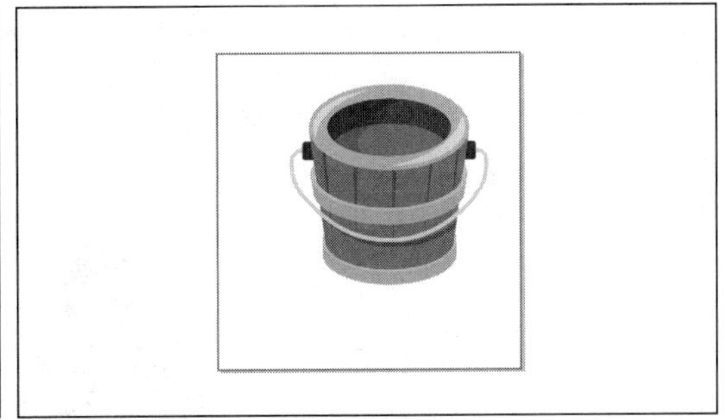

图 2-13

“页面排序器视图”显示方式可将多个页面同时显示出来，选择“查看 > 页面排序器视图”命令即可进入该视图。效果如图 2-14 所示。

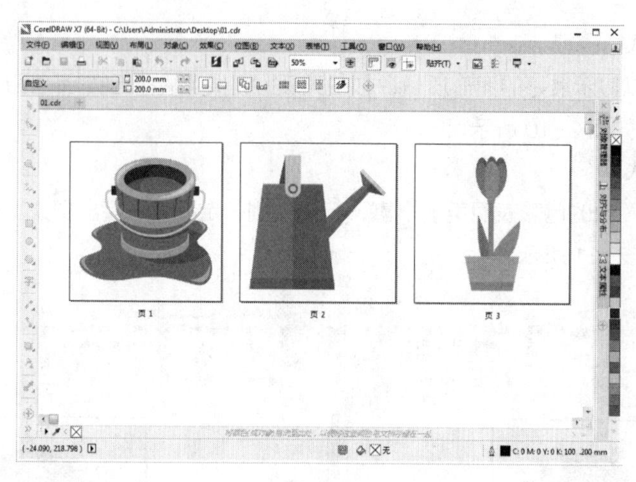

图 2-14

2.2.3 设置显示比例

在绘制图形的过程中，可以利用“缩放”工具组中的“平移”工具或绘图窗口右侧和下侧的滚动条来移动视窗。可以利用“缩放”工具及其属性栏来改变视窗的显示比例，如图 2-15 所示。在“缩放”工具属性栏中，依次为“缩放级别”和“放大”按钮、“缩小”按钮、“缩放选定对象”按钮、“缩放全部对象”按钮、“显示页面”按钮、“按页宽显示”按钮、“按页高显示”按钮。

50%

图 2-15

2.2.4 利用视图管理器显示页面

选择“视图 > 视图管理器”命令，或选择“窗口 > 泊坞窗 > 视图管理器”命令，或按 Ctrl+F2 组合键，均可打开“视图管理器”泊坞窗。

利用此泊坞窗，可以保存任何指定的视图显示效果，当以后需要再次显示此画面时，直接在“视图管理器”泊坞窗中选择即可，无须重新操作。使用“视图管理器”泊坞窗进行页面显示的效果如图 2-16 所示。在“视图管理器”泊坞窗中，按钮用于添加当前要查看的视图，按钮用于删除当前查看的视图。

图 2-16

2.3 页面布局的设置

利用“选择”工具属性栏可以轻松地进行 CorelDRAW X7 版面的设置。选择“选择”工具，选择“工具 > 选项”命令，单击标准工具栏中的“选项”按钮；或按 Ctrl+J 组合键，弹出“选项”对话框。在该对话框中单击“自定义 > 命令栏”选项，再勾选“属性栏”选项，如图 2-17 所示，然后单击“确定”按钮，则可显示图 2-18 所示的“选择”工具属性栏。

图 2-17

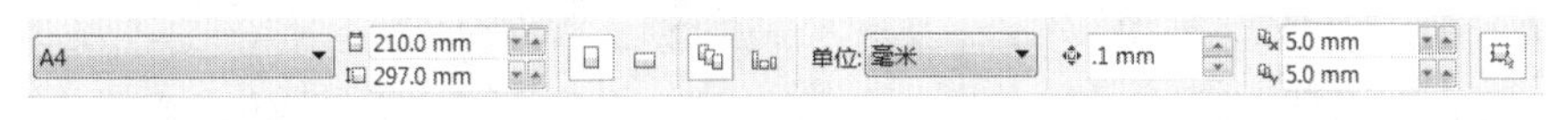

图 2-18

在属性栏中，可以设置纸张的类型、大小、高度、宽度和放置方向等。

2.3.1 设置页面大小

利用“布局”菜单下的“页面设置”命令，可以进行更详细的设置。选择“布局 > 页面设置”命令，弹出“选项”对话框，如图 2-19 所示。

在“页面尺寸”选项栏中可以对版面纸张类型、大小和放置方向等进行设置，还可设置页面出血、分辨率等项。

选择“布局”选项，则“选项”对话框如图 2-20 所示，可从中选择版面的样式。

图 2-19

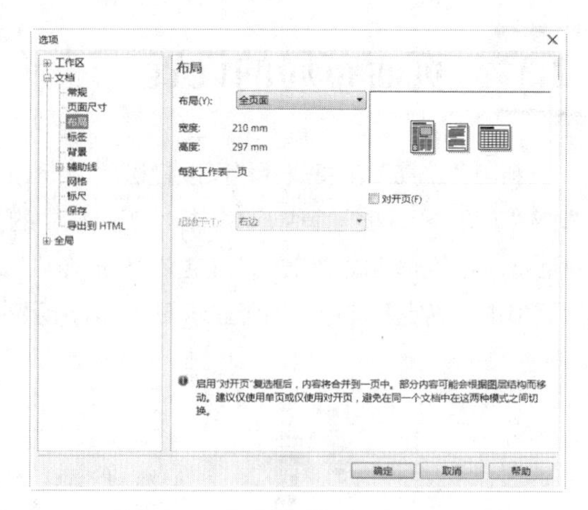

图 2-20

2.3.2 设置页面标签

选择“标签”选项，则“选项”对话框如图 2-21 所示，这里汇集了由 40 多家标签制造商设计的 800 多种标签格式供用户选择。

2.3.3 设置页面背景

选择“背景”选项，则“选项”对话框如图 2-22 所示，可以从中选择纯色或位图图像作为绘图页面的背景。

图 2-21

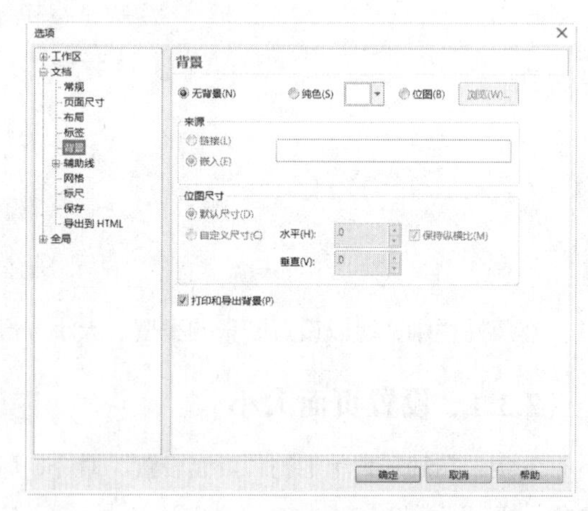

图 2-22

2.3.4 插入、删除与重命名页面

1. 插入页面

选择“布局 > 插入页”命令，弹出图 2-23 所示的“插入页面”对话框。在该对话框中，可以设置插入的页面数目、位置、大小和方向等选项。

在 CorelDRAW X7 状态栏的页面标签上单击鼠标右键，弹出图 2-24 所示的快捷菜单，在菜单中选择插入页的命令，即可插入新页面。

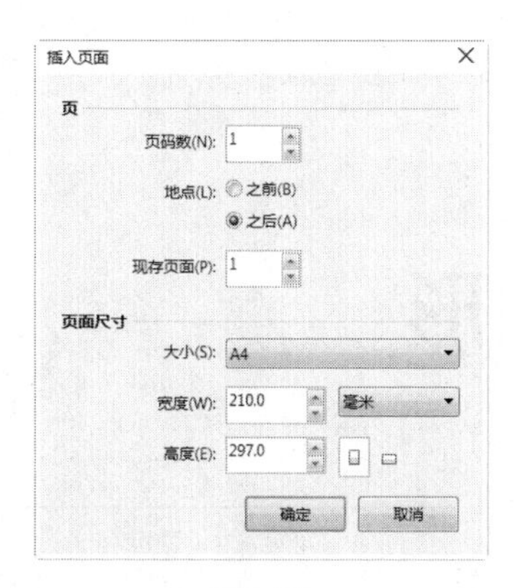

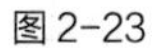
图 2-23

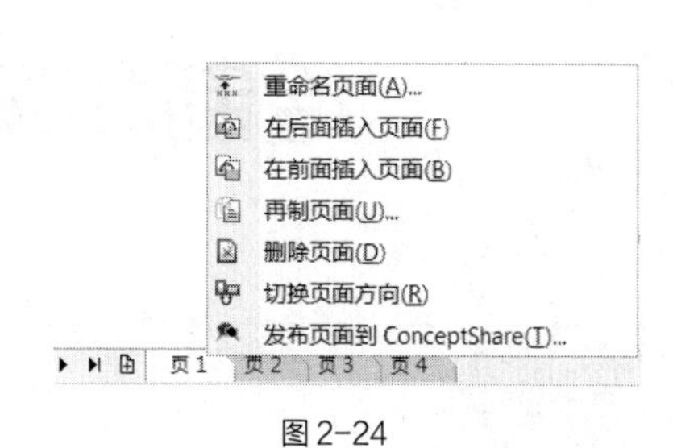

图 2-24

2. **删除页面**

选择“布局 > 删除页面”命令，弹出图 2-25 所示的“删除页面”对话框。在该对话框中，可以设置要删除的页面序号。另外，还可以同时删除多个连续的页面。

3. **重命名页面**

选择“布局 > 重命名页面”命令，弹出图 2-26 所示的“重命名页面”对话框。在该对话框的“页名”文本框中输入名称，单击“确定”按钮，即可重命名页面。

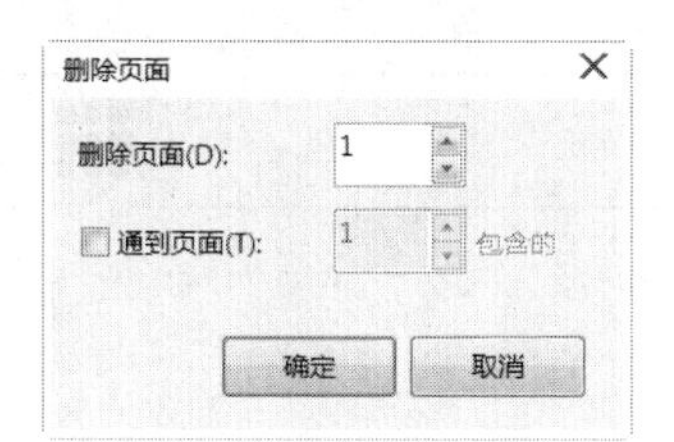

图 2-25

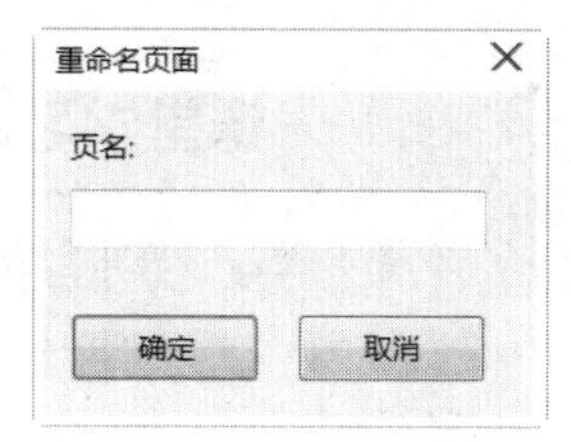

图 2-26

03

第3章 绘制和编辑图形

CorelDRAW X7 绘制和编辑图形的功能是非常强大的。本章将详细介绍绘制和编辑图形的各种方法和技巧。通过对本章的学习，读者可以掌握绘制与编辑图形的方法和技巧，为进一步学习 CorelDRAW X7 打下坚实的基础。

课堂学习目标

- 掌握绘制图形的方法
- 掌握编辑对象的方法

3.1 绘制图形

使用 CorelDRAW X7 的基本绘图工具可以绘制简单的几何图形。通过本节的讲解和练习，读者可以初步掌握 CorelDRAW X7 基本绘图工具的特性，为今后绘制更复杂、更优质的图形打下坚实的基础。

3.1.1 课堂案例——绘制游戏机

案例学习目标

学习使用几何图形工具绘制游戏机。

案例知识要点

使用椭圆形工具、三点椭圆形工具、矩形工具、三点矩形工具和基本形状工具绘制游戏机，效果如图 3-1 所示。

图 3-1

效果所在位置

云盘/Ch03/效果/绘制游戏机.cdr。

（1）按 Ctrl+N 组合键，新建一个 A4 页面。选择“矩形”工具，在适当的位置绘制矩形，在属性栏中的“圆角半径”框中设置数值为 15mm，如图 3-2 所示，按 Enter 键，效果如图 3-3 所示。

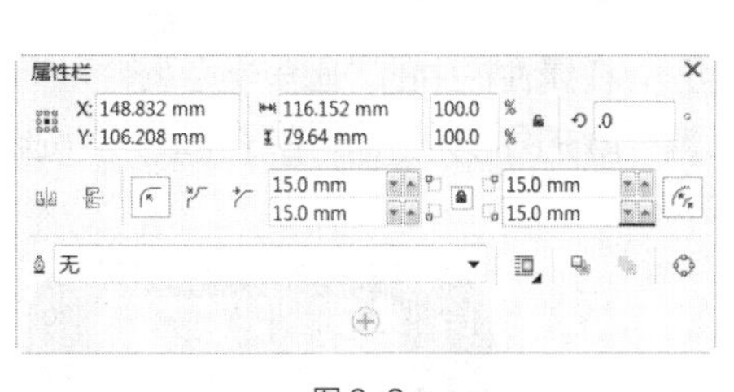

图 3-2

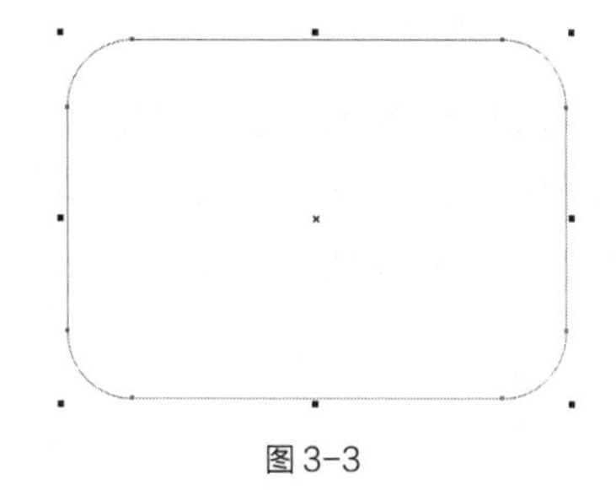

图 3-3

（2）按 Shift+F11 组合键，弹出“编辑填充”对话框，设置图形颜色的 CMYK 值为 100、100、62、56，如图 3-4 所示。单击“确定”按钮，填充图形。在“默认调色板”面板中的“无填充”按钮上单击鼠标右键，去除图形的轮廓线，效果如图 3-5 所示。

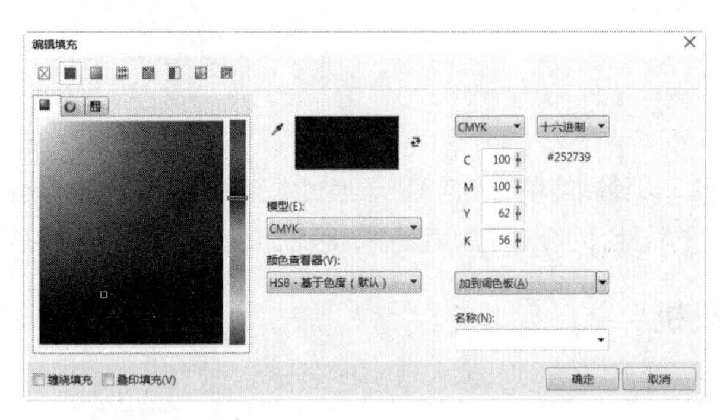

图 3-4

图 3-5

（3）选择“矩形”工具□，在适当的位置绘制矩形，在属性栏中的“圆角半径”框中设置数值为 5mm，如图 3-6 所示，按 Enter 键。设置图形颜色的 CMYK 值为 40、0、0、0，填充图形，在“无填充”按钮☒上单击鼠标右键，去除图形的轮廓线，效果如图 3-7 所示。

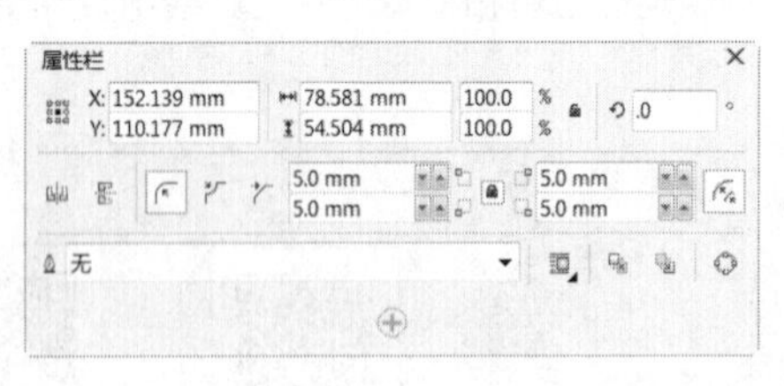

图 3-6

图 3-7

（4）选择“三点矩形”工具，在适当的位置拖曳鼠标绘制倾斜的矩形，如图 3-8 所示。设置图形颜色的 CMYK 值为 40、0、100、0，填充图形，并去除图形的轮廓线，效果如图 3-9 所示。

（5）选择“选择”工具，按住 Shift 键的同时，将矩形垂直向下拖曳到适当的位置，并单击鼠标右键，复制矩形，效果如图 3-10 所示。连续按 Ctrl+D 组合键，复制矩形，效果如图 3-11 所示。

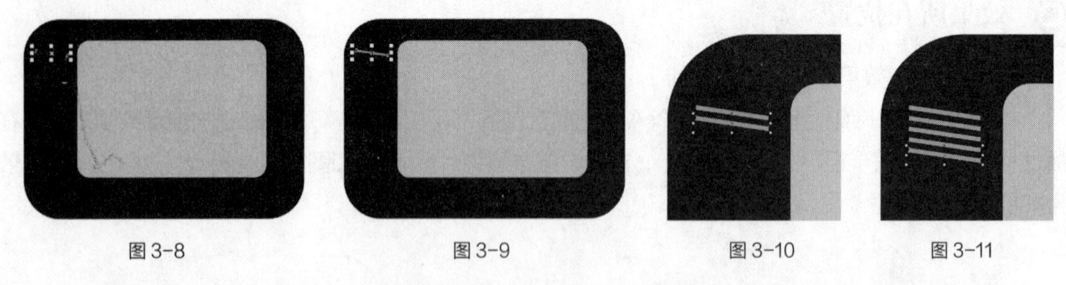
图 3-8　图 3-9　图 3-10　图 3-11

（6）选择“矩形”工具□，在适当的位置绘制矩形，在属性栏中的“圆角半径”框中设置数值为 12mm，如图 3-12 所示，按 Enter 键。填充图形为白色，在“无填充”按钮☒上单击鼠标右键，去除图形的轮廓线，效果如图 3-13 所示。

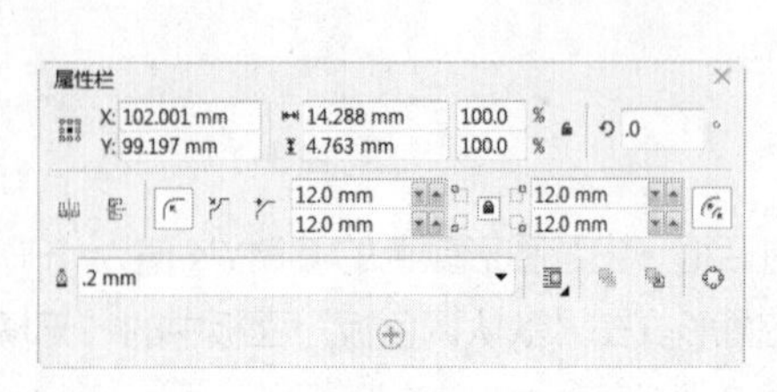

图 3-12

图 3-13

（7）选择“选择”工具，选取圆角矩形，按数字键盘上的+键，复制图形，在属性栏中的“旋转角度”框中设置数值为 270°，按 Enter 键，效果如图 3-14 所示。选择“椭圆形”工具，按住 Ctrl 键的同时，绘制圆形。设置图形颜色的 CMYK 值为 40、0、100、0，填充图形，并去除图形的轮廓线，效果如图 3-15 所示。

（8）选择“三点椭圆形”工具，在适当的位置绘制椭圆形，填充为白色，并去除图形的轮廓线，效果如图 3-16 所示。选择“选择”工具，用圈选的方法选取椭圆形和圆形，按数字键盘上的+键，复制图形，并拖曳到适当的位置，效果如图 3-17 所示。

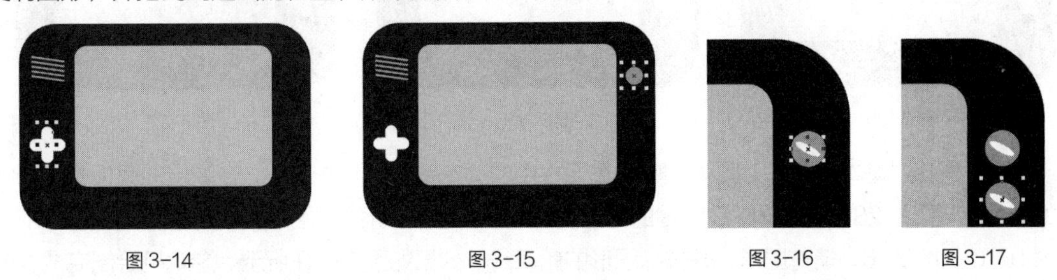

图 3-14　　图 3-15　　图 3-16　　图 3-17

（9）选择“选择”工具，选取需要的圆形，设置图形颜色的 CMYK 值为 0、100、100、0，填充图形，效果如图 3-18 所示。选取需要的椭圆形，并再次单击图形，使其处于旋转状态，旋转到适当的角度，效果如图 3-19 所示。

（10）选择“椭圆形”工具，按住 Ctrl 键的同时，绘制圆形，在属性栏中的“起始和结束角度”框中设置数值为 0、270°，如图 3-20 所示，按 Enter 键。设置图形颜色的 CMYK 值为 0、0、100、0，填充图形，并去除图形的轮廓线，效果如图 3-21 所示。

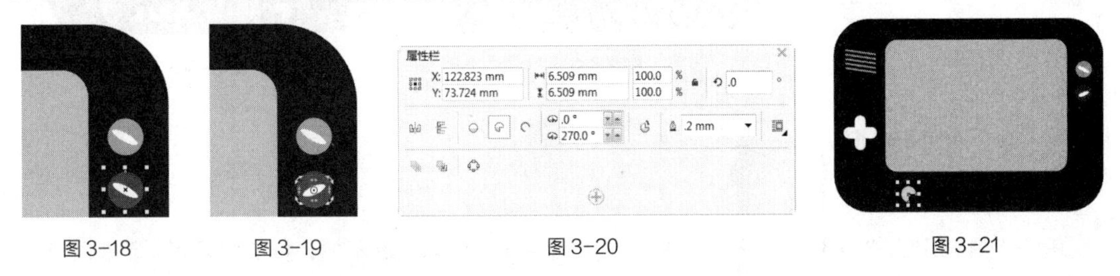

图 3-18　　图 3-19　　图 3-20　　图 3-21

（11）选择“矩形”工具，在适当的位置绘制矩形，设置图形颜色的 CMYK 值为 0、0、100、0，填充图形，并去除图形的轮廓线，效果如图 3-22 所示。选择“选择”工具，按住 Shift 键的同时，将矩形水平向右拖曳到适当的位置，并单击鼠标右键，复制矩形，效果如图 3-23 所示。

（12）选择“基本形状”工具，单击属性栏中的“完美形状”按钮，在弹出的面板中选择需要的形状，如图 3-24 所示，按住 Ctrl 键的同时，在页面中拖曳鼠标绘制图形。设置图形颜色的 CMYK 值为 0、0、100、0，填充图形，并去除图形的轮廓线，效果如图 3-25 所示。

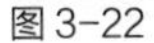

图 3-22

图 3-23

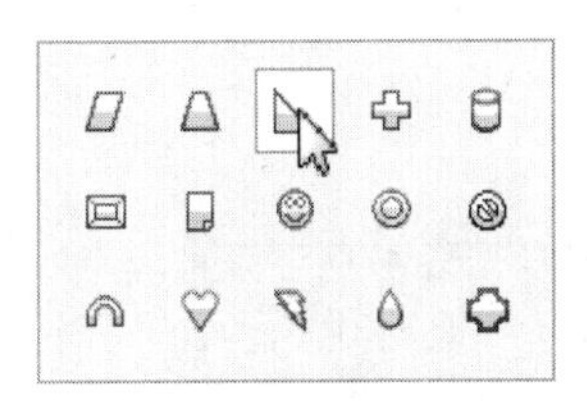

图 3-24

（13）选择“选择”工具，按住 Shift 键的同时，将图形水平向左拖曳到适当的位置，并单击鼠标右键，复制图形，效果如图 3-26 所示。单击属性栏中的“水平镜像”按钮，翻转图形，效果如图 3-27 所示。

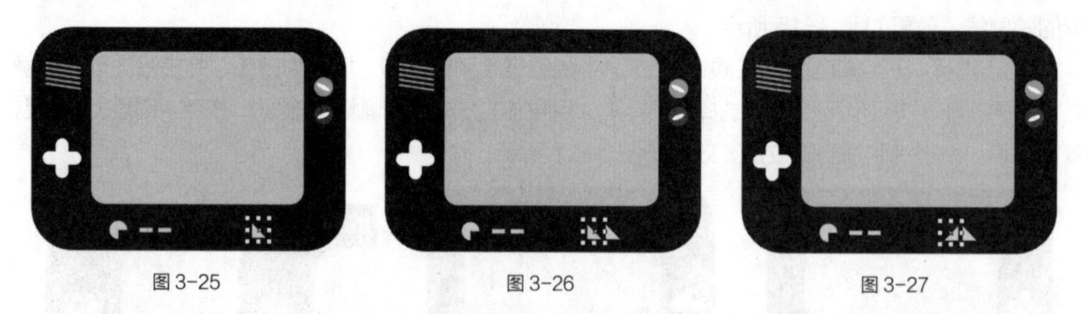

图 3-25　　图 3-26　　图 3-27

（14）选择“基本形状”工具，单击属性栏中的“完美形状”按钮，在弹出的面板中选择需要的形状，如图 3-28 所示，按住 Ctrl 键的同时，在页面中拖曳鼠标绘制图形。设置图形颜色的 CMYK 值为 0、0、100、0，填充图形，并去除图形的轮廓线，效果如图 3-29 所示。游戏机绘制完成，效果如图 3-30 所示。

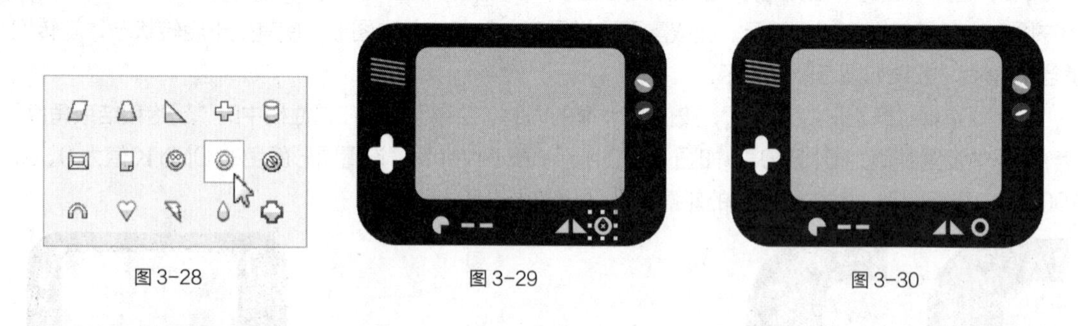

图 3-28　　图 3-29　　图 3-30

3.1.2　绘制矩形

1. 绘制直角矩形

单击工具箱中的“矩形”工具，在绘图页面中按住鼠标左键不放，拖曳鼠标指针到需要的位置，松开鼠标，完成绘制，如图 3-31 所示。绘制矩形的属性栏如图 3-32 所示。

按 Esc 键，取消矩形的选取状态，效果如图 3-33 所示。选择“选择”工具，在矩形上单击鼠标左键，选择刚绘制好的矩形。

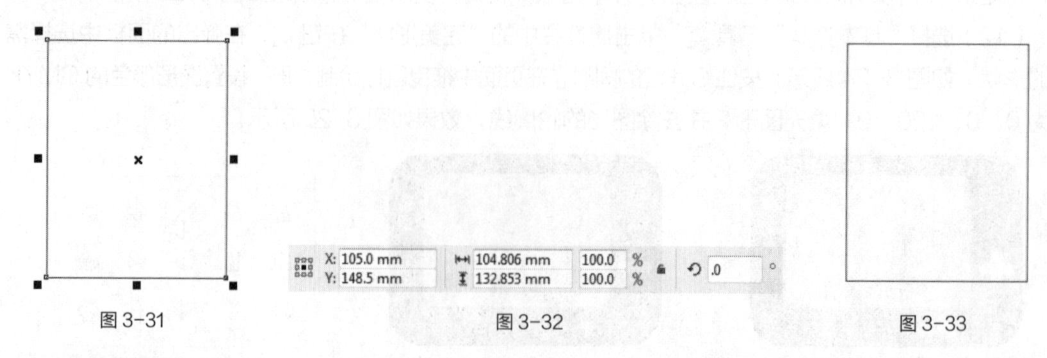

图 3-31　　图 3-32　　图 3-33

按 F6 键，快速选择“矩形”工具，可在绘图页面中适当的位置绘制矩形。

按住 Ctrl 键，可在绘图页面中绘制正方形。

按住 Shift 键，可在绘图页面中以当前点为中心绘制矩形。

按住 Shift+Ctrl 组合键，可在绘图页面中以当前点为中心绘制正方形。

双击工具箱中的“矩形”工具，可以绘制出一个和绘图页面大小一样的矩形。

2. 使用“矩形”工具绘制圆角矩形

在绘图页面中绘制一个矩形，如图 3-34 所示。在绘制矩形的属性栏中，如果先将“转角半径”后的小锁图标选定，则改变“转角半径”时，4 个角的角圆滑度数值将进行相同的改变。设定“转角半径”，如图 3-35 所示。按 Enter 键，效果如图 3-36 所示。

图 3-34　　图 3-35　　图 3-36

如果不选定小锁图标，则可以单独改变一个角的圆滑度数值。在绘制矩形的属性栏中，分别设定“转角半径”，如图 3-37 所示。按 Enter 键，效果如图 3-38 所示。如果要将圆角矩形还原为直角矩形，可以将圆角度数设定为“0”。

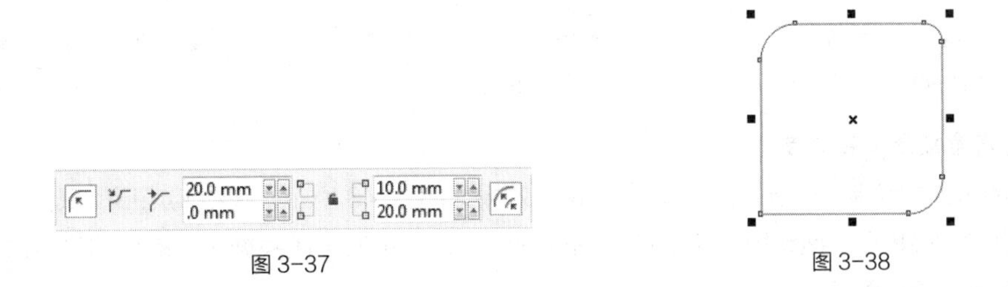

图 3-37　　图 3-38

3. 使用鼠标拖曳矩形节点绘制圆角矩形

绘制一个矩形。按 F10 键，快速选择“形状”工具，选中矩形边角的节点，如图 3-39 所示。按住鼠标左键拖曳矩形边角的节点，可以改变边角的圆滑程度，如图 3-40 所示。松开鼠标左键，圆角矩形的效果如图 3-41 所示。

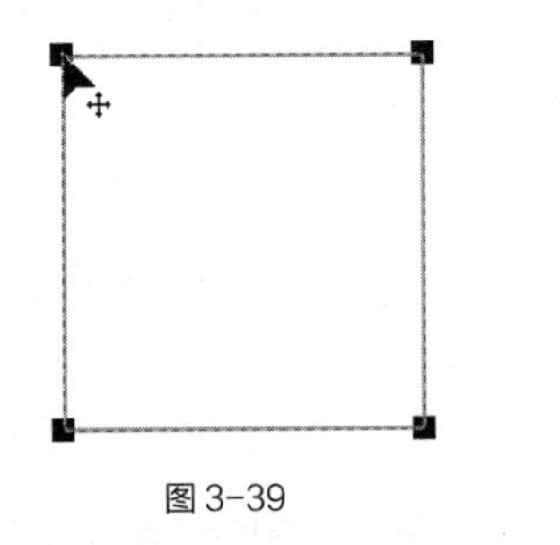

图 3-39

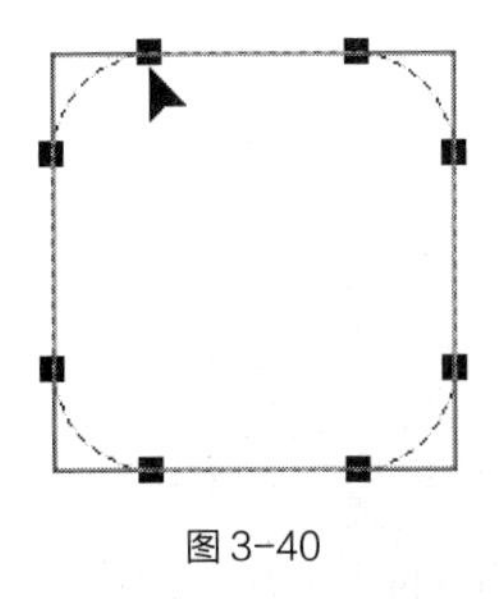

图 3-40

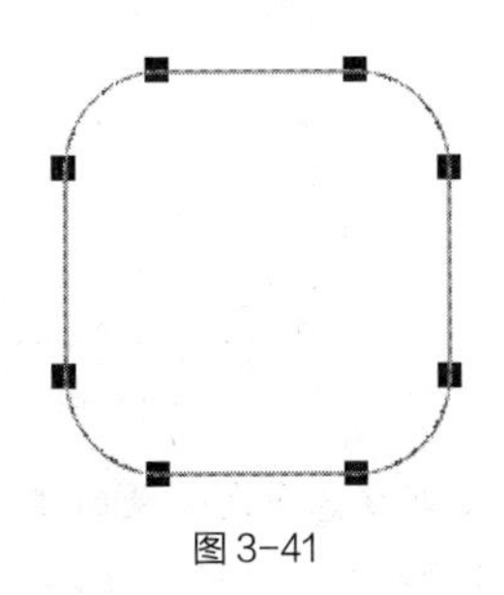

图 3-41

4. 使用“矩形”工具绘制扇形角图形

在绘图页面中绘制一个矩形，如图3-42所示。在绘制矩形的属性栏中，单击“扇形角”按钮，在“转角半径”框中设置值为20mm，如图3-43所示。按Enter键，效果如图3-44所示。

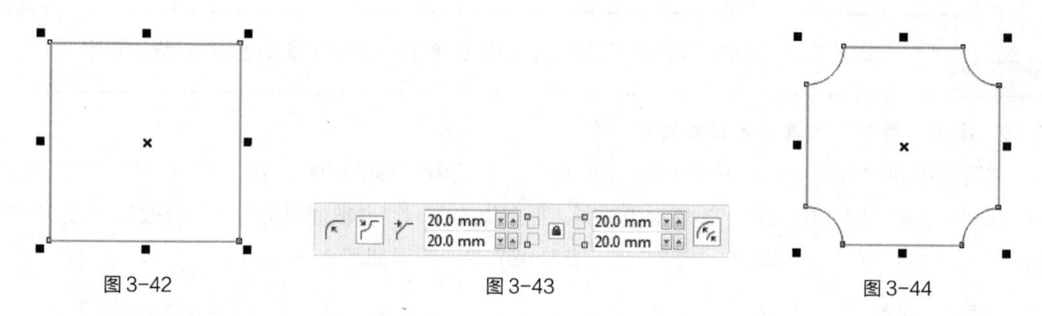

图3-42　图3-43　图3-44

5. 使用“矩形”工具绘制倒棱角图形

在绘图页面中绘制一个矩形，如图3-45所示。在绘制矩形的属性栏中，单击“倒棱角”按钮，在“转角半径”框中设置值为20mm，如图3-46所示。按Enter键，效果如图3-47所示。

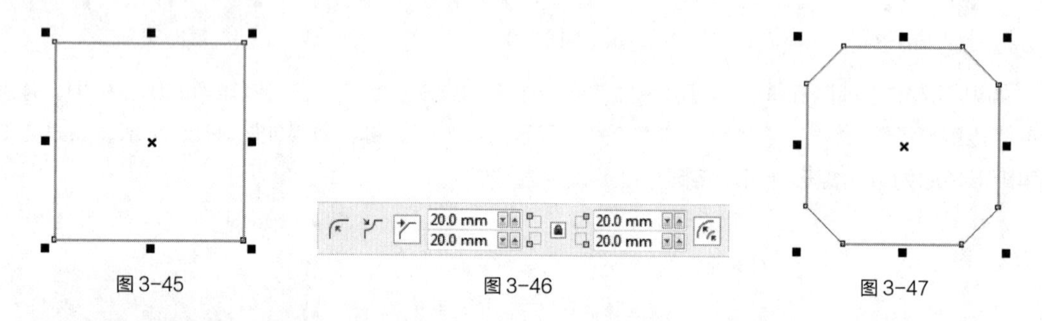

图3-45　图3-46　图3-47

6. 使用角缩放按钮调整图形

在绘图页面中绘制一个圆角矩形，属性栏和效果如图3-48所示。在绘制矩形的属性栏中，单击“相对角缩放”按钮，拖曳控制手柄调整图形的大小，圆角的半径根据图形的调整进行改变，属性栏和效果如图3-49所示。

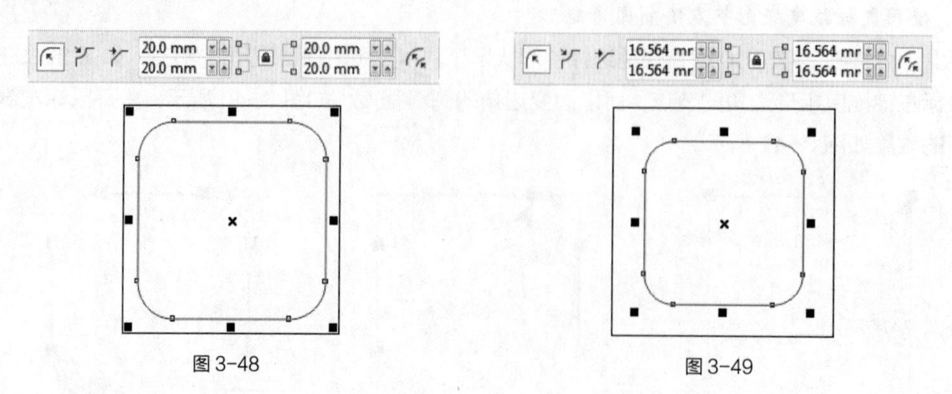

图3-48　图3-49

7. 绘制任意角度放置的矩形

选择“矩形”工具展开式工具栏中的“三点矩形”工具，在绘图页面中按住鼠标左键不放，拖曳鼠标指针到需要的位置，可绘制出一条任意方向的线段作为矩形的一条边，如图 3-50 所示。松开鼠标左键，再拖曳鼠标指针到需要的位置，即可确定矩形的另一条边，如图 3-51 所示。单击鼠标左键，有角度的矩形绘制完成，效果如图 3-52 所示。

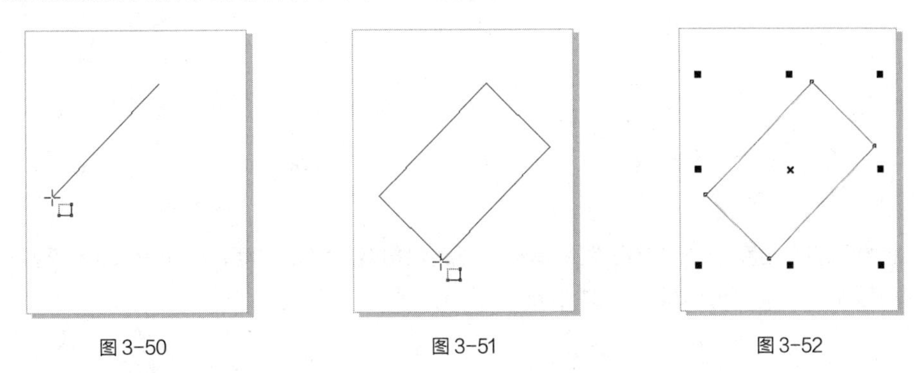
图 3-50　　图 3-51　　图 3-52

3.1.3　绘制椭圆形和圆形

1. 绘制椭圆形

选择"椭圆形"工具，在绘图页面中按住鼠标左键不放，拖曳鼠标指针到需要的位置，松开鼠标左键，椭圆形绘制完成，如图 3-53 所示。椭圆形的属性栏如图 3-54 所示。

按住 Ctrl 键，在绘图页面中可以绘制圆形，如图 3-55 所示。

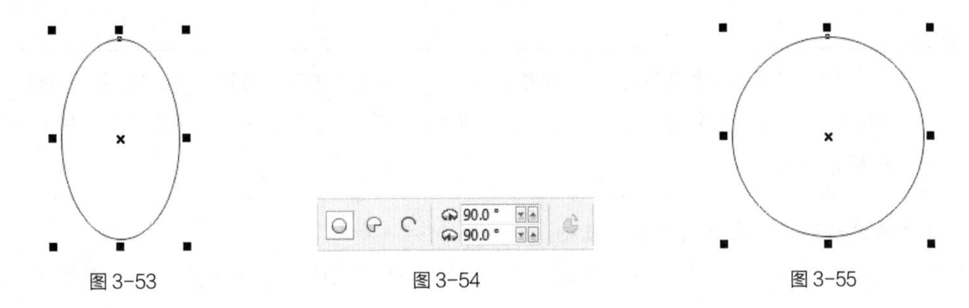

图 3-53　　图 3-54　　图 3-55

按 F7 键，快速选择"椭圆形"工具，可在绘图页面中适当的位置绘制椭圆形。

按住 Shift 键，可在绘图页面中以当前点为中心绘制椭圆形。

按住 Shift+Ctrl 组合键，可在绘图页面中以当前点为中心绘制圆形。

2. 使用"椭圆"工具绘制饼形和弧形

绘制一个圆形，如图 3-56 所示。单击椭圆形属性栏（见图 3-57）中的"饼图"按钮，可将圆形转换为饼图，如图 3-58 所示。

图 3-56　　图 3-57　　图 3-58

单击椭圆形属性栏（见图 3-59）中的“弧”按钮，可将圆形转换为弧形，如图 3-60 所示。

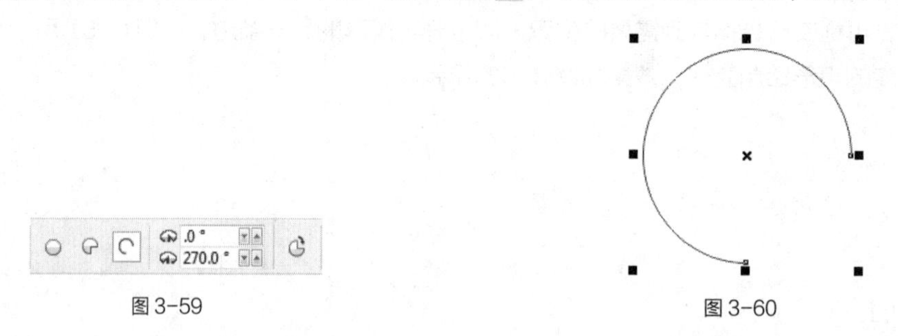

图 3-59　　图 3-60

在“起始和结束角度”中设置饼形和弧形起始角度和终止角度，按 Enter 键，可以获得饼形和弧形角度的精确值，效果如图 3-61 所示。

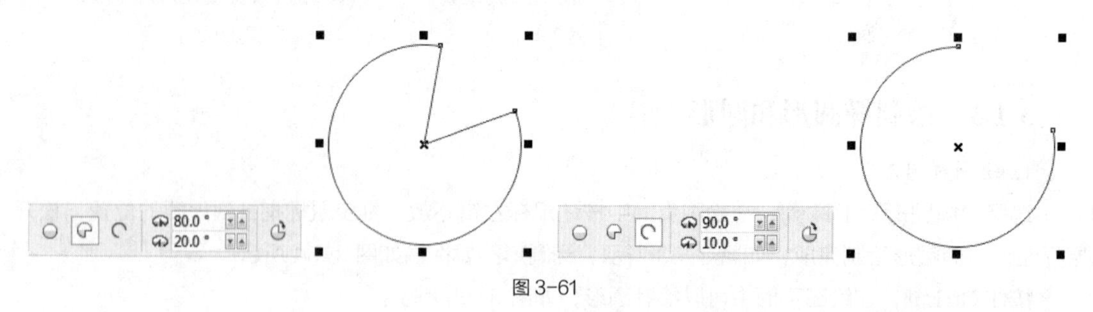

图 3-61

椭圆形在选中状态下，在椭圆形属性栏中，单击“饼形”按钮或“弧形”按钮，可以使图形在饼形和弧形之间转换。单击属性栏中的按钮，可以将饼形或弧形进行 180° 的镜像旋转。

3. 拖曳椭圆形的节点来绘制饼形和弧形

选择“椭圆形”工具，绘制一个圆形。按 F10 键，快速选择“形状”工具，单击轮廓线上的节点并按住鼠标左键不放，如图 3-62 所示。

向圆形内拖曳节点，如图 3-63 所示。松开鼠标左键，圆形变成饼形，效果如图 3-64 所示。向圆形外拖曳轮廓线上的节点，可使圆形变成弧形。

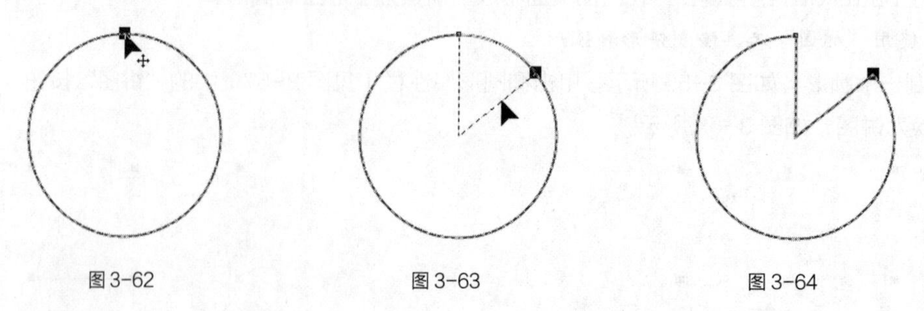

图 3-62　　图 3-63　　图 3-64

4. 绘制任意角度放置的椭圆形

选择“椭圆形”工具展开式工具栏中的“三点椭圆形”工具，在绘图页面中按住鼠标左键不放，拖曳鼠标指针到需要的位置，可绘制一条任意方向的线段作为椭圆形的一个轴，如图 3-65 所示。松开鼠标左键，再拖曳鼠标指针到需要的位置，即可确定椭圆形的形状，如图3-66所示。单击鼠标左键，有角度的椭圆形绘制完成，如图3-67所示。

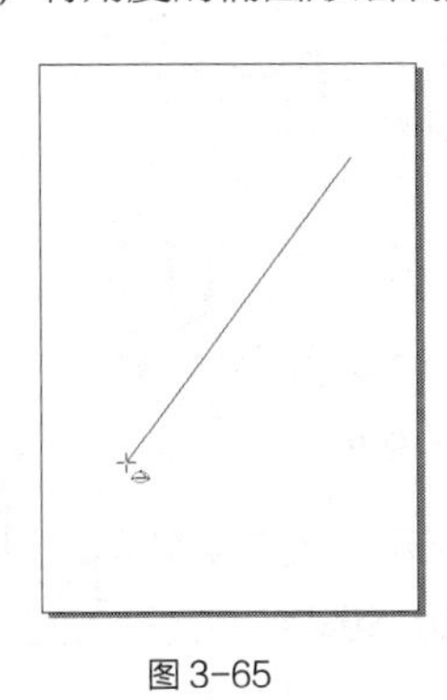

图3-65

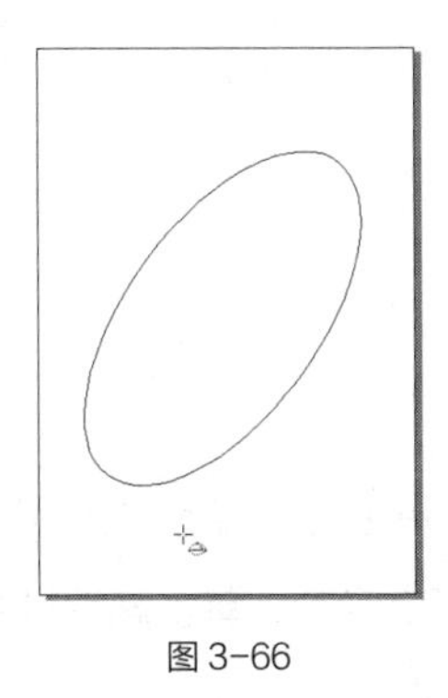

图3-66

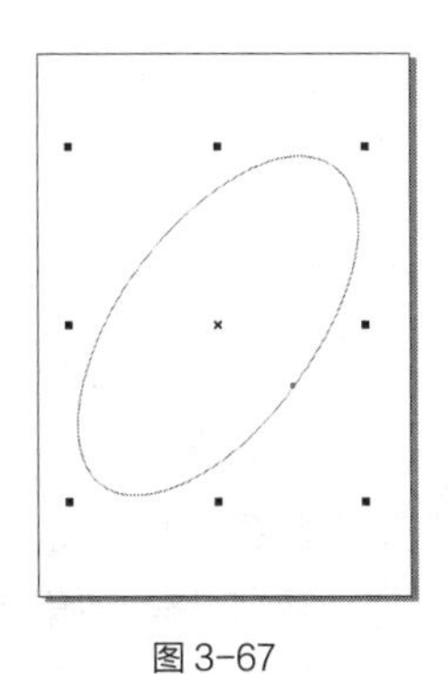

图3-67

3.1.4 课堂案例——绘制装饰画

案例学习目标

学习使用矩形工具、贝塞尔工具和基本形状工具绘制装饰形状。

案例知识要点

使用矩形工具和表格工具绘制背景效果；使用椭圆形工具、基本形状工具绘制图形和合并命令绘制花朵；使用贝塞尔工具绘制花枝；使用文本工具添加文字。装饰画效果如图3-68所示。

图3-68

效果所在位置

云盘/Ch03/效果/绘制装饰画.cdr。

（1）按Ctrl+N组合键，新建一个A4页面。选择"矩形"工具，按住Ctrl键的同时，在页面中适当的位置拖曳鼠标指针绘制一个正方形，如图3-69所示。设置图形颜色的CMYK值为22、20、24、0，填充图形，并去除图形的轮廓线，效果如图3-70所示。

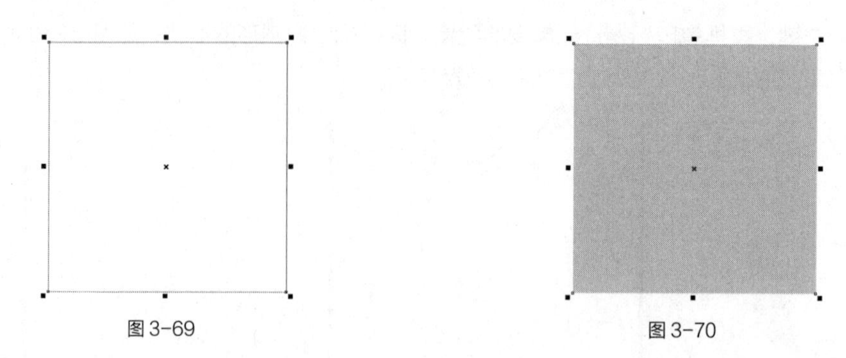

图 3-69　　图 3-70

（2）选择“表格”工具，在属性栏中进行设置，如图 3-71 所示。按住 Ctrl 键的同时，在页面中适当的位置绘制表格，效果如图 3-72 所示。单击属性栏中的“边框选择”按钮，在弹出的下拉列表中选择需要的边框，如图 3-73 所示。

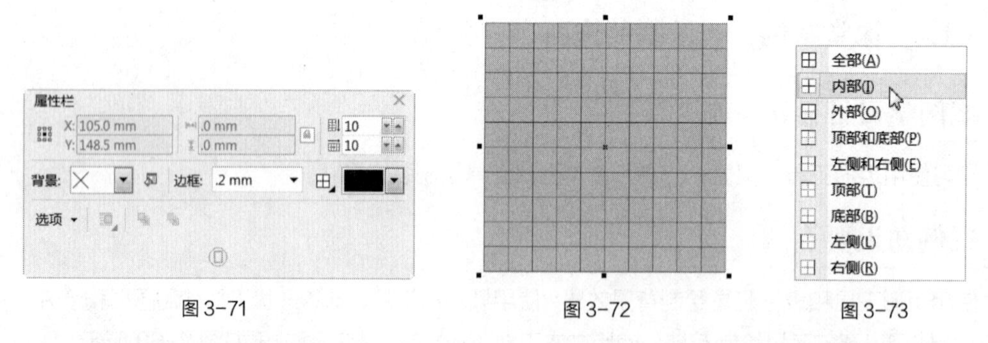

图 3-71　　图 3-72　　图 3-73

（3）设置表格内部边框颜色的 CMYK 值为 15、12、16、0，其他选项的设置如图 3-74 所示，效果如图 3-75 所示。用相同方法选择表格外部边框，并去除轮廓线，效果如图 3-76 所示。

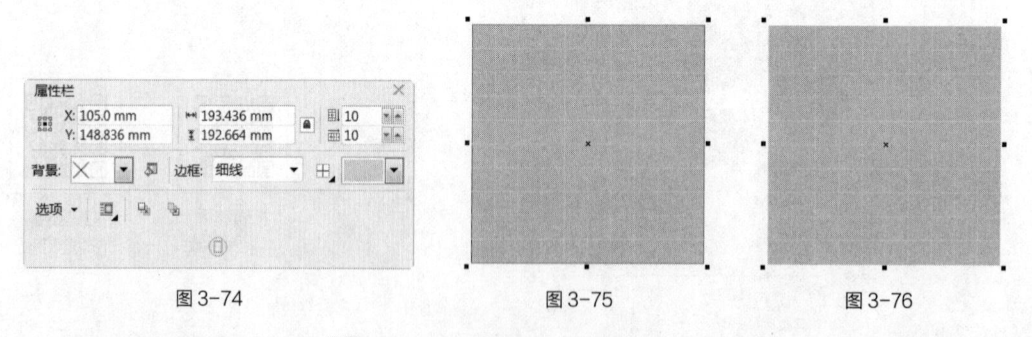

图 3-74　　图 3-75　　图 3-76

（4）选择“基本形状”工具，单击属性栏中的“完美形状”按钮，在弹出的下拉列表中选择需要的形状，如图 3-77 所示。在适当的位置拖曳鼠标绘制图形，如图 3-78 所示。

图 3-77

（5）选择“选择”工具，再次单击绘制的图形，使其处于旋转状态，按数字键盘上的+键，复制一个图形。将旋转中心拖曳到适当的位置，拖曳右下角的控制手柄，将图形旋转到需要的角度，如图 3-79 所示。按住 Ctrl 键的同时，连续点按 D 键，再绘制出多个图形，效果如图 3-80 所示。

图3-78　　图3-79　　图3-80

（6）选择“选择”工具，用圈选的方法选取需要的图形，如图 3-81 所示，单击属性栏中的“合并”按钮，合并图形，设置图形颜色的 CMYK 值为 13、13、18、0，填充图形并去除图形的轮廓线，效果如图 3-82 所示。拖曳星形图形到页面适当的位置，并旋转适当的角度，效果如图 3-83 所示。用相同的方法制作其他图形，并填充黑色，效果如图 3-84 所示。

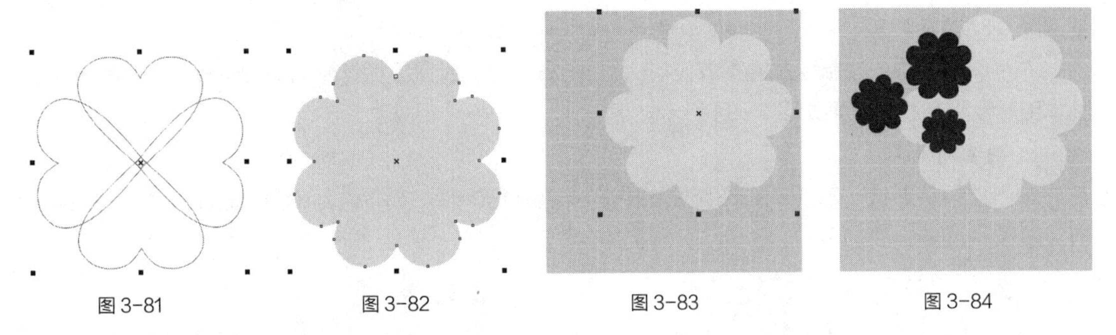

图3-81　　图3-82　　图3-83　　图3-84

（7）选择“贝塞尔”工具，绘制一条曲线，如图 3-85 所示。在属性栏中设置轮廓宽度为 0.75，效果如图 3-86 所示。用相同的方法制作其他图形，并分别设置适当的轮廓宽度，效果如图 3-87 所示。

（8）选择“椭圆形”工具，按住 Ctrl 键的同时，绘制一个圆形。设置圆形颜色为黑色，填充图形，并去除图形轮廓线，效果如图 3-88 所示。用相同的方法制作其他圆形，并分别设置适当的颜色，效果如图 3-89 所示。

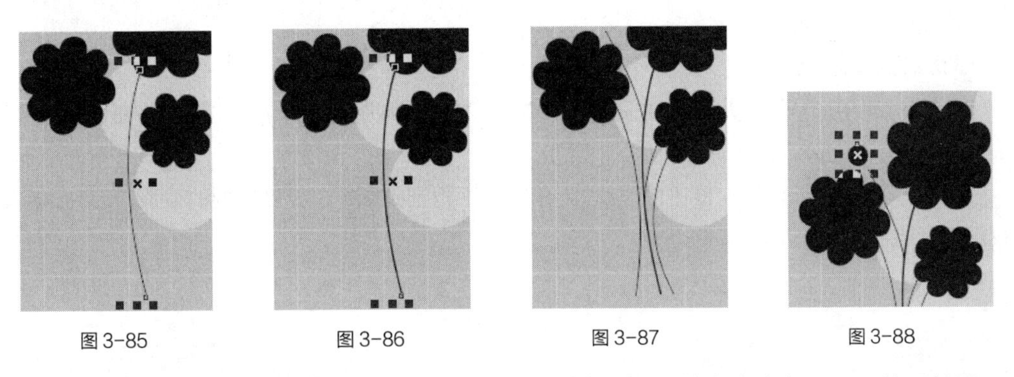

图3-85　　图3-86　　图3-87　　图3-88

（9）选择“二点线”工具，绘制一条直线，在属性栏中设置轮廓宽度为 0.75，效果如图 3-90 所示。选择“文本”工具，输入需要的文字，选择“选择”工具，在属性栏中选取需要的字体并设置文字大小，效果如图 3-91 所示。用相同的方法添加其他文字，效果如图 3-92 所示。装饰画绘制完成。

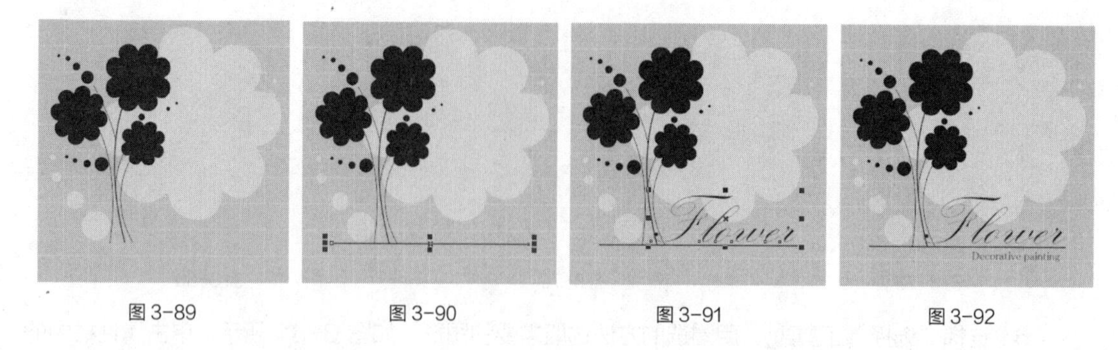

图 3-89　　图 3-90　　图 3-91　　图 3-92

3.1.5　绘制基本形状

1. 绘制基本形状

单击“基本形状”工具，在属性栏中单击“完美形状”按钮，在弹出的面板中选择需要的基本图形，如图 3-93 所示。

在绘图页面中按住鼠标左键不放，从左上角向右下角拖曳鼠标指针到需要的位置，松开鼠标左键，基本图形绘制完成，效果如图 3-94 所示。

2. 绘制箭头图

单击“箭头形状”工具，在属性栏中单击“完美形状”按钮，在弹出的面板中选择需要的箭头图形，如图 3-95 所示。

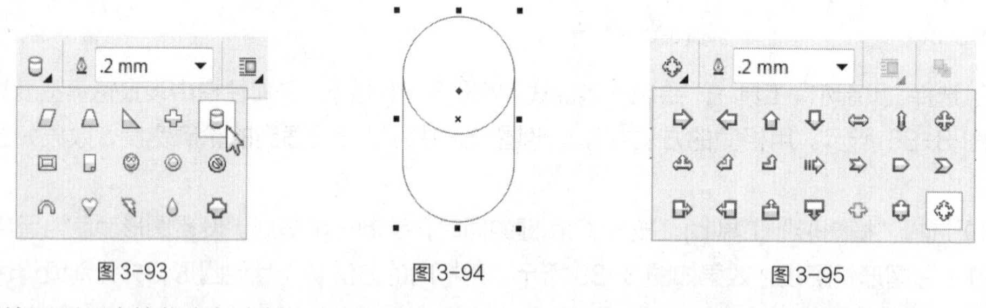

图 3-93　　图 3-94　　图 3-95

在绘图页面中按住鼠标左键不放，从左上角向右下角拖曳鼠标指针到需要的位置，松开鼠标左键，箭头图形绘制完成，如图 3-96 所示。

3. 绘制流程图图形

单击“流程图形状”工具，在属性栏中单击“完美形状”按钮，在弹出的面板中选择需要的流程图图形，如图 3-97 所示。

在绘图页面中按住鼠标左键不放，从左上角向右下角拖曳鼠标指针到需要的位置，松开鼠标左键，流程图图形绘制完成，如图 3-98 所示。

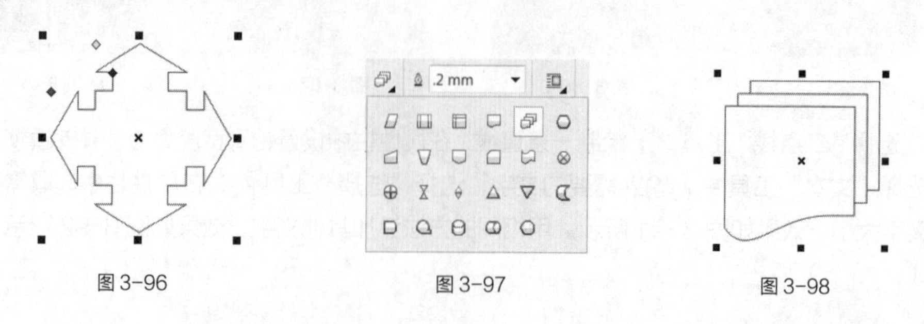

图 3-96　　图 3-97　　图 3-98

4. 绘制标题图形

单击“标题形状”工具，在属性栏中单击“完美形状”按钮，在弹出的面板中选择需要的标题图形，如图 3-99 所示。

在绘图页面中按住鼠标左键不放，从左上角向右下角拖曳鼠标指针到需要的位置，松开鼠标左键，标题图形绘制完成，如图 3-100 所示。

5. 绘制标注图形

单击“标注形状”工具，在属性栏中单击“完美形状”按钮，在弹出的面板中选择需要的标注图形，如图 3-101 所示。

在绘图页面中按住鼠标左键不放，从左上角向右下角拖曳鼠标指针到需要的位置，松开鼠标左键，标注图形绘制完成，如图 3-102 所示。

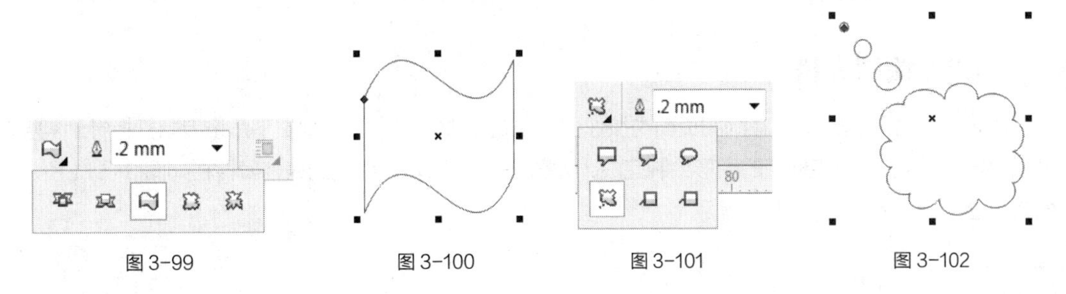

图 3-99　图 3-100　图 3-101　图 3-102

6. 调整基本形状

绘制一个基本形状，如图 3-103 所示。单击要调整的基本图形的红色菱形符号，并按住鼠标左键不放将其拖曳到需要的位置，如图 3-104 所示。得到需要的形状后，松开鼠标左键，效果如图 3-105 所示。

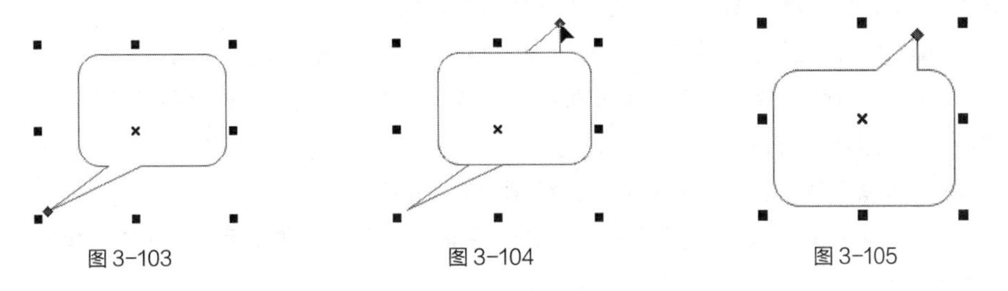

图 3-103　图 3-104　图 3-105

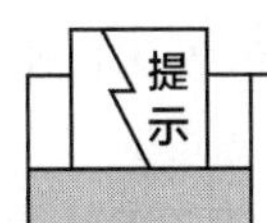

在流程图形状中没有红色菱形符号，所以不能对它进行调整。

3.1.6 绘制图纸

选择“图纸”工具，在绘图页面中按住鼠标左键不放，从左上角向右下角拖曳鼠标指针到需要的位置，松开鼠标左键，网格状的图形绘制完成，如图 3-106 所示，属性栏如图 3-107 所示。在框中可以重新设定图纸的列和行，绘制出需要的网格状图形效果。

按住 Ctrl 键，在绘图页面中可以绘制正网格状的图形。

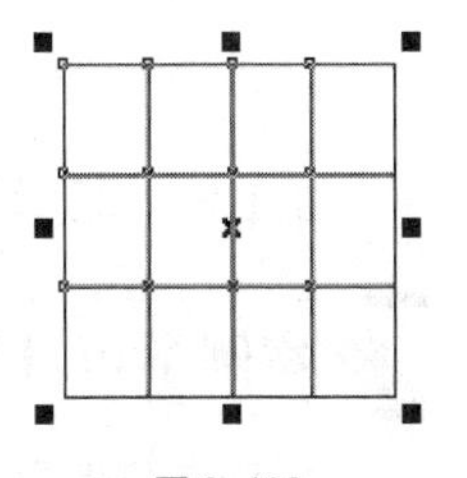

图 3-106

按住 Shift 键，在绘图页面中会以当前点为中心绘制网格状的图形。

同时按 Shift+Ctrl 组合键，在绘图页面中会以当前点为中心绘制正网格状的图形。

使用“选择”工具选中网格状图形，如图 3–108 所示。选择“排列 > 取消群组”命令或按 Ctrl+U 组合键，可将绘制出的网格状图形取消群组。取消网格图形的选取状态，再使用“选择”工具可以单选其中的各个图形，如图 3–109 所示。

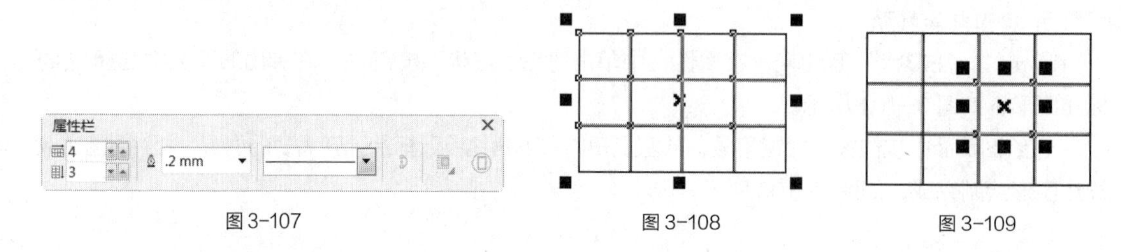

图 3–107　　图 3–108　　图 3–109

3.1.7　绘制表格

选择“表格”工具，在绘图页面中按住鼠标左键不放，从左上角向右下角拖曳鼠标指针到需要的位置，松开鼠标左键，表格状的图形绘制完成，如图 3–110 所示，绘制的表格属性栏如图 3–111 所示。

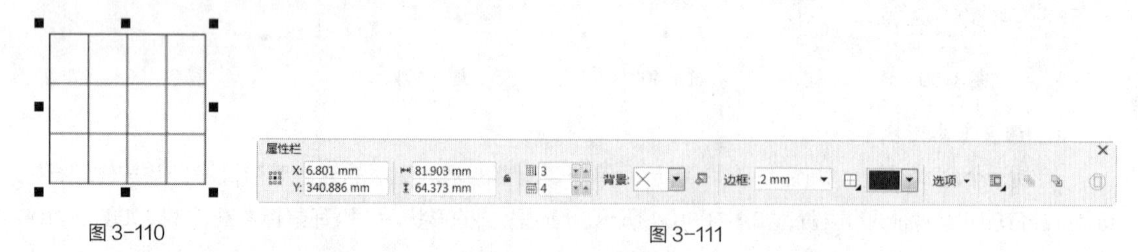

图 3–110　　图 3–111

按住 Ctrl 键，在绘图页面中可以绘制正网格状的表格。

按住 Shift 键，在绘图页面中会以当前点为中心绘制网格状的表格。

同时按 Shift+Ctrl 组合键，在绘图页面中会以当前点为中心绘制正网格状的表格。

属性栏中各选项的功能如下。

4 3 框：可以重新设定表格的列和行，绘制出需要的表格。

背景：选择和设置表格的背景色。单击“编辑填充”按钮，可弹出“均匀填充”对话框，更改背景的填充色。

边框 .2 mm：用于选择并设置表格边框线的粗细、颜色。单击“轮廓笔”按钮，弹出“轮廓笔”对话框，用于设置轮廓线的属性，如线条宽度、角形状和箭头类型等。

表格“选项”按钮：选择是否在键入数据时自动调整单元格的大小以及在单元格间添加空格。

“文本换行”按钮：选择段落文本环绕对象的样式，并设置偏移的距离。

“到图层前面”按钮和“到图层后面”按钮：将表格移动至图层最前面或最后面。

3.1.8　课堂案例——绘制徽章

案例学习目标

学习使用椭圆形工具、星形工具和多边形工具绘制徽章。

案例知识要点

使用椭圆形工具、复制命令、复杂星形工具和多边形工具绘制中心徽章；使用多边形工具和形状工具绘制中心星形；使用三点椭圆形工具、复制命令和旋转命令制作徽章两侧的图形；使用星形工具绘制下方的星形。徽章效果如图 3-112 所示。

图 3-112

效果所在位置

云盘/Ch03/效果/绘制徽章.cdr。

（1）按 Ctrl+N 组合键，新建一个 A4 页面。单击属性栏中的“横向”按钮，横向显示页面。选择“椭圆形”工具，按住 Ctrl 键的同时，绘制圆形。设置图形颜色的 CMYK 值为 0、40、80、0，填充图形，并去除图形的轮廓线，效果如图 3-113 所示。

（2）选择“选择”工具，选取圆形，按数字键盘上的+键，复制圆形。按住 Shift 键的同时，向内拖曳控制手柄等比例缩放圆形，效果如图 3-114 所示。设置圆形颜色的 CMYK 值为 0、0、60、0，填充圆形，效果如图 3-115 所示。

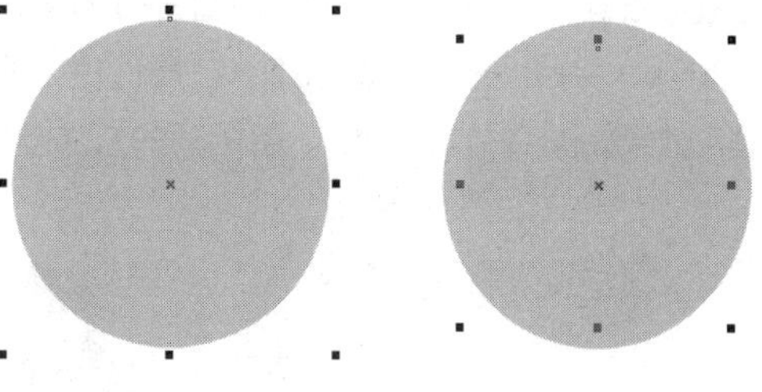

图 3-113　　图 3-114

（3）选择“复杂星形”工具，在属性栏中的“点数或边数”框 9 中设置数值为 9，“锐度”框 2 中设置数值为 2，在适当的位置绘制星形，如图 3-116 所示。设置图形颜色的 CMYK 值为 0、40、80、0，填充图形，并去除图形的轮廓线，效果如图 3-117 所示。

（4）选择“多边形”工具，在属性栏中的“点数或边数”框 5 中设置数值为 7，按住 Ctrl 键的同时，在适当的位置绘制多边形，如图 3-118 所示。选择“形状”工具，选取需要的节点，如图 3-119 所示，将其拖曳到适当的位置，如图 3-120 所示。

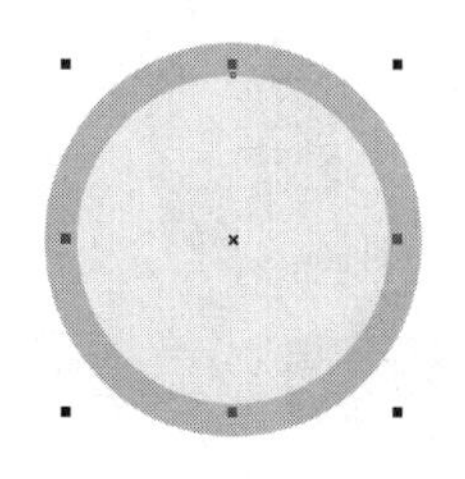

图 3-115

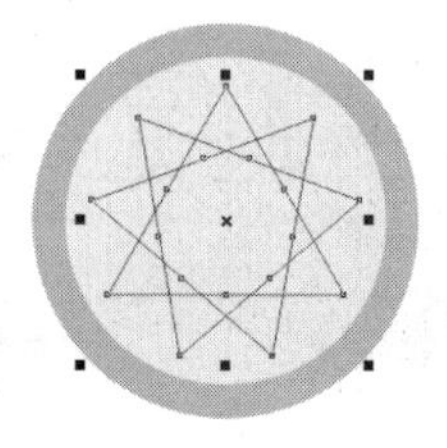

图 3-116

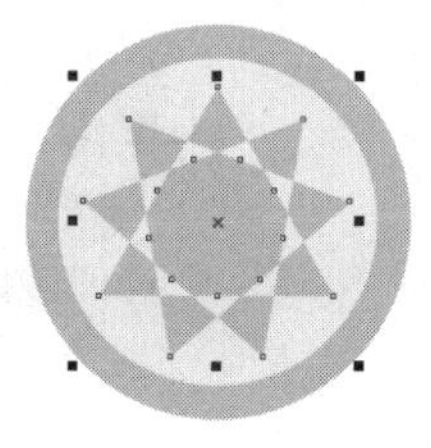

图 3-117

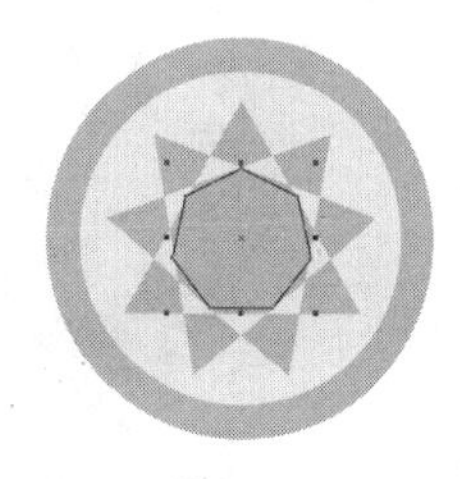

图 3-118

（5）松开鼠标，效果如图 3-121 所示。设置图形颜色的 CMYK 值为 0、0、60、0，填充图形，并去除图形的轮廓线，效果如图 3-122 所示。

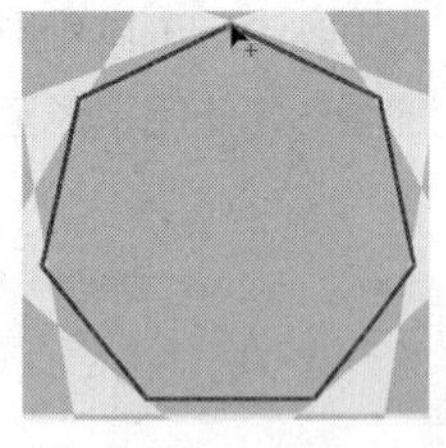
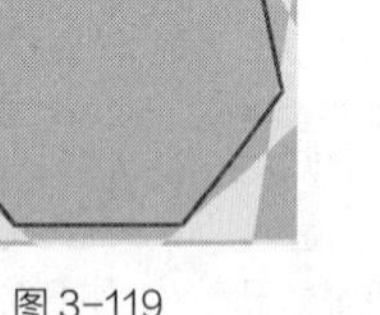
图 3-119

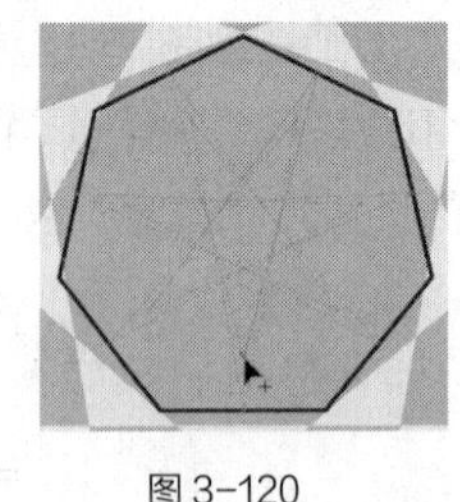
图 3-120

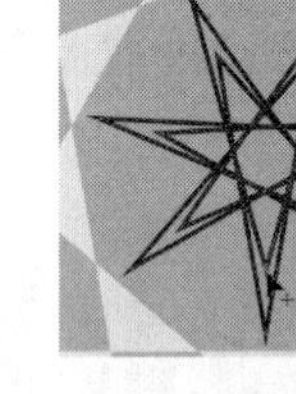
图 3-121

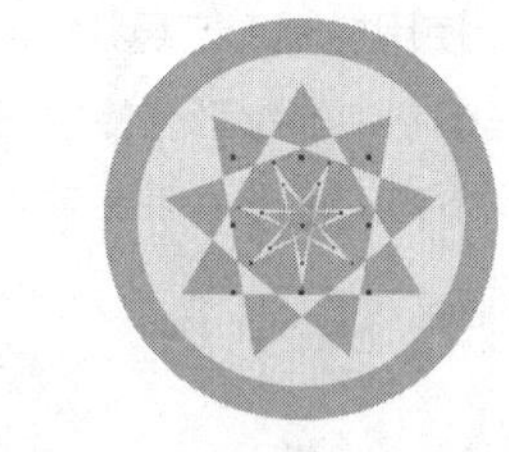
图 3-122

（6）选择“三点椭圆形”工具，在适当的位置绘制倾斜的椭圆形，设置图形颜色的 CMYK 值为 56、38、0、0，填充图形，并去除图形的轮廓线，效果如图 3-123 所示。用相同的方法绘制椭圆形并填充相同的颜色，效果如图 3-124 所示。选择“选择”工具，用圈选的方法将两个图形同时选取，按 Ctrl+ G 组合键，群组图形，如图 3-125 所示。

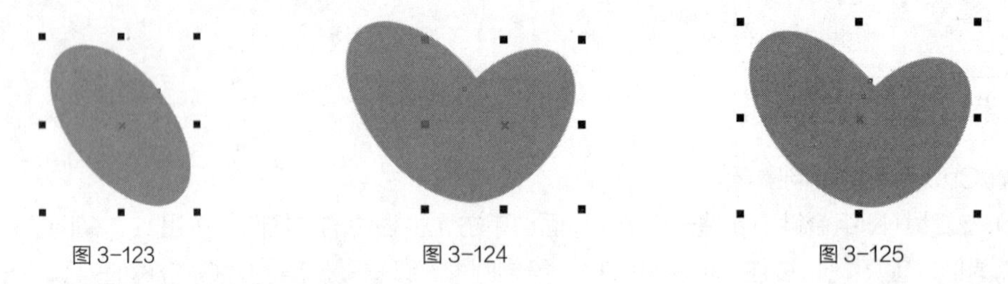
图 3-123　　图 3-124　　图 3-125

（7）将群组图形拖曳到适当的位置，效果如图 3-126 所示。将其再次拖曳到适当的位置，并单击鼠标右键，复制图形，效果如图 3-127 所示。

（8）保持图形的选取状态，在属性栏中的“旋转角度”框中设置数值为 13.8°，按 Enter 键，效果如图 3-128 所示。用相同的方法复制图形并分别旋转其角度，效果如图 3-129 所示。

图 3-126　　图 3-127　　图 3-128

（9）选择“选择”工具，用圈选的方法将需要的图形同时选取，按 Ctrl+G 组合键，群组图形，如图 3-130 所示。按数字键盘上的+键，复制图形，单击属性栏中的“水平镜像”按钮，水平翻转图形，效果如图 3-131 所示。

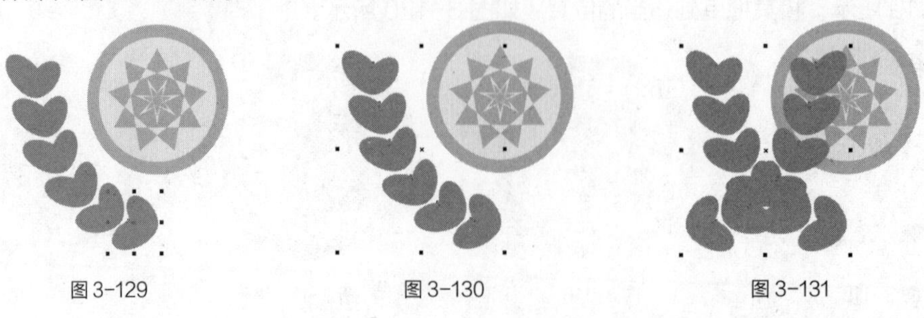
图 3-129　　图 3-130　　图 3-131

（10）选择"选择"工具，将复制的图形拖曳到适当的位置，效果如图 3-132 所示。选择"星形"工具，按住 Ctrl 键的同时，在适当的位置绘制星形，设置图形颜色的 CMYK 值为 22、12、0、0，填充图形，并去除图形的轮廓线，效果如图 3-133 所示。

图 3-132

（11）选择"选择"工具，选取星形，将其再次拖曳到适当的位置，并单击鼠标右键，复制图形，调整其大小，效果如图 3-134 所示。用相同的方法再次复制星形并调整其大小，效果如图 3-135 所示。

图 3-133

图 3-134

图 3-135

（12）选择"选择"工具，用圈选的方法将两个星形同时选取，按数字键盘上的+键，复制图形，单击属性栏中的"水平镜像"按钮，水平翻转图形，效果如图 3-136 所示。将其拖曳到适当的位置，效果如图 3-137 所示。徽章绘制完成，效果如图 3-138 所示。

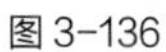

图 3-136

图 3-137

图 3-138

3.1.9 绘制多边形

选择"多边形"工具，在绘图页面中按住鼠标左键不放，拖曳鼠标指针到需要的位置，松开鼠标左键，多边形绘制完成，如图 3-139 所示。"多边形"属性栏如图 3-140 所示。

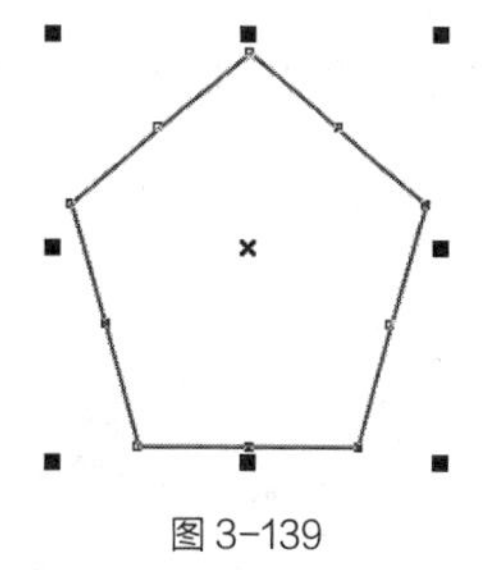

图 3-139

设置"多边形"属性栏中的"点数或边数"数值为 9，如图 3-141 所示。按 Enter 键，多边形效果如图 3-142 所示。

绘制一个多边形，如图 3-143 所示。选择"形状"工具，单击轮廓线上的节点并按住鼠标左键不放，如图 3-144 所示，向多边形内或外拖曳轮廓线上的节点，如图 3-145 所示，可以将多边形改变为星形，效果如图 3-146 所示。

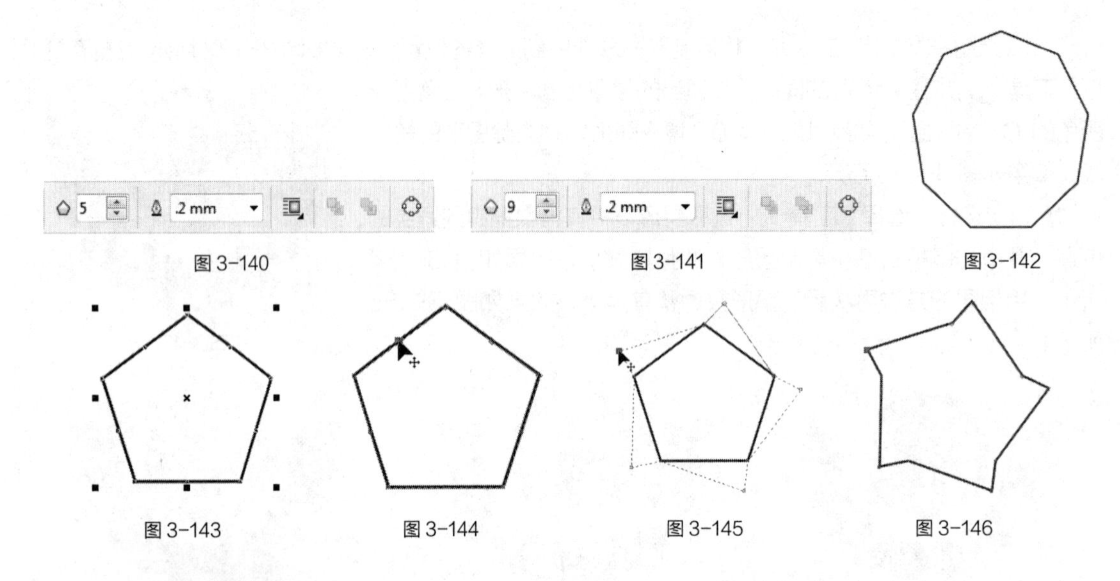

图 3-140　图 3-141　图 3-142

图 3-143　图 3-144　图 3-145　图 3-146

3.1.10　绘制星形

1. 绘制普通星形

选择“多边形”工具展开式工具栏中的“星形”工具，在绘图页面中按住鼠标左键不放，拖曳鼠标指针到需要的位置，松开鼠标左键，星形绘制完成，如图 3-147 所示，“星形”属性栏如图 3-148 所示。设置“星形”属性栏中的“点数或边数”数值为 8，按 Enter 键，星形效果如图 3-149 所示。

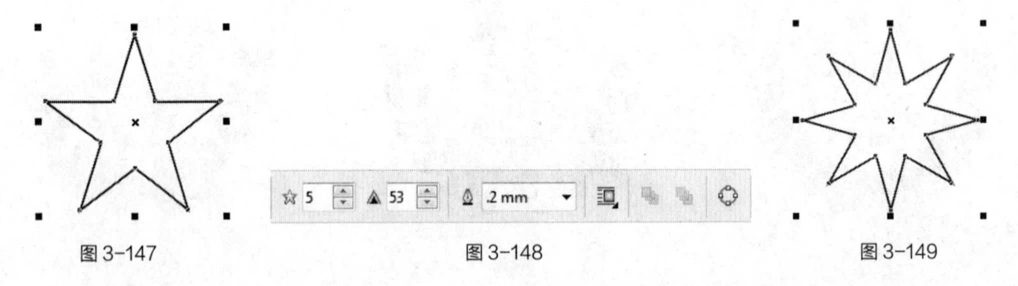

图 3-147　图 3-148　图 3-149

2. 绘制复杂星形

选择“多边形”工具展开式工具栏中的“复杂星形”工具，在绘图页面中按住鼠标左键不放，拖曳鼠标指针到需要的位置，松开鼠标左键，复杂星形绘制完成，如图 3-150 所示。其属性栏如图 3-151 所示。设置“复杂星形”属性栏中的“点数或边数”数值为 9，“锐度”数值为 3，如图 3-152 所示。按 Enter 键，复杂星形效果如图 3-153 所示。

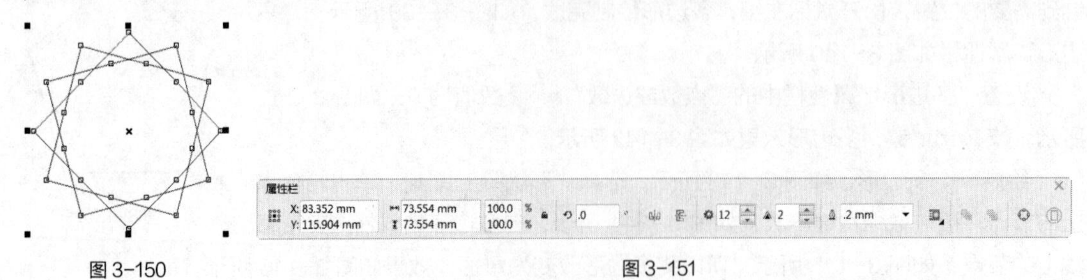

图 3-150　图 3-151

图 3-152

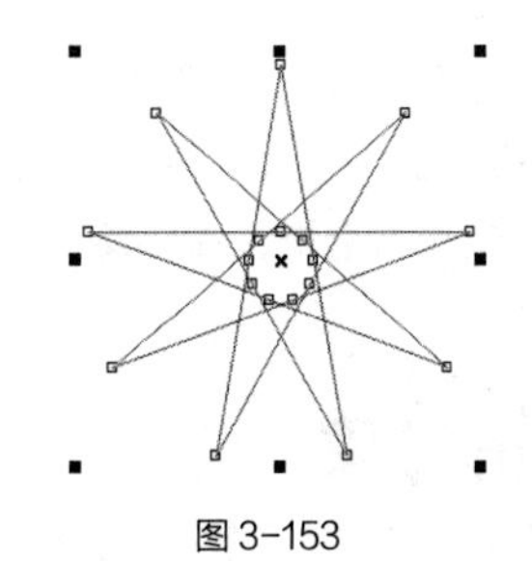

图 3-153

3.1.11　绘制螺旋形

1. 绘制对称式螺旋

选择“螺纹”工具，在绘图页面中按住鼠标左键不放，从左上角向右下角拖曳鼠标指针到需要的位置，松开鼠标左键，对称式螺旋线绘制完成，如图 3-154 所示，属性栏如图 3-155 所示。

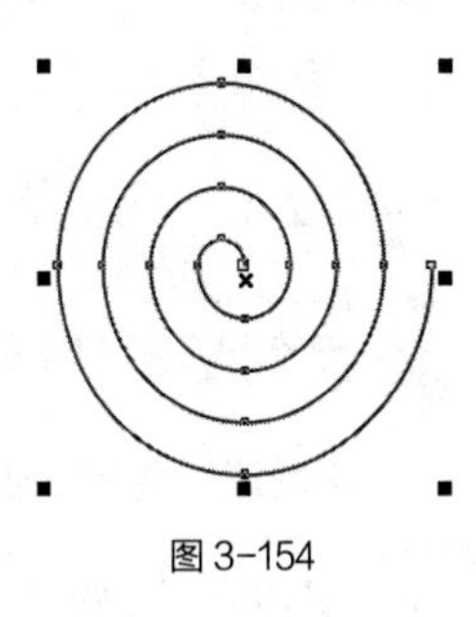

图 3-154

如果从右下角向左上角拖曳鼠标指针到需要的位置，可以绘制出反向的对称式螺旋线。在框中可以重新设定螺旋线的圈数，绘制需要的螺旋线效果。

2. 绘制对数螺旋

选择“螺纹”工具，在属性栏中单击“对数螺纹”按钮，在绘图页面中按住鼠标左键不放，从左上角向右下角拖曳鼠标指针到需要的位置，松开鼠标左键，对数式螺旋线绘制完成，如图 3-156 所示，属性栏如图 3-157 所示。

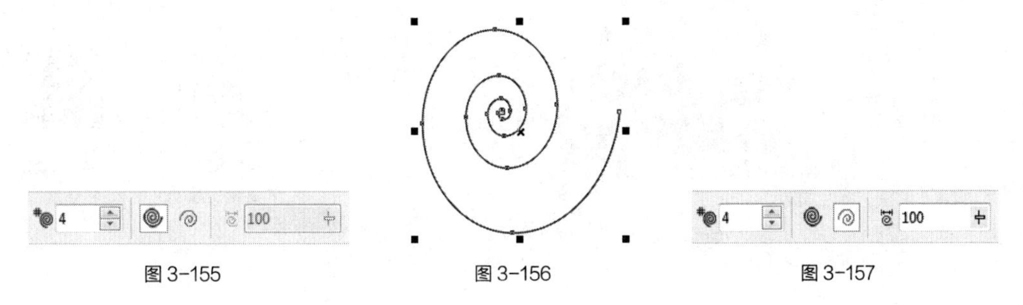

图 3-155　　图 3-156　　图 3-157

在中可以重新设定螺旋线的扩展参数，将数值分别设定为 80 和 20 时，螺旋线向外扩展的幅度会逐渐变小，如图 3-158 所示，当数值为 1 时，将绘制出对称式螺旋线。

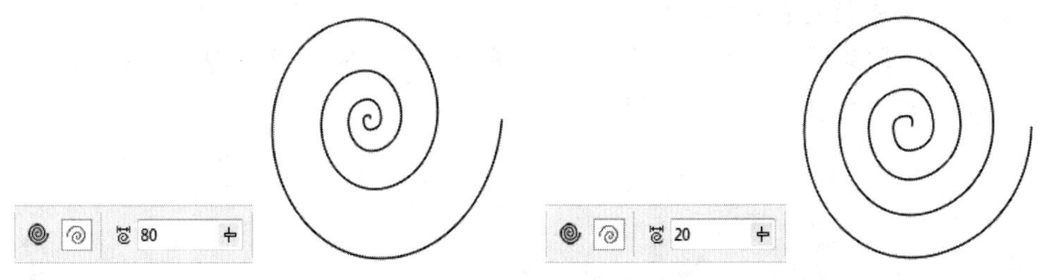

图 3-158

按 A 键，快速选择“螺纹”工具，可在绘图页面中适当的位置绘制螺旋线。

按住 Ctrl 键，在绘图页面中绘制正圆螺旋线。

按住 Shift 键，在绘图页面中会以当前点为中心绘制螺旋线。

按住 Shift+Ctrl 组合键，在绘图页面中会以当前点为中心绘制正圆螺旋线。

3.2 编辑对象

在 CorelDRAW X7 中，可以使用强大的图形对象编辑功能对图形对象进行编辑，其中包括对象的多种选取方式，对象的缩放、移动、镜像、复制、删除以及调整。本节我们将讲解多种编辑图形对象的方法和技巧。

3.2.1 课堂案例——绘制卡通汽车

案例学习目标

学习使用对象编辑方法绘制卡通汽车。

案例知识要点

使用矩形工具、椭圆形工具、变换泊坞窗、图框精确剪裁命令和水平镜像按钮绘制卡通汽车。卡通汽车效果如图 3-159 所示。

图 3-159

效果所在位置

云盘/Ch03/效果/绘制卡通汽车.cdr。

（1）按 Ctrl+N 组合键，新建一个 A4 页面。选择“矩形”工具，在属性栏中的设置如图 3-160 所示，在页面中绘制一个圆角矩形，效果如图 3-161 所示。

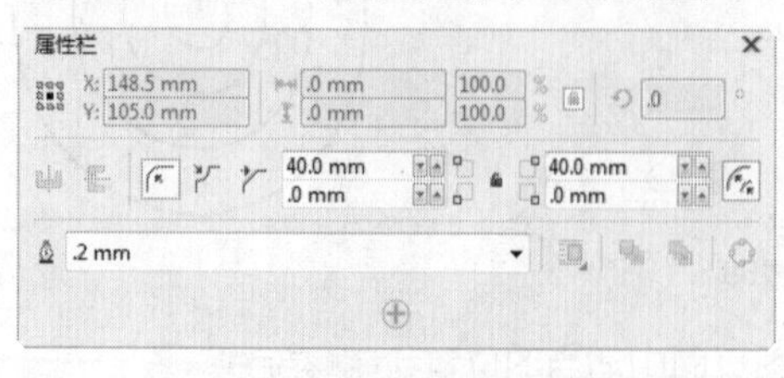

图 3-160

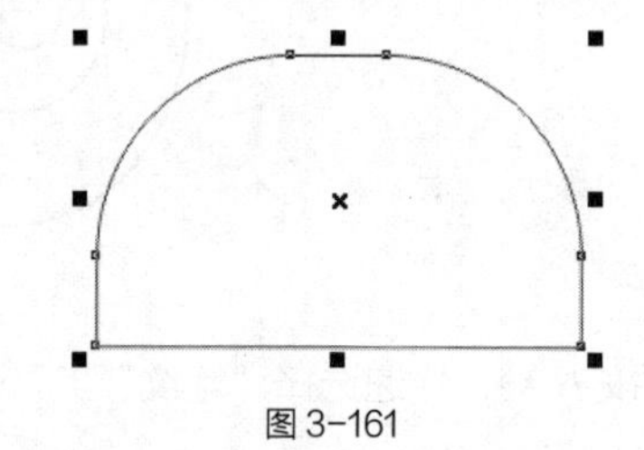

图 3-161

（2）保持图形选取状态。设置图形颜色的 CMYK 值为 0、90、100、0，填充图形，并去除图形的轮廓线，效果如图 3-162 所示。选择“选择”工具，按住 Shift 键的同时，向内拖曳圆角矩形右上角的控制手柄到适当的位置，再单击鼠标右键，复制一个圆角矩形。设置图形颜色的 CMYK 值为 60、0、20、0，填充图形，效果如图 3-163 所示。

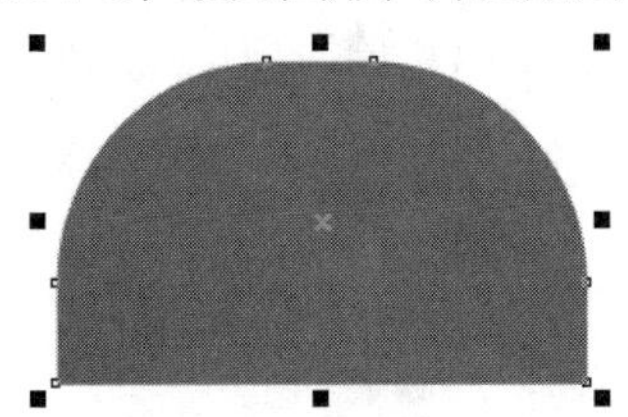
图 3-162

（3）选择“矩形”工具，绘制一个矩形，在属性栏中将“转角半径”选项均设为 30mm，按 Enter 键，圆角矩形效果如图 3-164 所示。在“CMYK 调色板”中的“90%黑”色块上单击鼠标左键，填充图形，并去除图形的轮廓线，效果如图 3-165 所示。

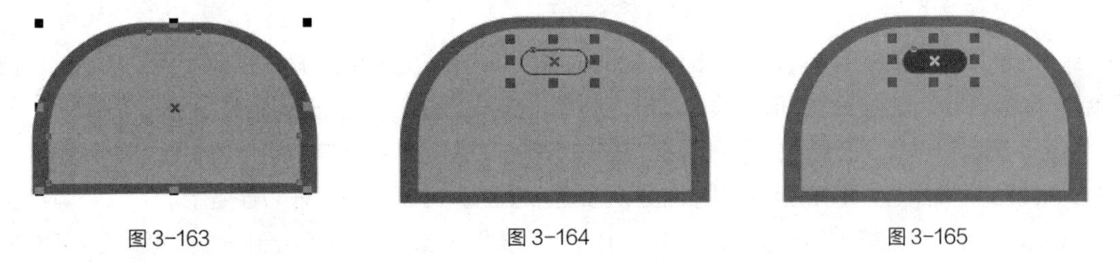
图 3-163　　图 3-164　　图 3-165

（4）选择“矩形”工具，在属性栏中的设置如图 3-166 所示，在适当的位置绘制一个圆角矩形，效果如图 3-167 所示。设置图形颜色的 CMYK 值为 0、90、100、0，填充图形，并去除图形的轮廓线，效果如图 3-168 所示。

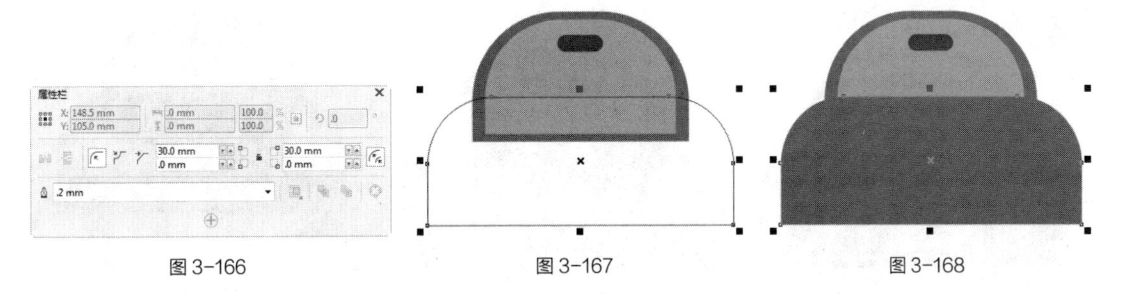

图 3-166　　图 3-167　　图 3-168

（5）选择“矩形”工具，在属性栏中的设置如图 3-169 所示，在适当的位置绘制一个圆角矩形，效果如图 3-170 所示。设置图形颜色的 CMYK 值为 60、0、20、0，填充图形，并去除图形的轮廓线，效果如图 3-171 所示。

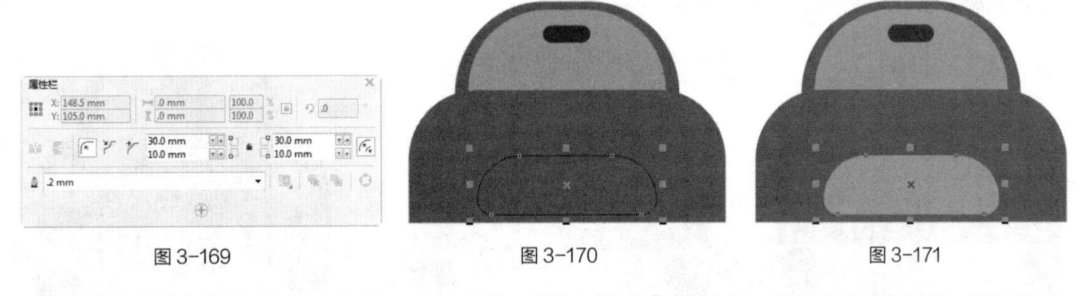

图 3-169　　图 3-170　　图 3-171

（6）保持图形选取状态。按 Alt+F9 组合键，弹出“变换”泊坞窗，选项的设置如图 3-172 所示，单击“应用”按钮。设置图形颜色的 CMYK 值为 80、0、20、20，填充图形，效果如图 3-173 所示。

（7）选择“椭圆形”工具，按住 Ctrl 键的同时，在适当的位置绘制一个圆形。设置图形颜色的 CMYK 值为 60、0、20、0，填充图形，并去除图形的轮廓线，效果如图 3-174 所示。

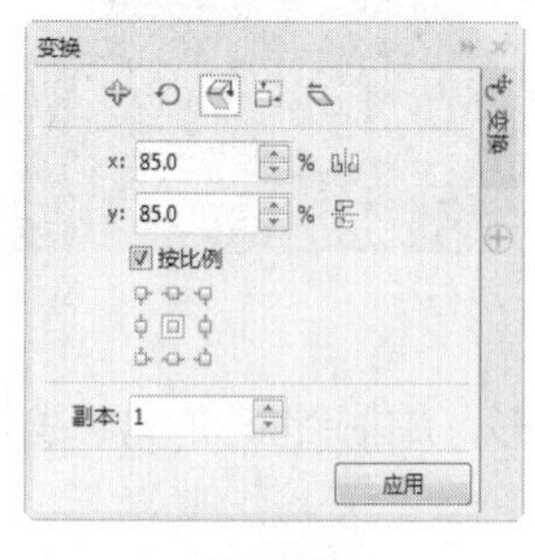

图 3-172

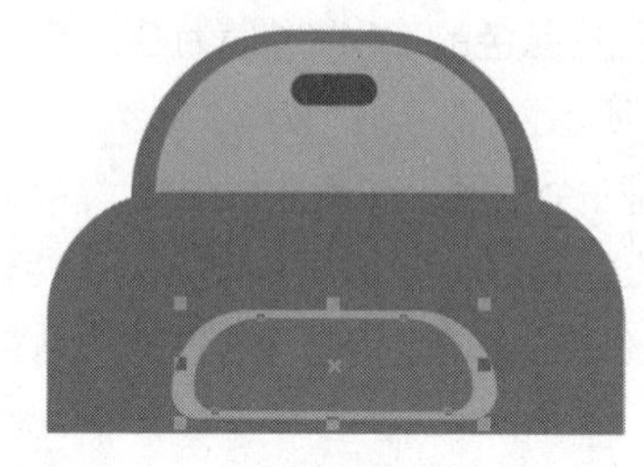

图 3-173

图 3-174

（8）选择“选择”工具，按住 Shift 键的同时，向内拖曳圆形右上角的控制手柄到适当的位置，再单击鼠标右键，复制一个圆形。填充图形为白色，效果如图 3-175 所示。

（9）选择“选择”工具，用圈选的方法选取需要的图形，按数字键盘上的+键，复制图形。按住 Shift 键的同时，水平向右拖曳复制的图形到适当的位置，效果如图 3-176 所示。

（10）选择“椭圆形”工具，按住 Ctrl 键的同时，在适当的位置绘制一个圆形。在“CMYK 调色板”中的“90%黑”色块上单击鼠标左键，填充图形，并去除图形的轮廓线，效果如图 3-177 所示。选择“选择”工具，按数字键盘上的+键，复制图形。按住 Shift 键的同时，水平向右拖曳复制的图形到适当的位置，效果如图 3-178 所示。

图 3-175　　图 3-176　　图 3-177

（11）选择“矩形”工具，绘制一个矩形，在属性栏中将“转角半径”选项均设为 10mm，按 Enter 键，圆角矩形效果如图 3-179 所示。设置图形颜色的 CMYK 值为 60、0、20、0，填充图形，并去除图形的轮廓线，效果如图 3-180 所示。

图 3-178　　图 3-179　　图 3-180

（12）选择“矩形”工具，在适当的位置绘制一个矩形，设置图形颜色的 CMYK 值为 80、0、20、20，填充图形，并去除图形的轮廓线，效果如图 3-181 所示。

（13）保持图形选取状态。在“变换”泊坞窗中单击“倾斜”按钮，切换到相应的面板，勾选“使用锚点”复选框，其他选项的设置如图 3-182 所示，单击“应用”按钮，倾斜图形，效果如图 3-183 所示。

图 3-181　　图 3-182　　图 3-183

（14）保持图形选取状态。在“变换”泊坞窗中单击“位置”按钮，切换到相应的面板，选项的设置如图 3-184 所示。单击“应用”按钮，移动并复制图形，效果如图 3-185 所示。

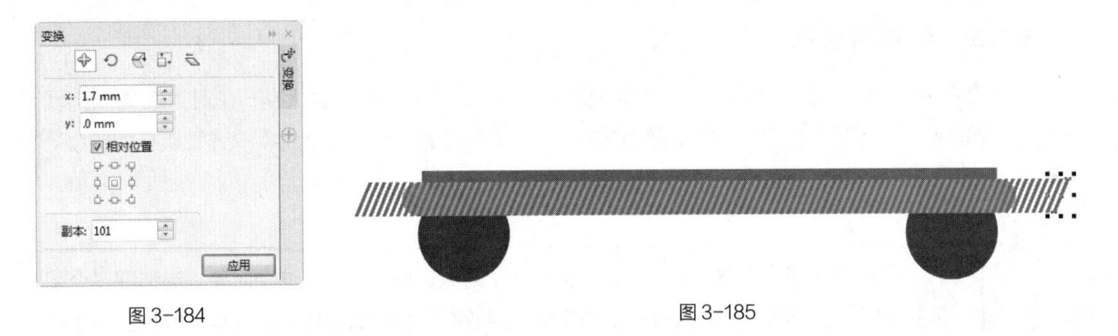

图 3-184　　图 3-185

（15）选择“选择”工具，按住 Shift 键的同时，将复制的图形同时选取，按 Ctrl+G 组合键，将其群组。按 Ctrl+PageDown 组合键，将群组图形向后移动一层，效果如图 3-186 所示。

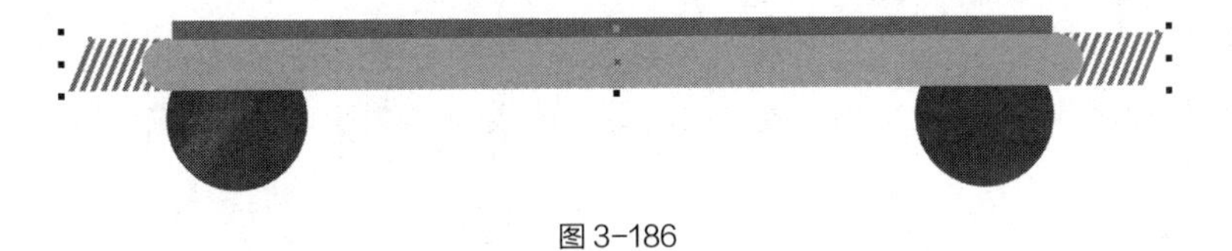
图 3-186

（16）选择“对象 > 图框精确剪裁 > 置于图文框内部”命令，鼠标指针变为黑色箭头形状。在圆角矩形上单击鼠标左键，如图 3-187 所示。将群组图形置入到圆角矩形中，效果如图 3-188 所示。

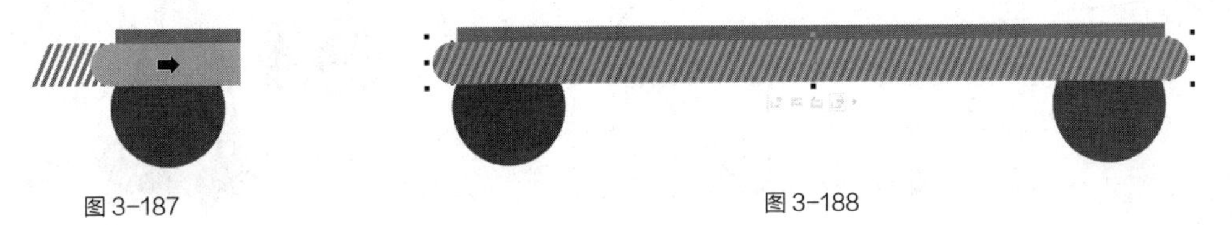
图 3-187　　图 3-188

（17）选择“三点矩形”工具，绘制一个矩形，在属性栏中将“转角半径”选项均设为 10mm，按 Enter 键，圆角矩形效果如图 3-189 所示。设置图形颜色的 CMYK 值为 60、0、20、0，填充图形，并去除图形的轮廓线，效果如图 3-190 所示。

（18）选择“选择”工具，按数字键盘上的+键，复制图形。按住 Shift 键的同时，水平向右拖曳复制的图形到适当的位置，效果如图 3-191 所示。单击属性栏中的“水平镜像”按钮，水平翻转图形，效果如图 3-192 所示。卡通汽车绘制完成。

图 3-189

图 3-190

图 3-191

图 3-192

3.2.2 对象的选取

在 CorelDRAW X7 中，新建一个图形对象时，一般图形对象呈选取状态，在对象的周围出现圈选框，圈选框由 8 个控制手柄组成。对象的中心有一个“×”形的中心标记。对象的选取状态如图 3-193 所示。

在 CorelDRAW X7 中，如果要编辑一个对象，首先要选取这个对象。当选取多个图形对象时，多个图形对象共有一个圈选框。要取消对象的选取状态，只要在绘图页面中的其他位置单击鼠标左键或按 Esc 键即可。

1．用鼠标点选的方法选取对象

选择“选择”工具，在要选取的图形对象上单击鼠标左键，即可以选取该对象。

选取多个图形对象时，按住 Shift 键，依次单击选取的对象即可。同时选取的效果如图 3-194 所示。

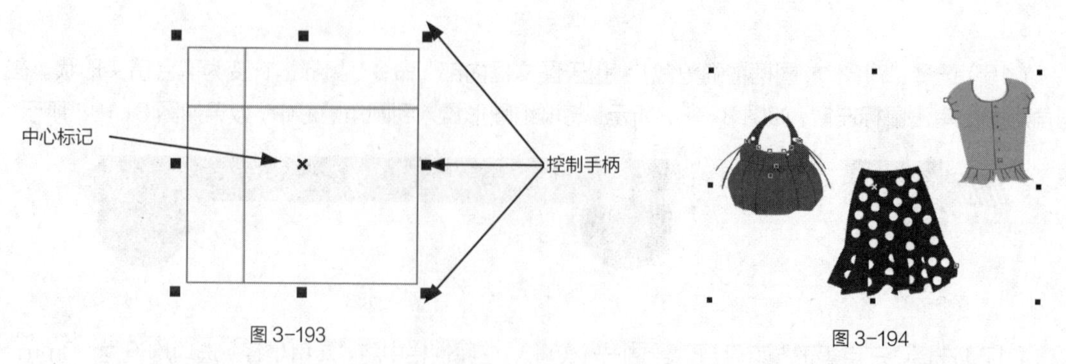

图 3-193

图 3-194

2. 用鼠标圈选的方法选取对象

选择“选择”工具，在绘图页面中要选取的图形对象外围单击鼠标左键并拖曳鼠标指针，拖曳后会出现一个蓝色的虚线圈选框，如图 3-195 所示。在圈选框完全圈选住对象后松开鼠标左键，被圈选的对象即处于选取状态，如图 3-196 所示。用圈选的方法可以同时选取一个或多个对象。

图 3-195　　图 3-196

在圈选的同时按住 Alt 键，蓝色的虚线圈选框如图 3-197 所示，接触到的对象都将被选取，如图 3-198 所示。

图 3-197　　图 3-198

3. 使用命令选取对象

选择“编辑 > 全选”子菜单下的各个命令来选取对象，按 Ctrl+A 组合键，可以选取绘图页面中的全部对象。

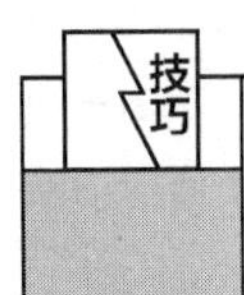

当绘图页面中有多个对象时，按空格键，快速选择“选择”工具，连续按 Tab 键，可以依次选择下一个对象。按住 Shift 键，再连续按 Tab 键，可以依次选择上一个对象。按住 Ctrl 键，用鼠标点选可以选取群组中的单个对象。

3.2.3 对象的缩放

1. 使用鼠标缩放对象

使用“选择”工具选取要缩放的对象，对象的周围出现控制手柄。

用鼠标拖曳控制手柄可以缩放对象。拖曳对角线上的控制手柄可以按比例缩放对象，如图 3-199 所示。拖曳中间的控制手柄可以不按比例缩放对象，如图 3-200 所示。

拖曳对角线上的控制手柄时，按住 Ctrl 键，对象会以 100%的比例缩放。同时按下 Shift+Ctrl 组合键，对象会以 100%的比例从中心缩放。

图 3-199　　图 3-200

2. 使用“自由变换”工具属性栏缩放对象

选择“选择”工具并选取要缩放的对象，对象的周围出现控制手柄。选择“选择”工具展开式工具栏中的“自由变换”工具，这时的属性栏如图 3-201 所示。

图 3-201

在“自由变换”属性栏中的“对象的大小”框中，输入对象的宽度和高度。如果选择了“缩放因子”框中的锁按钮，则宽度和高度将按比例缩放，只要改变宽度和高度中的任意一个值，另一个值就会自动按比例调整。

在“自由变换”属性栏中调整好宽度和高度后，按 Enter 键，完成对象的缩放。缩放的效果如图 3-202 所示。

3. 使用“变换”泊坞窗缩放对象

使用“选择”工具选取缩放对象，如图 3-203 所示。选择“窗口 > 泊坞窗 > 变换 > 大小”命令，或按 Alt+F10 组合键，弹出“变换”泊坞窗，如图 3-204 所示。其中，“y”表示宽度，“x”表示高度。如不勾选 按比例 复选框，就可以不按比例缩放对象。

图 3-202　　图 3-203

在“变换”泊坞窗中，图 3-205 所示的是可供选择的圈选框控制手柄 8 个点的位置，单击一个按钮以定义一个在缩放对象时保持固定不动的点，缩放的对象将基于这个点进行缩放，这个点可以决定缩放后的图形与原图形的相对位置。

设置好需要的数值，如图 3-206 所示，单击“应用”按钮，对象的缩放完成，效果如图 3-207 所示。在“副本”选项中输入数值，可以复制生成多个缩放好的对象。

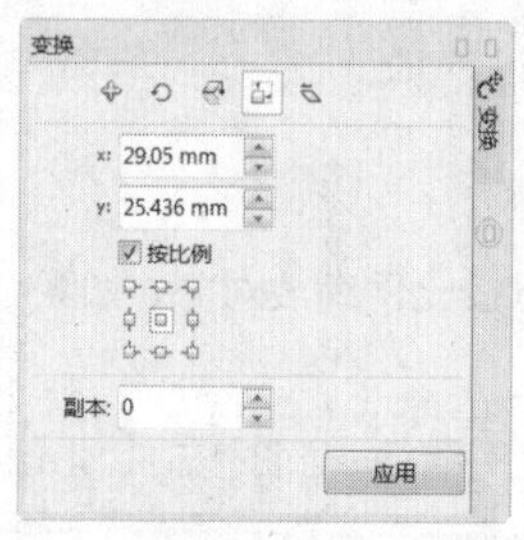

图 3-204

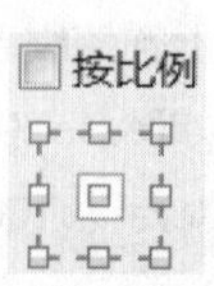

图 3-205

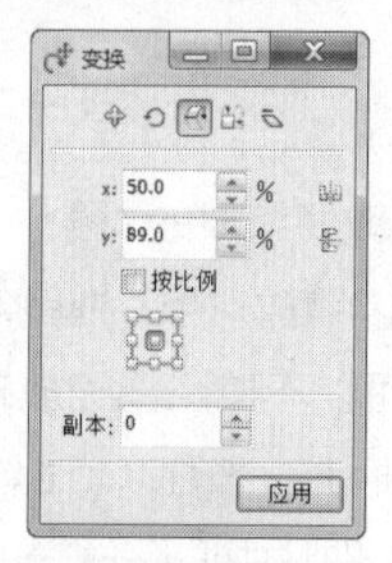

图 3-206

图 3-207

选择“窗口 > 泊坞窗 > 变换 > 比例”命令，或按 Alt+F9 组合键，在弹出的“变换”泊坞窗中可以对对象进行缩放。

3.2.4 对象的移动

1. 使用工具和键盘移动对象

使用“选择”工具选取要移动的对象，如图 3-208 所示。使用“选择”工具或其他的绘图工具，将鼠标指针移到对象的中心控制点，指针将变为十字箭头形，如图 3-209 所示。按住鼠标左键不放，拖曳对象到需要的位置，松开鼠标左键，完成对象的移动，效果如图 3-210 所示。

图 3-208　　图 3-209　　图 3-210

选取要移动的对象，用键盘上的方向键可以微调对象的位置，系统使用默认值时，对象将以 0.1 英寸的增量移动。选择“选择”工具后不选取任何对象，在属性栏中的 .1 mm 框中可以重新设定每次微调移动的距离。

2. 使用属性栏移动对象

选取要移动的对象，在属性栏的“对象的位置”框 x: -157.418 mm y: 246.815 mm 中输入对象要移动到的新位置的横坐标和纵坐标，可移动对象。

3. 使用“变换”泊坞窗移动对象

选取要移动的对象，选择“窗口 > 泊坞窗 > 变换 > 位置”命令，或按 Alt+F7 组合键，将弹出“变换”泊坞窗，“x”表示对象所在位置的横坐标，“y”表示对象所在位置的纵坐标。如选中 ☑相对位置 复选框，对象将相对于原位置的中心进行移动。设置好后，单击“应用”按钮或按 Enter 键，完成对象的移动。移动前后的位置分别如图 3-211（a）和图 3-211（b）所示。

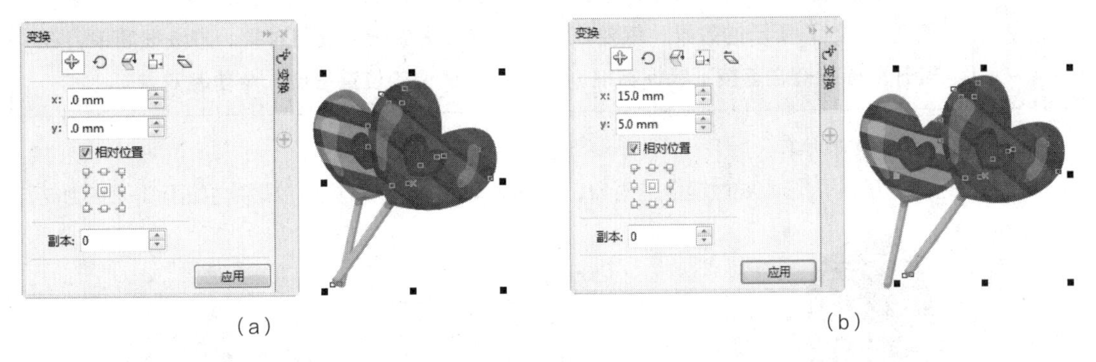

（a）　　（b）

图 3-211

设置好数值后，在“副本”选项中输入数值，可以在移动的新位置复制生成新的对象。

3.2.5 对象的镜像

镜像效果经常被应用到设计作品中。在 CorelDRAW X7 中，可以使用多种方法使对象沿水平、垂直或对角线的方向做镜像翻转。

1．使用鼠标镜像对象

选取镜像对象，如图 3-212 所示。按住鼠标左键直接拖曳控制手柄到相对的边，直到显示对象的蓝色虚线框，如图 3-213 所示，松开鼠标左键就可以得到不规则的镜像对象，如图 3-214 所示。

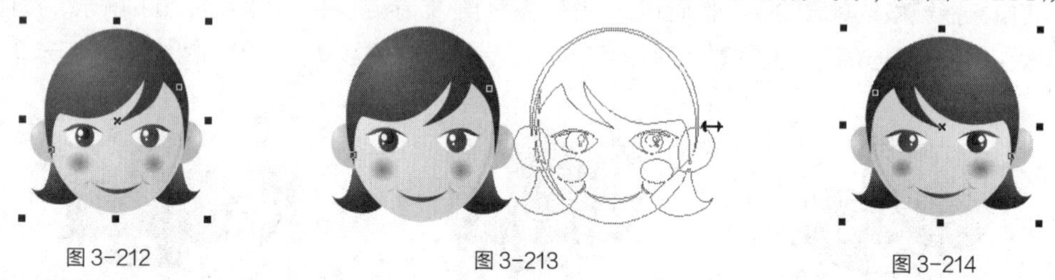

图 3-212　　图 3-213　　图 3-214

按住 Ctrl 键，直接拖曳左边或右边中间的控制手柄到相对的边，可以完成保持原对象比例的水平镜像，如图 3-215 所示。按住 Ctrl 键，直接拖曳上边或下边中间的控制手柄到相对的边，可以完成保持原对象比例的垂直镜像，如图 3-216 所示。按住 Ctrl 键，直接拖曳边角上的控制手柄到相对的边，可以完成保持原对象比例的沿对角线方向的镜像，如图 3-217 所示。

图 3-215　　图 3-216　　图 3-217

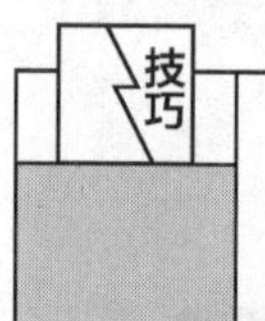

在镜像的过程中，只能使对象本身产生镜像。如果想产生图 3-215、图 3-216 和图 3-217 所示的效果，就要在镜像的位置生成一个复制对象。方法很简单，在松开鼠标左键之前按下鼠标右键，就可以在镜像的位置生成一个复制对象。

2．使用属性栏镜像对象

使用“选择”工具选取要做镜像的对象，如图 3-218 所示。这时的属性栏如图 3-219 所示。

图 3-218

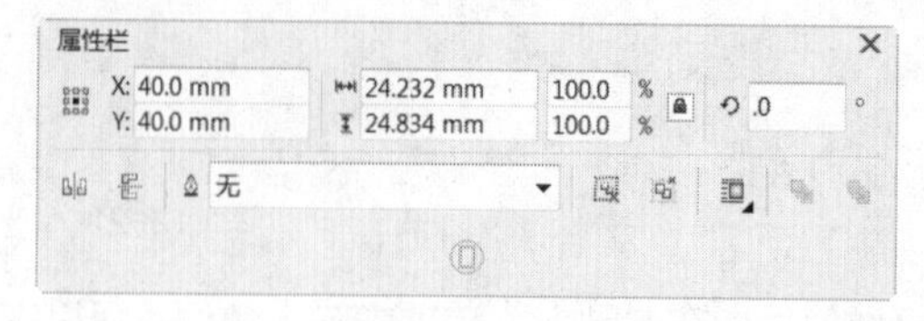

图 3-219

单击属性栏中的“水平镜像”按钮，可以使对象沿水平方向做镜像翻转；单击“垂直镜像”按钮，可以使对象沿垂直方向做镜像翻转。

3. *使用“变换”泊坞窗镜像对象*

选取要做镜像的对象，选择“窗口 > 泊坞窗 > 变换 > 比例”命令，或按 Alt+F9 组合键，弹出“变换”泊坞窗。单击“水平镜像”按钮，可以使对象沿水平方向做镜像翻转；单击“垂直镜像”按钮，可以使对象沿垂直方向做镜像翻转。设置需要的数值，单击“应用”按钮即可看到镜像效果。

还可以设置产生一个变形的镜像对象。在“变换”泊坞窗中按图 3-220 所示进行参数设定，设置好后，单击“应用”按钮，生成一个变形的镜像对象，效果如图 3-221 所示。

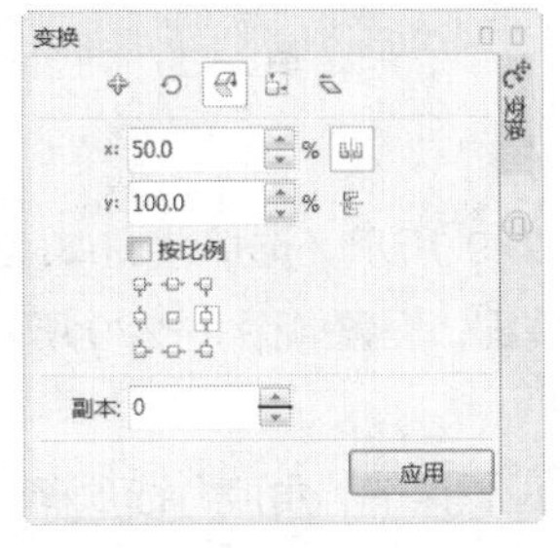

图 3-220

图 3-221

3.2.6 对象的旋转

1. *使用鼠标旋转对象*

使用“选择”工具选取要旋转的对象，对象的周围出现控制手柄。再次单击对象，这时对象的周围出现旋转和倾斜控制手柄，如图 3-222 所示。

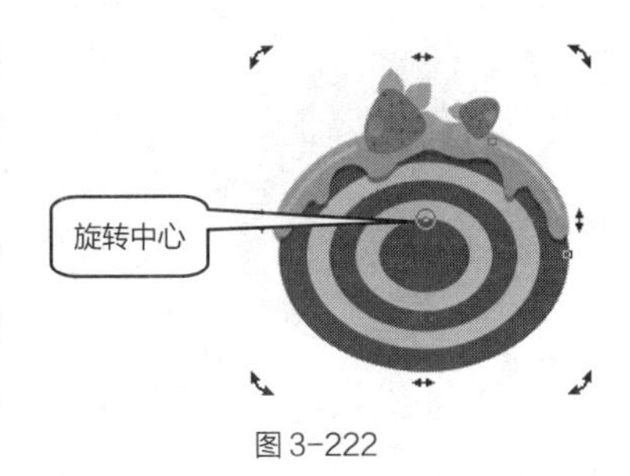

图 3-222

将鼠标指针移动到旋转控制手柄上，这时的指针变为旋转符号，如图 3-223 所示。按住鼠标左键，拖曳鼠标旋转对象，旋转时对象会出现蓝色的虚线框指示旋转方向和角度，如图 3-224 所示。旋转到需要的角度后，松开鼠标左键，完成对象的旋转，效果如图 3-225 所示。

图 3-223

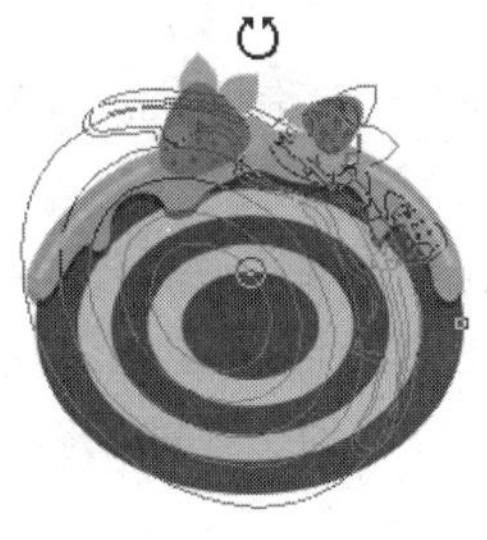
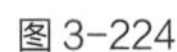
图 3-224

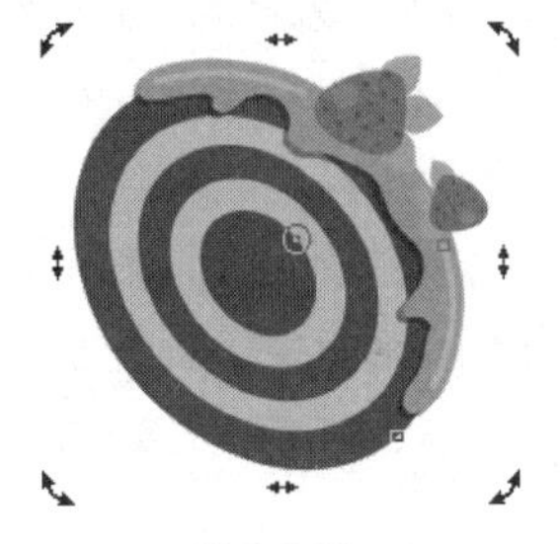
图 3-225

对象是围绕旋转中心⊙旋转的，默认的旋转中心⊙是对象的中心点，将鼠标指针移动到旋转中心上，按住鼠标左键拖曳旋转中心⊙到需要的位置，松开鼠标左键，完成对旋转中心的移动。

2. *使用属性栏旋转对象*

选取要旋转的对象，效果如图 3-226 所示。选择“选择”工具，在属性栏中的“旋转角度”文本框中输入旋转的角度数值为 30，如图 3-227 所示。按 Enter 键，效果如图 3-228 所示。

图 3-226　　图 3-227　　图 3-228

3. 使用“变换”泊坞窗旋转对象

选取要旋转的对象，如图 3-229 所示。选择“窗口 > 泊坞窗 > 变换 > 旋转”命令，或按 Alt+F8 组合键，弹出“变换”泊坞窗，设置如图 3-230 所示。也可以在已打开的“变换”泊坞窗中单击“旋转”按钮。

在“变换”泊坞窗的“旋转”设置区的“角度”选项框中直接输入旋转的角度数值，旋转角度数值可以是正值也可以是负值。在“中心”选项的设置区中输入旋转中心的坐标位置。选中“相对中心”复选框，对象的旋转将以选中的旋转中心进行。在“变换”泊坞窗中如图 3-231 所示进行设定，设置完成后，单击“应用”按钮，对象旋转的效果如图 3-232 所示。

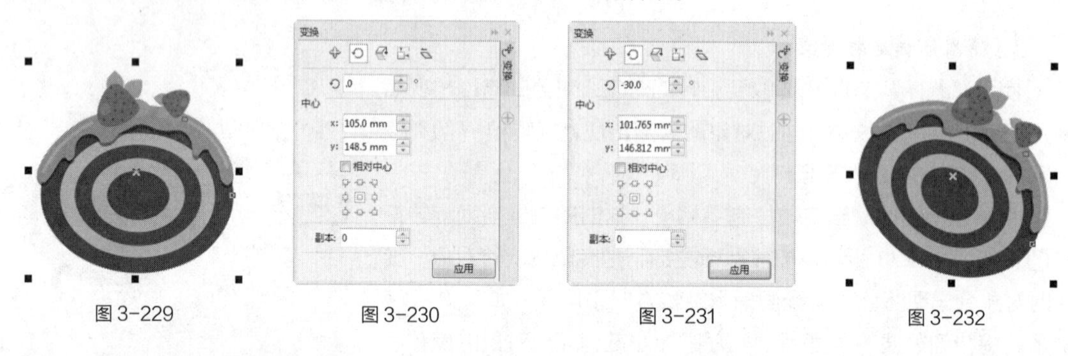

图 3-229　　图 3-230　　图 3-231　　图 3-232

3.2.7　对象的倾斜变形

1. 使用鼠标倾斜变形对象

选取要倾斜变形的对象，对象的周围出现控制手柄。再次单击对象，这时对象的周围出现旋转和倾斜控制手柄，如图 3-233 所示。

将鼠标指针移动到倾斜控制手柄上，光标变为倾斜符号，如图 3-234 所示。按住鼠标左键，拖曳鼠标变形对象，倾斜变形时对象会出现蓝色的虚线框指示倾斜变形的方向和角度，如图 3-235 所示。倾斜到需要的角度后，松开鼠标左键，对象倾斜变形的效果如图 3-236 所示。

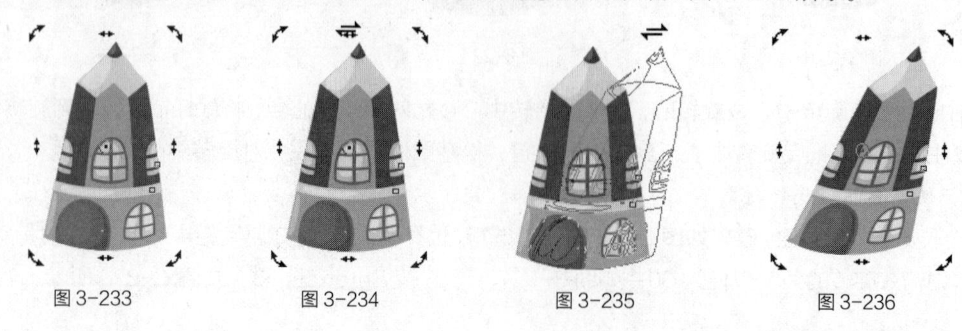
图 3-233　　图 3-234　　图 3-235　　图 3-236

2. 使用“变换”泊坞窗倾斜变形对象

选取倾斜变形对象，如图 3-237 所示。选择“窗口 > 泊坞窗 > 变换 > 倾斜”命令，弹出“变换”泊坞窗，如图 3-238 所示。也可以在已打开的“变换”泊坞窗中单击“倾斜”按钮。

在“变换”泊坞窗中设定倾斜变形对象的数值，如图 3-239 所示。单击“应用”按钮，对象产生倾斜变形，效果如图 3-240 所示。

图 3-237

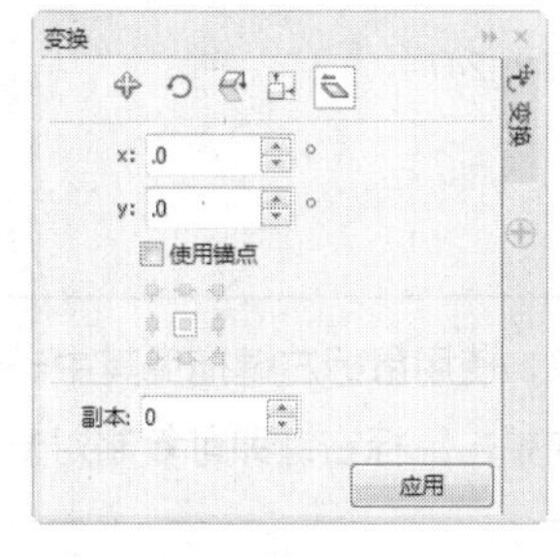

图 3-238

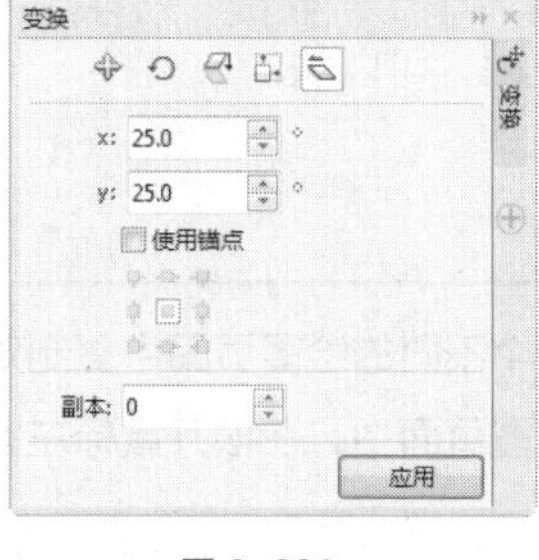

图 3-239

图 3-240

3.2.8 对象的复制

1. 使用命令复制对象

选取要复制的对象，如图 3-241 所示。选择“编辑 > 复制”命令，或按 Ctrl+C 组合键，对象的副本将被放置在剪贴板中。选择“编辑 > 粘贴”命令，或按 Ctrl+V 组合键，对象的副本被粘贴到原对象的下面，位置和原对象是相同的。用鼠标移动对象，可以显示复制的对象，如图 3-242 所示。

图 3-241

图 3-242

选择“编辑 > 剪切”命令，或按 Ctrl+X 组合键，对象将从绘图页面中删除并被放置在剪贴板上。

2. 使用鼠标拖曳方式复制对象

选取要复制的对象，如图 3-243 所示。将鼠标指针移动到对象的中心点上，指针变为移动光标✥，如图 3-244 所示。按住鼠标左键拖曳对象到需要的位置，如图 3-245 所示。拖曳至合适的位置后单击鼠标右键，对象的复制完成，效果如图 3-246 所示。

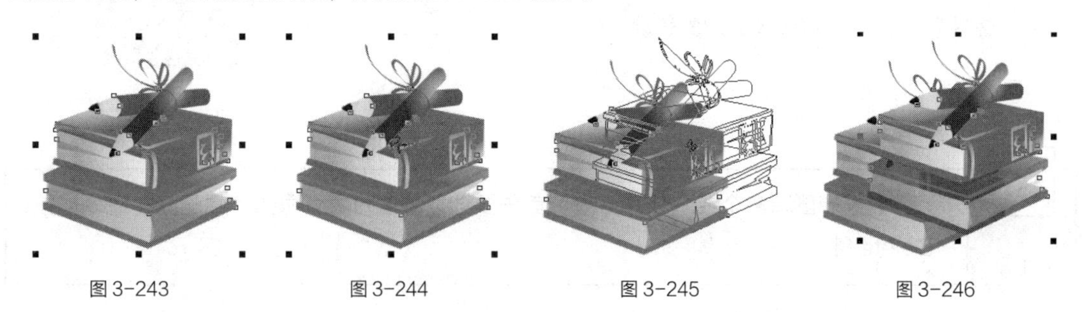

图 3-243　　图 3-244　　图 3-245　　图 3-246

选取要复制的对象，用鼠标右键单击并拖曳对象到需要的位置，松开鼠标右键后弹出如图 3-247 所示的快捷菜单，选择“复制”命令，完成对象的复制，如图 3-248 所示。

使用“选择”工具选取要复制的对象，在数字键盘上按+键，可以快速复制对象。

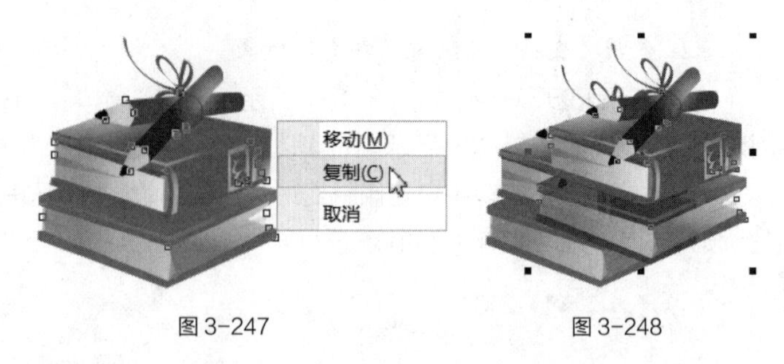

图 3-247　　图 3-248

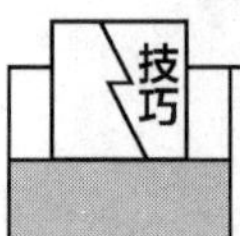

可以在两个不同的绘图页面中复制对象，使用鼠标左键拖曳其中一个绘图页面中的对象到另一个绘图页面中，在松开鼠标左键前单击鼠标右键即可复制对象。

3. *使用命令复制对象属性*

选取要复制属性的对象，如图 3-249 所示。选择“编辑 > 复制属性自”命令，弹出“复制属性”对话框，在对话框中勾选“填充”复选框，如图 3-250 所示，单击“确定”按钮，鼠标指针显示为黑色箭头。在要复制其属性的对象上单击，如图 3-251 所示，对象的属性复制完成，效果如图 3-252 所示。

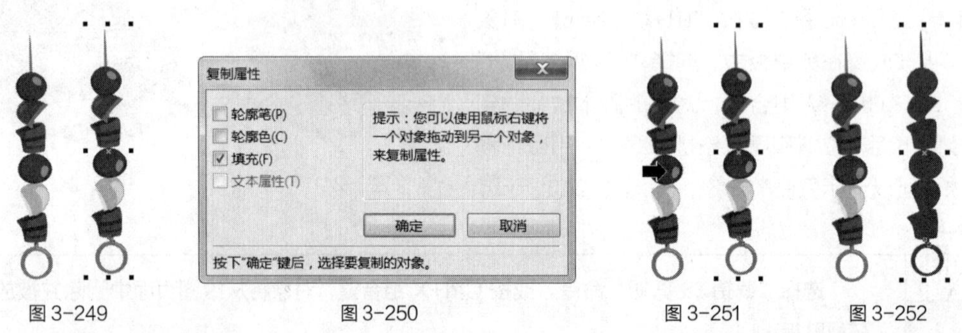

图 3-249　　图 3-250　　图 3-251　　图 3-252

3.2.9　对象的删除

在 CorelDRAW X7 中，可以方便快捷地删除对象。下面我们来介绍如何删除不需要的对象。

选取要删除的对象，选择“编辑 > 删除”命令，或按 Delete 键，如图 3-253 所示，可以将选取的对象删除。

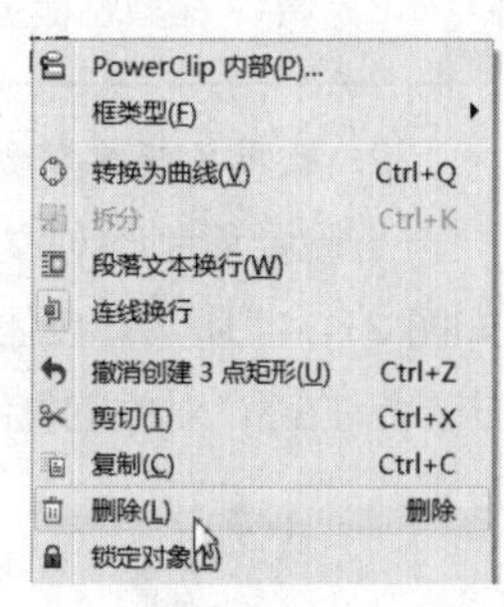

图 3-253

如果想删除多个或全部的对象，首先要选取这些对象，再执行“删除”命令或按 Delete 键。

课堂练习——绘制饮品标志

练习知识要点

使用矩形工具绘制背景；使用星形工具、椭圆形工具、三点椭圆形工具绘制杯子；使用三点矩形工具绘制吸管；使用三点椭圆形工具绘制果实；使用文本工具输入标志文字。效果如图 3-254 所示。

图 3-254

效果所在位置

云盘/Ch03/效果/绘制饮品标志.cdr。

课后习题——绘制卡通手表

习题知识要点

使用椭圆形工具和矩形工具绘制表盘和表带；使用矩形工具和简化命令制作表扣。效果如图 3-255 所示。

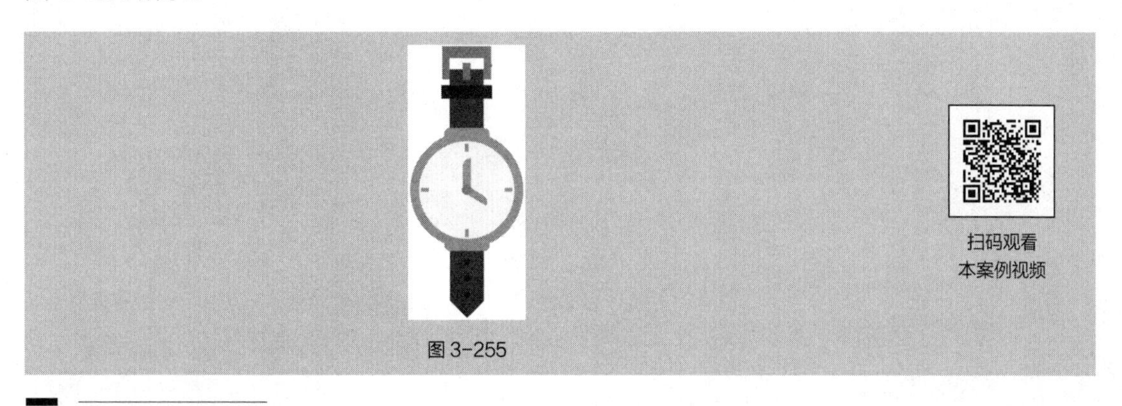

图 3-255

效果所在位置

云盘/Ch03/效果/绘制卡通手表.cdr。

04

第4章 绘制和编辑曲线

在 CorelDRAW X7 中，提供了多种绘制和编辑曲线的方法。绘制曲线是进行图形作品绘制的基础，而应用修整功能可以制作出复杂多变的图形效果。通过对本章的学习，读者可以更好地掌握绘制曲线和修整图形的方法，为绘制出更复杂、更绚丽的作品打好基础。

课堂学习目标

- 掌握绘制和编辑曲线的方法
- 掌握修整图形的技巧

4.1 绘制曲线

在 CorelDRAW X7 中，绘制出的作品都是由几何对象构成的，而几何对象的构成元素是直线和曲线。通过学习绘制直线和曲线，我们可以进一步掌握 CorelDRAW X7 强大的绘图功能。

4.1.1 课堂案例——绘制卡通猫

案例学习目标

学习使用三点曲线工具、B 样条工具、二点线工具和贝塞尔工具绘制卡通猫。

案例知识要点

使用贝塞尔工具绘制卡通猫身体；使用钢笔工具绘制卡通猫尾巴；使用三点曲线工具、B 样条工具、二点线工具绘制装饰图形；使用轮廓笔对话框填充图形。卡通猫效果如图 4-1 所示。

图 4-1

效果所在位置

云盘/Ch04/效果/绘制卡通猫.cdr。

（1）按 Ctrl+N 组合键，新建一个 A4 页面。选择“贝塞尔”工具，在适当的位置绘制一个图形，如图 4-2 所示。设置图形颜色的 CMYK 值为 2、64、47、0，填充图形，在“无填充”按钮☒上单击鼠标右键，去除图形的轮廓线，效果如图 4-3 所示。

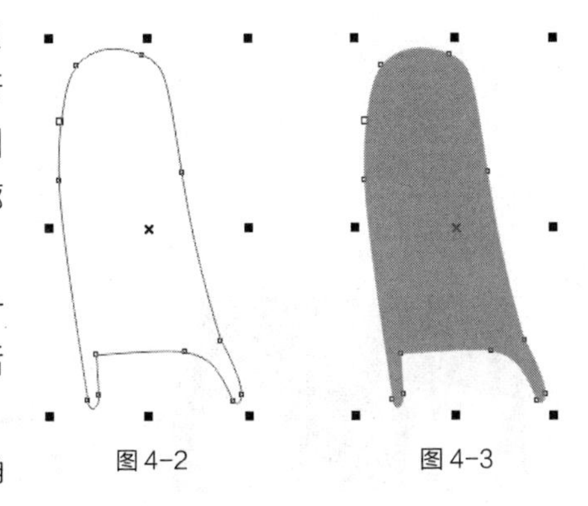

图 4-2　　图 4-3

（2）选择“三点曲线”工具，在适当的位置绘制一条曲线，如图 4-4 所示。按 F12 键，弹出“轮廓笔”对话框，在“颜色”选项中设置轮廓线颜色的 CMYK 值为 62、100、100、59，其他选项的设置如图 4-5 所示。单击“确定”按钮，效果如图 4-6 所示。

（3）选择“选择”工具，按数字键盘上的+键，复制图形。按住 Shift 键的同时，水平向右拖曳图形到适当的位置，效果如图 4-7 所示。

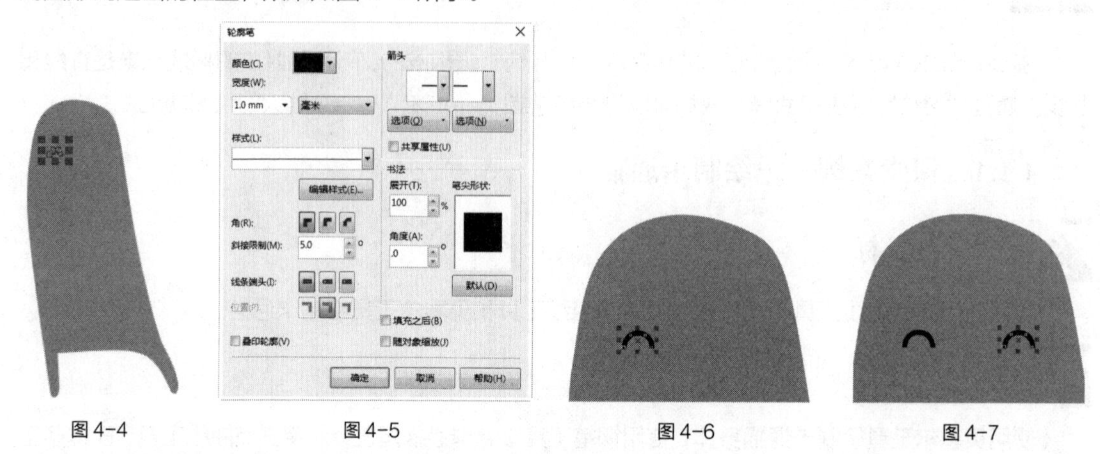

图 4-4 图 4-5 图 4-6 图 4-7

（4）选择“椭圆形”工具，按住 Ctrl 键的同时，绘制一个圆形。设置图形颜色为白色，填充图形，并去除图形的轮廓线，效果如图 4-8 所示。

（5）选择“选择”工具，按数字键盘上的+键，复制图形。按住 Shift 键的同时，水平向右拖曳图形到适当的位置，效果如图 4-9 所示。

（6）选择“B 样条”工具，在适当的位置绘制一个图形，如图 4-10 所示。设置图形颜色的 CMYK 值为 62、100、100、59，填充图形，效果如图 4-11 所示。

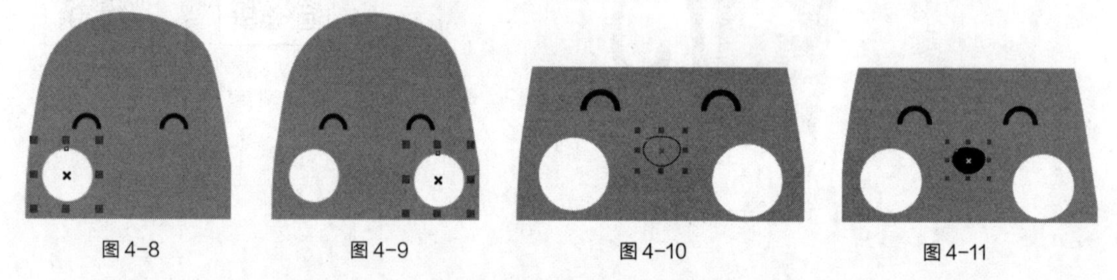

图 4-8 图 4-9 图 4-10 图 4-11

（7）选择“B 样条”工具，在适当的位置绘制一条曲线，如图 4-12 所示。按 F12 键，弹出“轮廓笔”对话框，在“颜色”选项中设置轮廓线颜色的 CMYK 值为 62、100、100、59，其他选项的设置如图 4-13 所示。单击“确定”按钮，效果如图 4-14 所示。

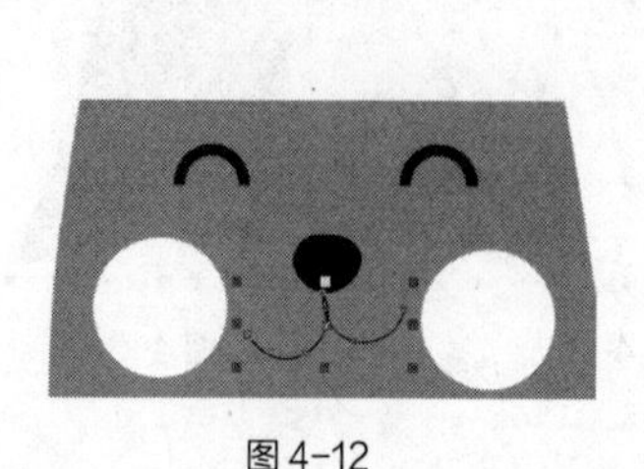

图 4-12

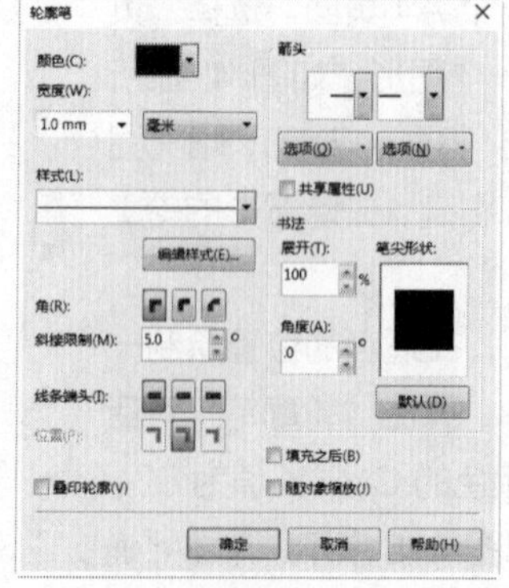

图 4-13

图 4-14

（8）选择“B 样条”工具，在适当的位置绘制一个图形，设置图形颜色为白色，填充图形，并去除图形的轮廓线，效果如图 4-15 所示。按 Ctrl+PageDown 组合键，后移图形，效果如图 4-16 所示。

（9）选择“二点线”工具，绘制一条直线，如图 4-17 所示。按 F12 键，弹出“轮廓笔”对话框，在“颜色”选项中设置轮廓线颜色的 CMYK 值为 62、100、100、59，其他选项的设置如图 4-18 所示，单击“确定”按钮，效果如图 4-19 所示。用相同的方法绘制其他图形，效果如图 4-20 所示。

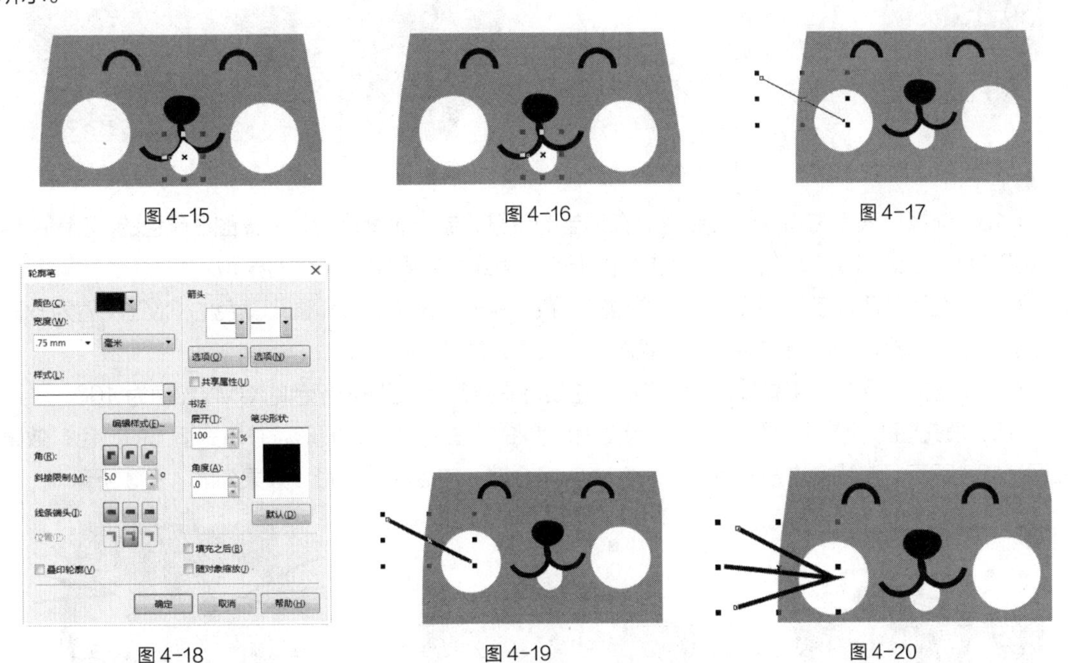

图 4-15　图 4-16　图 4-17

图 4-18　图 4-19　图 4-20

（10）选择“选择”工具，用圈选的方法选取需要的图形，如图 4-21 所示，按 Ctrl+G 组合键，将其进行群组。按数字键盘上的+键，复制图形。单击属性栏中的“水平镜像”按钮，水平翻转复制的图形，再单击属性栏中的“垂直镜像”按钮，垂直翻转复制的图形，将其拖曳到适当的位置，效果如图 4-22 所示。

（11）选择“贝塞尔”工具，在适当的位置绘制一个图形，设置图形颜色的 CMYK 值为 62、100、100、59，填充图形，并去除图形的轮廓线，效果如图 4-23 所示。连续多次按 Ctrl+PageDown 组合键，向后移动图形，效果如图 4-24 所示。

图 4-21　图 4-22　图 4-23　图 4-24

（12）选择“三点曲线”工具，绘制一条曲线，如图 4-25 所示，按 F12 键，弹出“轮廓笔”对话框，在“颜色”选项中设置轮廓线颜色的 CMYK 值为 2、64、47、0，其他选项的设置如图 4-26

所示，单击“确定”按钮，效果如图 4-27 所示。用相同的方法绘制其他曲线，效果如图 4-28 所示。

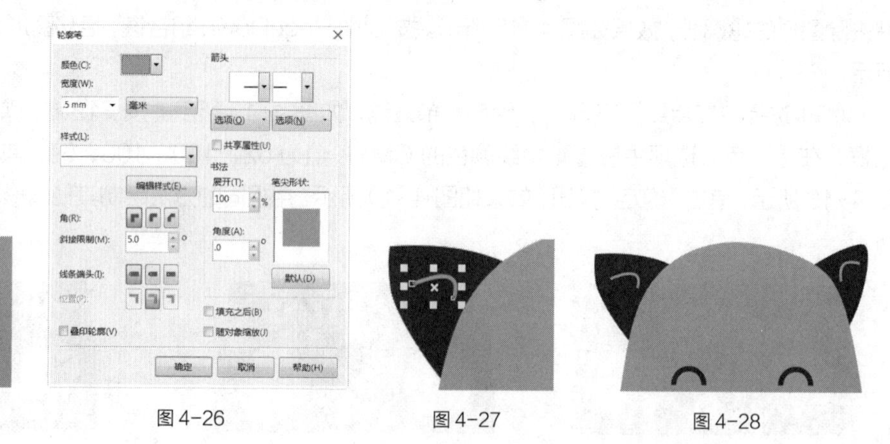

图 4-25　　图 4-26　　图 4-27　　图 4-28

（13）选择“三点椭圆形”工具，在适当的位置绘制一个椭圆形，设置图形颜色的 CMYK 值为 100、89、55、16，填充图形，并去除图形的轮廓线，效果如图 4-29 所示。

（14）选择“B 样条”工具，在适当的位置绘制一个图形，设置图形颜色的 CMYK 值为 69、11、26、0，填充图形，并去除图形的轮廓线，效果如图 4-30 所示。

（15）选择“钢笔”工具，在适当的位置绘制图形，设置图形颜色的 CMYK 值为 100、89、55、16，填充图形，效果如图 4-31 所示。用相同的方法绘制其他图形，并填充适当的颜色，效果如图 4-32 所示。连续多次按 Ctrl+PageDown 组合键，向后移动图形，效果如图 4-33 所示。

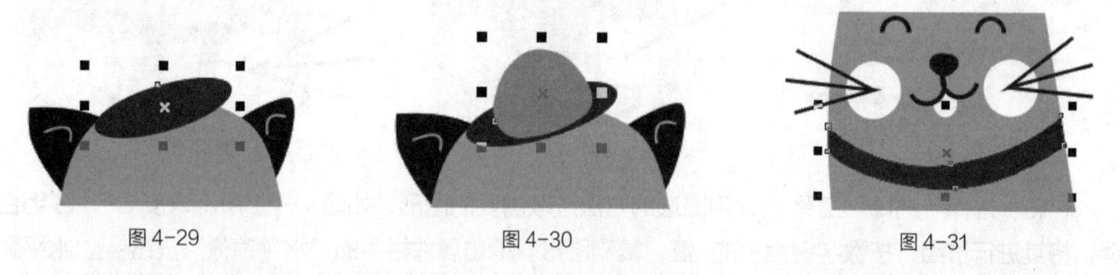

图 4-29　　图 4-30　　图 4-31

（16）选择“B 样条”工具，在适当的位置绘制一个图形，设置图形颜色的 CMYK 值为 69、11、26、0，填充图形，并去除图形的轮廓线，效果如图 4-34 所示。用相同的方法绘制其他图形，并分别填充适当的颜色，效果如图 4-35 所示。卡通猫绘制完成。

图 4-32　　图 4-33　　图 4-34　　图 4-35

4.1.2 认识曲线

在 CorelDRAW X7 中，曲线是矢量图形的组成部分。可以使用绘图工具绘制曲线，也可以将任何的矩形、多边形、椭圆以及文本对象转换成曲线。下面我们对曲线的节点、线段、控制线和控制点等概念进行讲解。

节点：构成曲线的基本要素。可以通过定位、调整节点、调整节点上的控制点来绘制和改变曲线的形状。通过在曲线上增加或删除节点可以使曲线的绘制更加简便。通过转换节点的性质，可以将直线和曲线的节点相互转换，使直线段转换为曲线段或曲线段转换为直线段。

线段：两个节点之间的部分。线段包括直线段和曲线段，直线段在转换成曲线段后，可以进行曲线特性的操作，如图 4-36 所示。

控制线：在绘制曲线的过程中，节点的两端会出现蓝色的虚线。选择“形状”工具，在已经绘制好的曲线的节点上单击鼠标左键，节点的两端会出现控制线。

直线的节点没有控制线。直线段转换为曲线段后，节点上会出现控制线。

控制点：在绘制曲线的过程中，节点的两端会出现控制线，在控制线的两端是控制点。通过拖曳或移动控制点可以调整曲线的弯曲程度，如图 4-37 所示。

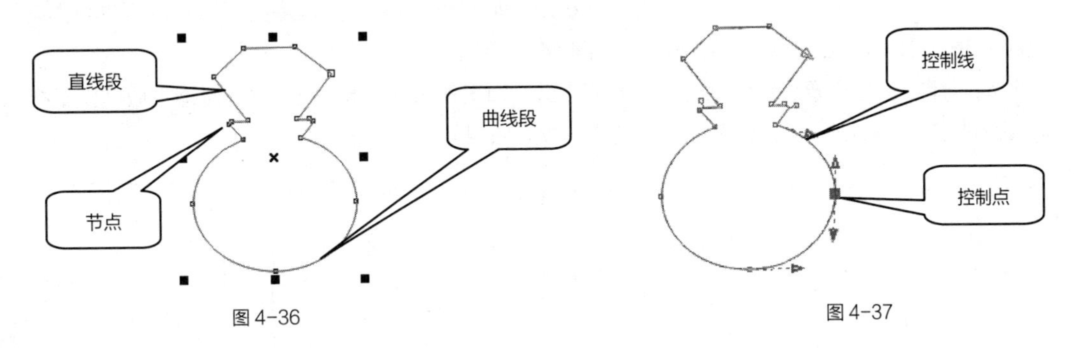

图 4-36　　图 4-37

4.1.3 手绘工具的使用

1. 绘制直线

选择“手绘”工具，在绘图页面中单击鼠标左键以确定直线的起点，鼠标指针变为十字形，如图 4-38 所示。松开鼠标左键，拖曳指针到直线的终点位置后单击鼠标左键，一条直线绘制完成，如图 4-39 所示。

选择“手绘”工具，在绘图页面中单击鼠标左键以确定直线的起点，在绘制过程中，确定其他节点时都要双击鼠标左键，在要闭合的终点上单击鼠标左键，完成直线式闭合图形的绘制，效果如图 4-40 所示。

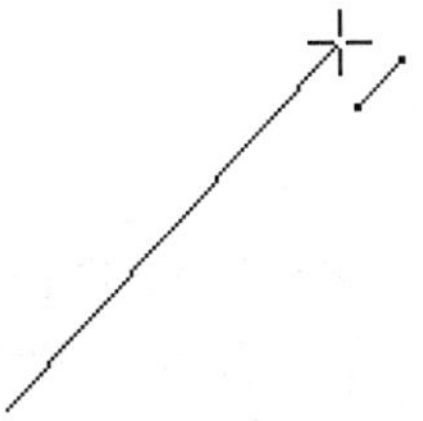

图 4-38 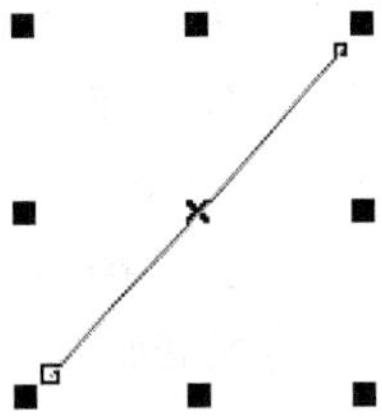　　图 4-39

2. 绘制曲线

选择“手绘”工具，在绘图页面中单击鼠标左键以确定曲线的起点，同时按住鼠标左键并拖曳鼠标绘制需要的曲线，松开鼠标左键，一条曲线绘制完成，效果如图 4-41 所示。拖曳鼠标，使曲线的起点和终点位置重合，一条闭合的曲线绘制完成，如图 4-42 所示。

3. 绘制直线和曲线的混合图形

使用“手绘”工具，在绘图页面中可以绘制出直线和曲线的混合图形，其具体操作步骤如下。

选择“手绘”工具，在绘图页面中单击鼠标左键确定曲线的起点，同时按住鼠标左键并拖曳鼠标绘制需要的曲线，松开鼠标左键，一条曲线绘制完成，如图 4-43 所示。

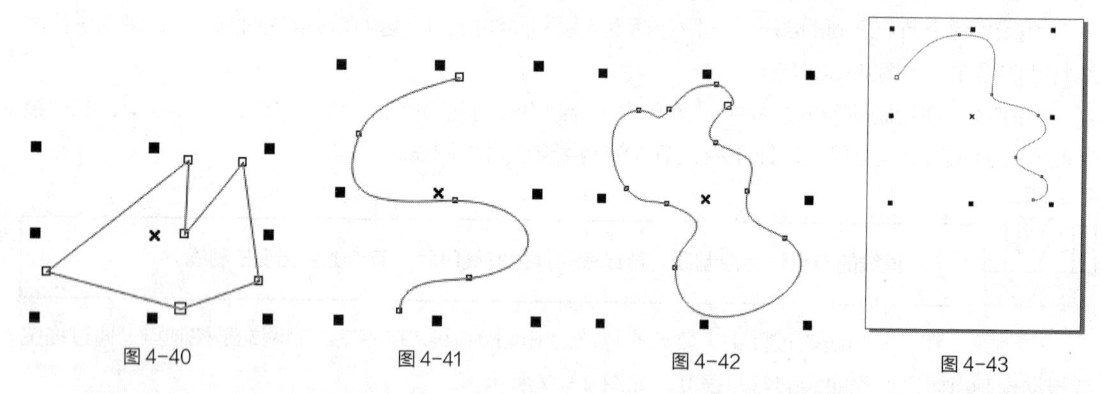

图 4-40　图 4-41　图 4-42　图 4-43

在要继续绘制出直线的节点上单击鼠标左键，如图 4-44 所示，再拖曳鼠标并在需要的位置单击鼠标左键，可以绘制出一条直线，效果如图 4-45 所示。

将鼠标指针放在要继续绘制的曲线的节点上，如图 4-46 所示，按住鼠标左键不放拖曳鼠标绘制需要的曲线，松开鼠标左键后图形绘制完成，效果如图 4-47 所示。

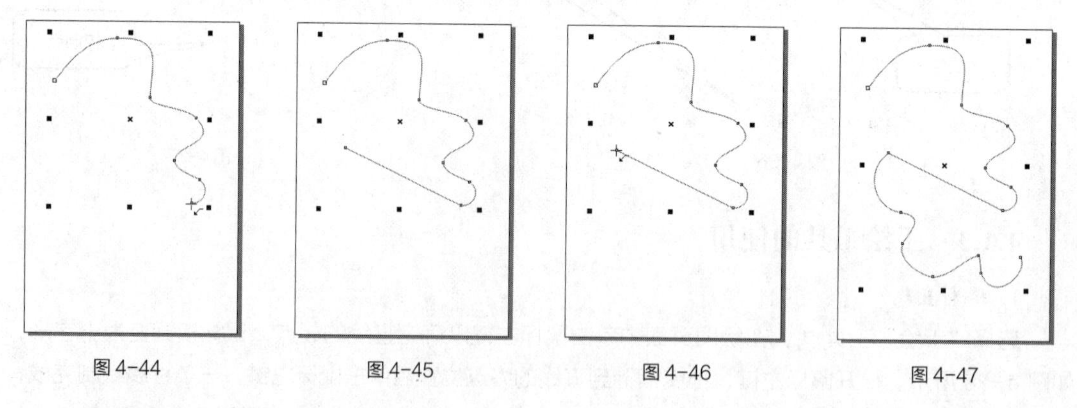

图 4-44　图 4-45　图 4-46　图 4-47

4. 设置手绘工具属性

在 CorelDRAW X7 中，可以根据不同的情况来设定手绘工具的属性以提高工作效率。下面我们介绍手绘工具属性的设置方法。

双击“手绘”工具的图标，弹出图 4-48 所示的“选项”对话框。

在对话框中的“手绘/贝塞尔工具”设置区中可以设置手绘工具的属性。

“手绘平滑”选项用于设置手绘过程中曲线的平滑程度，它决定了绘制出的曲线和鼠标指针移动轨迹的匹配程度。设定的数值可以在 0 ~ 100，不同的设置值会有不同的绘制效果。数值设置得越小，平滑的程度越高；数值设置得越大，平滑的程度越低。

"边角阈值"选项用于设置边角节点的平滑度。数值越大，节点越尖；数值越小，节点越平滑。

"直线阈值"选项用于设置手绘曲线相对于直线路径的偏移量。

"边角阈值"和"直线阈值"的设定值越大，绘制的曲线越接近直线。

"自动连结"选项用于设置在绘图时两个端点自动连接的接近程度。当鼠标指针接近设置的半径范围内时，曲线将自动连接成封闭的曲线。

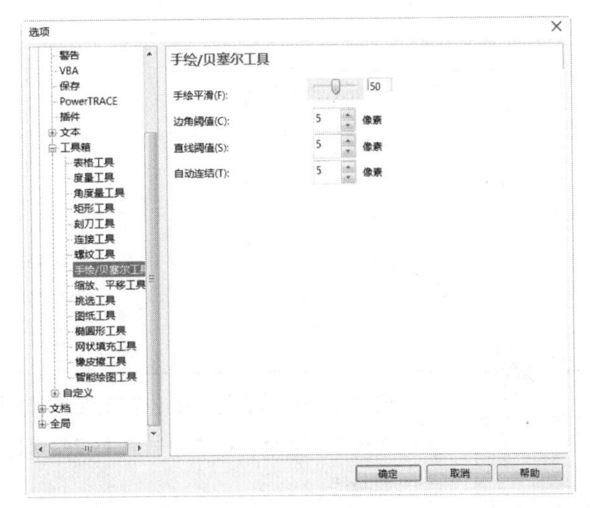

图 4-48

4.1.4 贝塞尔工具的使用

"贝塞尔"工具可以绘制平滑、精确的曲线。可以通过确定节点和改变控制点的位置来控制曲线的弯曲度，还可以使用节点和控制点对绘制完的直线或曲线进行精确地调整。

1. **绘制直线和折线**

选择"贝塞尔"工具，在绘图页面中单击鼠标左键以确定直线的起点，拖曳鼠标指针到需要的位置，再单击鼠标左键以确定直线的终点，绘制出一段直线。只要确定下一个节点，就可以绘制出折线的效果，如果想绘制出多个折角的折线，只要继续确定节点即可，如图 4-49 所示。

如果双击折线上的节点，将删除这个节点，折线的另外两个节点将自动连接，效果如图 4-50 所示。

2. **绘制曲线**

选择"贝塞尔"工具，在绘图页面中按住鼠标左键并拖曳鼠标指针以确定曲线的起点，松开鼠标左键，这时该节点的两边出现控制线和控制点，如图 4-51 所示。

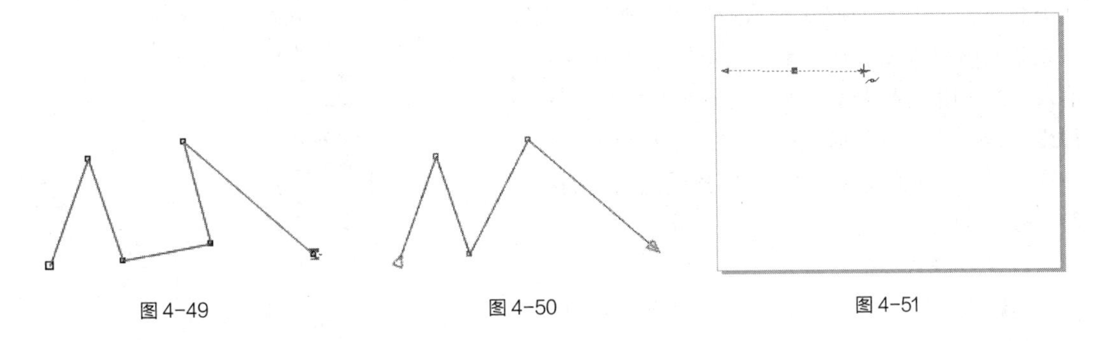

图 4-49　　图 4-50　　图 4-51

将鼠标指针移动到需要的位置单击并按住鼠标左键，在两个节点间出现一条曲线段，拖曳鼠标，第 2 个节点的两边出现控制线和控制点，控制线和控制点会随着鼠标指针的移动而发生变化，曲线的形状也会随之发生变化。调整到需要的效果后松开鼠标左键，如图 4-52 所示。

在下一个需要的位置单击鼠标左键后，将出现一条连续的平滑曲线，如图 4-53 所示。用"形状"工具在第 2 个节点处单击鼠标左键，出现控制线和控制点，效果如图 4-54 所示。

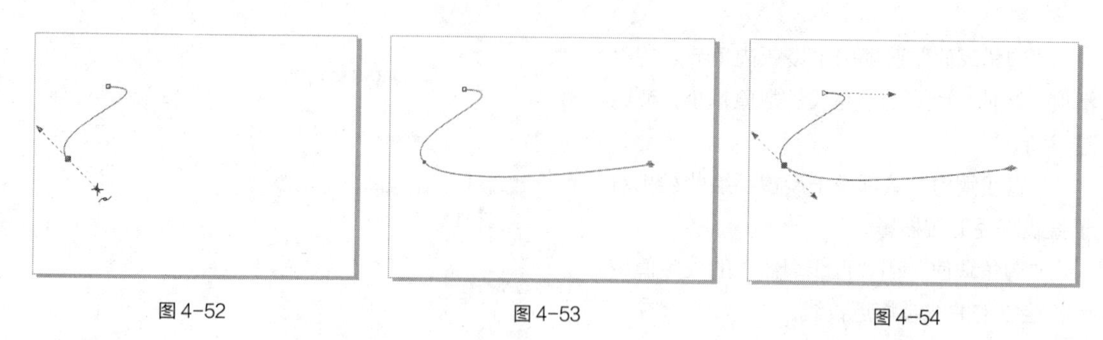

图4-52　　图4-53　　图4-54

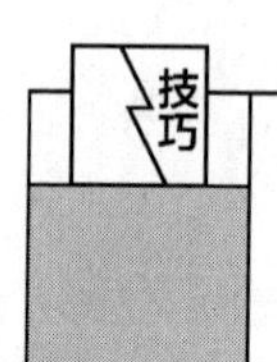

当确定一个节点后，在这个节点上双击鼠标左键，再单击确定下一个节点后出现直线。当确定一个节点后，在这个节点上双击鼠标左键，再单击确定下一个节点并拖曳这个节点后出现曲线。

4.1.5　艺术笔工具的使用

在 CorelDRAW X7 中，使用“艺术笔”工具可以绘制出多种精美的线条和图形，可以模仿画笔的真实效果，使画面产生丰富的变化，从而绘制出不同风格的设计作品。

选择“艺术笔”工具，属性栏如图 4-55 所示，其中包含了 5 种模式，分别是“预设”模式、“笔刷”模式、“喷涂”模式、“书法”模式和“压力”模式。下面我们来具体介绍这 5 种模式。

属性栏

图4-55

1. 预设模式

预设模式提供了多种线条类型，并且可以改变曲线的宽度。单击属性栏的“预设笔触”右侧的按钮，弹出其下拉列表，如图 4-56 所示，在线条列表框中单击可选择需要的线条类型。

单击属性栏中的“手绘平滑”设置区，弹出滑动条，拖曳滑动条或输入数值可以调节绘图时线条的平滑程度。在“笔触宽度”框中输入数值可以设置曲线的宽度。选择“预设”模式和线条类型后，鼠标指针变为图标，在绘图页面中按住鼠标左键并拖曳指针，可以绘制出封闭的线条图形。

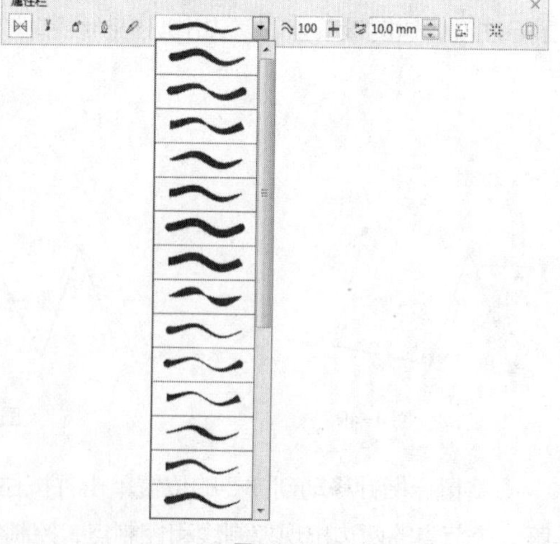

图4-56

2. 笔刷模式

笔刷模式提供了多种颜色样式的画笔，将画笔运用在绘制的曲线上，可以绘制出漂亮的效果。

在属性栏中单击“笔刷”模式按钮，单击属性栏的“笔刷笔触”右侧的按钮，弹出其下拉列表，如图 4-57 所示。在列表框中单击选择需要的笔刷类型，在页面中按住鼠标左键并拖曳指针，即可绘制出需要的图形。

3. 喷涂模式

喷涂模式提供了多种有趣的图形对象，这些图形对象可以应用在绘制的曲线上。用户可以在属性栏的“喷涂列表文件列表”下拉列表框中选择喷雾的形状来绘制需要的图形。

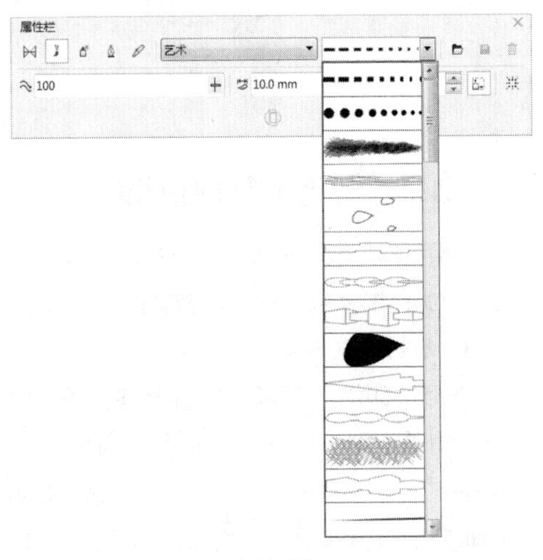

图 4-57

在属性栏中单击“喷涂”模式按钮，属性栏如图 4-58 所示。单击属性栏中“喷射图样”右侧的按钮，弹出其下拉列表，如图 4-59 所示，在列表框中可单击选择需要的喷涂类型。单击属性栏中“选择喷涂顺序”顺序右侧的按钮，弹出下拉列表，可以选择喷出图形的顺序。选择“随机”选项，喷出的图形将会随机分布；选择“顺序”选项，喷出的图形将会以方形区域分布；选择“按方向”选项，喷出的图形将会随鼠标指针拖曳的路径分布。在页面中按住鼠标左键并拖曳鼠标指针，即可绘制出需要的图形。

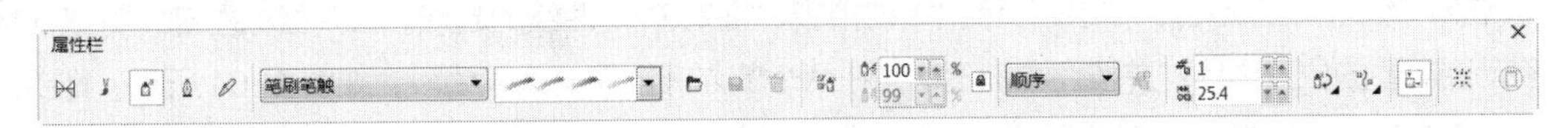

图 4-58

4. 书法模式

书法模式可以绘制出类似书法笔的效果，可以改变曲线的粗细。

在属性栏中单击“书法”模式按钮，属性栏如图 4-60 所示。在属性栏的“书法的角度”选项 45.0 ° 中，可以设置“笔触”和“笔尖”的角度。如果角度值设为 0°，书法笔垂直方向画出的线条最粗，笔尖是水平的；如果角度值设置为 90°，书法笔水平方向画出的线条最粗，笔尖是垂直的。在绘图页面中按住鼠标左键并拖曳鼠标指针即可绘制图形。

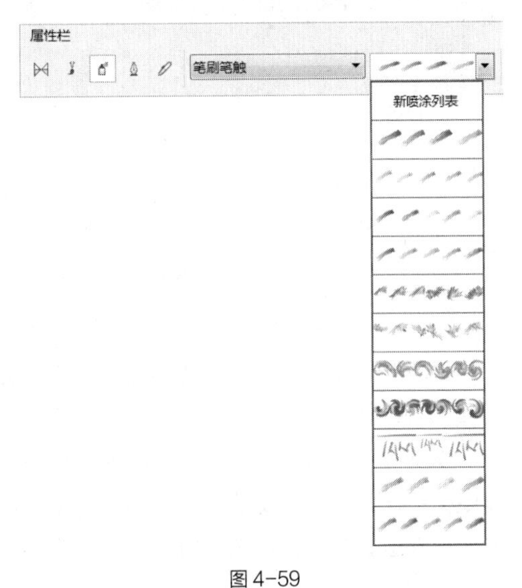

图 4-59

5. 压力模式

压力模式可以用压力感应笔或键盘输入的方式改变线条的粗细，应用好这个功能可以绘制出特殊的图形效果。

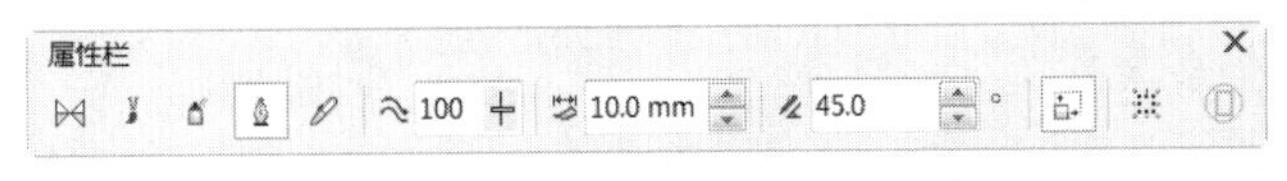

图 4-60

在属性栏的“预设笔触列表”模式中选择需要的画笔，单击“压力”模式按钮，属性栏如图 4-61 所示。在压力模式中设置好压力感应笔的平滑度和画笔的宽度，在绘图页面中按住鼠标左键并拖曳鼠标指针即可绘制图形。

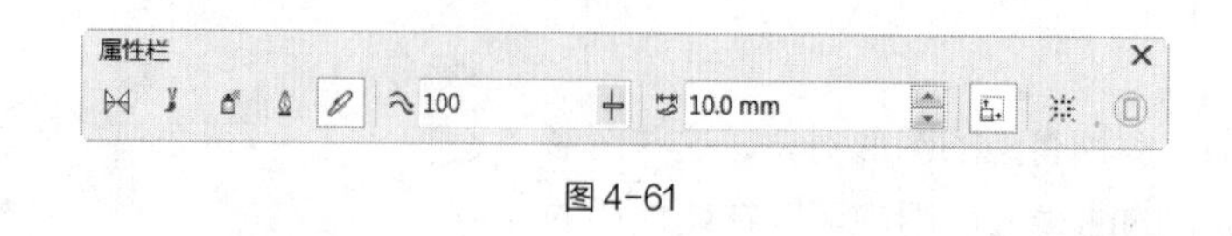

图 4-61

4.1.6 钢笔工具的使用

利用钢笔工具可以绘制出多种精美的曲线和图形，还可以对已绘制的曲线和图形进行编辑和修改。在 CorelDRAW X7 中绘制的各种复杂图形都可以通过钢笔工具来完成。

1. 绘制直线和折线

选择“钢笔”工具，在绘图页面中单击鼠标左键以确定直线的起点，拖曳鼠标指针到需要的位置，再单击鼠标左键以确定直线的终点，绘制出一段直线，效果如图 4-62 所示。再继续单击鼠标左键确定下一个节点，就可以绘制出折线的效果。如果想绘制出多个折角的折线，只要继续单击鼠标左键确定节点就可以了，折线的效果如图 4-63 所示。要结束绘制，按 Esc 键或单击“钢笔”工具即可。

2. 绘制曲线

选择“钢笔”工具，在绘图页面中单击鼠标左键以确定曲线的起点。松开鼠标左键，将鼠标指针移动到需要的位置再单击并按住左键不动，在两个节点间出现一条直线段，如图 4-64 所示。拖曳鼠标，第 2 个节点的两边出现控制线和控制点，控制线和控制点会随着鼠标指针的移动而发生变化，直线段变为曲线的形状，如图 4-65 所示。调整到需要的效果后松开鼠标左键，曲线的效果如图 4-66 所示。

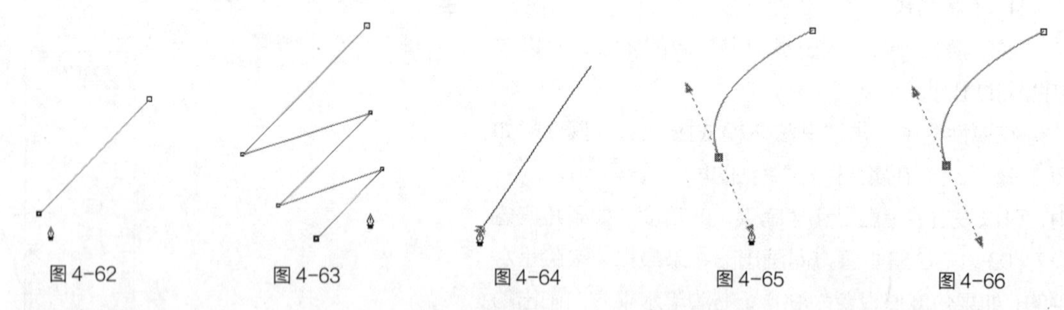
图 4-62　图 4-63　图 4-64　图 4-65　图 4-66

使用相同的方法可以对曲线继续绘制，效果如图 4-67 和图 4-68 所示。绘制完成的曲线效果如图 4-69 所示。

如果想在绘制曲线后绘制出直线，按住 C 键，在要继续绘制出直线的节点上按住鼠标左键并拖曳鼠标指针，这时出现节点的控制点。松开 C 键，将控制点拖曳到下一个节点的位置，如图 4-70 所示。松开鼠标左键，再单击鼠标左键，可以绘制出一段直线，效果如图 4-71 所示。

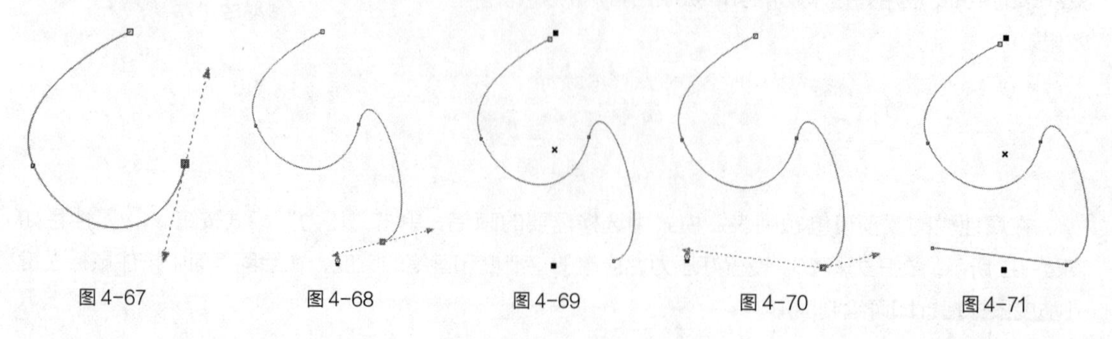
图 4-67　图 4-68　图 4-69　图 4-70　图 4-71

3．编辑曲线

在“钢笔”工具属性栏中选择“自动添加或删除节点”按钮，曲线绘制的过程变为自动添加或删除节点模式。

将“钢笔”工具的指针移动到节点上，指针变为删除节点图标，如图4-72所示。单击鼠标左键可以删除节点，效果如图4-73所示。

将“钢笔”工具的指针移动到曲线上，指针变为添加节点图标，如图4-74所示。单击鼠标左键可以添加节点，效果如图4-75所示。

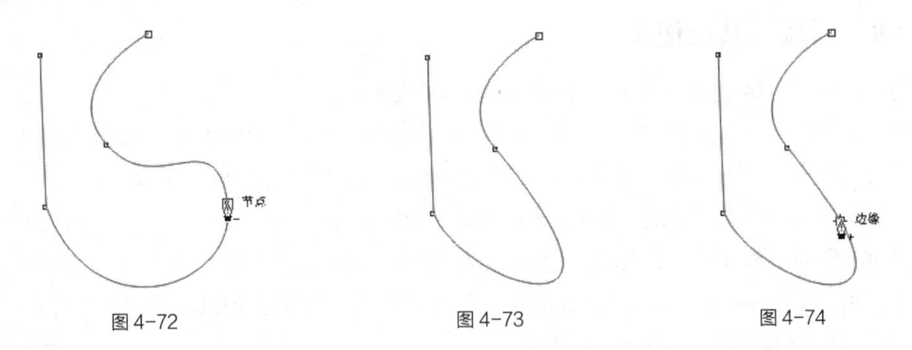

图4-72　图4-73　图4-74

将“钢笔”工具的指针移动到曲线的起始点，指针变为闭合曲线图标，如图4-76所示。单击鼠标左键可以闭合曲线，效果如图4-77所示。

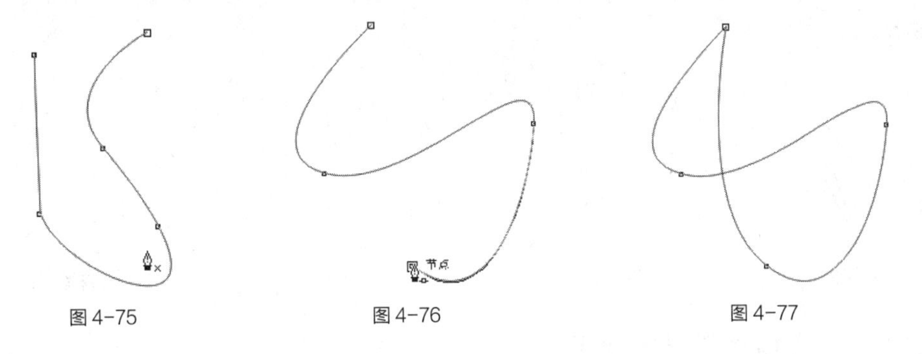

图4-75　图4-76　图4-77

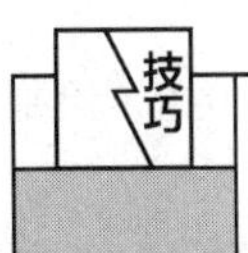

绘制曲线的过程中，按住Alt键，可以编辑曲线段，进行节点的转换、移动和调整等操作；松开Alt键可以继续进行绘制。

4.1.7　B样条工具的使用

使用“B样条”工具可以通过设置不同的分割段来控制曲线点绘制曲线。

选择“B样条”工具，在绘图页面中单击鼠标左键以确定起点，拖曳鼠标指针到需要的位置，然后单击鼠标左键以确定第2个点，再继续单击鼠标左键确定下一个节点，就可以绘制出一条曲线，如图4-78所示。双击鼠标绘制完成。

在要继续绘制出曲线的节点上单击鼠标左键，如图4-79所示，再拖曳鼠标指针并在需要的位置单击鼠标左键，可以继续绘制曲线，效果如图4-80所示。

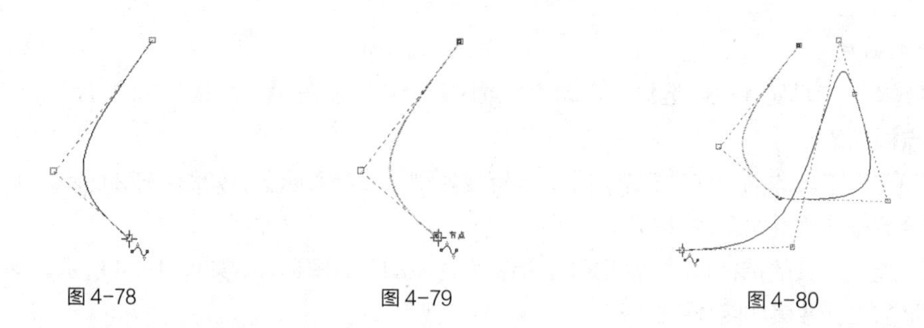

图 4-78　　图 4-79　　图 4-80

4.1.8　折线工具的使用

使用“折线”工具可以绘制出简单的直线和曲线图形。

选择“折线”工具，在绘图页面中单击鼠标左键以确定直线的起点，拖曳鼠标指针到需要的位置，再单击鼠标左键以确定直线的终点，绘制出一段直线。继续单击鼠标左键确定下一个节点，就可以绘制出折线的效果，如图 4-81 所示。

如果单击鼠标左键并确定节点后，按住鼠标左键不放并拖曳鼠标指针，可以继续绘制出手绘效果的曲线，如图 4-82 所示。在确定节点时双击鼠标左键，可以结束绘制。直线和曲线的效果如图 4-83 所示。

图 4-81

使用“折线”工具可以绘制闭合的曲线，将“折线”工具的指针移动到曲线的起始点，指针变为闭合曲线图标“”，如图 4-84 所示。单击鼠标左键可以闭合曲线，效果如图 4-85 所示。

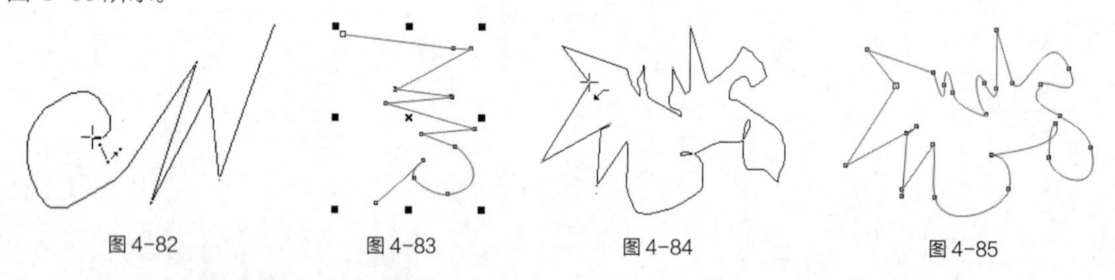

图 4-82　　图 4-83　　图 4-84　　图 4-85

4.1.9　三点曲线工具的使用

单击“三点曲线”工具，在绘图页面中按住鼠标左键不放，拖曳鼠标指针到需要的位置，绘制出一条任意方向的线段作为曲线的一个轴，如图 4-86 所示。

放开鼠标左键，再拖曳鼠标指针到需要的位置，即可确定曲线的形状，如图 4-87 所示。单击鼠标左键，有弧度的曲线绘制完成，效果如图 4-88 所示。

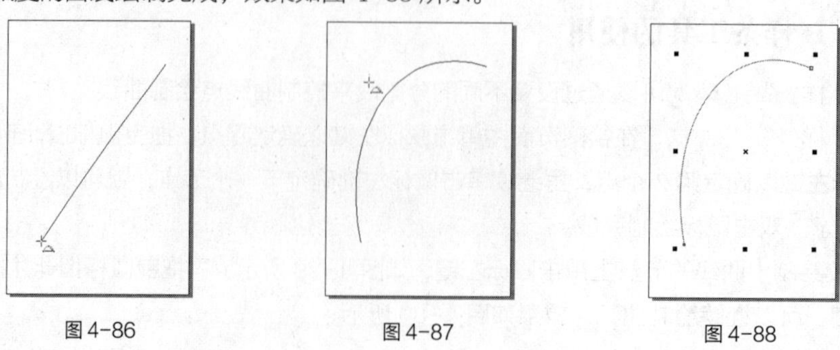

图 4-86　　图 4-87　　图 4-88

4.1.10 智能绘图工具的使用

使用“智能绘图”工具可以快速而准确地绘制出所需的基本图形。“智能绘图”工具特别适合绘制简单的规划图和流程图。“智能绘图”工具可以自动识别许多形状，包括直线、曲线、圆形、椭圆形、矩形、箭头和平行四边形等，还可以自动平滑和修饰曲线，对自由手绘的线条重新组织优化，使图形更加流畅、规整和完美。使用智能绘图工具可以有效地节约时间。下面我们就来介绍使用“智能绘图”工具绘制图形的方法和技巧。

1. 绘制直线和曲线

单击工具箱中的“智能绘图”工具，或按 Shift+S 组合键，在绘图页面中单击鼠标左键以确定直线的起点，按住鼠标左键并拖曳鼠标到直线的终点位置，如图 4-89 所示。松开鼠标左键，“智能绘图”工具将其自动识别为一条直线，效果如图 4-90 所示。

单击工具箱中的“智能绘图”工具，在绘图页面中单击鼠标左键以确定曲线的起点，按住鼠标左键并拖曳鼠标绘制曲线，如图 4-91 所示。松开鼠标左键，“智能绘图”工具将其自动识别为一条曲线，效果如图 4-92 所示。

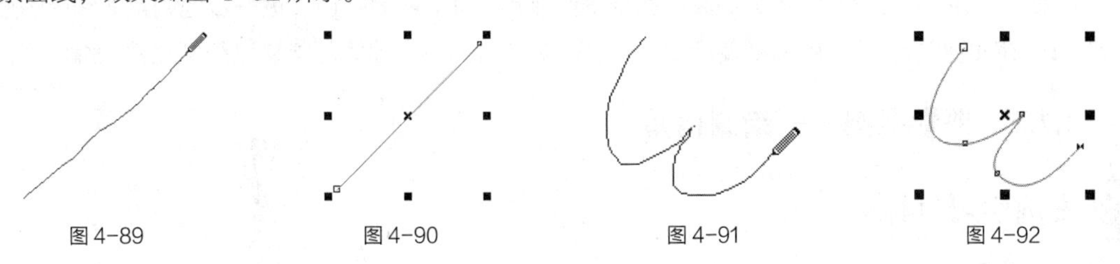

图 4-89　图 4-90　图 4-91　图 4-92

2. 绘制椭圆形和平行四边形

单击工具箱中的“智能绘图”工具，单击并按住鼠标左键，拖曳鼠标绘制椭圆形，如图 4-93 所示。松开鼠标左键，“智能绘图”工具将其自动识别为一个椭圆形，效果如图 4-94 所示。

单击工具箱中的“智能绘图”工具，单击并按住鼠标左键，拖曳鼠标绘制平行四边形，如图 4-95 所示。松开鼠标左键，“智能绘图”工具将其自动识别为一个平行四边形，效果如图 4-96 所示。

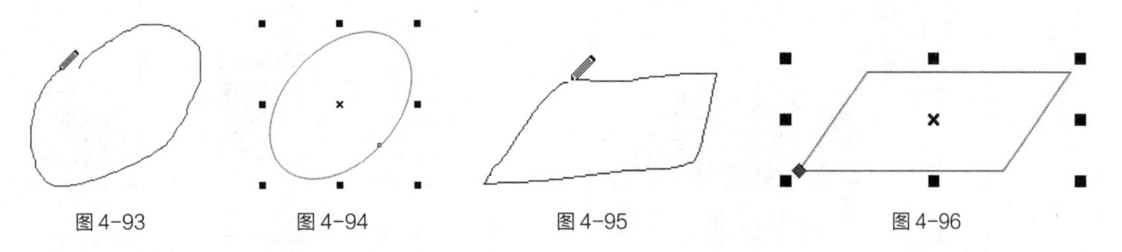

图 4-93　图 4-94　图 4-95　图 4-96

3. 绘制箭头

单击工具箱中的“智能绘图”工具，绘制箭头形状，如图 4-97 所示。松开鼠标左键，“智能绘图”工具将其自动识别为一个箭头图形，效果如图 4-98 所示。

图 4-97　图 4-98

4. “智能绘图工具”属性栏

单击工具箱中的“智能绘图”工具，将显示出“智能绘图”工具属性栏，如图 4-99 所示。

在“形状识别等级”选项下拉列表中可以选择无、最低、低、中、高和最高 6 个级别的选项，通过选择不同级别的选项，可以控制形状识别的程度。

在“智能平滑等级”选项下拉列表中可以选择无、最低、低、中、高和最高 6 个级别的选项，通过选择不同级别的选项，可以控制线条平滑的程度。

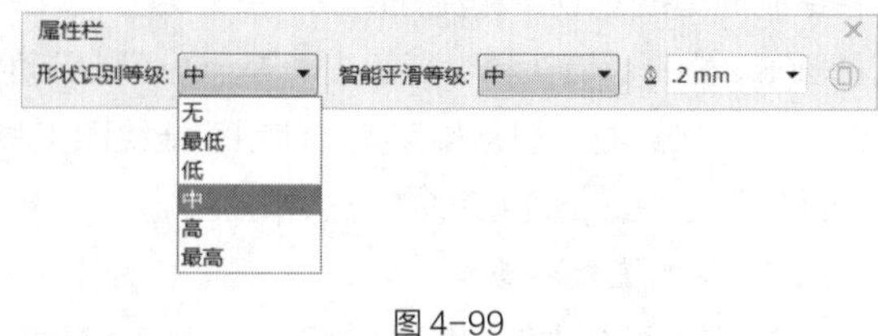

图 4-99

在“轮廓宽度”选项中，可以设置绘制线条的宽度。

4.2 编辑曲线

在 CorelDRAW X7 中，完成曲线或图形的绘制后，可能还需要通过进一步地调整曲线或图形来达到设计方面的要求，这时就需要使用 CorelDRAW X7 的编辑曲线功能来进行更完善的编辑了。

4.2.1 课堂案例——绘制南瓜

案例学习目标

学习使用编辑曲线工具绘制南瓜。

案例知识要点

使用椭圆形工具、贝塞尔工具和填充工具绘制南瓜图形；使用钢笔工具、形状工具调整图形。绘制好的南瓜效果如图 4-100 所示。

图 4-100

效果所在位置

云盘/Ch04/效果/绘制南瓜.cdr。

（1）按 Ctrl+N 组合键，新建一个 A4 页面。选择“贝塞尔”工具，在适当的位置绘制一个图形，如图 4-101 所示。

（2）选择“钢笔”工具，在图形适当的位置添加锚点，如图 4-102 所示。用相同的方法添加其他锚点，效果如图 4-103 所示。

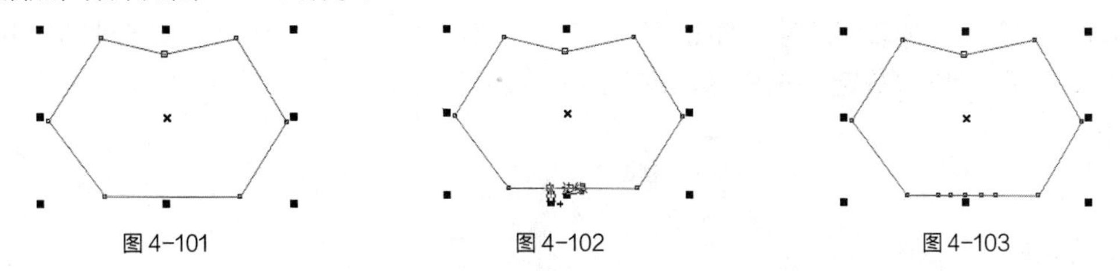

图 4-101　　图 4-102　　图 4-103

（3）选择“形状”工具，调节图形上锚点到适当位置，效果如图 4-104 所示。圈选需要的锚点，效果如图 4-105 所示。单击属性栏中的“转换为曲线”按钮，调节锚点手柄，效果如图 4-106 所示。再次调节其他锚点手柄，效果如图 4-107 所示。

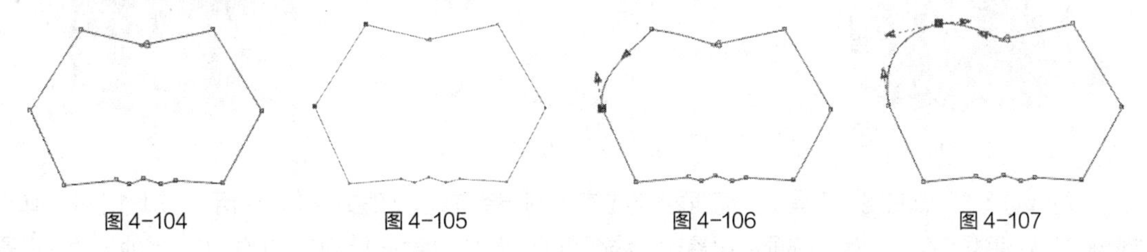

图 4-104　　图 4-105　　图 4-106　　图 4-107

（4）用相同的方法调节锚点手柄，效果如图 4-108 所示。用上述方法调整其他锚点和锚点手柄，图 4-109 所示。设置图形颜色的 CMYK 值为 0、60、100、0，填充图形。按 F12 键，弹出“轮廓笔”对话框，在“颜色”选项中设置轮廓线颜色的 CMYK 值为 0、80、100、0，其他选项的设置如图 4-110 所示。单击“确定”按钮，效果如图 4-111 所示。

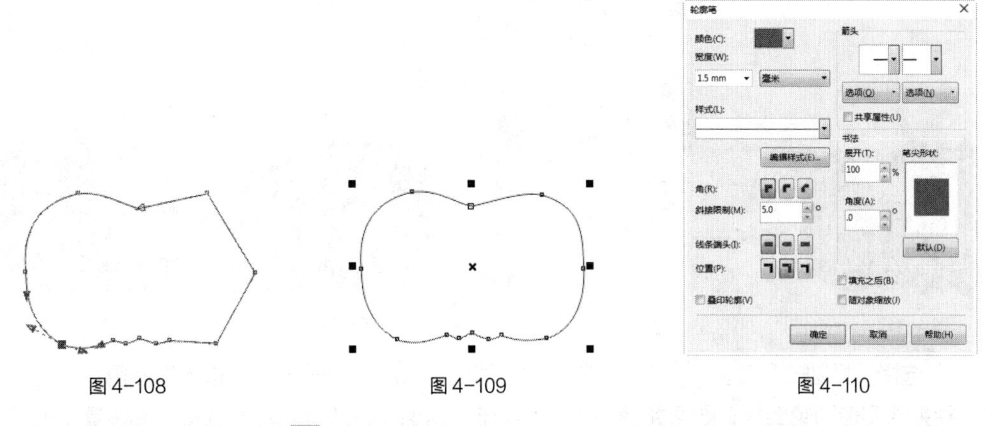

图 4-108　　图 4-109　　图 4-110

（5）选择“贝塞尔”工具，在适当的位置绘制一个图形，设置图形颜色的 CMYK 值为 100、0、100、0，填充图形，并去除图形的轮廓线，效果如图 4-112 所示。按 Ctrl+PageDown 组合键，向后移动图形，效果如图 4-113 所示。

图 4-111　　图 4-112　　图 4-113

（6）选择“二点线”工具，绘制一条直线，如图 4-114 所示。按 F12 键，弹出“轮廓笔”对话框，在“颜色”选项中设置轮廓线颜色的 CMYK 值为 0、80、100、0，其他选项的设置如图 4-115 所示。单击“确定”按钮，效果如图 4-116 所示。

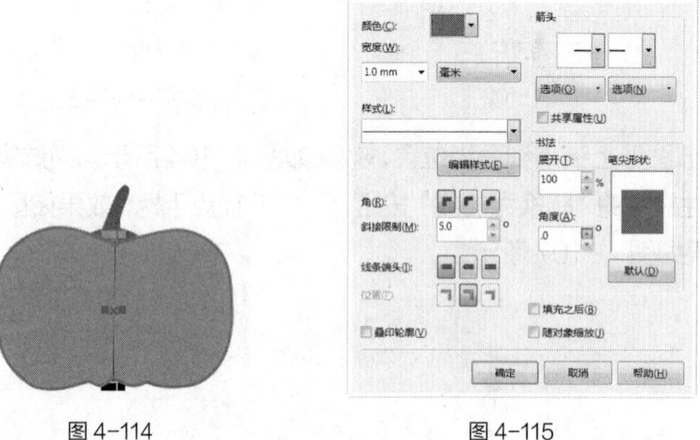

图 4-114　　图 4-115　　图 4-116

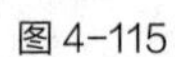

（7）选择“三点曲线”工具，在适当的位置绘制一条曲线，如图 4-117 所示。按 F12 键，弹出“轮廓笔”对话框，在“颜色”选项中设置轮廓线颜色的 CMYK 值为 0、80、100、0，其他选项的设置如图 4-118 所示。单击“确定”按钮，效果如图 4-119 所示。按数字键盘上的+键，复制曲线。单击属性栏中的“水平镜像”按钮，水平翻转复制的曲线，将其拖曳到适当的位置，效果如图 4-120 所示。

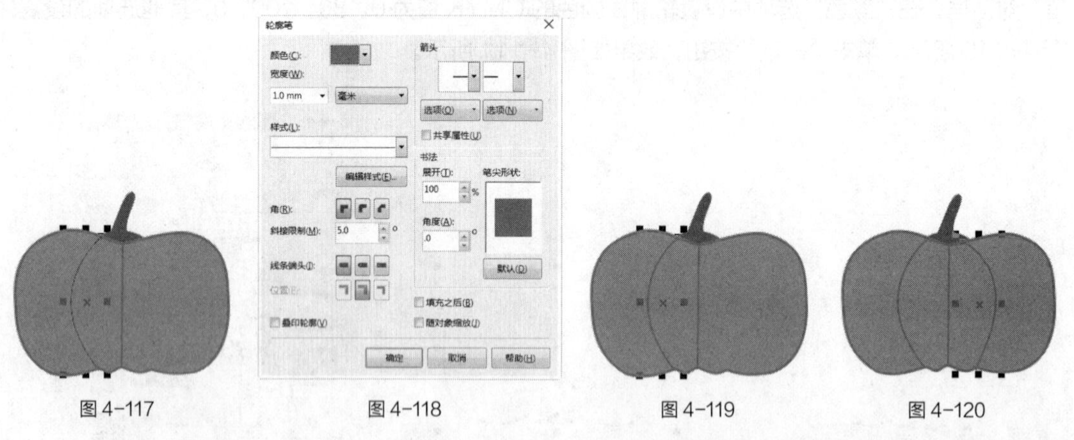

图 4-117　　图 4-118　　图 4-119　　图 4-120

（8）选择“椭圆形”工具，按住 Ctrl 键的同时，绘制一个圆形。设置图形颜色为黑色，填充图形，并去除图形的轮廓线，效果如图 4-121 所示。用相同方法绘制其他圆形，并设置图形颜色的 CMYK 值为 0、20、100、0，填充图形，并去除图形的轮廓线，效果如图 4-122 所示。按 Ctrl+PageDown 组合键，向后移动图形，效果如图 4-123 所示。

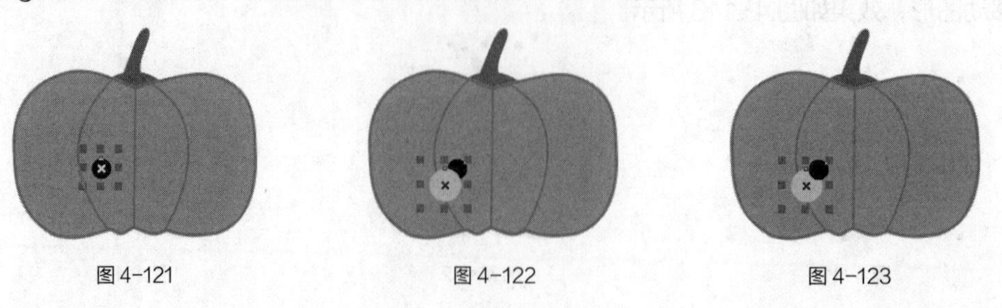

图 4-121　　图 4-122　　图 4-123

（9）选择“选择”工具，用圈选的方法选取需要的图形，如图 4-124 所示，按 Ctrl+G 组合键，将其群组。按数字键盘上的+键，复制图形。单击属性栏中的“水平镜像”按钮，水平翻转复制的图形，将其拖曳到适当的位置，效果如图 4-125 所示。

（10）选择“椭圆形”工具，绘制一个椭圆形。设置图形颜色为黑色，填充图形，并去除图形的轮廓线，效果如图 4-126 所示。再次绘制其他椭圆形，效果如图 4-127 所示。选择“选择”工具，用圈选的方法将两个椭圆形同时选取，如图 4-128 所示。单击属性栏中的“移除前面对象”按钮，将图形修剪为一个图形，效果如图 4-129 所示。

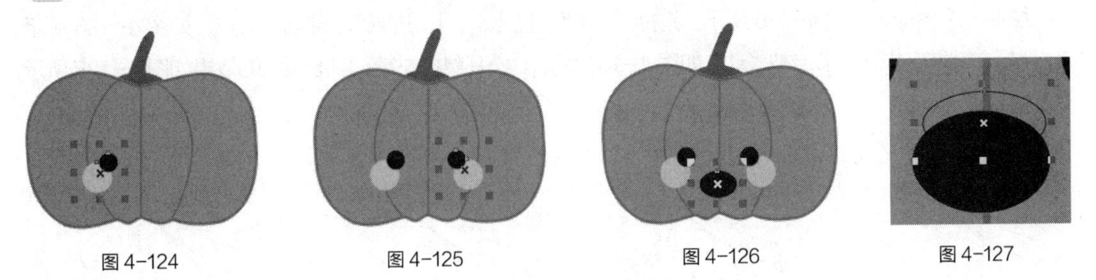

图 4-124　图 4-125　图 4-126　图 4-127

（11）选择“椭圆形”工具，绘制一个椭圆形。设置图形颜色为白色，填充图形，并去除图形的轮廓线，效果如图 4-130 所示。南瓜绘制完成，效果如图 4-131 所示。

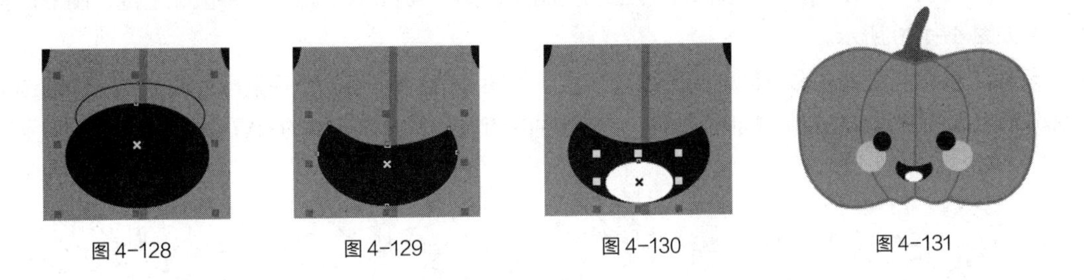

图 4-128　图 4-129　图 4-130　图 4-131

4.2.2　编辑曲线的节点

节点是构成图形对象的基本要素，用“形状”工具选择曲线或图形对象后，会显示曲线或图形的全部节点。通过移动节点和节点的控制点、控制线可以编辑曲线或图形的形状，还可以通过增加或删除节点来进一步编辑曲线或图形。

绘制一条曲线，如图 4-132 所示。使用“形状”工具，单击选中曲线上的节点，如图 4-133 所示。弹出的属性栏如图 4-134 所示。

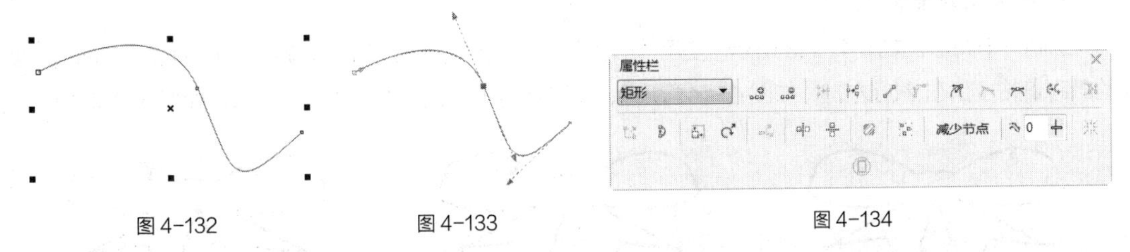

图 4-132　图 4-133　图 4-134

在属性栏中有 3 种节点类型：尖突节点、平滑节点和对称节点。节点类型的不同决定了节点控制点的属性也不同，单击属性栏中的按钮可以转换 3 种节点的类型。

尖突节点：尖突节点的控制点是独立的，当移动一个控制点时，另外一个控制点并不移动，从而使得通过尖突节点的曲线能够尖突弯曲。

平滑节点：平滑节点的控制点之间是相关的，当移动一个控制点时，另外一个控制点也会随之移动，通过平滑节点连接的线段将产生平滑的过渡。

对称节点：对称节点的控制点不仅是相关的，而且控制点和控制线的长度是相等的，从而使得对称节点两边曲线的曲率也是相等的。

1. 选取并移动节点

绘制一个图形，如图4-135所示。选择"形状"工具，单击鼠标左键选取节点，如图4-136所示，按住鼠标左键拖曳鼠标，节点被移动，如图4-137所示。松开鼠标左键，图形调整的效果如图4-138所示。

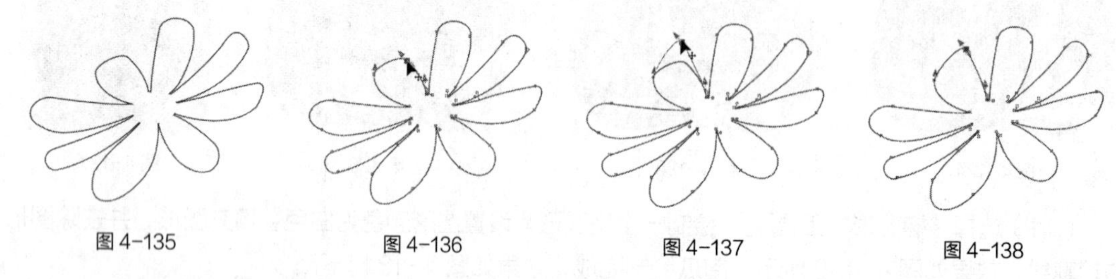

图4-135 图4-136 图4-137 图4-138

使用"形状"工具选中并拖曳节点上的控制点，如图4-139所示。松开鼠标左键，图形调整的效果如图4-140所示。

使用"形状"工具圈选图形上的部分节点，如图4-141所示。松开鼠标左键，图形中被选中的部分节点如图4-142所示。拖曳任意一个被选中的节点，其他被选中的节点也会随之移动。

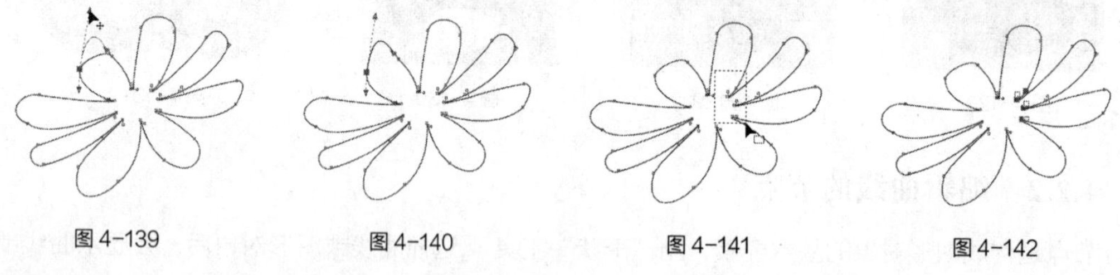

图4-139 图4-140 图4-141 图4-142

因为在CorelDRAW X7中有3种节点类型，所以当移动不同类型节点上的控制点时，图形的形状也会有不同形式的变化。

2. 增加或删除节点

绘制一个图形，如图4-143所示。使用"形状"工具选择需要增加或删除节点的曲线，在曲线上要增加节点的位置双击鼠标左键，如图4-144所示，可以在这个位置增加一个节点，效果如图4-145所示。

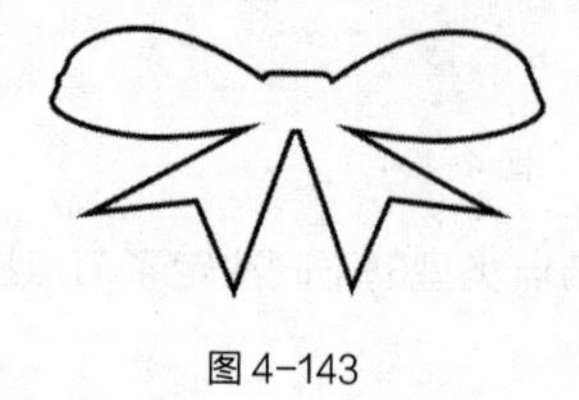

图4-143

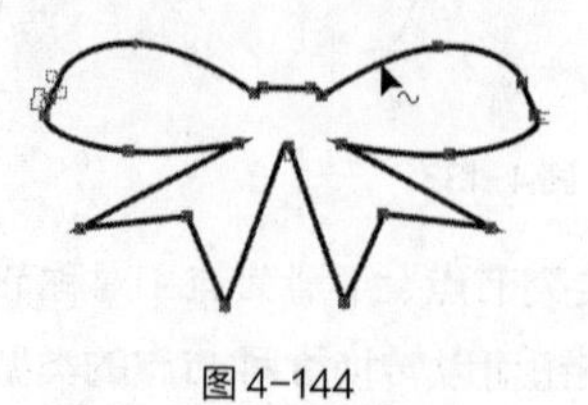

图4-144

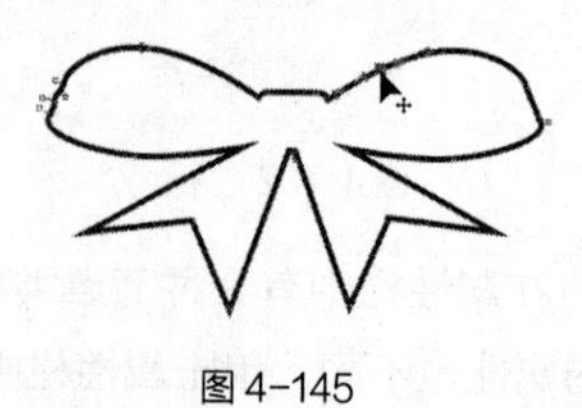

图4-145

单击属性栏中的“添加节点”按钮，也可以在曲线上增加节点。

将鼠标指针放在要删除的节点上并双击鼠标左键，如图 4-146 所示，可以删除这个节点，效果如图 4-147 所示。

选中要删除的节点，单击属性栏中的“删除节点”按钮，也可以在曲线上删除选中的节点。

如果需要在曲线和图形中删除多个节点，可以先按住 Shift 键，再用鼠标选择要删除的多个节点，选择好后按 Delete 键就可以了。也可以使用圈选的方法选择需要删除的多个节点，选择好后按 Delete 键即可。

3. 断开节点

在曲线中要断开的节点上单击，选中该节点，如图 4-148 所示。单击属性栏中的“断开曲线”按钮，断开节点。选择“选择”工具，曲线效果如图 4-149 所示。

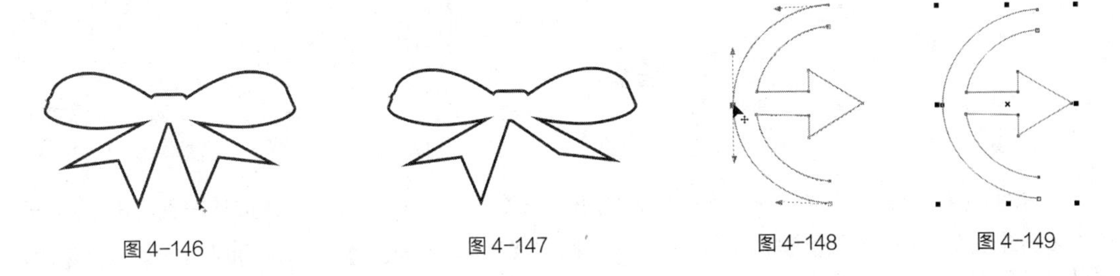

图 4-146　图 4-147　图 4-148　图 4-149

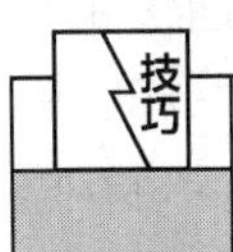

在绘制图形的过程中有时需要将开放的路径闭合。选择“排列 > 闭合路径”下的各个菜单命令，可以以直线或曲线的方式闭合路径。

4. 合并和连接节点

使用“形状”工具圈选两个需要合并的节点，如图 4-150 所示。两个节点被选中，如图 4-151 所示。单击属性栏中的“连接两个节点”按钮，将节点合并，使曲线成为闭合的曲线，如图 4-152 所示。

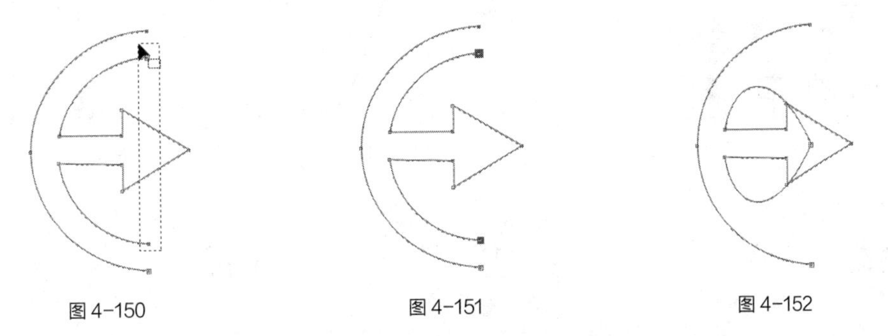

图 4-150　图 4-151　图 4-152

使用“形状”工具圈选两个需要连接的节点，单击属性栏中的“闭合曲线”按钮，可以将两个节点以直线连接，使曲线成为闭合的曲线。

4.2.3 编辑曲线的端点和轮廓

通过属性栏可以设置一条曲线的端点和轮廓的样式，这项功能可以帮助用户制作出非常实用的图形效果。

绘制一条曲线，再用“选择”工具选择这条曲线，如图 4-153 所示。这时的属性栏如图 4-154 所示。在属性栏中单击“轮廓宽度” .2 mm 右侧的按钮，弹出轮廓宽度的下拉列表，如图 4-155 所示。在其中进行选择，将曲线变宽，效果如图 4-156 所示，也可以在“轮廓宽度”框中输入数值后，按 Enter 键，设置曲线宽度。

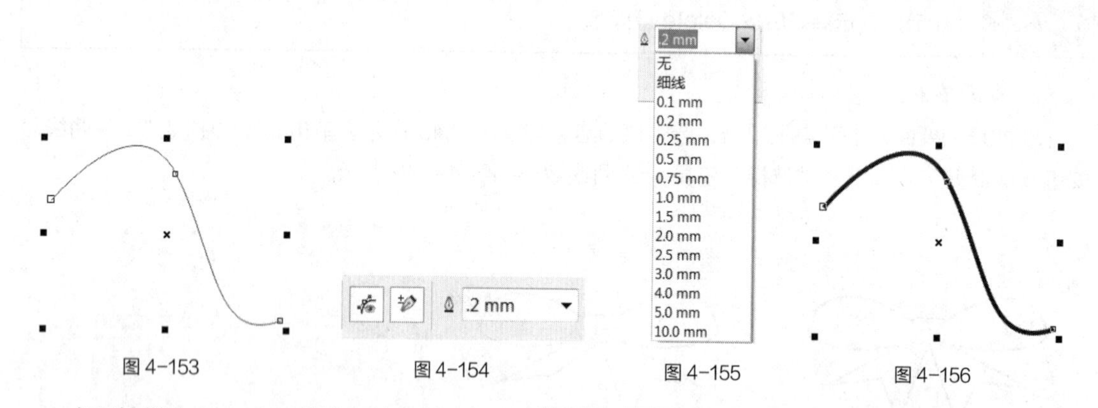

图 4-153　图 4-154　图 4-155　图 4-156

在属性栏中有 3 个可供选择的下拉列表按钮、、，按从左到右的顺序分别是“起始箭头”、“轮廓样式”和“终止箭头”。单击“起始箭头”上的黑色三角按钮，弹出“起始箭头”下拉列表框，如图 4-157 所示。单击需要的箭头样式，在曲线的起始点会出现选择的箭头，效果如图 4-158 所示。单击“轮廓样式”上的黑色三角按钮，弹出“轮廓样式”下拉列表框，如图 4-159 所示。单击需要的轮廓样式，曲线的样式被改变，效果如图 4-160 所示。单击“终止箭头”上的黑色三角按钮，弹出“终止箭头”下拉列表框，如图 4-161 所示。单击需要的箭头样式，在曲线的终止点会出现选择的箭头，如图 4-162 所示。

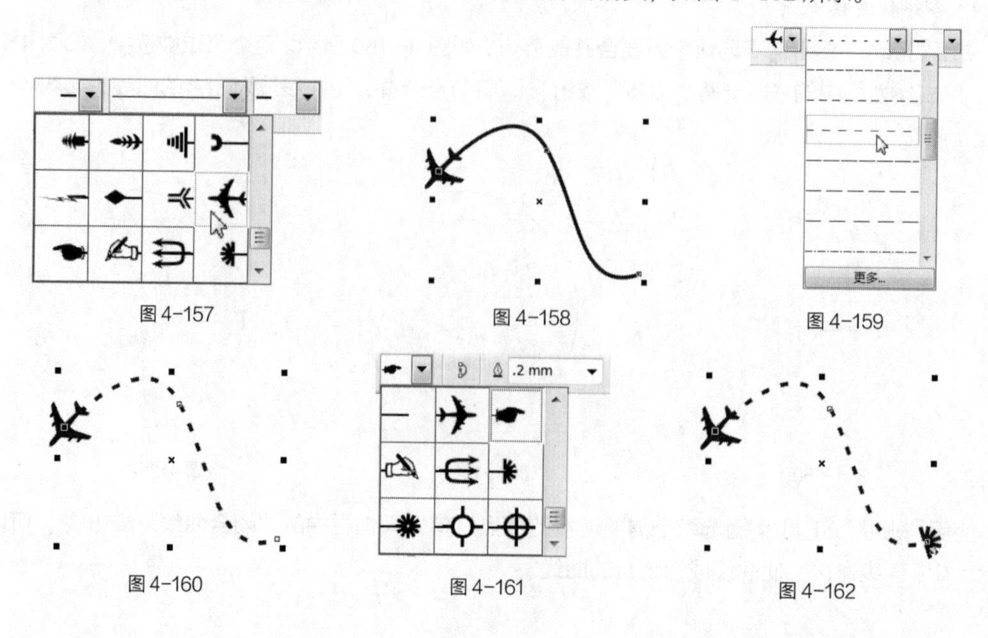

图 4-157　图 4-158　图 4-159

图 4-160　图 4-161　图 4-162

4.2.4 编辑和修改几何图形

使用矩形、椭圆形和多边形工具绘制的图形都是简单的几何图形。这类图形有其特殊的属性，图形上的节点比较少，只能对其进行简单的编辑。如果想对其进行更复杂的编辑，就需要将简单的几何图形转换为曲线。

1. 使用“转换为曲线”按钮

使用“椭圆形”工具绘制一个椭圆形，效果如图4-163所示。在属性栏中单击“转换成曲线”按钮，将椭圆图形转换成曲线图形，在曲线图形上增加了多个节点，如图4-164所示。使用“形状”工具拖曳椭圆形上的节点，如图4-165所示。松开鼠标左键，调整后的图形效果如图4-166所示。

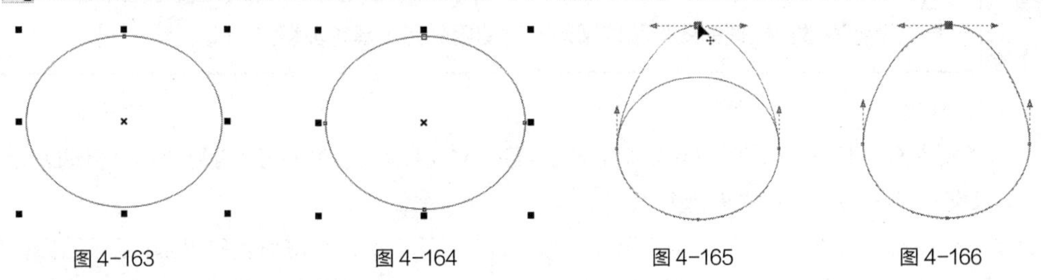

图4-163　图4-164　图4-165　图4-166

2. 使用“转换直线为曲线”按钮

使用“多边形”工具绘制一个多边形，如图4-167所示。选择“形状”工具，单击需要选中的节点，如图4-168所示。单击属性栏中的“转换直线为曲线”按钮，将直线转换为曲线，在曲线上出现节点，图形的对称性被保持，如图4-169所示。使用“形状”工具拖曳节点调整图形，如图4-170所示。松开鼠标左键，图形效果如图4-171所示。

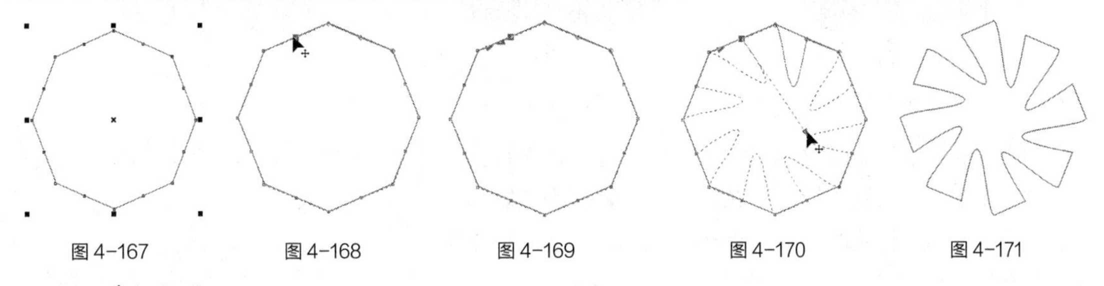

图4-167　图4-168　图4-169　图4-170　图4-171

3. 裁切图形

使用“刻刀”工具可以对单一的图形对象进行裁切，使一个图形被裁切成两个部分。

选择“刻刀”工具，鼠标指针变为刻刀形状。将指针放到图形上准备裁切的起点位置，指针变为竖直形状后单击鼠标左键，如图4-172所示。移动指针会出现一条裁切线，将鼠标指针放在裁切的终点位置后单击鼠标左键，如图4-173所示。图形裁切完成的效果如图4-174所示。使用“选择”工具拖曳裁切后的图形，如图4-175所示，裁切的图形被分成了两部分。

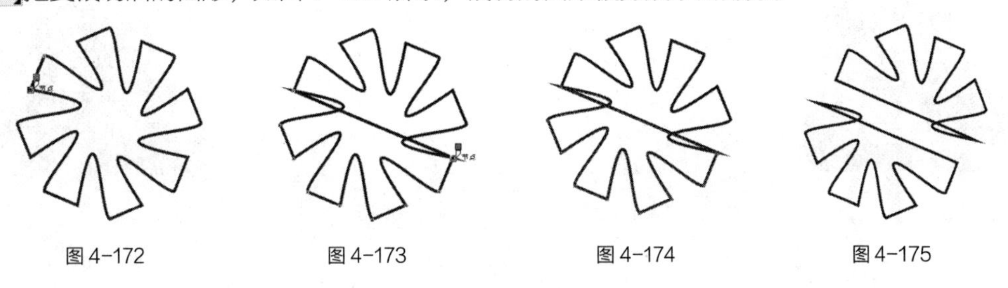

图4-172　图4-173　图4-174　图4-175

若在裁切前单击“保留为一个对象”按钮，在图形被裁切后，裁切的两部分还属于一个图形对象；若不单击此按钮，在裁切后可以得到两个相互独立的图形。按 Ctrl+K 组合键，可以拆分切割后的曲线。

单击“裁切时自动闭合”按钮，在图形被裁切后，裁切的两部分将自动生成闭合的曲线图形，并保留其填充的属性；若不单击此按钮，在图形被裁切后，裁切的两部分将不会自动闭合，同时图形会失去填充属性。

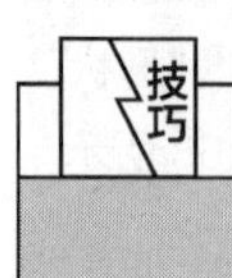

按住 Shift 键，使用“刻刀”工具将以贝塞尔曲线的方式裁切图形。已经经过渐变、群组及特殊效果处理的图形和位图都不能使用刻刀工具来裁切。

4. 擦除图形

使用“橡皮擦”工具可以擦除图形的部分或全部，并可以将擦除后图形的剩余部分自动闭合。橡皮擦工具只能对单一的图形对象进行擦除。

绘制一个图形，如图 4-176 所示。选择“橡皮擦”工具，鼠标指针变为擦除工具图标，单击并按住鼠标左键，拖曳鼠标可以擦除图形，如图 4-177 所示。擦除后的图形效果如图 4-178 所示。

图 4-176

图 4-177

图 4-178

“橡皮擦”工具的属性栏如图 4-179 所示。在“橡皮擦厚度”框 1.0 mm 可以设置擦除的宽度；单击“减少节点”按钮，可以在擦除时自动平滑边缘；单击“橡皮擦形状”按钮可以转换橡皮擦的形状为方形或圆形擦除图形。

属性栏 形状： 10.0 mm

图 4-179

5. 修饰图形

使用“沾染”工具和“粗糙”工具可以修饰已绘制的矢量图形。

绘制一个图形，如图 4-180 所示。选择“沾染”工具，其属性栏如图 4-181 所示。在图上拖曳，制作出需要的涂抹效果，如图 4-182 所示。

图 4-180　图 4-181　图 4-182

绘制一个图形，如图 4-183 所示。选择“粗糙”工具，其属性栏如图 4-184 所示。在图形边缘拖曳，制作出需要的粗糙效果，如图 4-185 所示。

图 4-183　　图 4-184　　图 4-185

“沾染”工具和“粗糙”工具可以应用的矢量对象有：开放/闭合的路径、纯色和交互式渐变填充、交互式透明、交互式阴影效果的对象。它们不可以应用的矢量对象有：交互式调和、立体化的对象、位图。

4.3 修整图形

在 CorelDRAW X7 中，修整是编辑图形对象非常重要的手段。使用修整功能中的焊接、修剪、相交和简化等命令可以创建出复杂的全新图形。

4.3.1 课堂案例——绘制夏日岛屿

案例学习目标

学习使用整形工具绘制夏日岛屿。

案例知识要点

使用椭圆形工具、B 样条工具和创建边界命令绘制岛屿；使用贝塞尔工具和合并命令绘制树；使用椭圆形工具和移除前面对象命令绘制伞和救生圈；使用星形工具绘制五角星。夏日岛屿效果如图 4-186 所示。

图 4-186

效果所在位置

云盘/Ch04/效果/绘制夏日岛屿.cdr。

1. 绘制背景和沙滩

（1）按 Ctrl+N 组合键，新建一个 A4 页面。选择“矩形”工具，在适当的位置绘制一个图形，设置图形颜色的 CMYK 值为 53、0、12、0，填充图形，并去除图形的轮廓线，效果如图 4-187 所示。用相同方法分别绘制其他矩形，并分别填充适当的颜色，效果如图 4-188 所示。

（2）选择“椭圆形”工具，绘制一个椭圆形，设置图形颜色的 CMYK 值为 0、7、31、0，填充图形，并去除图形的轮廓线，效果如图 4-189 所示。

图 4-187　　图 4-188　　图 4-189

（3）选择“B 样条”工具，在适当的位置绘制一条曲线，如图 4-190 所示。按 F12 键，弹出“轮廓笔”对话框，在“颜色”选项中设置轮廓线颜色为白色，其他选项的设置如图 4-191 所示。单击“确定”按钮，效果如图 4-192 所示。

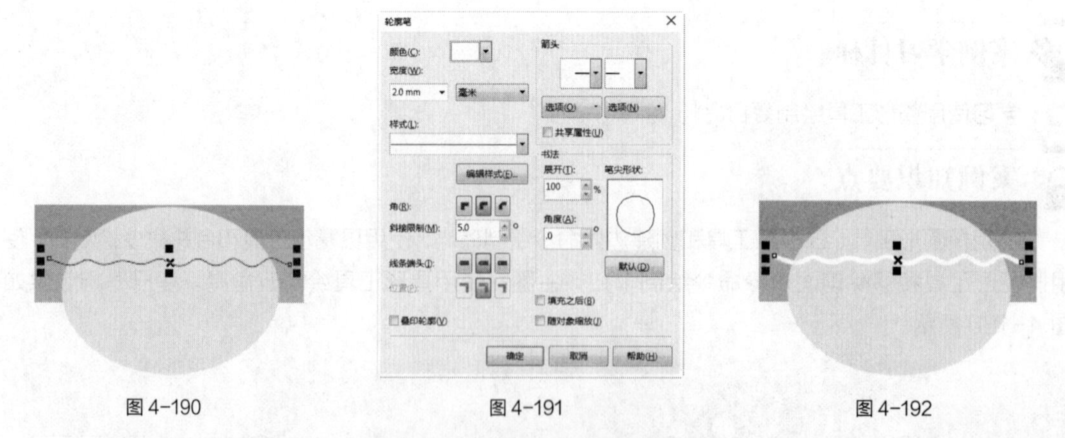

图 4-190　　图 4-191　　图 4-192

（4）选择“选择”工具，用圈选的方法将需要的图形同时选取，如图 4-193 所示。单击属性栏中的“创建边界”按钮，将选取的图形创建边界，效果如图 4-194 所示。按 Delete 键，删除图形，效果如图 4-195 所示。

（5）选择“选择”工具，选取需要的图形，按 Ctrl+K 组合键，将图形拆分，效果如图 4-196 所示。选择“选择”工具，选取需要的图形，如图 4-197 所示。按 Delete 键，删除图形，效果如图 4-198 所示。

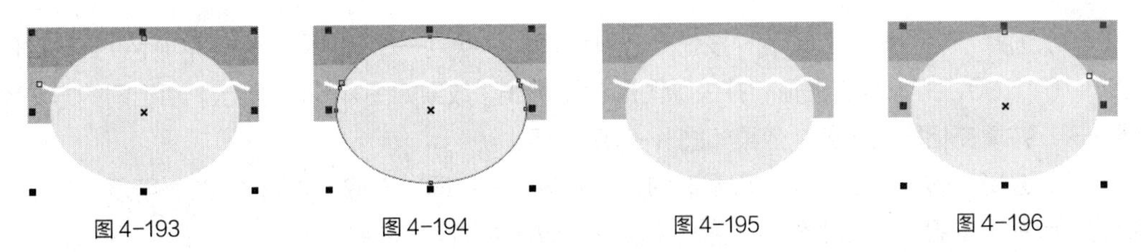

图4-193　图4-194　图4-195　图4-196

（6）选择“贝塞尔”工具，在适当的位置绘制一个图形，设置图形颜色的 CMYK 值为 31、60、84、0，填充图形，并去除图形的轮廓线，效果如图 4-199 所示。用相同方法绘制其他图形，如图 4-200 所示。

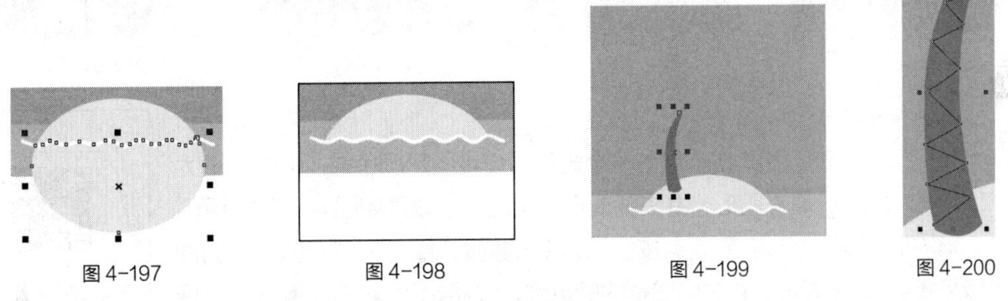

图4-197　图4-198　图4-199　图4-200

（7）选择“选择”工具，用圈选的方法将绘制的线条选取。按 F12 键，弹出“轮廓笔”对话框，将“颜色”选项颜色的 CMYK 值为 0、40、60、20，其他选项的设置如图 4-201 所示。单击“确定”按钮，效果如图 4-202 所示。

（8）选择“贝塞尔”工具，在适当的位置绘制一个图形，设置图形颜色的 CMYK 值为 76、0、100、0，填充图形，并去除图形的轮廓线，效果如图 4-203 所示。

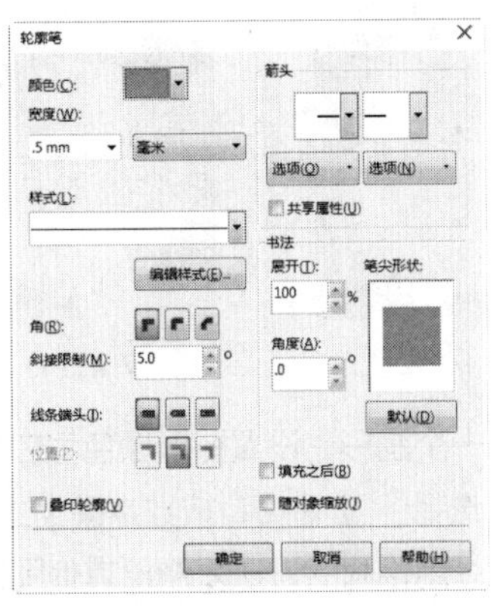

图4-201

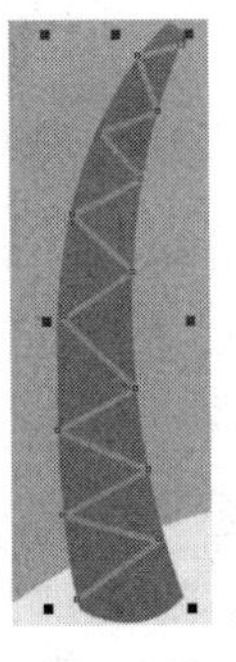

图4-202

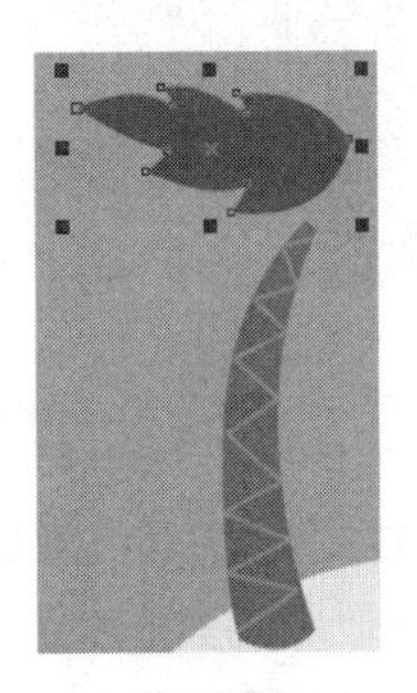

图4-203

（9）再次单击图形，使其处于旋转状态，按数字键盘上的+键，复制一个图形。将旋转中心拖曳到适当的位置，拖曳右下角的控制手柄，将图形旋转到需要的角度，如图 4-204 所示。用相同的方法绘制其他图形，并分别填充适当的颜色，效果如图 4-205 所示。

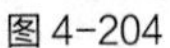

图4-204

图4-205

（10）选择“椭圆形”工具，按住 Ctrl 键的同时，绘制一个圆形，设置图形颜色的 CMYK 值为 59、76、100、37，填充图形，并去除图形的轮廓线，效果如图 4-206 所示。用相同的方法绘制其他圆形，并填充相同的颜色，效果如图 4-207 所示。

（11）选择“选择”工具，用圈选的方法将多个圆形同时选取，如图 4-208 所示。单击属性栏中的“合并”按钮，将图形合并为一个图形，效果如图 4-209 所示。

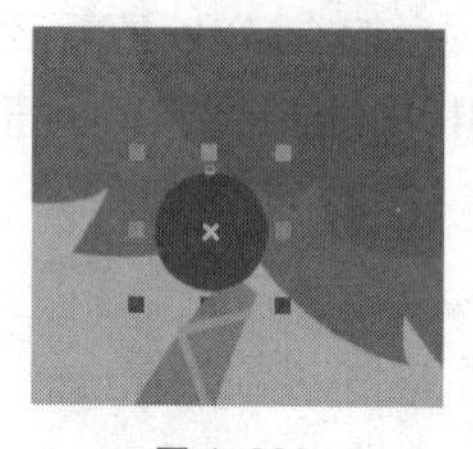
图 4-206

图 4-207

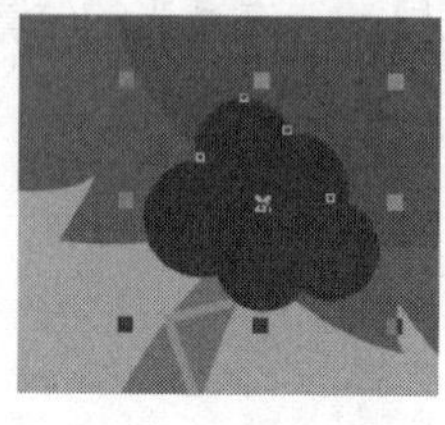
图 4-208

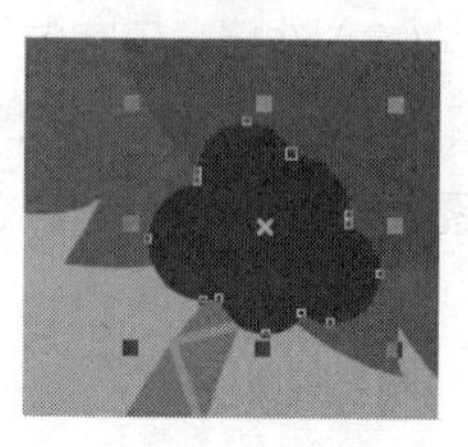
图 4-209

2. 添加其他图形

扫码观看
本案例视频

（1）选择“矩形”工具，绘制一个矩形，设置图形颜色的 CMYK 值为 59、76、100、37，填充图形，并去除图形的轮廓线，效果如图 4-210 所示。

（2）选择“椭圆形”工具，按住 Ctrl 键的同时，绘制一个圆形，设置图形颜色为白色，填充图形，并去除图形的轮廓线，效果如图 4-211 所示。选择“矩形”工具，绘制一个矩形，如图 4-212 所示。

（3）选择“选择”工具，用圈选的方法将两个图形同时选取，如图 4-213 所示。单击属性栏中的“移除前面对象”按钮，将图形修剪为一个图形，效果如图 4-214 所示。

图 4-210

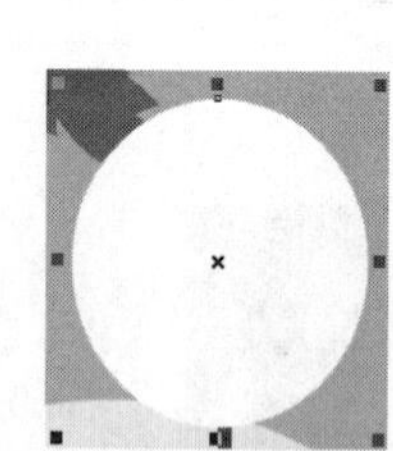
图 4-211

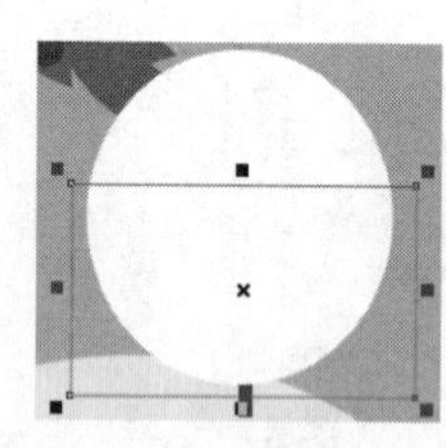
图 4-212

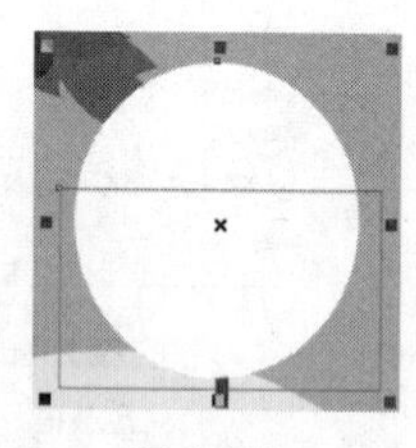
图 4-213

（4）选择“椭圆形”工具，按住 Ctrl 键的同时，绘制一个圆形，设置图形颜色为白色，填充图形，并去除图形的轮廓线，效果如图 4-215 所示。选择“选择”工具，按数字键盘上的+键，复制图形，并将其拖曳到适当的位置，效果如图 4-216 所示。用相同的方法复制出其他图形，效果如图 4-217 所示。

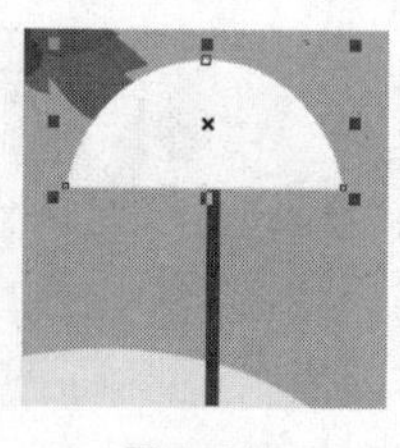
图 4-214

图 4-215

图 4-216

图 4-217

（5）选择“贝塞尔”工具，在适当的位置绘制一个图形，设置图形颜色的 CMYK 值为 82、29、26、0，填充图形，并去除图形的轮廓线，效果如图 4-218 所示。按数字键盘上的+键，复制图形。单击属性栏中的“水平镜像”按钮，水平翻转复制的图形，将其拖曳到适当的位置，效果如图 4-219 所示。

（6）选择“贝塞尔”工具，在适当的位置绘制一个图形，设置图形颜色的 CMYK 值为 82、29、26、0，填充图形，并去除图形的轮廓线，效果如图 4-220 所示。

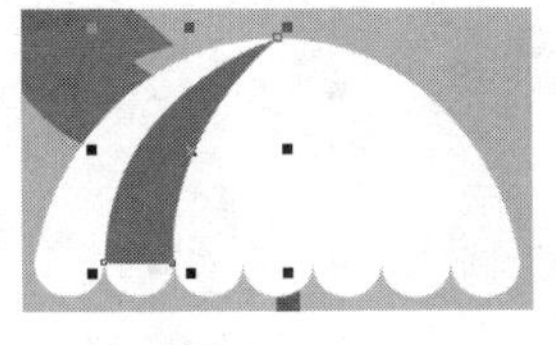

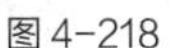

图 4-218

图 4-219

图 4-220

（7）选择“选择”工具，选取需要的图形，如图 4-221 所示。设置图形颜色的 CMYK 值为 82、29、26、0，填充图形，效果如图 4-222 所示。用相同方法填充其他图形，效果如图 4-223 所示。

图 4-221

图 4-222

图 4-223

（8）选择“选择”工具，选取需要的图形，如图 4-224 所示。连续按 Ctrl+PageDown 组合键多次，向后移动图形，效果如图 4-225 所示。在属性栏中的“旋转角度”框中设置数值为 351.5，按 Enter 键，效果如图 4-226 所示。

图 4-224

图 4-225

图 4-226

（9）选择“椭圆形”工具，按住 Ctrl 键的同时，绘制一个圆形，设置图形颜色的 CMYK 值为 0、20、100、0，填充图形。按 F12 键，弹出“轮廓笔”对话框，在“颜色”选项中设置轮廓线颜色为白色，其他选项的设置如图 4-227 所示。单击“确定”按钮，效果如图 4-228 所示。连续按 Ctrl+PageDown 组合键多次，向后移动图形，效果如图 4-229 所示。

（10）选择“星形”工具，绘制一个星形。设置图形颜色的 CMYK 值为 0、20、100、0，填充图形，并去除图形的轮廓线，效果如图 4-230 所示。在属性栏中“锐度”框中设置数值为

65，按 Enter 键，效果如图 4-231 所示。

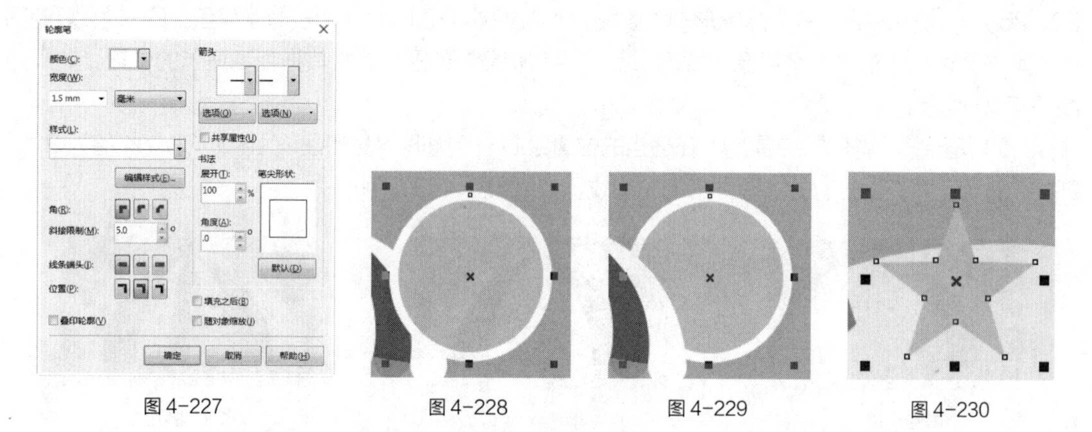

图 4-227　　图 4-228　　图 4-229　　图 4-230

（11）选择“三点椭圆形”工具，在适当的位置绘制一个椭圆形，设置图形颜色的 CMYK 值为 11、13、33、0，填充图形，并去除图形的轮廓线，效果如图 4-232 所示。按 Ctrl+PageDown 组合键多次，向后移动图形，效果如图 4-233 所示。用相同方法绘制其他图形，效果如图 4-234 所示。

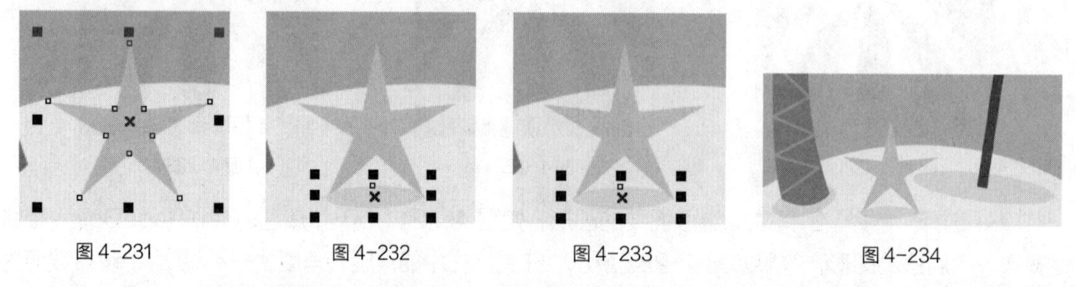

图 4-231　　图 4-232　　图 4-233　　图 4-234

（12）选择“椭圆形”工具，按住 Ctrl 键的同时，绘制一个圆形，设置图形颜色的 CMYK 值为 0、20、100、0，填充图形，并去除图形的轮廓线，效果如图 4-235 所示。选择“选择”工具，按数字键盘上的+键，复制图形。按住 Shift 键的同时，拖曳图形右上方的控制手柄，将其等比例缩小，如图 4-236 所示。

（13）选择“选择”工具，用圈选的方法将两个图形同时选取，如图 4-237 所示。单击属性栏中的“移除前面对象”按钮，将图形修剪为一个图形，效果如图 4-238 所示。

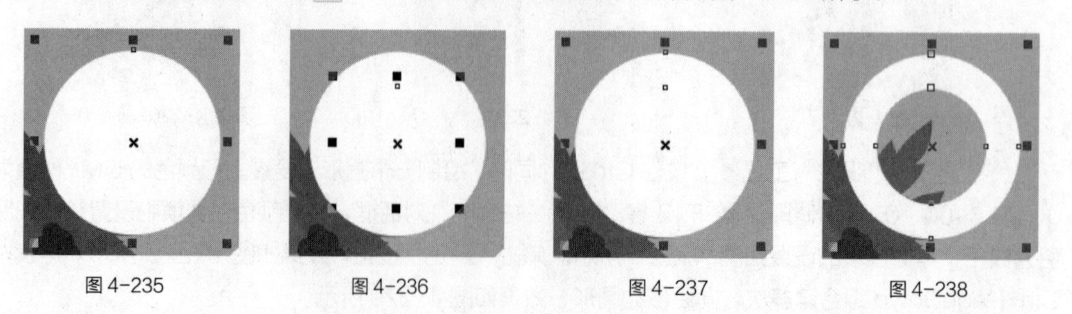

图 4-235　　图 4-236　　图 4-237　　图 4-238

（14）选择“贝塞尔”工具，在适当的位置绘制一个图形，设置图形颜色的 CMYK 值为 0、100、60、0，填充图形，并去除图形的轮廓线，效果如图 4-239 所示。按数字键盘上的+键，复制图形。单击属性栏中的“垂直镜像”按钮，垂直翻转复制的图形，将其拖曳到适当的位置，效果如图 4-240 所示。用相同的方法绘制其他图形，效果如图 4-241 所示。

（15）选择“选择”工具，按住 Shift 键的同时单击需要的图形，将其选取，如图 4-242 所示。选择“对象 > 图框精确剪裁 > 置于图文框内部命令”命令，鼠标指针变为黑色箭头形状。在渐变图形上单击鼠标左键，如图 4-243 所示，将图片置入渐变图形中，效果如图 4-244 所示。按 Ctrl+PageDown 组合键多次，向后移动图形，效果如图 4-245 所示。

图 4-239

图 4-240

图 4-241

图 4-242

（16）选择“椭圆形”工具，按住 Ctrl 键的同时，绘制一个圆形，如图 4-246 所示。用相同方法绘制其他图形，效果如图 4-247 所示。选择“选择”工具，用圈选的方法将绘制的图形同时选取，单击属性栏中的“合并”按钮，将图形合并为一个图形，效果如图 4-248 所示。

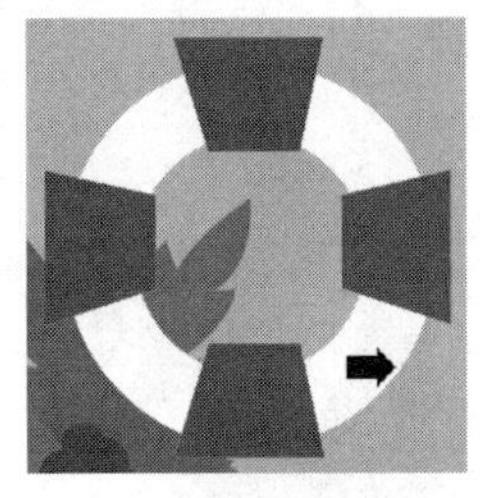

图 4-243

图 4-244

图 4-245

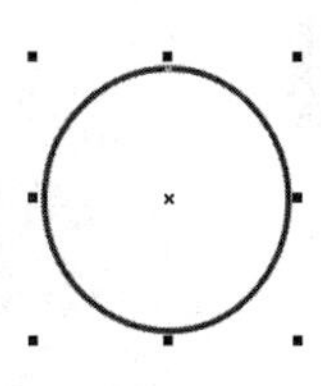
图 4-246

（17）保持图形选取状态。填充图形为白色，去除图形的轮廓线，并将其拖曳至适当的位置，效果如图 4-249 所示。用相同的方法绘制其他图形，效果如图 4-250 所示。夏日岛屿绘制完成。

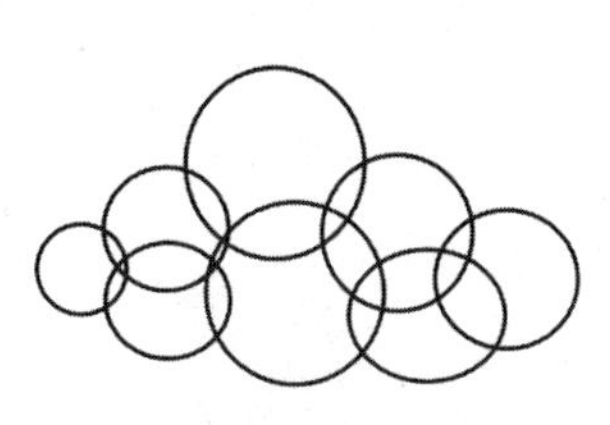
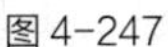
图 4-247

图 4-248

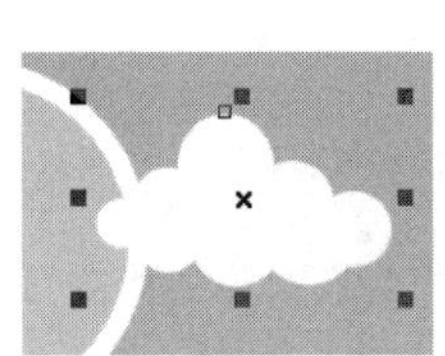
图 4-249

图 4-250

4.3.2 合并

合并会将几个图形结合成一个图形，新的图形轮廓由被合并的图形边界组成，被合并图形的交叉线都将消失。

绘制要合并的图形，效果如图 4-251 所示。使用“选择”工具选中要合并的图形，如图 4-252 所示。

图 4-251

选择“窗口 > 泊坞窗 > 造形”命令，或选择“排列 > 造形”命令，都可以弹出图 4-253 所示的“造形”泊坞窗。在“造形”泊坞窗中选择“焊接”选项，再单击“焊接到”按钮，将鼠标指针放到目标对象上并单击鼠标左键，如图 4-254 所示。焊接后的效果如图 4-255 所示，新生成的图形对象的边框和颜色填充与目标对象完全相同。

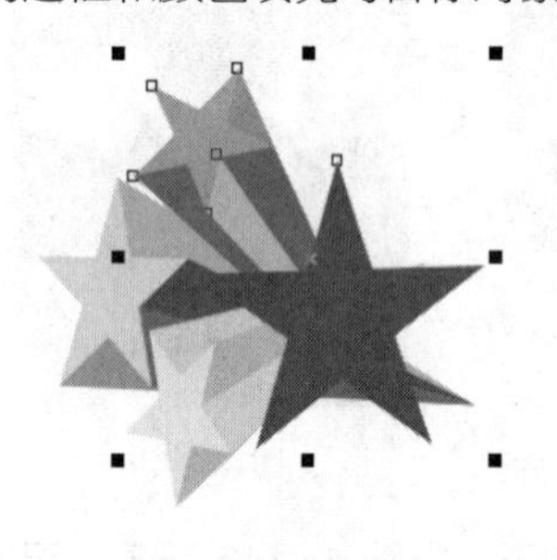

图 4-252

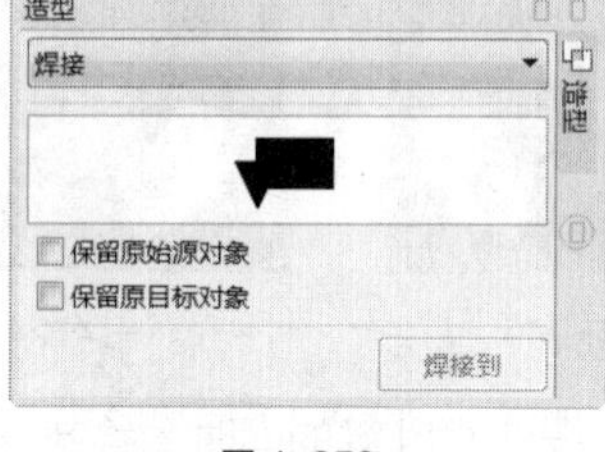

图 4-253

图 4-254

在进行焊接操作之前可以在“造形”泊坞窗中设置是否“保留原始源对象”和“保留原目标对象”。选择保留来源对象和目标对象，如图 4-256 所示。再焊接图形对象，来源对象和目标对象都被保留，如图 4-257 所示。保留来源对象和目标对象对“修剪”和“相交”功能也适用。

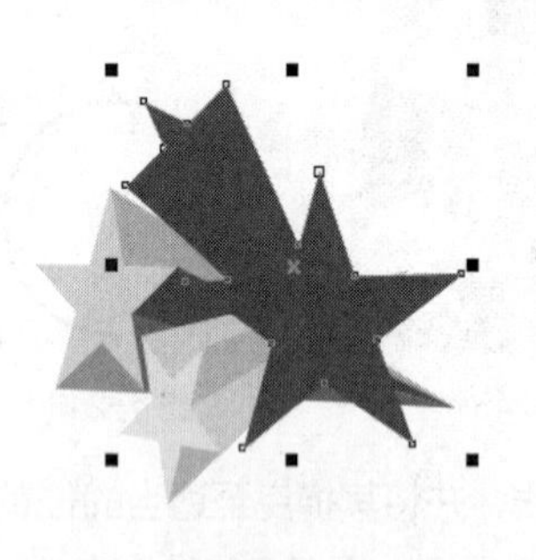

图 4-255

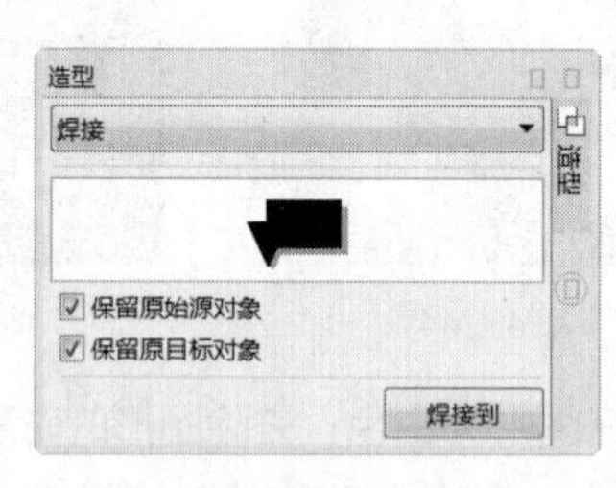

图 4-256

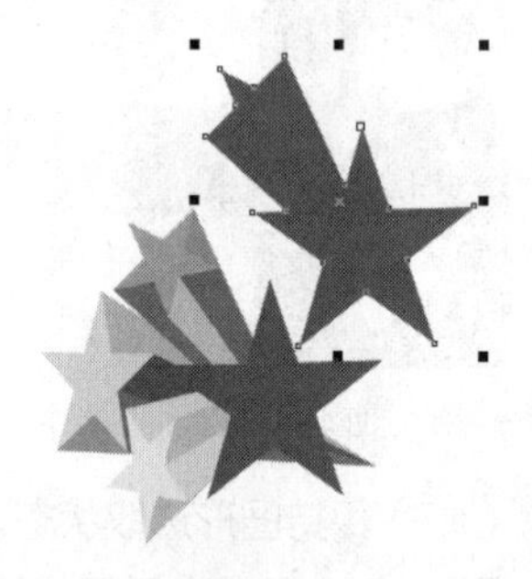

图 4-257

选择几个要焊接的图形后，选择“排列 > 造形 > 合并”即可以完成多个对象的合并。合并前圈选多个图形时，在最底层的图形就是“目标对象”。按住 Shift 键，选择多个图形时，最后选中的图形就是“目标对象”。

4.3.3 修剪

修剪会将目标对象与来源对象的相交部分裁掉，使目标对象的形状被更改。修剪后的目标对象保留其填充和轮廓属性。

绘制两个相交的图形，如图 4-258 所示。使用“选择”工具选择其中的来源对象，如图 4-259 所示。

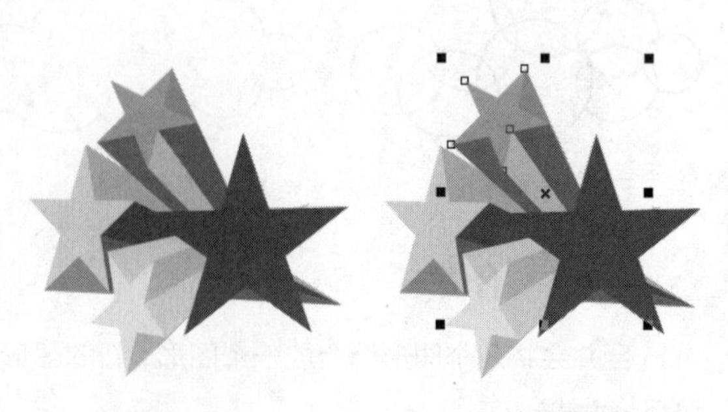

图 4-258　　图 4-259

选择“窗口 > 泊坞窗 > 造形”命令，或选择“排列 > 造形”命令，都可以弹出图 4-260 所示的“造形”泊坞窗。在“造形”泊坞窗中选择“修剪”选项，再单击“修剪”按钮，将鼠标指针放到目标对象上并单击鼠标左键，如图 4-261 所示。修剪后的效果如图 4-262 所示，新生成的图形对象的边框和颜色填充与目标对象完全相同。

选择“排列 > 造形 > 修剪”命令，也可以完成修剪，来源对象和被修剪的目标对象会同时存在于绘图页面中。

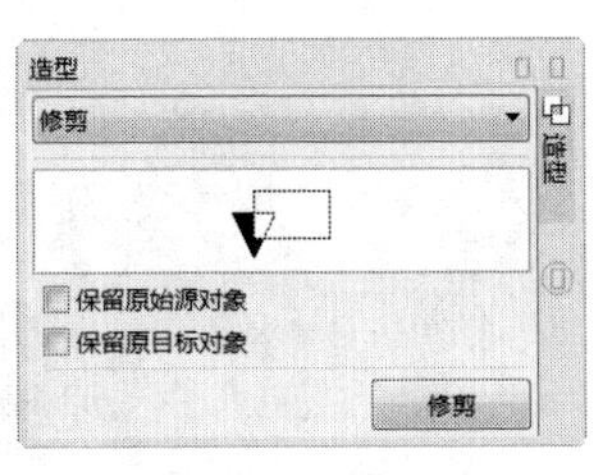

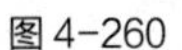
图 4-260

图 4-261

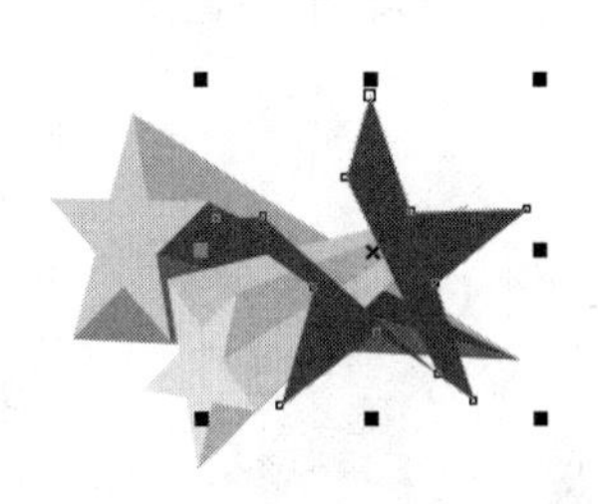
图 4-262

4.3.4 相交

相交会将两个或两个以上对象的相交部分保留，使相交的部分成为一个新的图形对象。新创建图形对象的填充和轮廓属性将与目标对象相同。

绘制两个相交的图形，如图 4-263 所示。使用“选择”工具选择其中的来源对象，如图 4-264 所示。

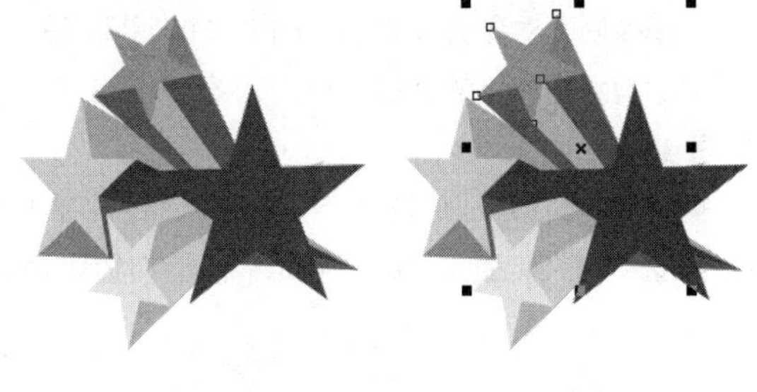
图 4-263　　图 4-264

选择“窗口 > 泊坞窗 > 造形”命令，弹出图 4-265 所示的“造形”泊坞窗。在“造形”泊坞窗中选择“相交”选项，单击“相交”按钮，将鼠标指针放到目标对象上并单击鼠标左键，如图 4-266 所示，相交后的效果如图 4-267 所示，相交后图形对象将保留目标对象的填充和轮廓属性。

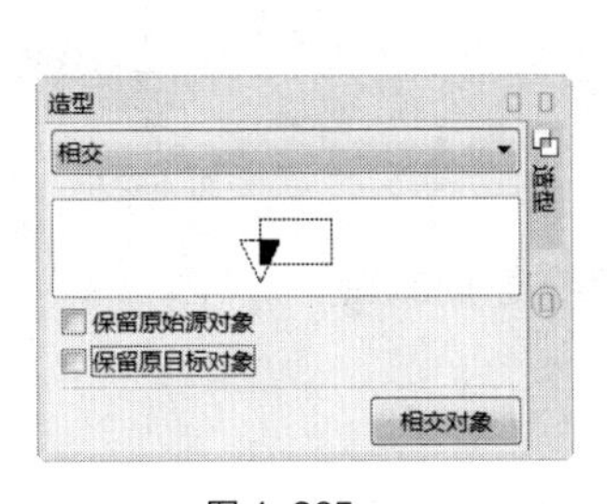

图 4-265

图 4-266

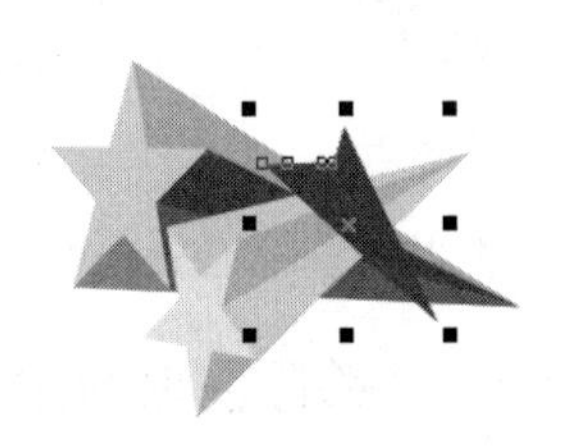
图 4-267

选择“排列 > 造形 > 相交”命令，也可以完成相交裁切。来源对象和目标对象以及相交后的新图形对象会同时存在于绘图页面中。

4.3.5 简化

使用“简化”命令会减去后面图形中和前面图形的重叠部分，并保留前面图形和后面图形的状态。

绘制两个相交的图形对象，如图 4-268 所示。使用“选择”工具选中两个相交的图形对象，如图 4-269 所示。

选择“窗口 > 泊坞窗 > 造形”命令，弹出图 4-270 所示的“造形”泊坞窗。在“造形”泊坞窗中选择“简化”选项，单击“应用”按钮，图形的简化效果如图 4-271 所示。

选择“排列 > 造形 > 简化”命令，也可以完成图形的简化。

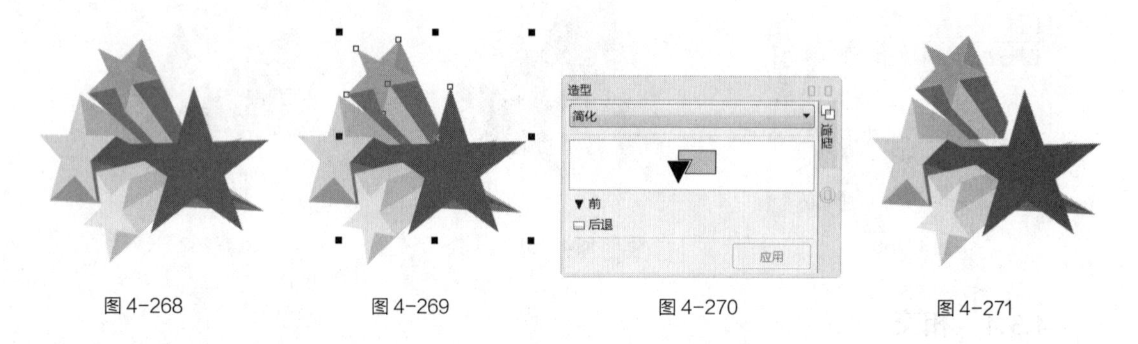

图 4-268　图 4-269　图 4-270　图 4-271

4.3.6　移除后面对象

移除后面对象会减去后面图形及前后图形的重叠部分，并保留前面图形的剩余部分。

绘制两个相交的图形对象，如图 4-272 所示。使用“选择”工具选中两个相交的图形对象，如图 4-273 所示。

选择“窗口 > 泊坞窗 > 造形”命令，弹出图 4-274 所示的“造形”泊坞窗。在“造形”泊坞窗中选择“移除后面对象”选项，单击“应用”按钮，移除后面对象效果如图 4-275 所示。

图 4-272　图 4-273　图 4-274　图 4-275

选择“排列 > 造形 > 移除后面对象”命令，也可以完成图形的“前减后”。

4.3.7　移除前面对象

移除前面对象会减去前面图形及前后图形的重叠部分，并保留后面图形的剩余部分。

绘制两个相交的图形对象，如图 4-276 所示。使用“选择”工具选中两个相交的图形对象，如图 4-277 所示。

选择“窗口 > 泊坞窗 > 造形”命令，弹出图 4-278 所示的“造形”泊坞窗。在“造形”泊坞窗中选择“移除前面对象”选项，单击“应用”按钮，移除前面对象效果如图 4-279 所示。

选择“排列 > 造形 > 移除前面对象”命令，也可以完成图形的“后减前”。

图 4-276

图 4-277

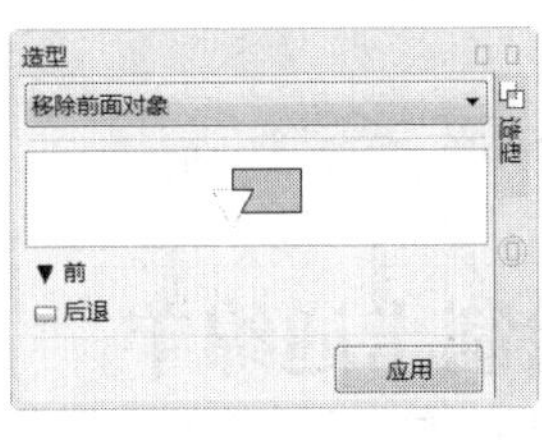

图 4-278

图 4-279

4.3.8　边界

使用“边界”命令可以快速创建一个所选图形的共同边界。

绘制要创建选择边界的图形对象，使用“选择”工具选中图形对象，如图 4-280 所示。

选择“窗口 > 泊坞窗 > 造形”命令，弹出图 4-281 所示的“造形”泊坞窗。在“造形”泊坞窗中选择“边界”选项，单击“应用”按钮，边界效果如图 4-282 所示。

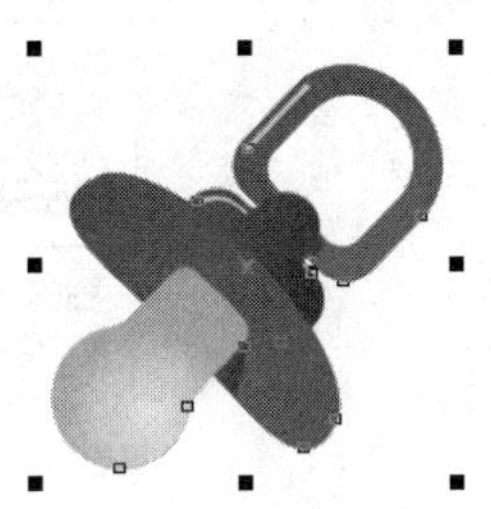

图 4-280

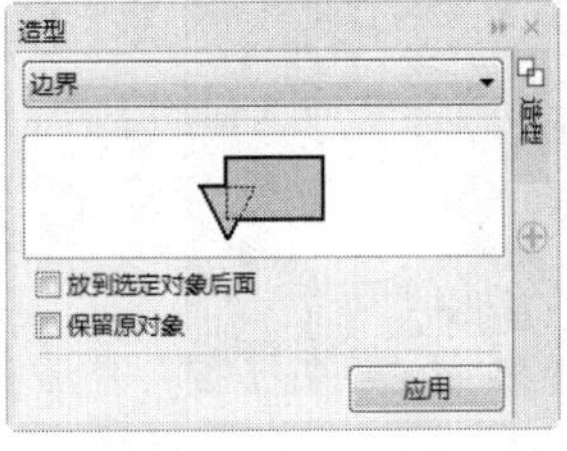

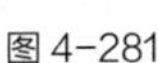

图 4-281

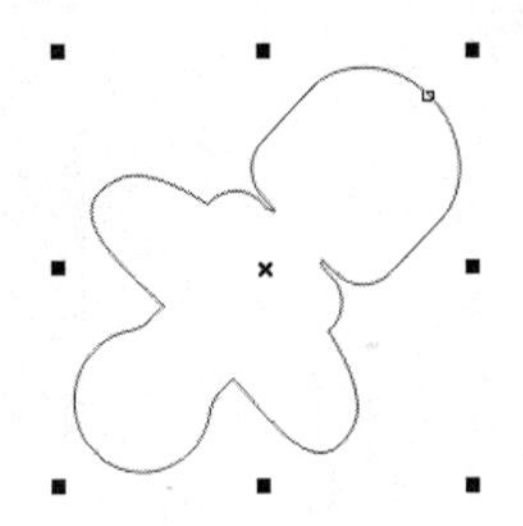

图 4-282

课堂练习——绘制急救箱

练习知识要点

使用矩形工具、倾斜命令、合并命令和移除前面对象命令绘制急救箱图形；使用文本工具添加文字效果。效果如图 4-283 所示。

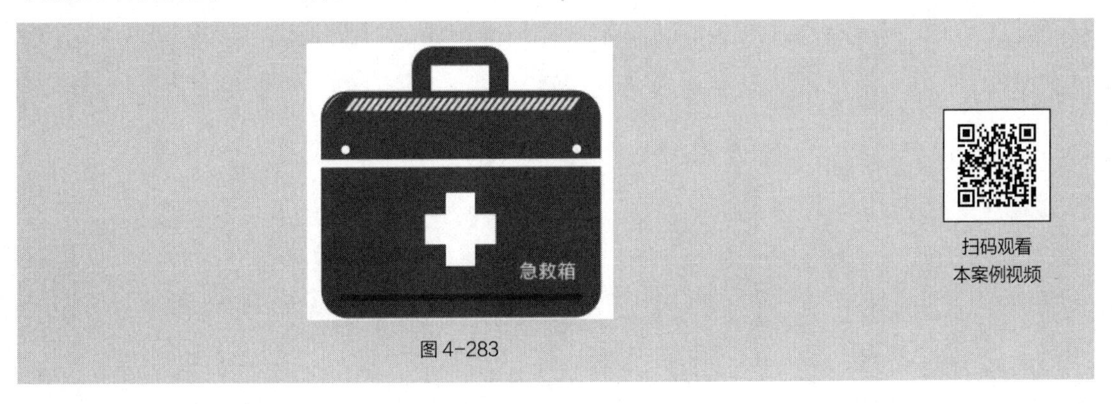

图 4-283

效果所在位置

云盘/Ch04/效果/绘制急救箱.cdr。

课后习题——绘制卡通绵羊

习题知识要点

使用矩形工具和填充工具绘制背景效果；使用贝塞尔工具绘制羊和降落伞图形；使用直线工具绘制直线；使用文本工具添加文字。效果如图 4-284 所示。

图 4-284

效果所在位置

云盘/Ch04/效果/绘制卡通绵羊.cdr。

05

第 5 章 编辑轮廓线与填充颜色

在 CorelDRAW X7 中，绘制一个图形时需要先绘制出该图形的轮廓线，并按设计的需求对轮廓线进行编辑。编辑完成后，就可以使用色彩进行渲染了。要想设计出优秀的作品，色彩的运用非常重要。通过学习本章的内容，读者可以制作出不同效果的图形轮廓线，了解并掌握各种颜色的填充方式和填充技巧。

课堂学习目标

- 掌握编辑轮廓设置的方法
- 掌握均匀填充的使用方法
- 掌握渐变填充和图样填充的设置方法
- 掌握底纹填充、网状填充的使用方法
- 掌握滴管工具的使用方法

5.1 编辑轮廓线和均匀填充

CorelDRAW X7 提供了丰富的轮廓线和填充设置，用户可以用其制作出精美的轮廓线和填充效果。下面我们就来具体介绍编辑轮廓线和均匀填充的方法和技巧。

5.1.1 课堂案例——绘制卡通图标

案例学习目标

学习使用几何形状工具和填充工具绘制卡通图标。

案例知识要点

使用多边形工具、椭圆形工具和文字工具绘制图标背景；使用贝塞尔工具、椭圆形工具和填充工具绘制猫图形。卡通图标效果如图 5-1 所示。

图 5-1

效果所在位置

云盘/Ch05/效果/绘制卡通图标.cdr。

（1）按 Ctrl+N 组合键，新建一个 A4 页面。选择“多边形”工具，在属性栏中的“点数或者边数”框中设置数值为 20，按 Enter 键，在适当的位置绘制一个图形，如图 5-2 所示。

（2）选择“形状”工具，选取需要的节点，如图 5-3 所示，向内拖曳节点到适当的位置，效果如图 5-4 所示。设置图形颜色的 CMYK 值为 68、0、22、0，填充图形，并去除图形的轮廓线，效果如图 5-5 所示。

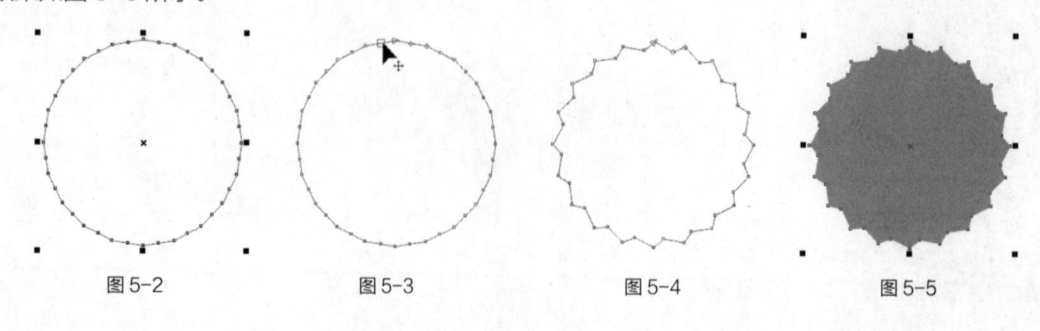

图 5-2　　图 5-3　　图 5-4　　图 5-5

（3）选择“椭圆形”工具，按住 Ctrl 键的同时，绘制一个圆形。设置图形颜色的 CMYK 值为 0、20、100、0，填充图形。按 F12 键，弹出“轮廓笔”对话框，在“颜色”选项中设置轮廓线颜色为白色，其他选项的设置如图 5-6 所示。单击“确定”按钮，效果如图 5-7 所示。

（4）选择“选择”工具，按数字键盘上的+键，复制图形。按住 Shift 键的同时，拖曳图形右上方的控制手柄，将其等比例缩小，如图 5-8 所示。设置图形颜色为黑色，填充图形，并去除图形的轮廓线，效果如图 5-9 所示。

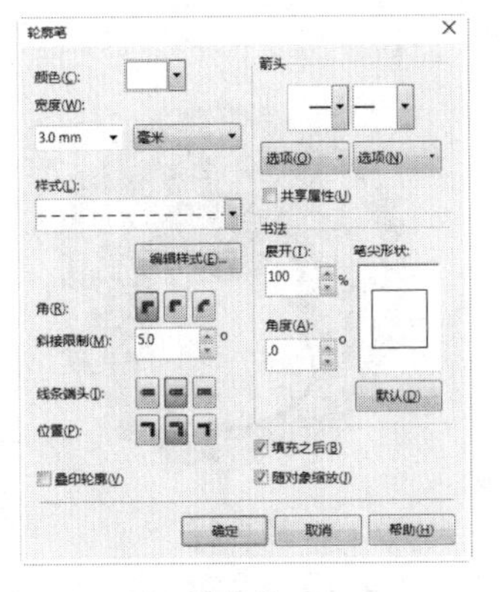

图 5-6

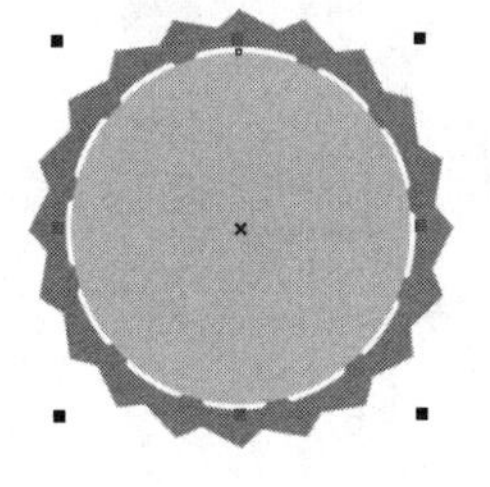

图 5-7

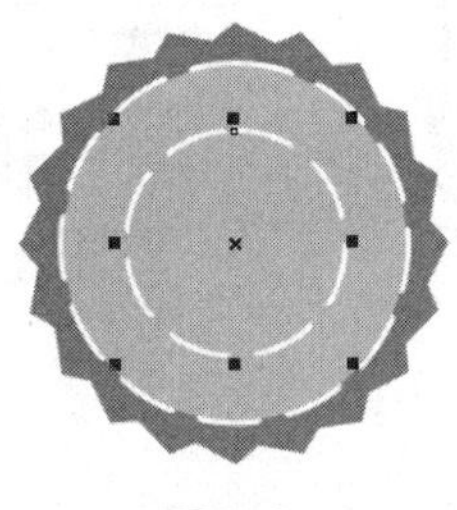

图 5-8

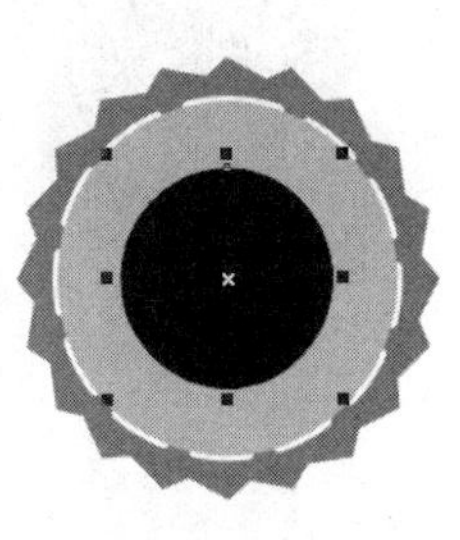

图 5-9

（5）选择“椭圆形”工具，按住 Ctrl 键的同时，绘制一个圆形，如图 5-10 所示。选择“文本”工具，输入需要的文字。选择“选择”工具，在属性栏中选择合适的字体并设置文字大小，效果如图 5-11 所示。

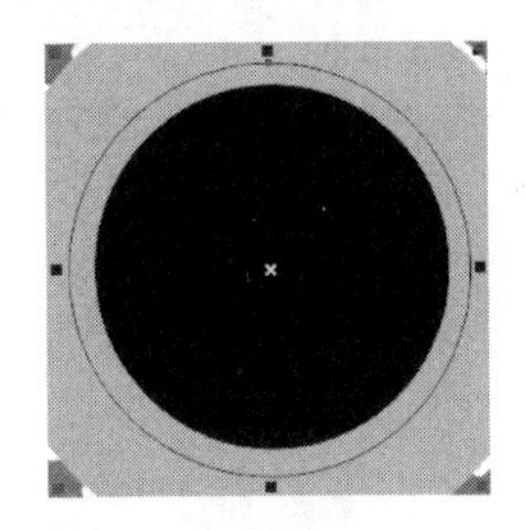

图 5-10

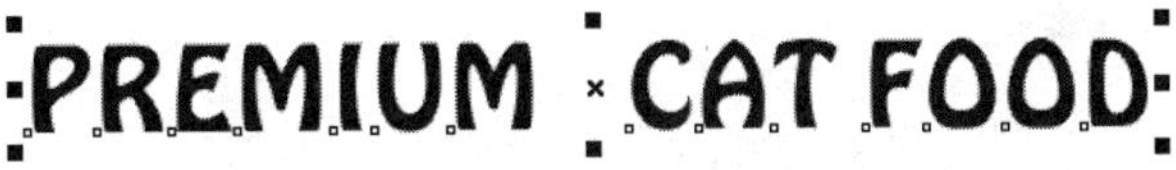

图 5-11

（6）选择“文本 > 使文本适合路径”命令，将文字拖曳至路径上，如图 5-12 所示，单击鼠标左键，文本绕路径排列，效果如图 5-13 所示。选择“选择”工具，选取圆形，在“CMYK 调色板”中的“无填充”按钮⊠上单击鼠标右键，去除图形的轮廓线，效果如图 5-14 所示。

图 5-12

图 5-13

图 5-14

（7）选择“贝塞尔”工具，在适当的位置绘制一个图形，如图 5-15 所示。设置图形颜色为白色，填充图形，并去除图形的轮廓线。按 F12 键，弹出“轮廓笔”对话框，在“颜色”选项中设置轮廓线颜色的 CMYK 值为 95、86、75、64，其他选项的设置如图 5-16 所示。单击“确定”按钮，效果如图 5-17 所示。

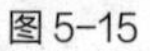

图 5-15

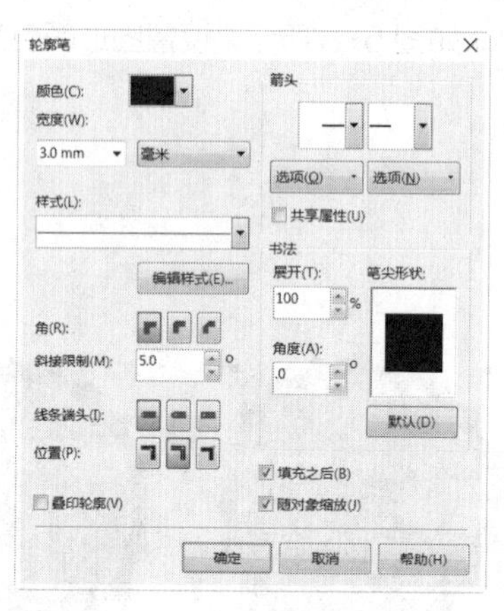

图 5-16

图 5-17

（8）选择“椭圆形”工具，按住 Ctrl 键的同时，绘制一个圆形。设置图形颜色的 CMYK 值为 91、85、58、32，填充图形。按 F12 键，弹出“轮廓笔”对话框，在“颜色”选项中设置轮廓线颜色的 CMYK 值为 98、89、80、73，其他选项的设置如图 5-18 所示。单击“确定”按钮，效果如图 5-19 所示。选择“选择”工具，按数字键盘上的+键，复制图形。按住 Shift 键的同时，水平向右拖曳图形到适当的位置，效果如图 5-20 所示。

（9）选择“贝塞尔”工具，在适当的位置绘制一个图形，设置图形颜色的 CMYK 值为 95、86、75、64，填充图形，并去除图形的轮廓线，如图 5-21 所示。

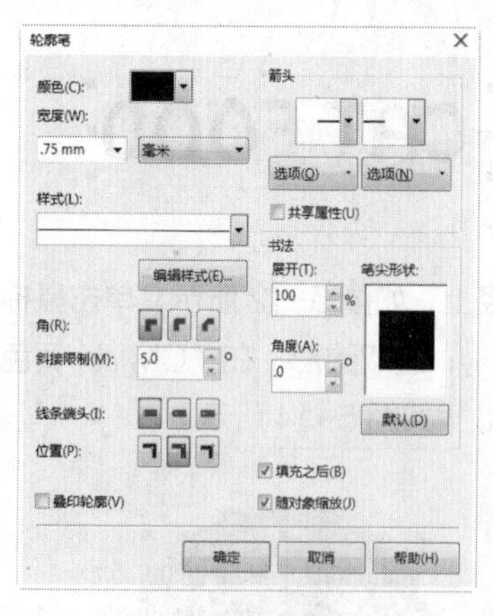

图 5-18

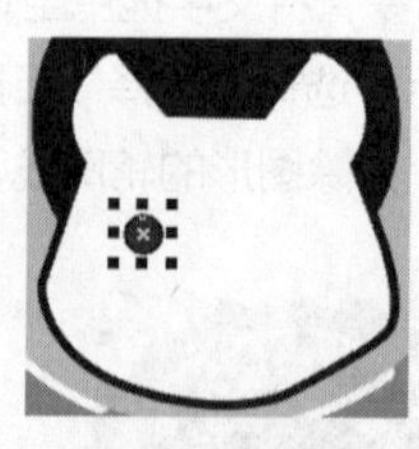

图 5-19

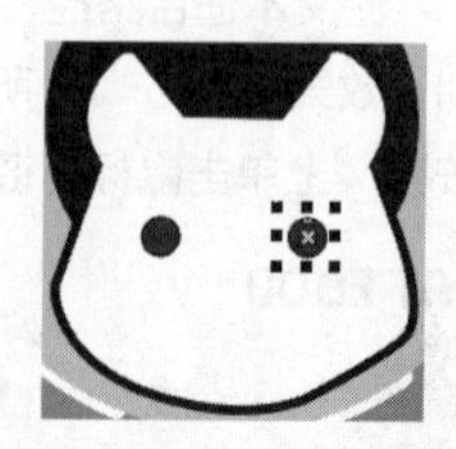

图 5-20

图 5-21

（10）选择“二点线”工具，绘制一条直线。按 F12 键，弹出“轮廓笔”对话框，在“颜色”选项中设置轮廓线颜色为黑色，其他选项的设置如图 5-22 所示。单击“确定”按钮，效果如图 5-23 所示。

（11）选择“贝塞尔”工具，在适当的位置绘制一条线。按 F12 键，弹出“轮廓笔”对话框，在“颜色”选项中设置轮廓线颜色的 CMYK 值为 95、86、75、64，其他选项的设置如图 5-24 所示。单击“确定”按钮，效果如图 5-25 所示。

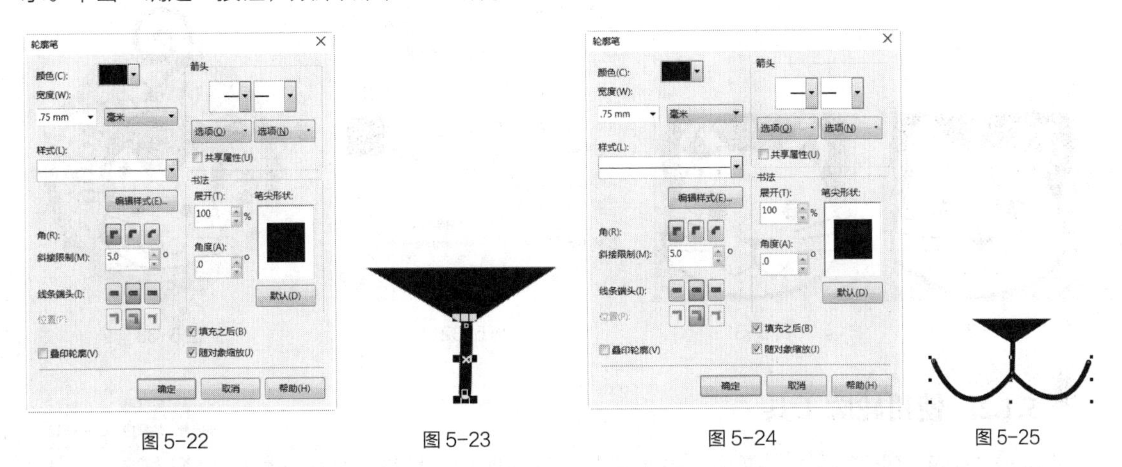

图 5-22　　图 5-23　　图 5-24　　图 5-25

（12）选择“二点线”工具，绘制一条直线。按 F12 键，弹出“轮廓笔”对话框，在“颜色”选项中设置轮廓线颜色为黑色，其他选项的设置如图 5-26 所示。单击“确定”按钮，效果如图 5-27 所示。

（13）选择“选择”工具，再次单击图形，使其处于旋转状态，按数字键盘上的+键，复制一个图形。将旋转中心拖曳到适当的位置，拖曳右下角的控制手柄，将图形旋转到需要的角度，如图 5-28 所示。用相同的方法绘制其他图形，并分别填充适当的颜色，效果如图 5-29 所示。

图 5-26　　图 5-27　　图 5-28　　图 5-29

（14）选择“贝塞尔”工具，在适当的位置绘制一个图形，设置图形颜色的 CMYK 值为 95、86、75、64，填充图形，并设置图形的轮廓线为黑色，效果如图 5-30 所示。按数字键盘上的+键，复制图形。单击属性栏中的“水平镜像”按钮，水平翻转复制的图形，将其拖曳到适当的位置，效果如图 5-31 所示。

（15）选择“贝塞尔”工具，在适当的位置绘制一条曲线。按 F12 键，弹出“轮廓笔”对话框，在“颜色”选项中设置轮廓线颜色的 CMYK 值为 95、86、75、64，其他选项的设置如图 5-32 所示。单击“确定”按钮，效果如图 5-33 所示。卡通图标绘制完成。

图 5-30

图 5-31

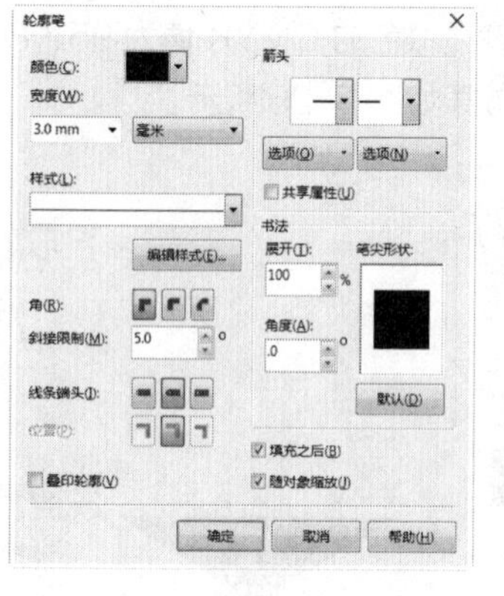

图 5-32

图 5-33

5.1.2 使用轮廓工具

单击“轮廓笔”工具，弹出“轮廓笔”工具的展开工具栏，如图 5-34 所示。

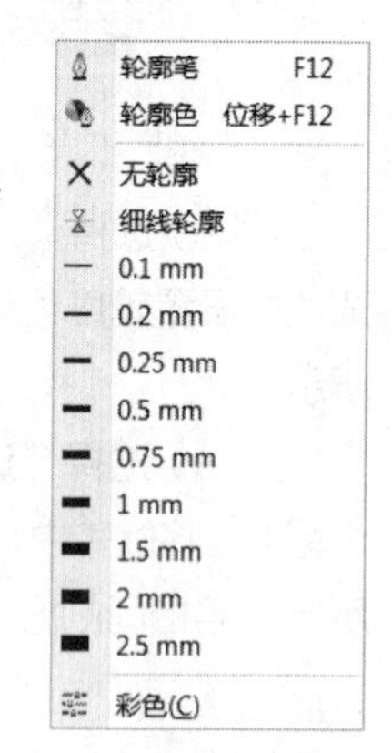

图 5-34

展开工具栏中的“轮廓笔”工具，可以编辑图形对象的轮廓线。“轮廓色”工具可以编辑图形对象的轮廓线颜色。11 个按钮都是设置图形对象的轮廓宽度的，分别是无轮廓、细线轮廓、0.1mm、0.2mm、0.25mm、0.5mm、0.75mm、1mm、1.5mm、2mm 和 2.5mm。单击“彩色”工具，可以弹出“颜色”泊坞窗，对图形的轮廓线颜色进行编辑。

5.1.3 设置轮廓线的颜色

绘制一个图形对象，并使图形对象处于选取状态，单击“轮廓笔”工具，弹出“轮廓笔”对话框，如图 5-35 所示。

在“轮廓笔”对话框中，“颜色”选项可以设置轮廓线的颜色，在 CorelDRAW X7 的默认状态下，轮廓线被设置为黑色。在颜色列表框右侧的按钮上单击鼠标左键，打开颜色下拉列表，如图 5-36 所示。

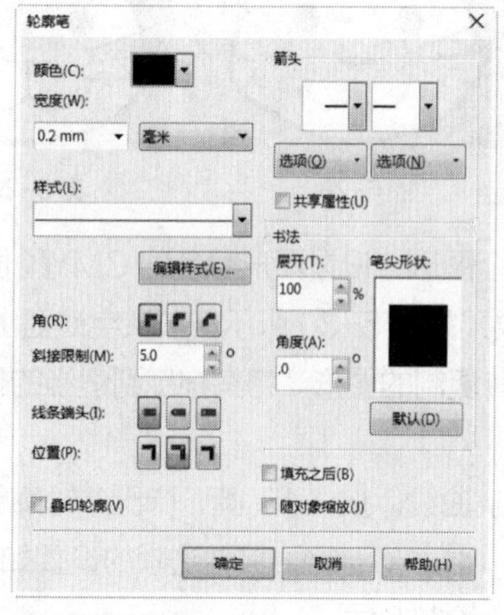

图 5-35

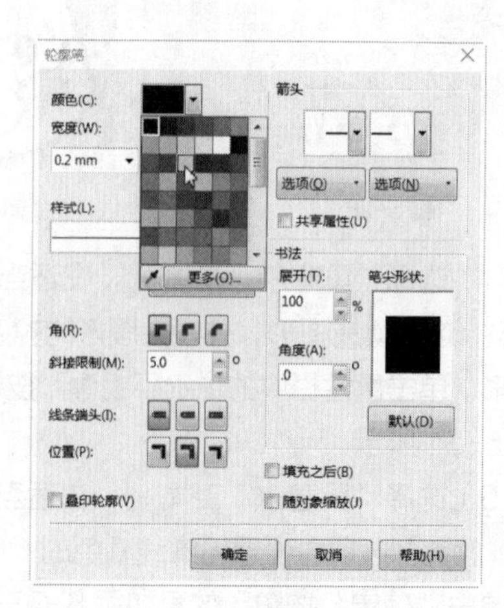

图 5-36

在颜色下拉列表中可以选择需要的颜色，也可以单击“更多（O）...”按钮，打开“选择颜色”对话框，如图 5-37 所示。在对话框中可以调配自己需要的颜色。

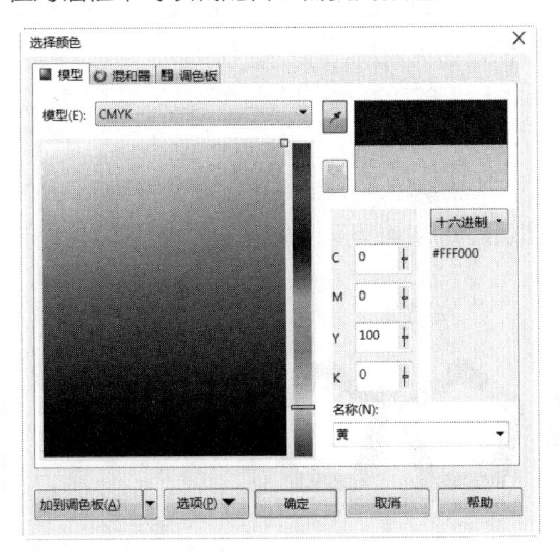

图 5-37

设置好需要的颜色后，单击“确定”按钮，可以改变轮廓线的颜色。

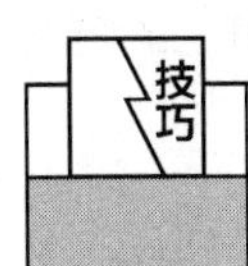

图形对象在选取状态下，直接在调色板中需要的颜色上单击鼠标右键，就可以快速填充轮廓线颜色。

5.1.4 设置轮廓线的粗细及样式

在“轮廓笔”对话框中，“宽度”选项可以设置轮廓线的宽度值和宽度的度量单位。在“宽度”选项中，在左侧框的倒三角按钮上单击鼠标左键，弹出下拉列表，可以选择宽度数值，如图 5-38 所示；也可以在数值框中直接输入宽度数值。在右侧框的倒三角按钮上单击鼠标左键，弹出下拉列表，可以选择宽度的度量单位，如图 5-39 所示。在“样式”选项右侧的倒三角按钮上单击鼠标左键，弹出下拉列表，可以选择轮廓线的样式，如图 5-40 所示。

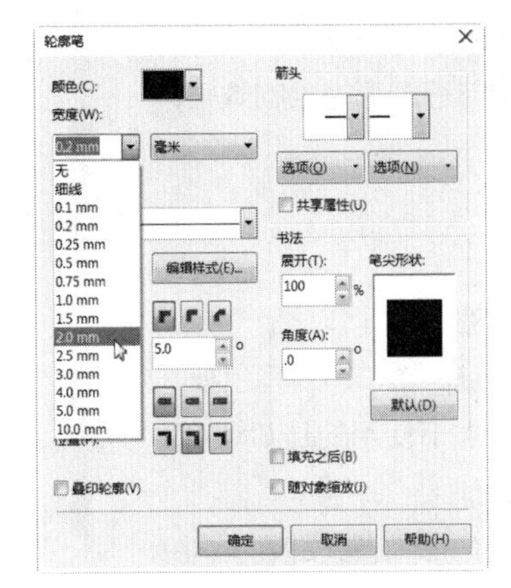

图 5-38

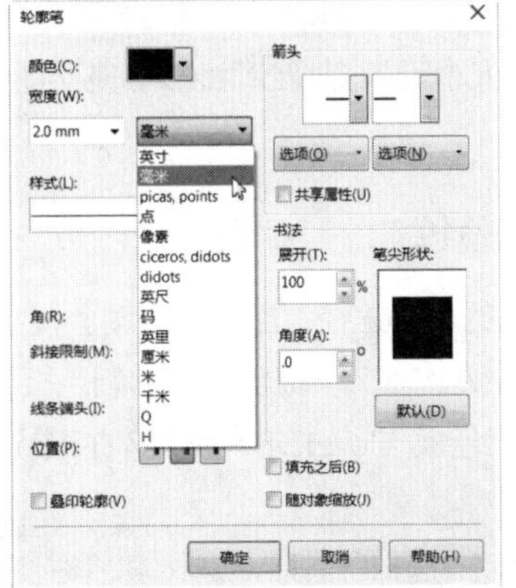

图 5-39

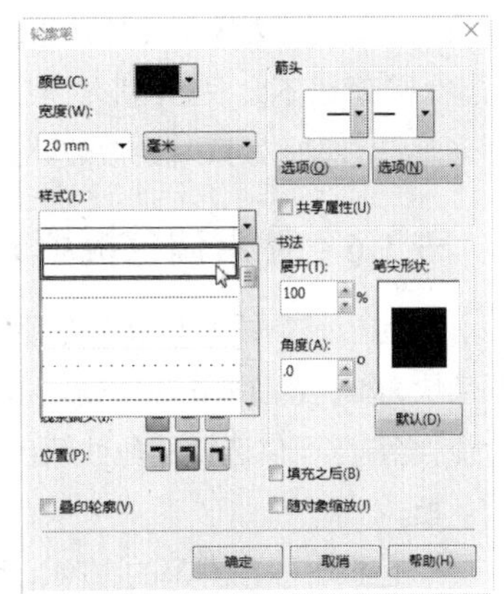

图 5-40

5.1.5 设置轮廓线角的样式及端头样式

在“轮廓笔”对话框中，“角”设置区可以设置轮廓线角的样式，如图 5-41 所示。“角”设置区提供了 3 种拐角的方式，它们分别是尖角、圆角和平角。

将轮廓线的宽度增加（因为较细的轮廓线在设置拐角后效果不明显），3 种拐角的效果如图 5-42 所示。

在“轮廓笔”对话框中，“线条端头”设置区可以设置线条端头的样式，如图 5-43 所示。3 种样式分别是削平两端点、两端点延伸成半圆形、削平两端点并延伸。分别选择 3 种端头样式，效果如图 5-44 所示。

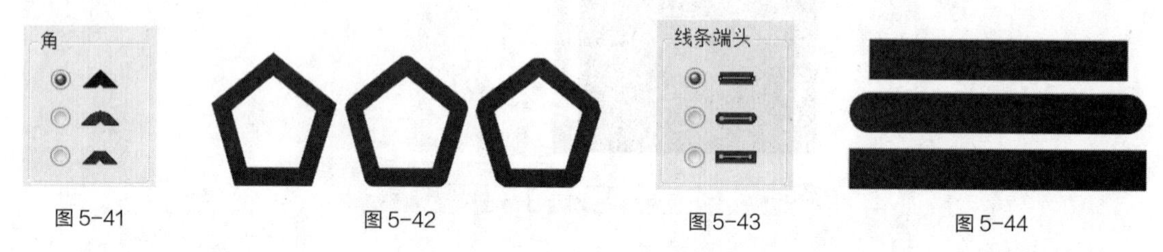

图 5-41　图 5-42　图 5-43　图 5-44

在“轮廓笔”对话框中，“箭头”设置区可以设置线条两端的箭头样式，如图 5-45 所示。“箭头”设置区中提供了两个样式框，左侧的样式框用来设置箭头样式，单击样式框上的倒三角按钮，弹出“箭头样式”列表，如图 5-46 所示。右侧的样式框用来设置箭尾样式，单击样式框上的倒三角按钮，弹出“箭尾样式”列表，如图 5-47 所示。

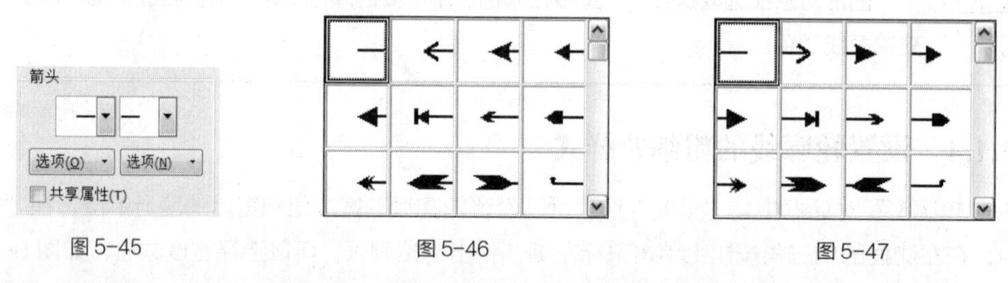

图 5-45　图 5-46　图 5-47

点选“填充之后”选项会将图形对象的轮廓置于图形对象的填充之后。图形对象的填充会遮挡图形对象的轮廓颜色，只能观察到轮廓的一段宽度的颜色。

点选“随对象缩放”选项缩放图形对象时，图形对象的轮廓线会根据图形对象的大小而改变，使图形对象的整体效果保持不变；如果不选择此选项，在缩放图形对象时，图形对象的轮廓线不会根据图形对象的大小而改变，轮廓线和填充不能保持原图形对象的效果，图形对象的整体效果就会被破坏。

5.1.6 使用调色板填充颜色

调色板是给图形对象填充颜色的最快途径。通过选取调色板中的颜色，可以把一种新颜色快速填充给图形对象。CorelDRAW X7 中提供了多种调色板，选择“窗口 > 调色板”命令，将弹出可供选择的多种颜色调色板。CorelDRAW X7 在默认状态下使用的是 CMYK 调色板。

调色板一般在屏幕的右侧，使用“选择”工具选中屏幕右侧的条形色板，如图 5-48 所示，用鼠标左键拖曳条形色板到屏幕的中间，调色板变为图 5-49 所示界面。

图 5-48

使用“选择”工具选中要填充的图形对象，如图 5-50 所示。在调色板中选中的颜色上单击鼠标左键，如图 5-51 所示，图形对象的内部即被选中的颜色填充，如图 5-52 所示。单击调色板中的“无填充”按钮☒，可取消对图形对象内部的颜色填充。

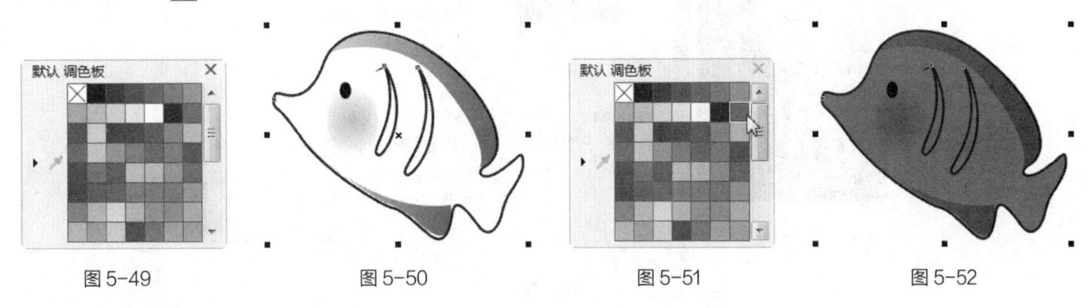

图 5-49　　图 5-50　　图 5-51　　图 5-52

选取需要的图形，如图 5-53 所示。在调色板中选中的颜色上单击鼠标左键，如图 5-54 所示，图形对象的轮廓线即被选中的颜色填充，设置适当的轮廓宽度，如图 5-55 所示。

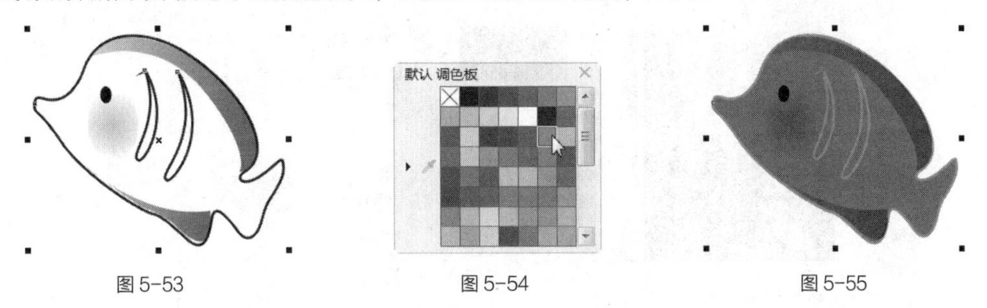

图 5-53　　图 5-54　　图 5-55

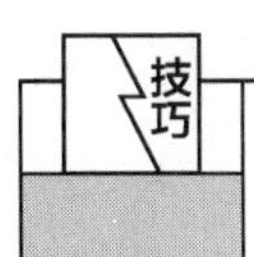

选中调色板中的色块，按住鼠标左键不放拖曳色块到图形对象上，松开鼠标左键，也可填充对象。

5.1.7　均匀填充对话框

选择“编辑填充”工具，弹出“编辑填充”对话框，单击“均匀填充”按钮■，或按 F11 键，弹出“编辑填充”对话框，可以在对话框中设置需要的颜色。

在对话框中的 3 种设置颜色的方式分别为模型、混合器和调色板，具体设置如下。

1. 模型

模型设置框如图 5-56 所示，在设置框中提供了完整的色谱。通过操作颜色关联控件可更改颜色，也可以通过在颜色模式的各参数值框中设置数值来设定需要的颜色。在设置框中还可以选择不同的颜色模式，模型设置框默认的是 CMYK 模式，如图 5-57 所示。

调配好需要的颜色后，单击“确定”按钮，可以将需要的颜色填充到图形对象中。

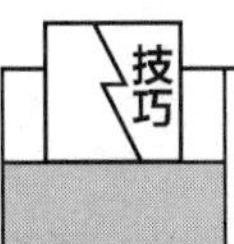

如果有经常需要使用的颜色，调配好需要的颜色后，单击对话框中的“加到调色板”按钮，就可以将颜色添加到调色板中，在下一次需要使用时就不需要再次调配了，直接在调色板中调用即可。

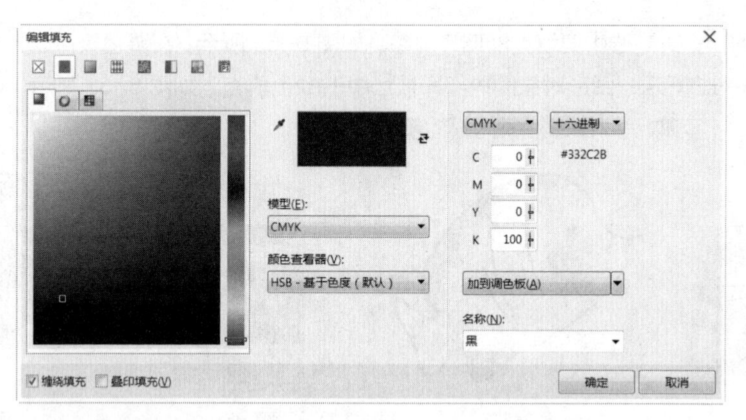

图 5-56

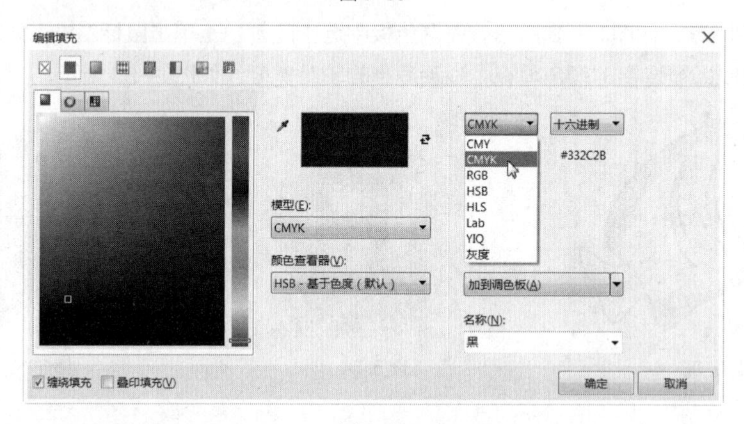

图 5-57

2. 混合器

混合器设置框如图 5-58 所示，混合器设置框是通过组合其他颜色的方式来生成新颜色，通过转动色环或从“色度”选项的下拉列表中选择各种形状，可以设置需要的颜色。从“变化”选项的下拉列表中选择各种选项，可以调整颜色的明度。调整“大小”选项下的滑动块可以使选择的颜色更丰富。

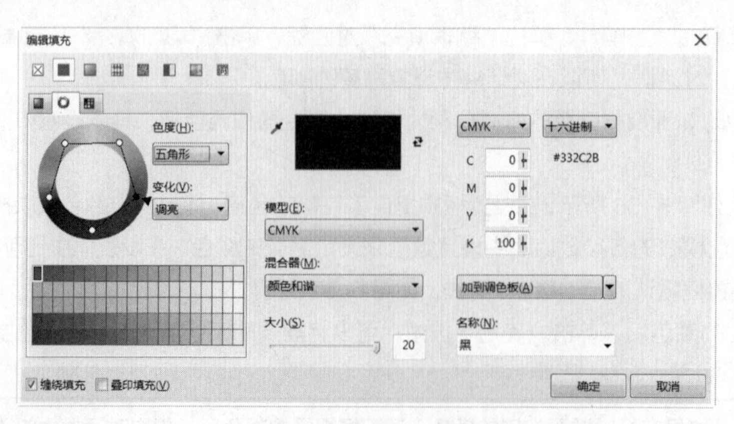

图 5-58

可以通过在颜色模式的各参数值框中设置数值来设定需要的颜色。在设置框中还可以选择不同的颜色模式，混合器设置框默认的是 CMYK 模式，如图 5-59 所示。

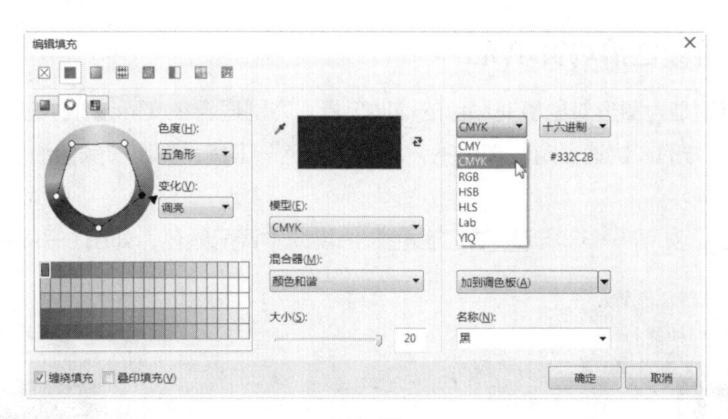

图 5-59

3. 调色板

调色板设置框如图 5-60 所示，调色板设置框是通过 CorelDRAW X7 中已有颜色库中的颜色来填充图形对象，在“调色板”选项的下拉列表中可以选择需要的颜色库，如图 5-61 所示。

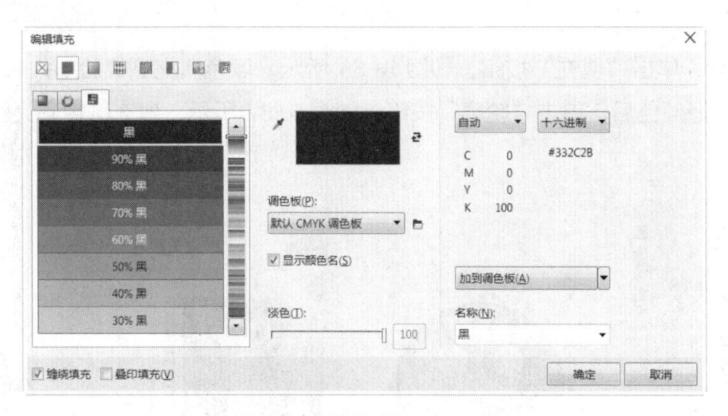

图 5-60

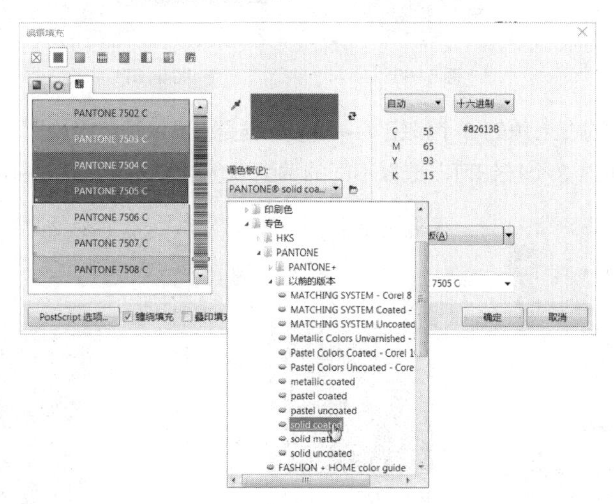

图 5-61

在色板中的颜色上单击鼠标左键就可以选中需要的颜色，调整“淡色”选项下的滑动块可以使选择的颜色变淡。调配好需要的颜色后，单击“确定”按钮，可以将需要的颜色填充到图形对象中。

5.1.8 使用颜色泊坞窗填充

“颜色”泊坞窗是为图形对象填充颜色的辅助工具，特别适合在实际工作中应用。

单击工具箱下方的“快速自定”按钮⊕，添加“彩色”工具，弹出“颜色泊坞窗”，如图 5-62 所示。

绘制一个笑脸，如图 5-63 所示。在“颜色”泊坞窗中调配颜色，如图 5-64 所示。

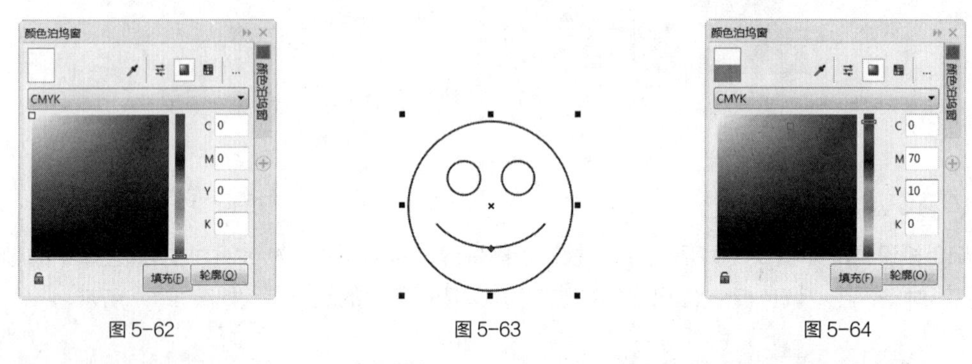

图 5-62　　图 5-63　　图 5-64

调配好颜色后，单击“填充”按钮，如图 5-65 所示，颜色填充到笑脸的内部，效果如图 5-66 所示。也可在调配好颜色后，单击“轮廓”按钮，如图 5-67 所示，填充颜色到笑脸的轮廓线，效果如图 5-68 所示。

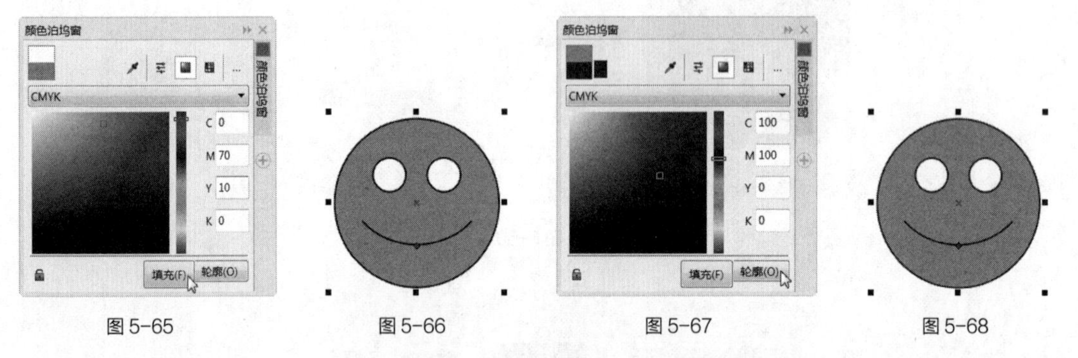

图 5-65　　图 5-66　　图 5-67　　图 5-68

在“颜色泊坞窗”的右上角的 3 个按钮，分别是“显示颜色滑块”“显示颜色查看器”“显示调色板”。分别单击这 3 个按钮可以选择不同的调配颜色的方式，如图 5-69 所示。

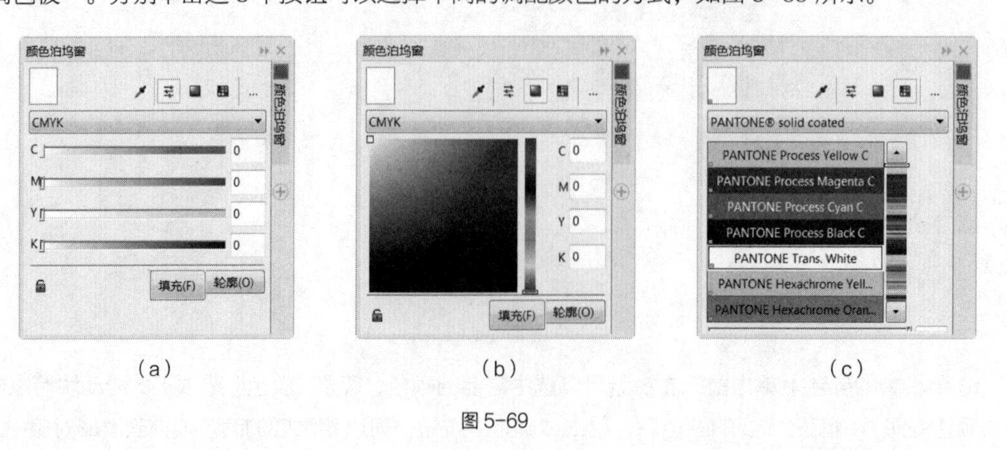

（a）　　（b）　　（c）

图 5-69

5.2 渐变填充和图样填充

渐变填充和图样填充都是 CorelDRAW 中非常实用的功能，在设计制作中经常被应用。在 CorelDRAW X7 中，渐变填充提供了线性、辐射、圆锥和正方形这 4 种渐变色彩的形式，可以绘制出多种渐变颜色效果；图样填充将预设图案以平铺的方法填充到图形中。下面我们将介绍使用渐变填充和图样填充的方法和技巧。

5.2.1 课堂案例——绘制蔬菜插画

案例学习目标

学习使用几何图形工具、绘图工具和填充工具绘制蔬菜插画。

案例知识要点

使用矩形工具和图样填充工具绘制背景效果；使用贝塞尔工具、椭圆形工具、矩形工具、渐变填充工具和图样填充工具绘制蔬菜；使用文本工具添加文字。蔬菜插画效果如图 5-70 所示。

图 5-70

效果所在位置

云盘/Ch05/效果/绘制蔬菜插画.cdr。

1. 绘制背景

（1）按 Ctrl+N 组合键，新建一个 A4 页面。选择“矩形”工具，绘制一个矩形，如图 5-71 所示。选择“编辑填充”工具，弹出“编辑填充”对话框，单击“双色图样填充”按钮，单击图样图案右侧的按钮，在弹出的面板中选择需要的图样，如图 5-72 所示，将背景颜色的 CMYK 值设为 40、0、100、0，其他选项的设置如图 5-73 所示。单击“确定”按钮，填充图形，并去除图形的轮廓线，效果如图 5-74 所示。

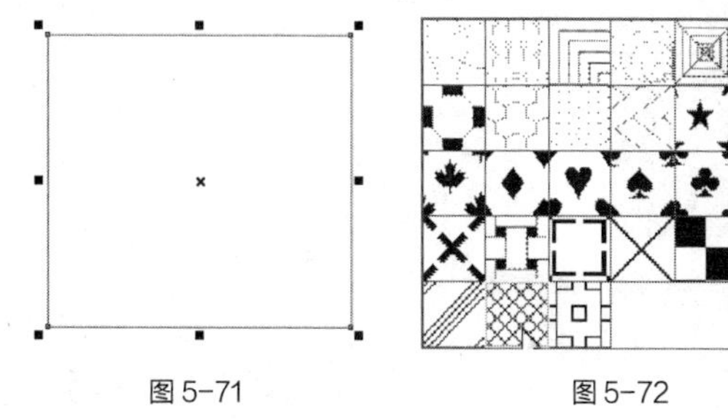
图 5-71　　图 5-72

（2）选择“椭圆形”工具，按住 Ctrl 键的同时绘制圆形，如图 5-75 所示。按 F11 键，弹出“编辑填充”对话框，选择“渐变填充”按钮，将“起点”颜色的 CMYK 值设置为 100、0、100、45，“终点”颜色的 CMYK 值设置为 55、0、100、0，将下方三角图标的“节点位置”选项设为 62%，其他选项的设置如图 5-76 所示。单击“确定”按钮，填充图形，并去除图形的轮廓线，效果如图 5-77 所示。选择“矩形”工具，绘制一个矩形，如图 5-78 所示。

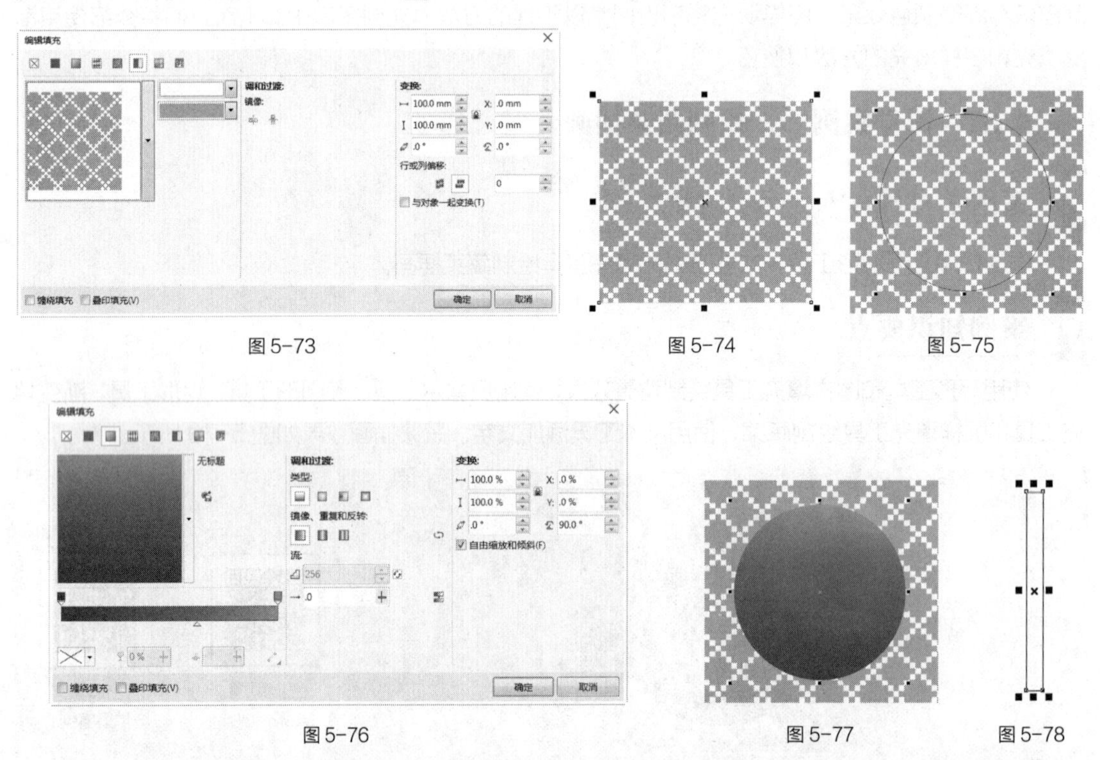

图 5-73 图 5-74 图 5-75

图 5-76 图 5-77 图 5-78

（3）按 F11 键，弹出“编辑填充”对话框，选择“渐变填充”按钮，将“起点”颜色的 CMYK 值设置为 22、9、86、0，“终点”颜色的 CMYK 值设置为 42、21、93、0，其他选项的设置如图 5-79 所示。单击“确定”按钮，填充图形，并去除图形的轮廓线，效果如图 5-80 所示。

（4）选择“选择”工具，将渐变图形拖曳到适当的位置，如图 5-81 所示。再次将其拖曳到适当的位置并单击鼠标右键，复制图形，效果如图 5-82 所示。用相同的方法复制其他图形，效果如图 5-83 所示。

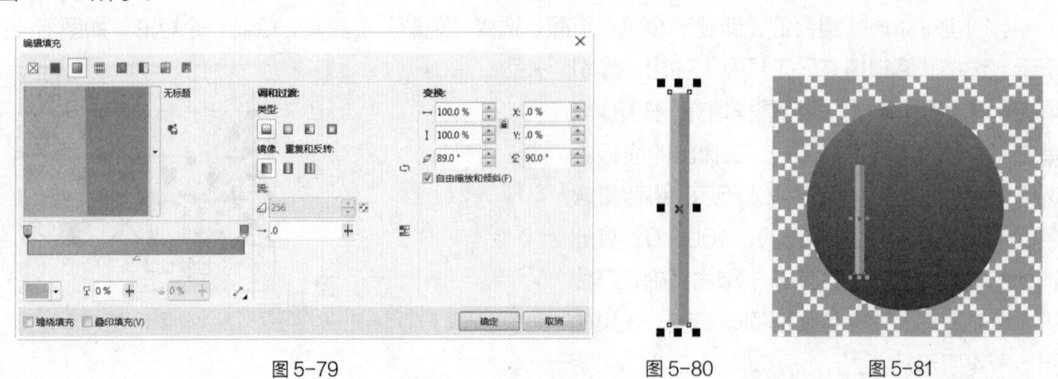

图 5-79 图 5-80 图 5-81

（5）选择“选择”工具，用圈选的方法将需要的图形同时选取，如图 5-84 所示。在属性栏中的“旋转角度”框中设置数值为 27°，按 Enter 键，效果如图 5-85 所示。

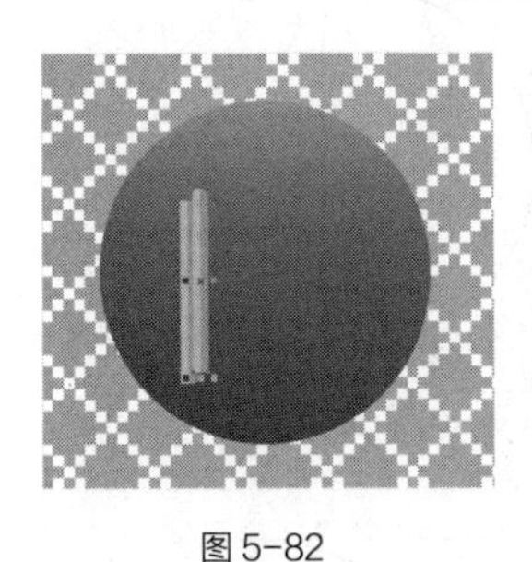
图 5-82

图 5-83

图 5-84

图 5-85

（6）选择“贝塞尔”工具，在适当的位置绘制一个图形，如图 5-86 所示。选择“椭圆形”工具，按住 Ctrl 键的同时，在适当的位置绘制圆形，如图 5-87 所示。

（7）用相同的方法再次绘制圆形，如图 5-88 所示。选择“选择”工具，用圈选的方法将需要的图形同时选取，单击属性栏中的“合并”按钮，合并图形，效果如图 5-89 所示。

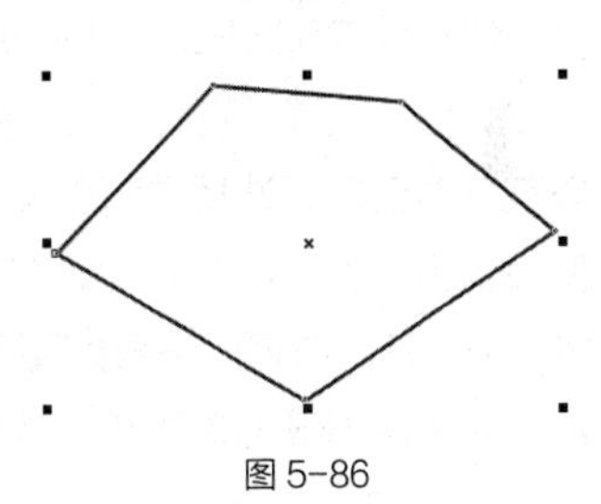
图 5-86

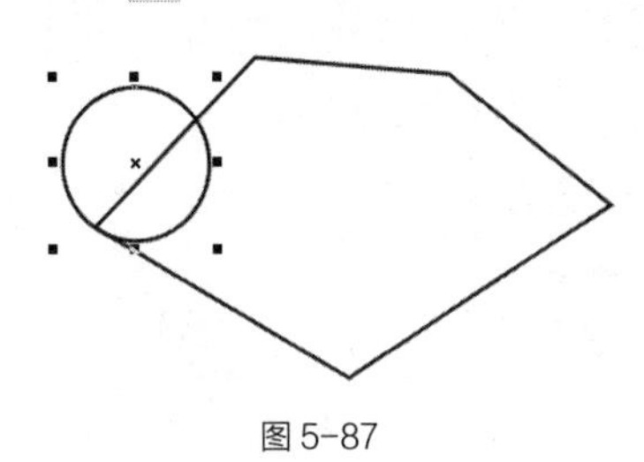
图 5-87

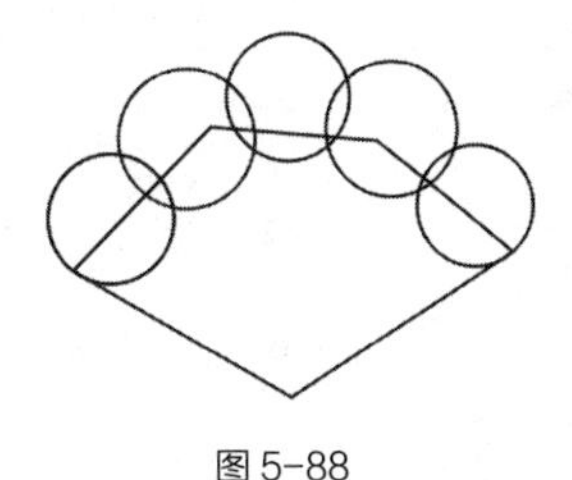
图 5-88

图 5-89

（8）按 F11 键，弹出“编辑填充”对话框，选择“渐变填充”按钮，将“起点”颜色的 CMYK 值设置为 36、0、100、0，“终点”颜色的 CMYK 值设置为 70、0、100、0，其他选项的设置如图 5-90 所示。单击“确定”按钮，填充图形，并去除图形的轮廓线，效果如图 5-91 所示。

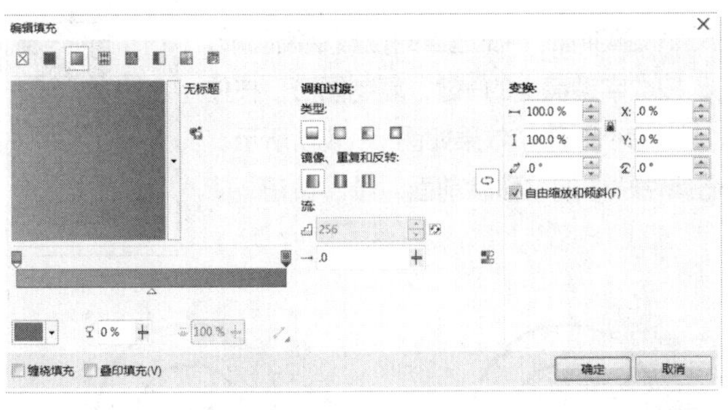

图 5-90

图 5-91

（9）选择“矩形”工具，在适当的位置绘制矩形，在属性栏中的“圆角半径”框中设置数值为 1.5mm，按 Enter 键，效果如图 5-92 所示。选择“椭圆形”工具，在适当的位置绘制椭圆形，如图 5-93 所示。选择“选择”工具，用圈选的方法将需要的图形同时选取，单击属性栏中的“相交”按钮，修整图形，效果如图 5-94 所示。

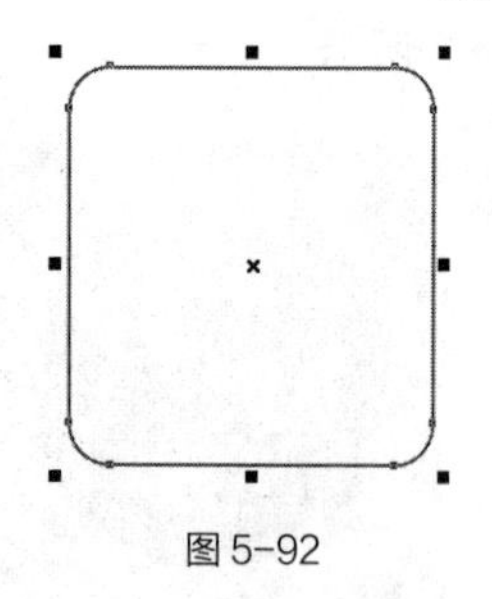
图 5-92

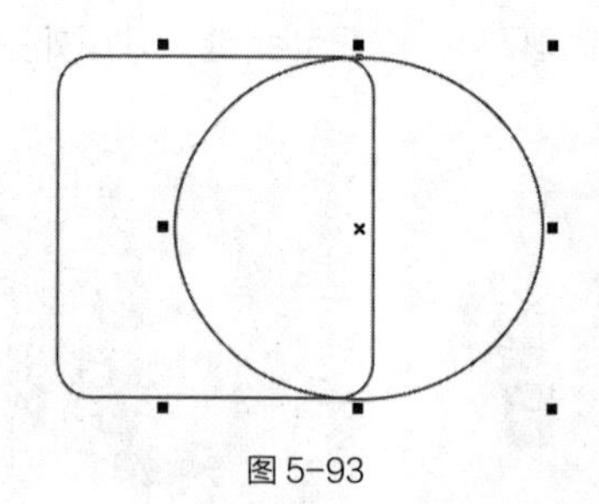
图 5-93

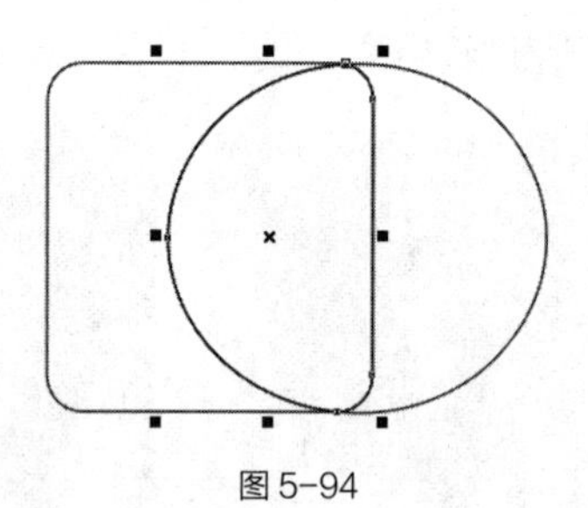
图 5-94

（10）选择“选择”工具，按住 Shift 键的同时，选取需要的图形，如图 5-95 所示。按 Delete 键，删除图形，效果如图 5-96 所示。

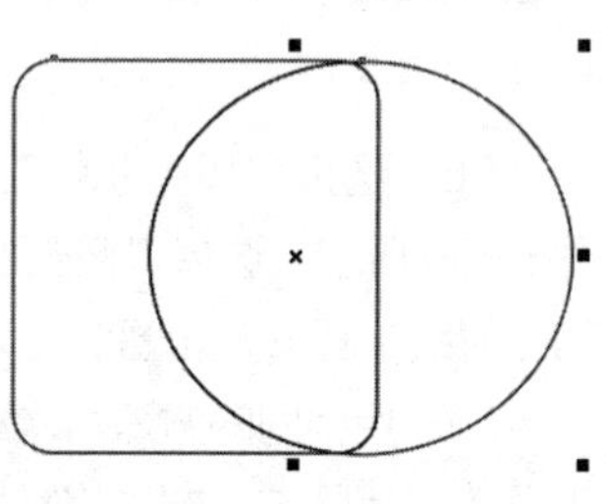
图 5-95

（11）选择“选择”工具，选取图形。按 F11 键，弹出“编辑填充”对话框，选择“渐变填充”按钮，将“起点”颜色的 CMYK 值设置为 22、9、86、0，“终点”颜色的 CMYK 值设置为 0、7、38、0，其他选项的设置如图 5-97 所示。单击“确定”按钮，填充图形，并去除图形的轮廓线，效果如图 5-98 所示。

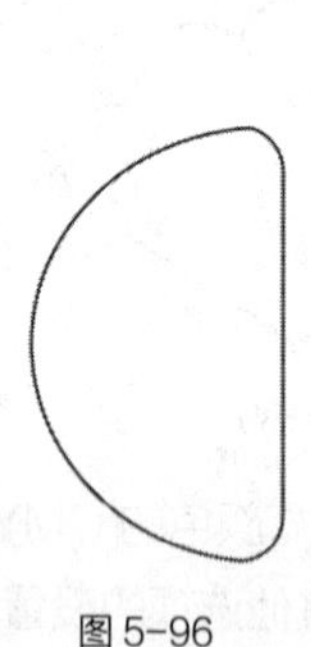
图 5-96

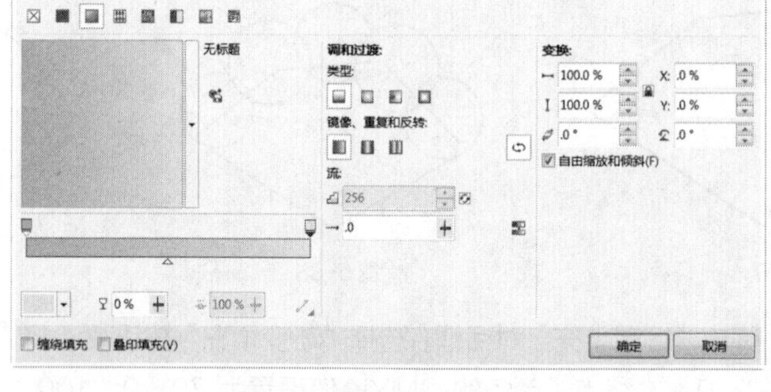

图 5-97

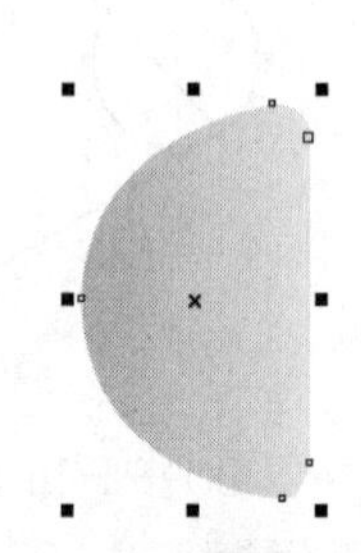
图 5-98

2. 绘制蔬菜

（1）选择“椭圆形”工具，按住 Ctrl 键的同时，在适当的位置绘制圆形，如图 5-99 所示。选择“选择”工具，按数字键盘上的+键，复制图形。按住 Shift 键的同时，向内拖曳控制手柄，等比例缩小图形，效果如图 5-100 所示。用圈选的方法将两个圆形同时选取，单击属性栏中的“移除前面对象”按钮，修剪图形，效果如图 5-101 所示。

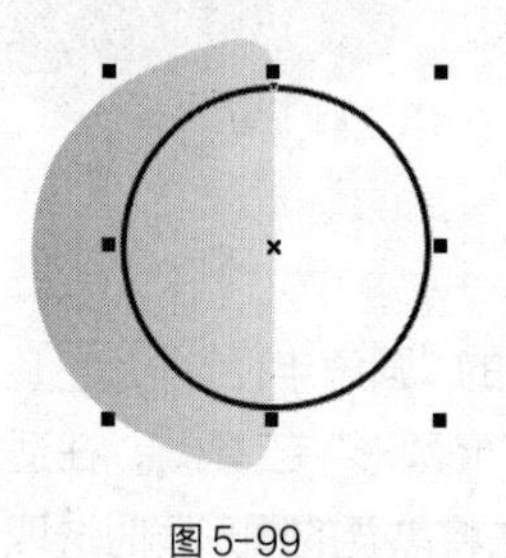
图 5-99

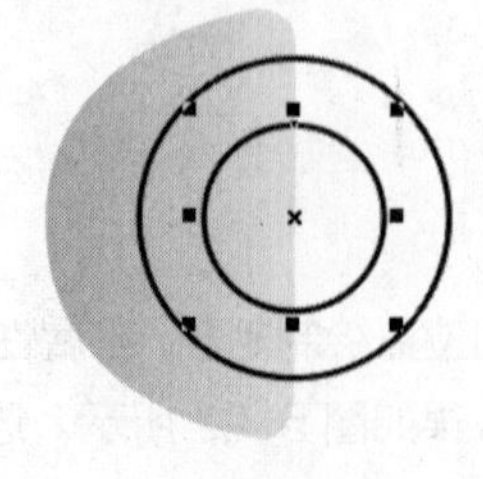
图 5-100

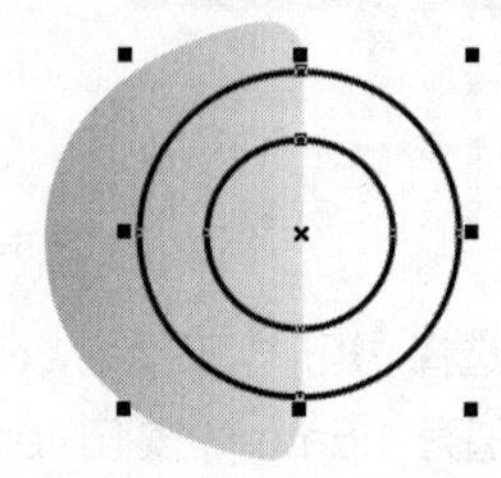
图 5-101

（2）选择“矩形”工具□，在适当的位置绘制矩形，如图 5-102 所示。选择“选择”工具，按住 Shift 键的同时，将修剪图形和矩形同时选取，单击属性栏中的“移除前面对象”按钮，修剪图形，效果如图 5-103 所示。设置图形颜色的 CMYK 值为 40、0、100、0，填充图形，并去除图形的轮廓线，效果如图 5-104 所示。

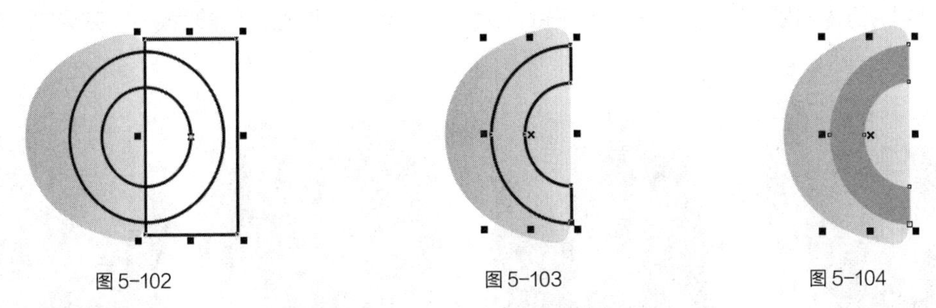
图 5-102　　图 5-103　　图 5-104

（3）选择“三点椭圆形”工具，在适当的位置绘制椭圆形，填充为黑色，并去除图形的轮廓线，效果如图 5-105 所示。用相同的方法绘制其他椭圆形，并填充相同的颜色，效果如图 5-106 所示。选择“椭圆形”工具○，按住 Ctrl 键的同时，在适当的位置绘制圆形，如图 5-107 所示。

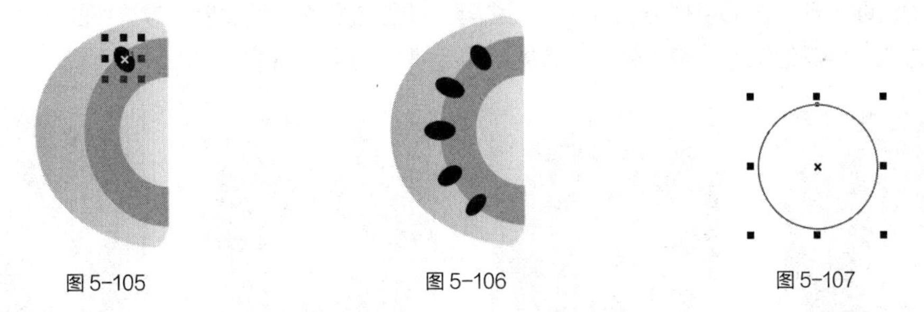
图 5-105　　图 5-106　　图 5-107

（4）按 F11 键，弹出“编辑填充”对话框，选择“渐变填充”按钮，将“起点”颜色的 CMYK 值设置为 0、50、100、0，“终点”颜色的 CMYK 值设置为 0、10、100、0，其他选项的设置如图 5-108 所示。单击“确定”按钮，填充图形，并去除图形的轮廓线，效果如图 5-109 所示。

（5）选择“椭圆形”工具○，按住 Ctrl 键的同时，在适当的位置绘制圆形，填充为白色，并去除图形的轮廓线，效果如图 5-110 所示。选择“选择”工具，用圈选的方法将图形同时选取，按 Ctrl+G 组合键，群组图形。

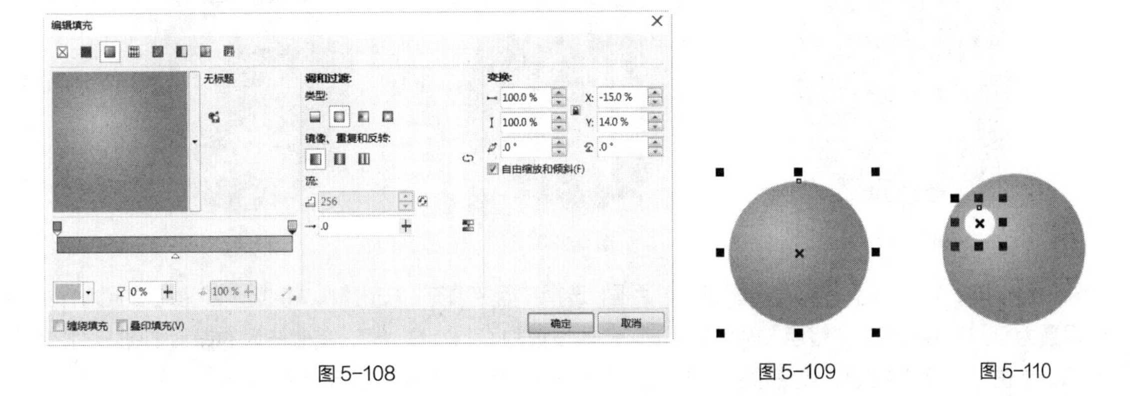

图 5-108　　图 5-109　　图 5-110

（6）选择“选择”工具，将需要的图形拖曳到适当的位置，如图5-111所示。按两次数字键盘上的+键，复制两个图形，分别将其拖曳到适当的位置，效果如图5-112所示。选取需要的图形，在属性栏中的“旋转角度”框中设置为330°，按Enter键，效果如图5-113所示。

（7）选择“选择”工具，将需要的图形拖曳到适当的位置，复制并调整其位置和角度，效果如图5-114所示。分别选取图形，按Ctrl+PageDown组合键，调整图形的前后顺序，效果如图5-115所示。

图5-111

图5-112

图5-113

图5-114

（8）选择“选择”工具，将需要的图形拖曳到适当的位置，复制并调整其位置，效果如图5-116所示。分别选取图形，按Ctrl+PageDown组合键，调整图形的前后顺序，效果如图5-117所示。用相同的方法调整其他图形的前后顺序，效果如图5-118所示。

图5-115

图5-116

图5-117

图5-118

（9）选择“椭圆形”工具，按住Ctrl键的同时，在适当的位置绘制圆形，如图5-119所示。选择“矩形”工具，在适当的位置绘制矩形，如图5-120所示。按住Shift键的同时，将需要的图形同时选取，单击属性栏中的“移除前面对象”按钮，修剪图形，效果如图5-121所示。

图5-119

图5-120

图5-121

（10）按F11键，弹出“编辑填充”对话框，选择“渐变填充”按钮，将“起点”颜色的CMYK值设置为0、0、0、20，“终点”颜色的CMYK值设置为0、0、0、60，其他选项的设置如图5-122所示。单击“确定”按钮，填充图形，并去除图形的轮廓线，效果如图5-123所示。

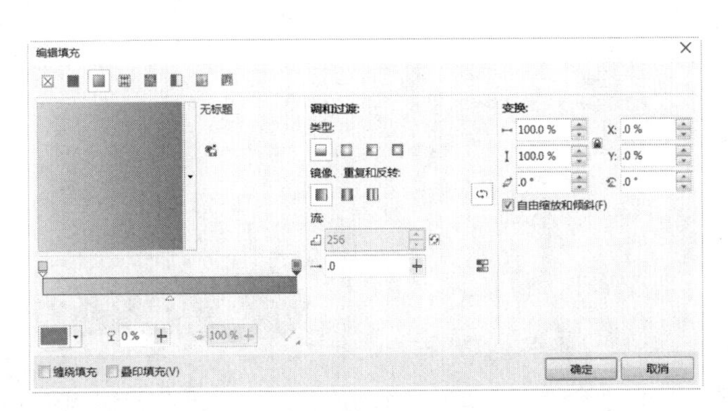

图 5-122

图 5-123

3. **绘制菜篮**

（1）选择“贝塞尔”工具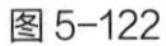，在适当的位置绘制一个曲线。在属性栏中的“轮廓宽度”框 .2 mm 中设置数值为 1mm，按 Enter 键，填充轮廓线颜色为白色，效果如图 5-124 所示。用相同的方法绘制另一条曲线，并填充相同的颜色，效果如图 5-125 所示。

扫码观看
本案例视频

（2）选择“矩形”工具，在适当的位置绘制矩形，在属性栏中的“圆角半径”框 .0 mm .0 mm .0 mm .0 mm 中进行设置，如图 5-126 所示。按 Enter 键，效果如图 5-127 所示。

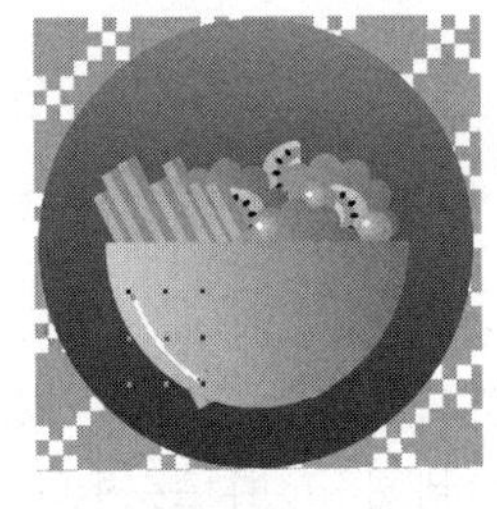

图 5-124

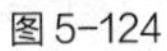

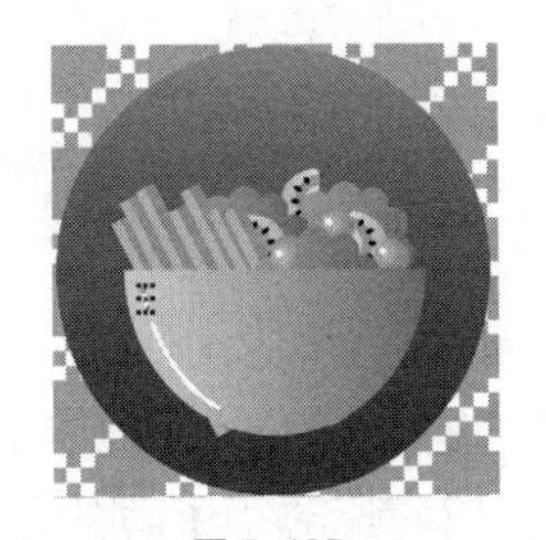

图 5-125

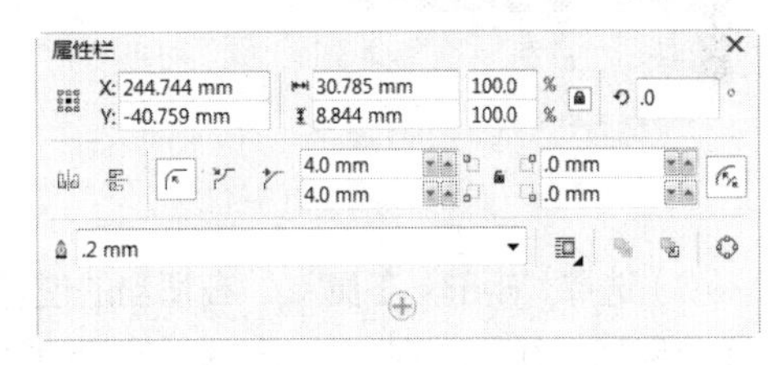

图 5-126

（3）选择“贝塞尔”工具，在适当的位置绘制一个图形，如图 5-128 所示。选择“选择”工具，选取需要的图形，单击属性栏中的“转换为曲线”按钮，转换为曲线图形。选择“形状”工具，分别拖曳节点到适当的位置，效果如图 5-129 所示。

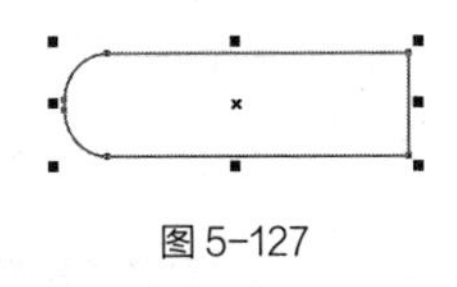

图 5-127

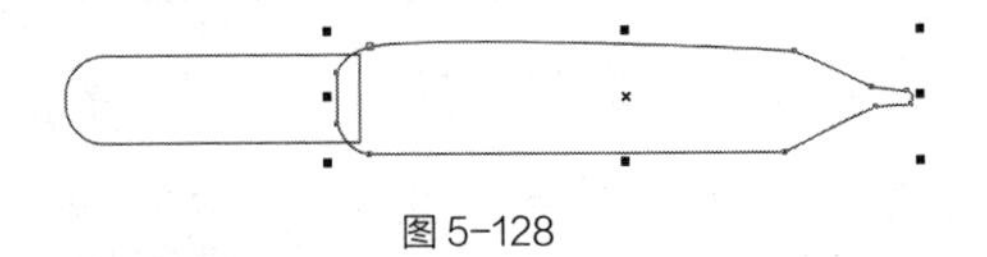

图 5-128

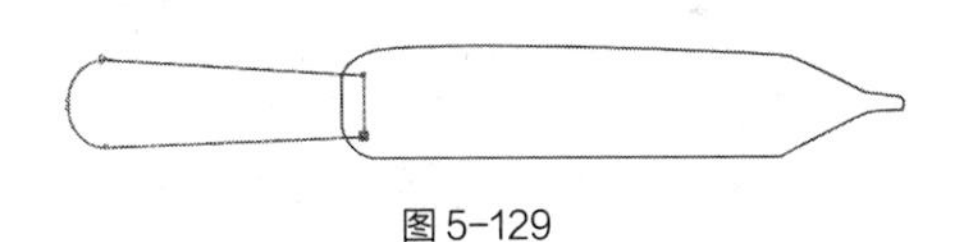

图 5-129

（4）按 F11 键，弹出“编辑填充”对话框，选择“渐变填充”按钮，在“位置”选项中分别添加并输入 0、22、39、59、78、100 几个位置点，分别设置几个位置点颜色的 CMYK 值为 0（63、10、90、0）、22（80、22、90、0）、39（63、10、90、0）、59（43、10、87、0）、78（63、10、90、0）、100（43、10、87、0），其他选项的设置如图 5-130 所示。单击“确定”按钮，填充图形，并去除图形的轮廓线，效果如图 5-131 所示。

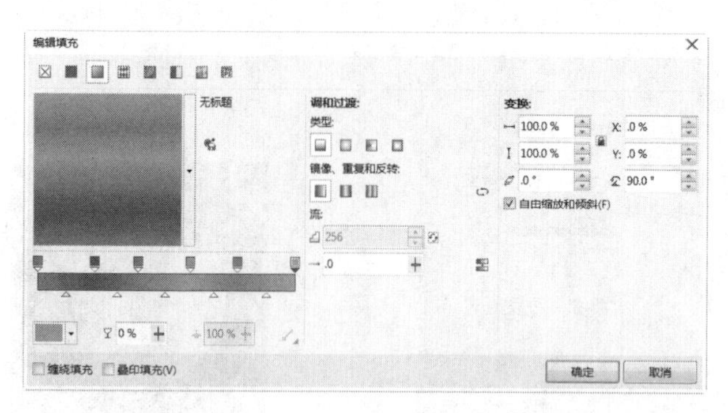
图 5-130

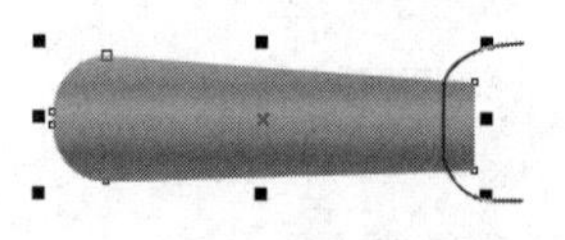
图 5-131

（5）选择“选择”工具，选取图形。按 F11 键，弹出“编辑填充”对话框，选择“渐变填充”按钮，将“起点”颜色的 CMYK 值设置为 15、88、88、0，“终点”颜色的 CMYK 值设置为 0、67、100、0，其他选项的设置如图 5-132 所示。单击“确定”按钮，填充图形，并去除图形的轮廓线，效果如图 5-133 所示。

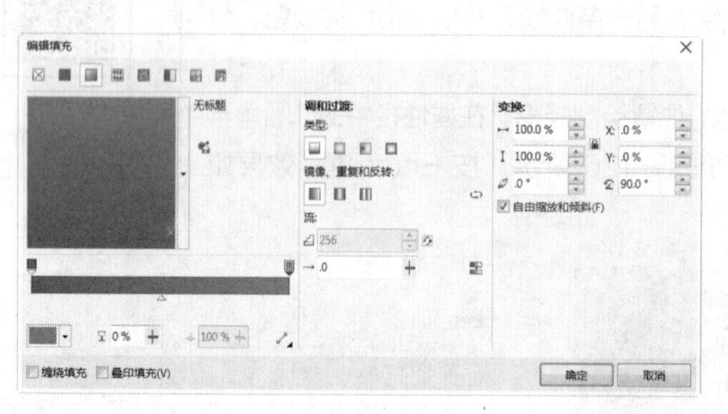
图 5-132

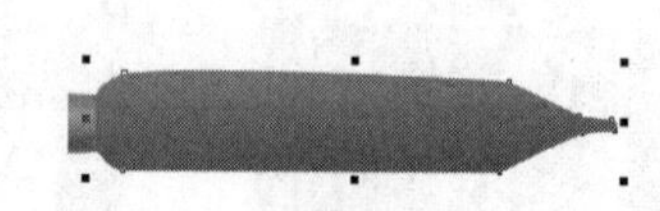
图 5-133

（6）选择“矩形”工具，在适当的位置绘制矩形，设置填充颜色的 CMYK 值为 0、60、80、0，填充图形，并去除图形的轮廓线，效果如图 5-134 所示。用相同的方法绘制图形，并填充相同的颜色，效果如图 5-135 所示。

（7）选择“选择”工具，用圈选的方法将图形同时选取，按 Ctrl+G 组合键群组图形，如图 5-136 所示。将其拖曳到适当的位置，效果如图 5-137 所示。

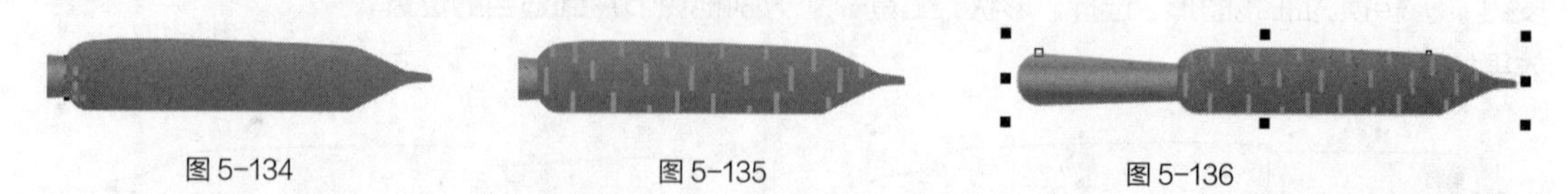
图 5-134　图 5-135　图 5-136

（8）选择“椭圆形”工具，绘制一个椭圆形，如图 5-138 所示。单击属性栏中的“转换为曲线”按钮，转换为曲线图形，如图 5-139 所示。选择“形状”工具，分别在适当的位置双击鼠标添加节点，如图 5-140 所示。

图 5-137

（9）选择“形状”工具，将需要的节点拖曳到适当的位置，并分别调整需要的控制点，效果如图 5-141 所示。选择“矩形”工具，在适当的位置绘制矩形，如图 5-142 所示。按住 Shift 键的同时，将需要的图形同时选取，单击属性栏中的“移除前面对象”按钮，修剪图形，效果如图5-143所示。

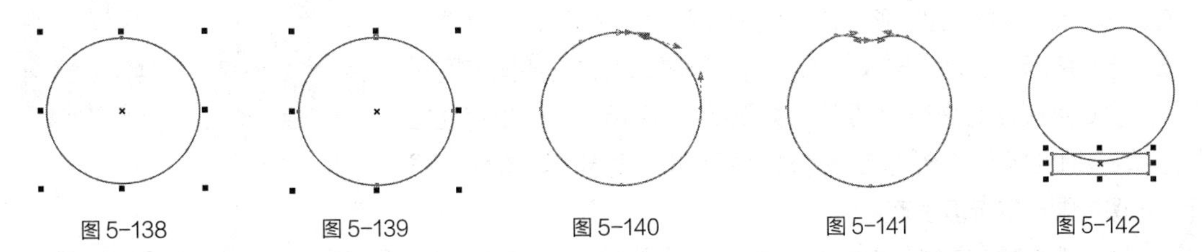

图5-138　图5-139　图5-140　图5-141　图5-142

（10）保持图形的选取状态。按F11键，弹出“编辑填充”对话框，选择“渐变填充”按钮，将“起点”颜色的CMYK值设置为36、0、100、0，“终点”颜色的CMYK值设置为70、0、100、0，其他选项的设置如图5-144所示。单击“确定”按钮，填充图形，并去除图形的轮廓线，效果如图5-145所示。

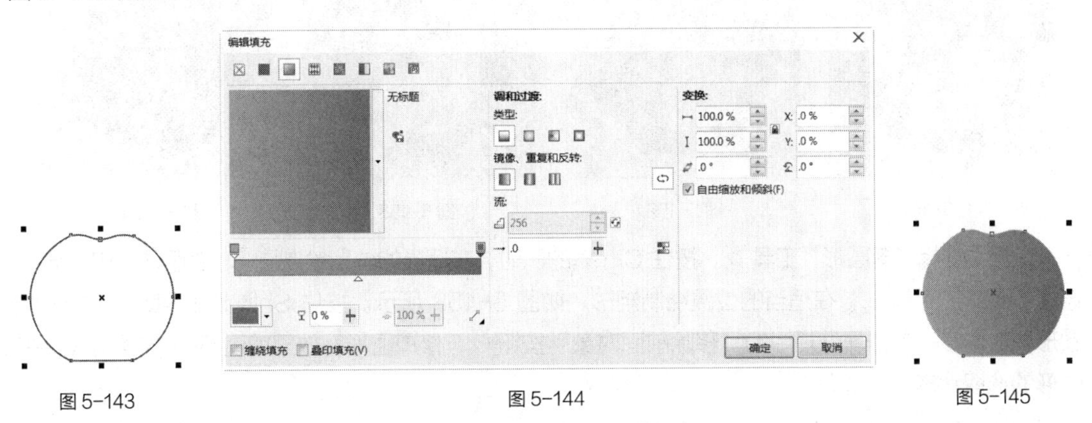

图5-143　图5-144　图5-145

（11）选择“贝塞尔”工具，在适当的位置绘制一个图形，如图5-146所示。按F11键，弹出“编辑填充”对话框，选择“渐变填充”按钮，将“起点”颜色的CMYK值设置为50、60、90、10，“终点”颜色的CMYK值设置为60、70、85、40，其他选项的设置如图5-147所示。单击“确定”按钮，填充图形，并去除图形的轮廓线，效果如图5-148所示。

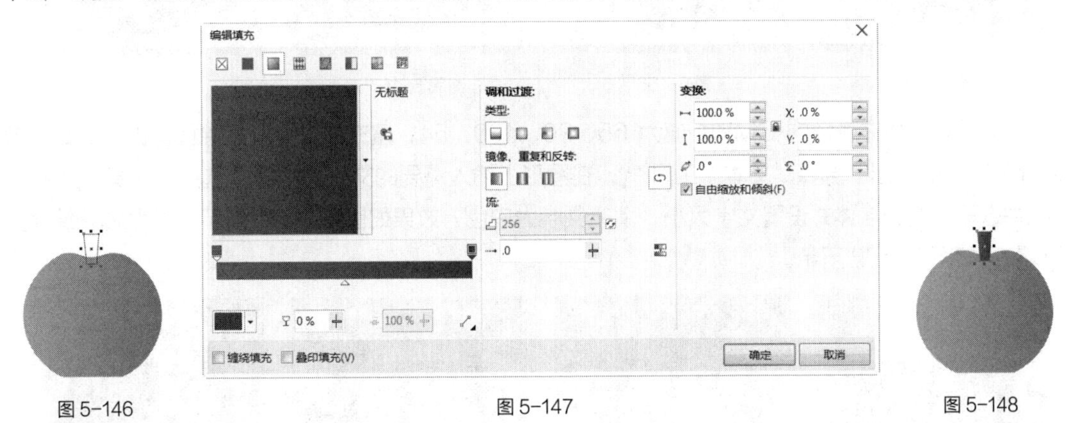

图5-146　图5-147　图5-148

（12）保持图形的选取状态，按Ctrl+PageDown组合键，后移图形，效果如图5-149所示。选择“椭圆形”工具，按住Ctrl键的同时，在适当的位置绘制两个圆形，填充为白色，并去除图形的轮廓线，效果如图5-150所示。

（13）选择“选择”工具，用圈选的方法将图形同时选取，按 Ctrl+G 组合键群组图形，并将其拖曳到适当的位置，效果如图 5-151 所示。选择“选择”工具，用圈选的方法将图形同时选取，按 Ctrl+G 组合键群组图形，如图 5-152 所示。单击属性栏中的“取消组合所有对象”按钮，取消所有群组对象，如图 5-153 所示。保持图形的选取状态。

图 5-149

图 5-150

（14）单击属性栏中的“合并”按钮，合并图形，效果如图 5-154 所示。设置填充颜色的 CMYK 值为 100、0、100、50，填充图形，并去除图形的轮廓线，效果如图 5-155 所示。连续按 Ctrl+PageDown 组合键，后移图形，效果如图 5-156 所示。

图 5-151

图 5-152

图 5-153

图 5-154

（15）选择“椭圆形”工具，按住 Ctrl 键的同时，在适当的位置绘制圆形，如图 5-157 所示。选择“矩形”工具，在适当的位置绘制矩形，如图 5-158 所示。按住 Shift 键的同时，将需要的图形同时选取，单击属性栏中的“移除前面对象”按钮，修剪图形，效果如图 5-159 所示。保持图形的选取状态。

图 5-155

图 5-156

图 5-157

图 5-158

（16）设置填充颜色的 CMYK 值为 65、80、100、54，填充图形，并去除图形的轮廓线，效果如图 5-160 所示。选择“文本”工具，在图形上输入需要的文字，选择“选择”工具，在属性栏中选取适当的字体并设置文字大小，填充文字为白色，效果如图 5-161 所示。蔬菜插画绘制完成，效果如图 5-162 所示。

图 5-159

图 5-160

图 5-161

图 5-162

5.2.2 使用属性栏进行填充

绘制一个图形，效果如图 5-163 所示。选择“交互式填充”工具，在属性栏中单击“渐变填充”按钮，属性栏如图 5-164 所示，效果如图 5-165 所示。

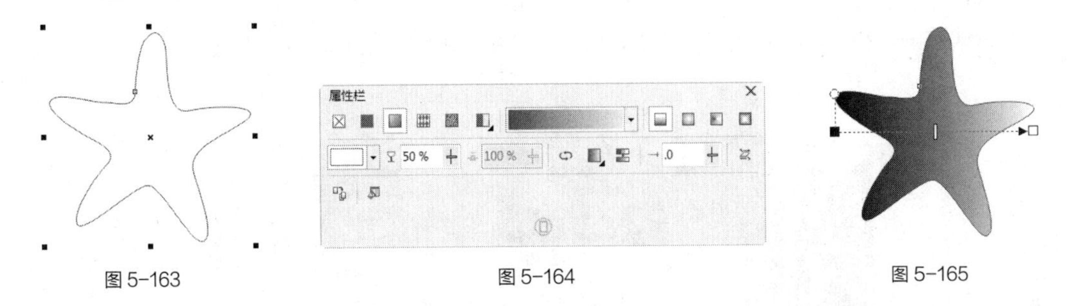

图 5-163　　图 5-164　　图 5-165

单击属性栏其他选项按钮，可以选择渐变的类型，椭圆形、圆锥形和矩形的渐变填充效果如图 5-166 所示。

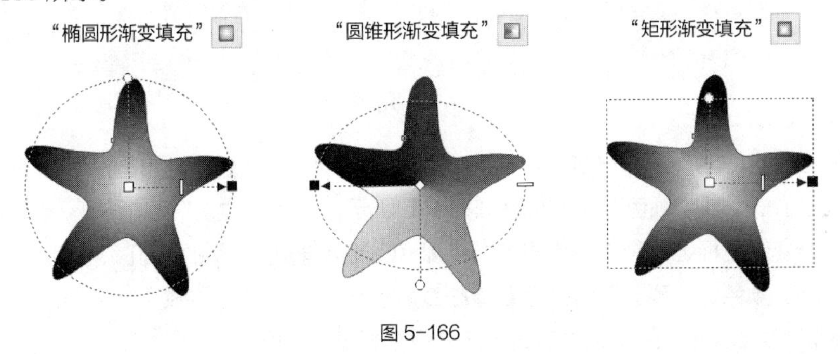

图 5-166

属性栏中的“节点颜色”选项用于指定选择渐变节点的颜色，“节点透明度”选项0 %用于设置指定选定渐变节点的透明度，“加速”选项.0用于设置渐变从一个颜色到另外一个颜色的速度。

5.2.3 使用工具进行填充

绘制一个图形，如图 5-167 所示。选择“交互式填充”工具，在起点颜色的位置单击并按住鼠标左键拖曳指针到适当的位置，松开鼠标左键，图形被填充了预设的颜色，效果如图 5-168 所示。在拖曳的过程中可以控制渐变的角度、渐变的边缘宽度等渐变属性。

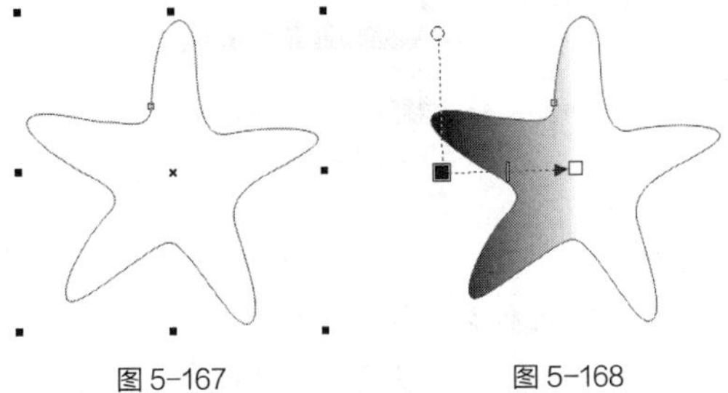

图 5-167　　图 5-168

拖曳起点颜色和终点颜色可以改变渐变的角度和边缘宽度；拖曳中间点可以调整渐变颜色的分布；拖曳渐变虚线，可以控制颜色渐变与图形之间的相对位置；拖曳渐变上方的圆圈图标可以调整渐变倾斜角度。

5.2.4 使用“渐变填充”对话框填充

选择“编辑填充”工具，在弹出的“编辑填充”对话框中单击“渐变填充”按钮。在对话框中的“镜像、重复和反转”设置区中可选择渐变填充的 3 种类型：“默认”渐变填充、“重复和镜像”渐变填充及“重复”渐变填充。

1. 默认渐变填充

“默认”渐变填充按钮的对话框如图 5-169 所示。

在对话框中设置好渐变颜色后，单击“确定”按钮，即完成图形的渐变填充。

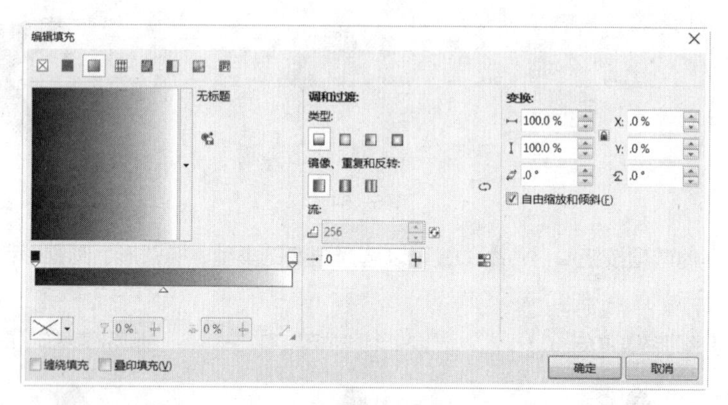

图 5-169

在“预览色带”上的起点和终点颜色之间双击鼠标左键，将在预览色带上产生一个倒三角形色标，也就是新增了一个渐变颜色标记，如图 5-170 所示。“节点位置”选项中显示的百分数就是当前新增渐变颜色标记的位置。单击“节点颜色”选项右侧的按钮，在弹出的其下拉选项中设置需要的渐变颜色，“预览”色带上新增渐变颜色标记上的颜色将改变为需要的新颜色。“节点颜色”选项中显示的颜色就是当前新增渐变颜色标记的颜色。

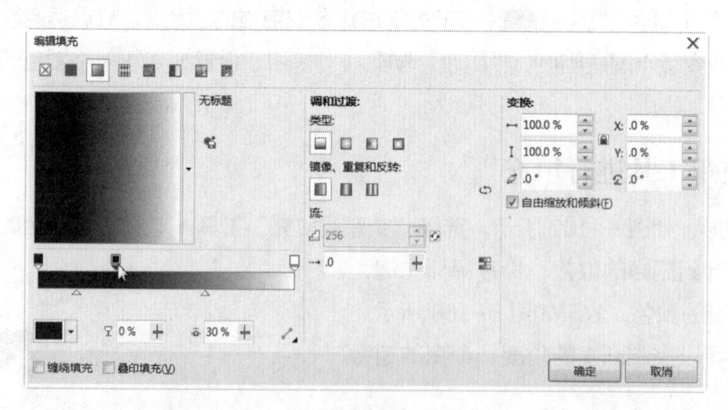

图 5-170

2. 重复和镜像渐变填充

单击选择“重复和镜像”按钮，如图 5-171 所示，再单击调色板中的颜色，可改变自定义渐变填充终点的颜色。

3. 重复渐变填充

单击选择“重复”按钮，如图 5-172 所示，在对话框中设置好渐变颜色后，单击“确定”按钮，完成图形的渐变填充。

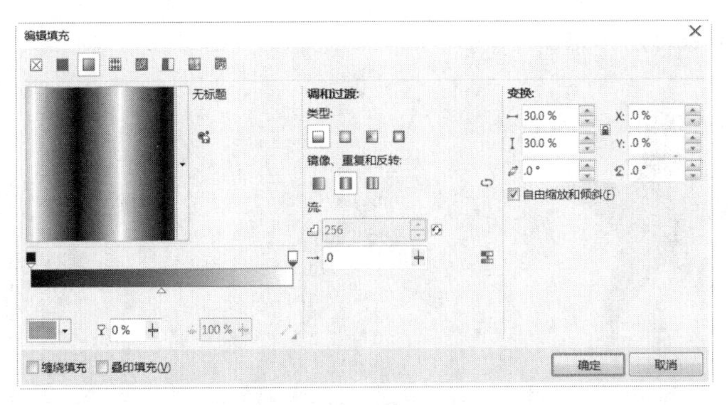

图 5-171

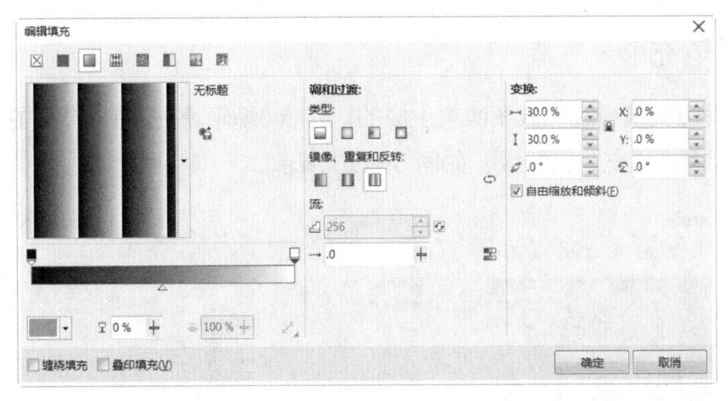

图 5-172

5.2.5 渐变填充的样式

绘制一个图形，效果如图 5-173 所示。在“渐变填充”对话框中的“填充挑选器”选项中包含了 CorelDRAW X7 预设的一些渐变效果，如图 5-174 所示。

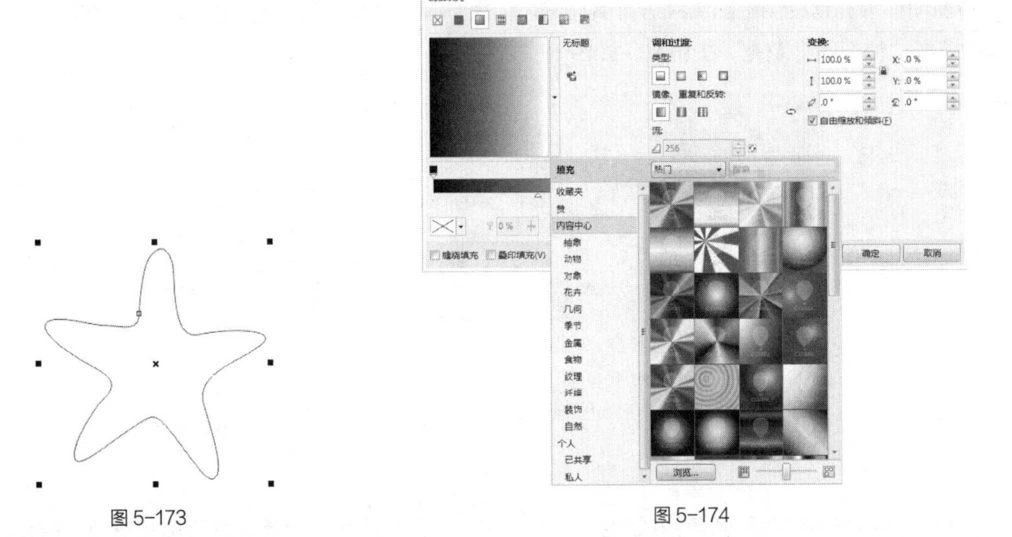

图 5-173　　图 5-174

选择好一个预设的渐变效果，单击“确定”按钮，可以完成渐变填充。使用预设的渐变效果填充的各种渐变效果如图 5-175 所示。

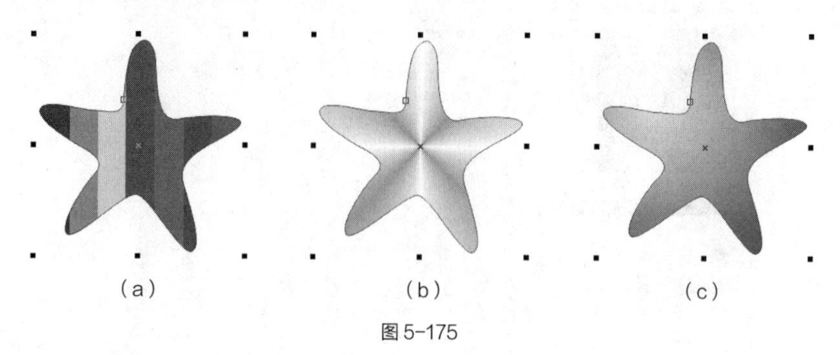

（a）　　　（b）　　　（c）

图 5-175

5.2.6　图样填充

向量图样填充是由矢量和线描式图像来生成的。选择“编辑填充”工具，在弹出的“编辑填充”对话框中单击“向量图样填充”按钮，如图 5-176 所示。

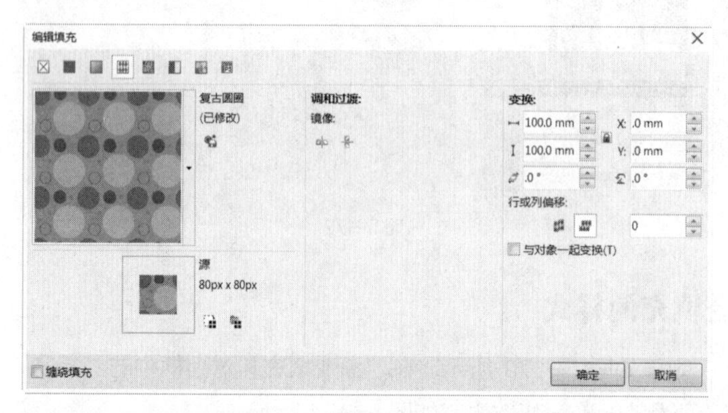

图 5-176

位图图样填充是使用位图图片进行填充的。选择“编辑填充”工具，在弹出的“编辑填充”对话框中单击“位图图样填充”按钮，如图 5-177 所示。

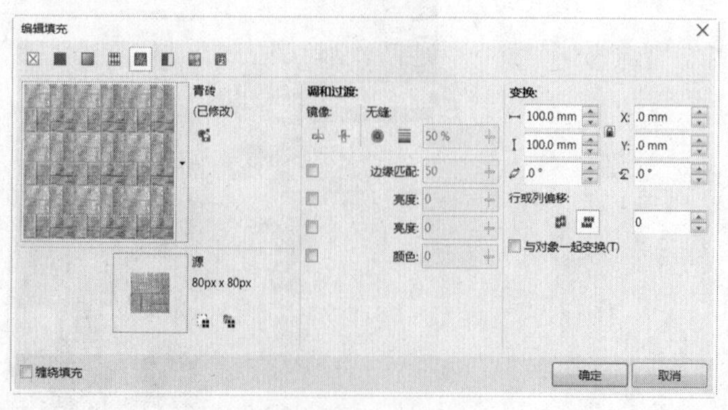

图 5-177

双色图样填充是用两种颜色构成的图案来填充的，也就是通过设置前景色和背景色的颜色来填充。选择“编辑填充”工具，在弹出的“编辑填充”对话框中单击“双色图样填充”按钮，如

图 5-178 所示。

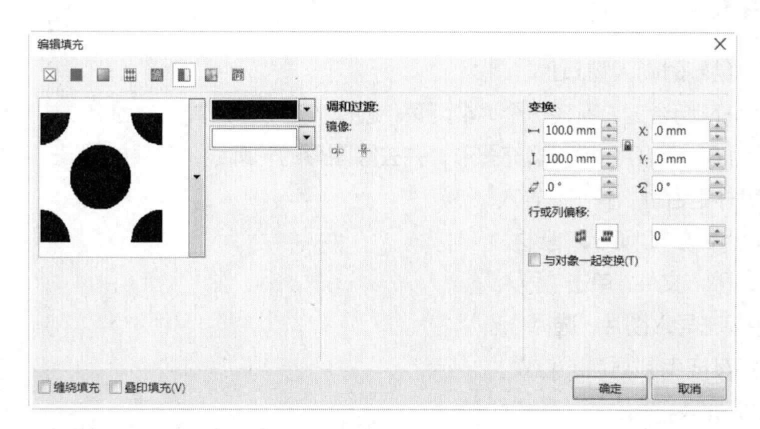

图 5-178

5.3 其他填充

除均匀填充、渐变填充和图样填充外，常用的填充还包括底纹填充、网状填充等，使用这些填充可以使图形更加自然、多变。下面我们来具体介绍这些填充方法和技巧。

5.3.1 课堂案例——绘制时尚人物

案例学习目标

学习使用绘制曲线工具、网格填充和 PostScript 填充工具绘制时尚人物。

案例知识要点

使用网格工具和贝塞尔工具绘制眉毛和装饰图形；使用 PostScript 填充工具制作珠网装饰效果。时尚人物效果如图 5-179 所示。

图 5-179

效果所在位置

Ch05/效果/绘制时尚人物.cdr。

（1）按 Ctrl+N 组合键，新建一个 A4 页面。选择“矩形”工具，绘制一个矩形，设置图形颜色的 CMYK 值为 0、0、0、10，填充图形，并去除图形的轮廓线，效果如图 5-180 所示。

（2）按 Ctrl+I 组合键，弹出“导入”对话框，打开云盘中的“Ch05 > 素材 > 绘制时尚人物 > 01”文件，单击“导入”按钮，在页面中单击导入图片，选择“选择”工具，将其拖曳到适当的位置，效果如图 5-181 所示。

图 5-180

图 5-181

（3）保持图形的选取状态，单击属性栏中的“取消组合对象”按钮，取消图形组合，如图 5-182 所示。选取需要的图形，填充为黑色，并去除图形的轮廓线，效果如图 5-183 所示。选择“网状填充”工具，在图形中添加网格，如图 5-184 所示。

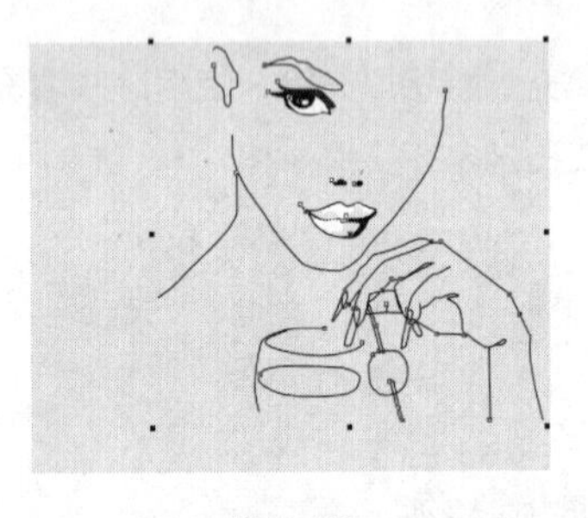

图 5-182

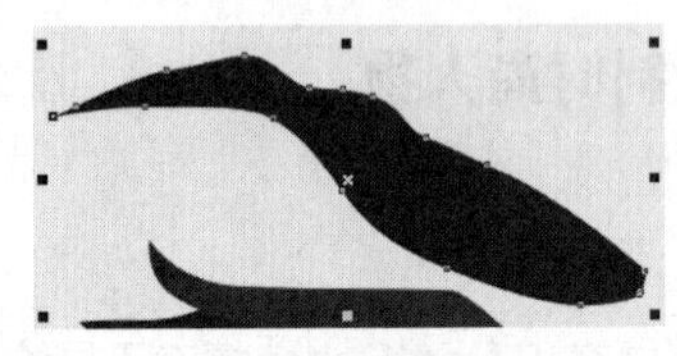

图 5-183

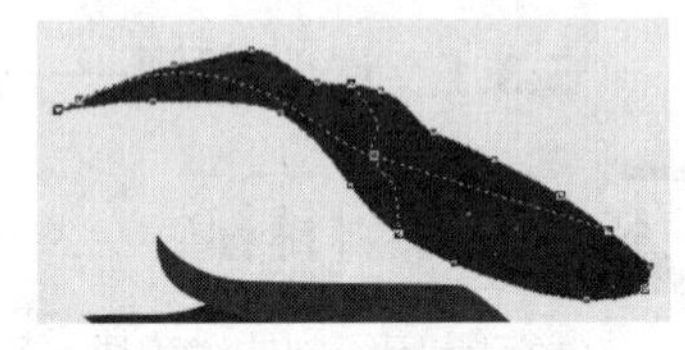

图 5-184

（4）选取并调整需要的节点，效果如图 5-185 所示。选取中间添加的节点，选择“窗口 > 泊坞窗 > 彩色”命令，弹出“颜色泊坞窗”，选项的设置如图 5-186 所示。单击“填充”按钮，效果如图 5-187 所示。

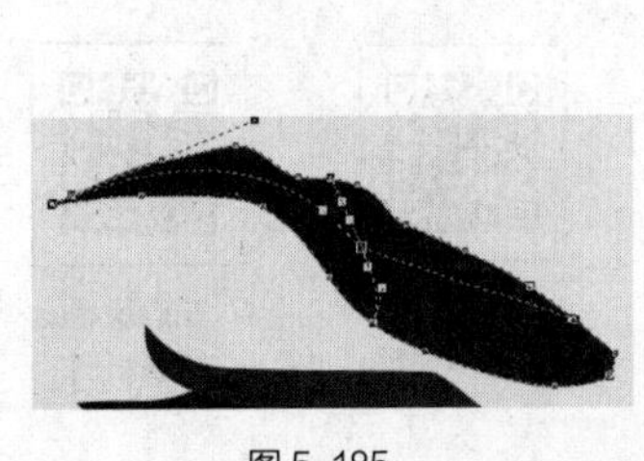

图 5-185

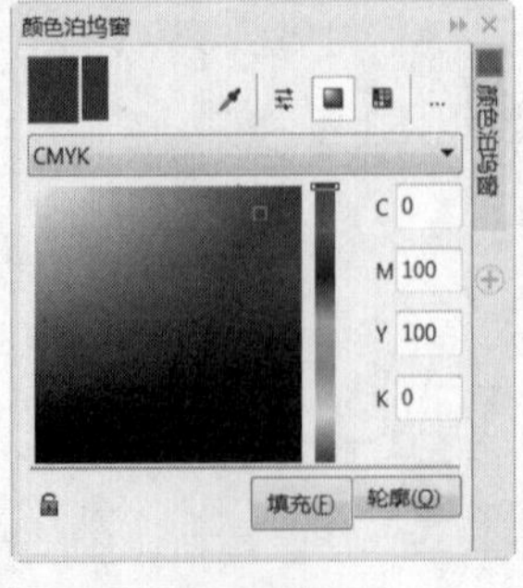

图 5-186

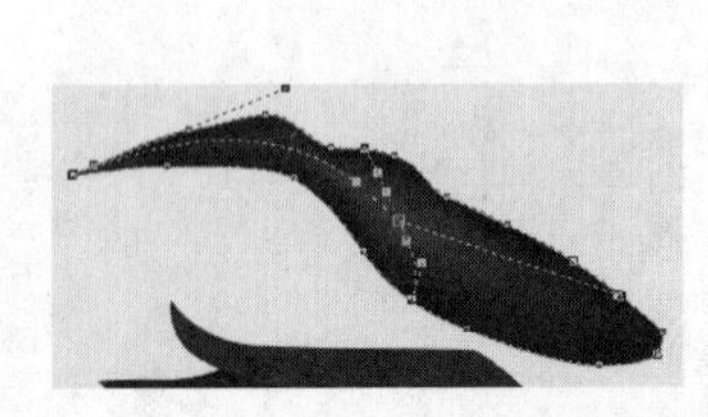

图 5-187

（5）用圈选的方法将需要的节点选取，如图 5-188 所示。在“颜色泊坞窗”中选项的设置如图 5-189 所示。单击“填充”按钮，效果如图 5-190 所示。

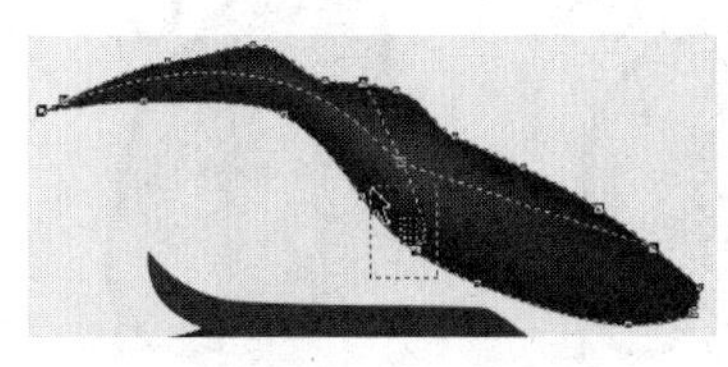

图 5-188

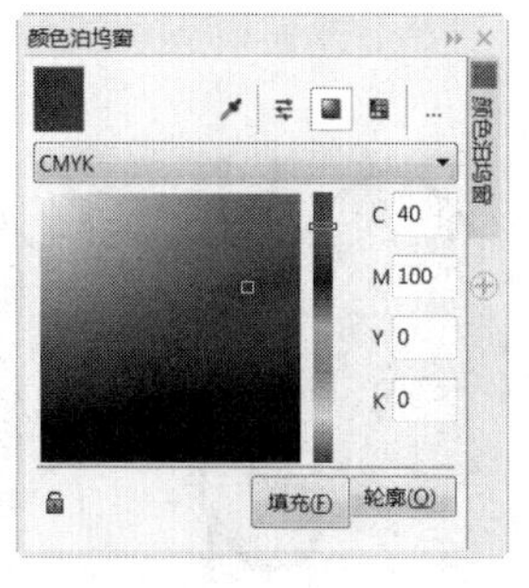

图 5-189

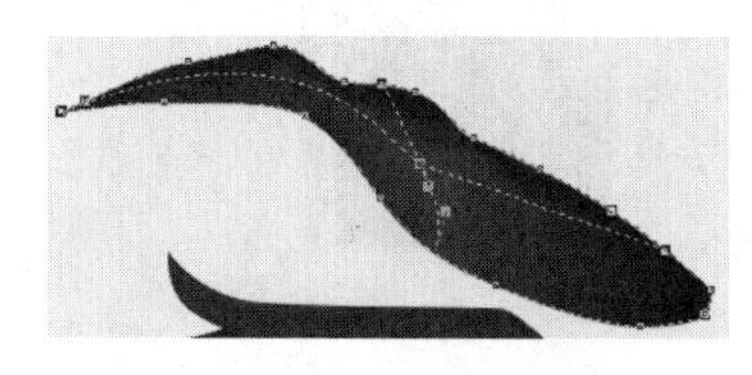

图 5-190

（6）选择“贝塞尔”工具，在适当的位置绘制一个图形。在属性栏中的“轮廓宽度”框 .2 mm 中设置为 0.5mm，按 Enter 键，效果如图 5-191 所示。设置图形颜色的 CMYK 值为 40、0、100、0，填充图形，并去除图形的轮廓线，效果如图 5-192 所示。选择“贝塞尔”工具，在适当的位置绘制一个图形，如图 5-193 所示。

（7）设置图形颜色的 CMYK 值为 15、75、86、0，填充图形，并去除图形的轮廓线，效果如图 5-194 所示。选择“网状填充”工具，在图形中添加网格，如图 5-195 所示。

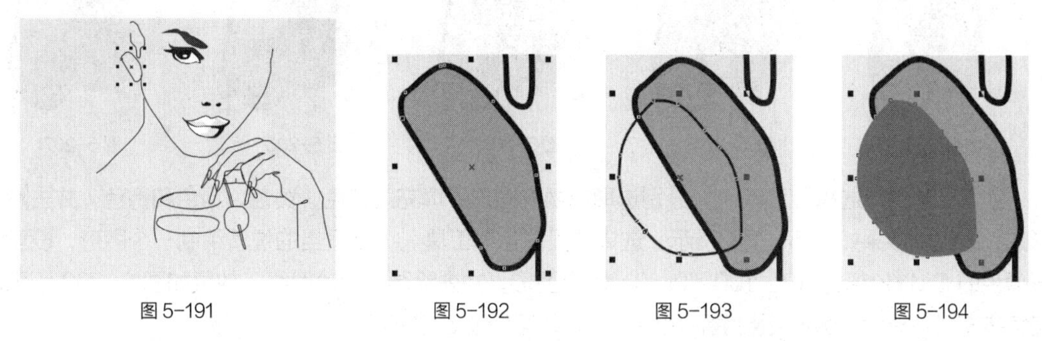

图 5-191　图 5-192　图 5-193　图 5-194

（8）单击选取中心的节点，在“颜色泊坞窗”中选项的设置如图 5-196 所示。单击“填充”按钮，效果如图 5-197 所示。

（9）用圈选的方法将需要的节点选取，如图 5-198 所示。在“颜色泊坞窗”中选项的设置如图 5-199 所示。单击“填充”按钮，效果如图 5-200 所示。

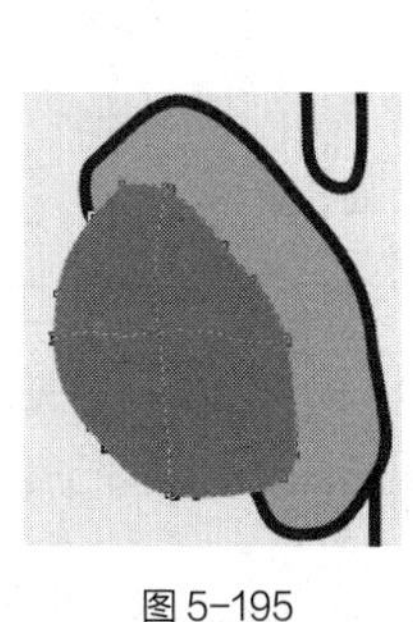

图 5-195

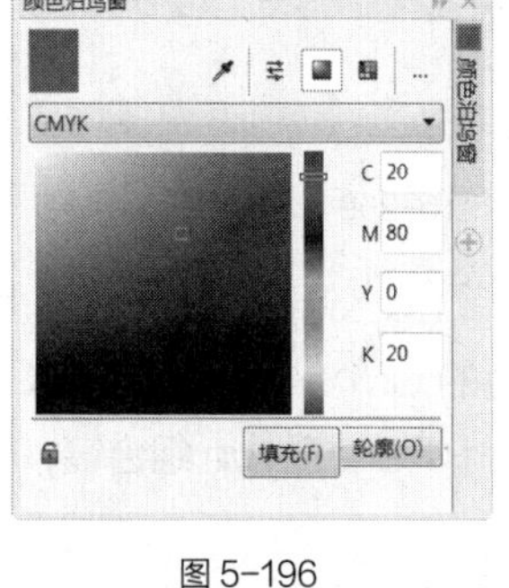

图 5-196

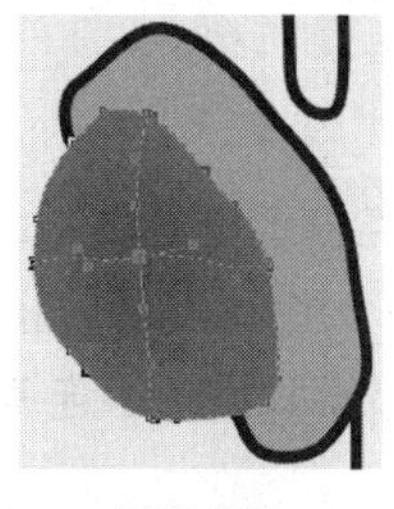

图 5-197

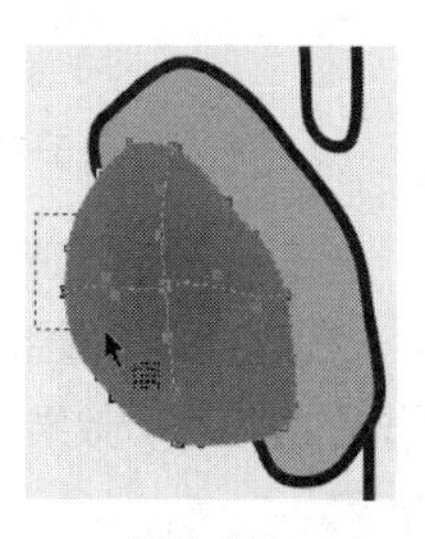

图 5-198

（10）用圈选的方法将需要的节点选取，如图 5-201 所示。填充为白色，效果如图 5-202 所示。单击选取需要的节点，如图 5-203 所示。填充为红色，效果如图 5-204 所示。

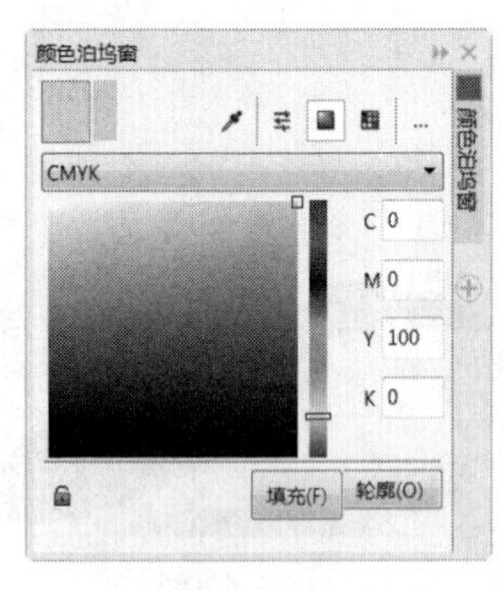

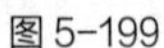
图 5-199

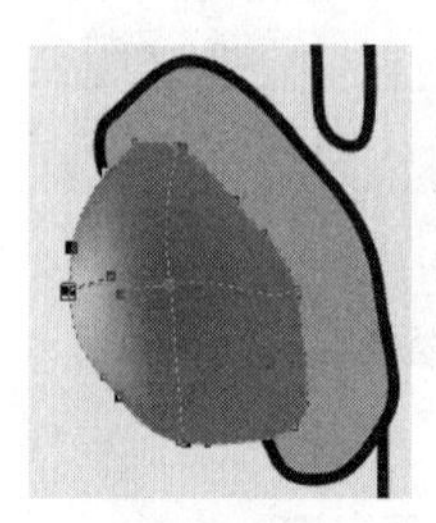
图 5-200

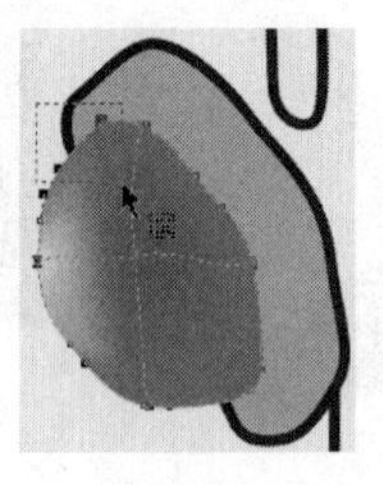
图 5-201

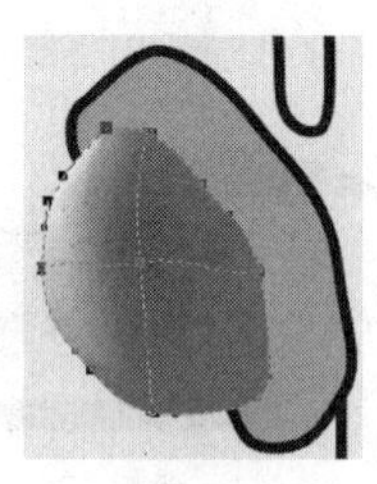
图 5-202

（11）选择“贝塞尔”工具，在适当的位置绘制多个图形，如图 5-205 所示。分别填充为红色、黄色和青色，并去除图形的轮廓线，效果如图 5-206 所示。选择“贝塞尔”工具，在适当的位置绘制两个图形，填充为橘红色，并去除图形的轮廓线，效果如图 5-207 所示。

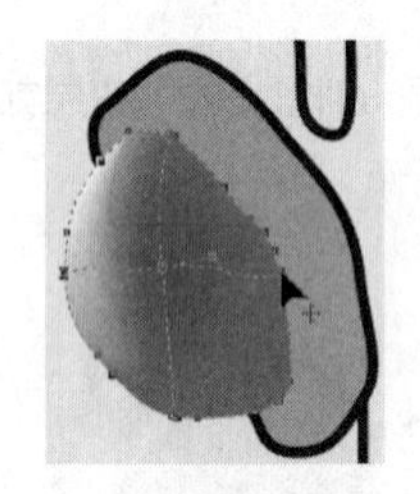
图 5-203

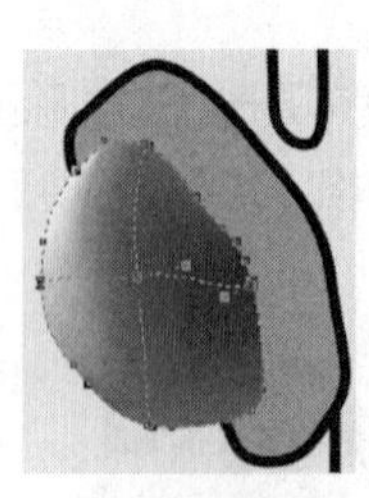
图 5-204

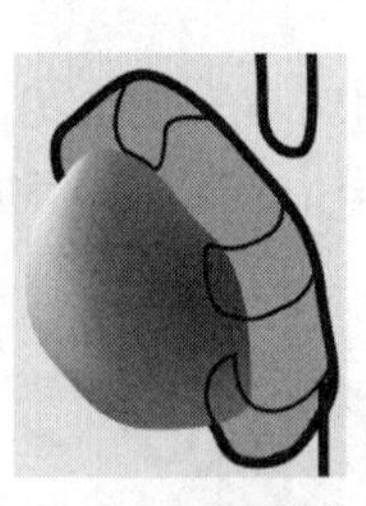
图 5-205

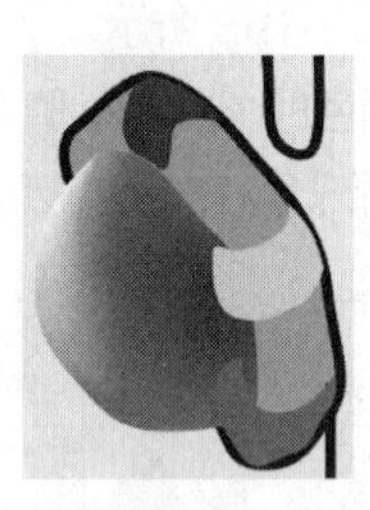
图 5-206

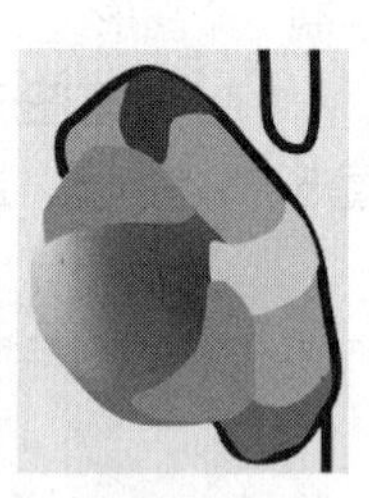
图 5-207

（12）选择“选择”工具，分别选取需要的图形，填充为红色、黄色、绿色和青色，并去除图形的轮廓线，效果如图 5-208 所示。选择“贝塞尔”工具，在适当的位置绘制一个图形，设置图形颜色的 CMYK 值为 40、100、0、0，填充图形，并去除图形的轮廓线，效果如图 5-209 所示。连续按 Ctrl+PageDown 组合键，后移图形，效果如图 5-210 所示。

图 5-208

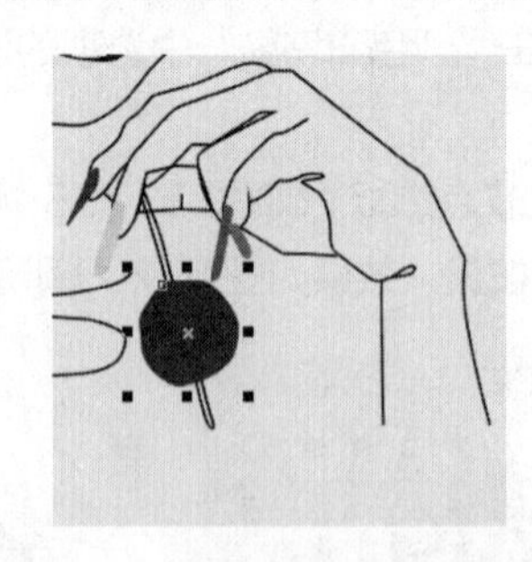
图 5-209

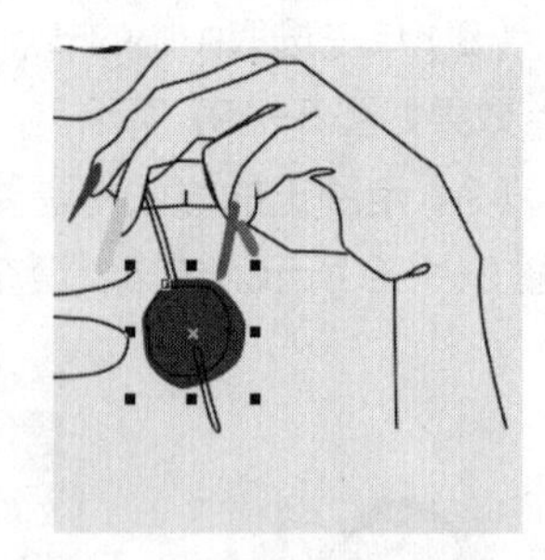
图 5-210

（13）用相同的方法绘制图形并填充适当的颜色，效果如图 5-211 所示。选择“贝塞尔”工具，在适当的位置绘制多个图形，设置图形颜色的 CMYK 值为 0、40、0、0，填充图形，并去除图形的轮廓线，效果如图 5-212 所示。连续按 Ctrl+PageDown 组合键，后移图形，效果如图 5-213 所示。

（14）选择“文本”工具，在图形上输入需要的文字，选择“选择”工具，在属性栏中选取适当的字体并设置文字大小，效果如图 5-214 所示。选择“椭圆形”工具，按住 Ctrl 键的同时，绘制圆形，如图 5-215 所示。

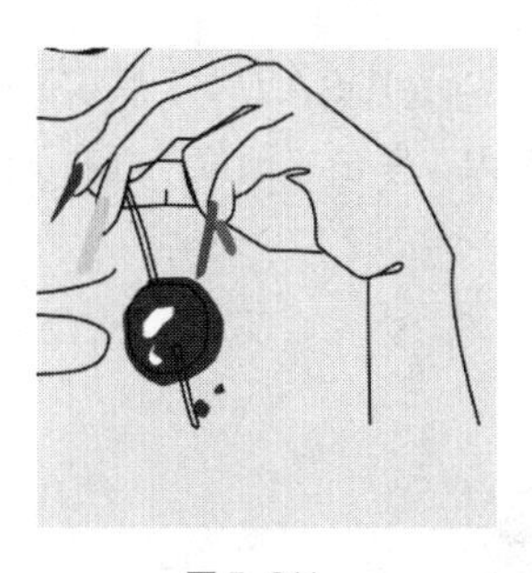

图 5-211

图 5-212

图 5-213

图 5-214

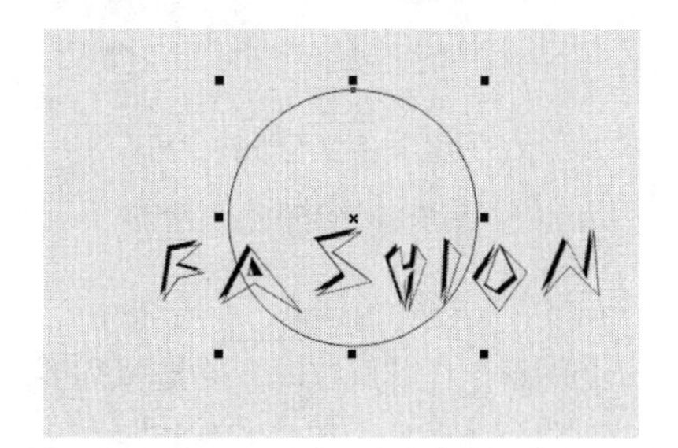

图 5-215

（15）选择“编辑填充”工具，弹出“编辑填充”对话框，单击“PostScript 填充”按钮，选取需要的 PostScript 底纹样式，其他选项的设置如图 5-216 所示。单击“确定”按钮，填充图形，并去除图形的轮廓线，效果如图 5-217 所示。时尚人物绘制完成，效果如图 5-218 所示。

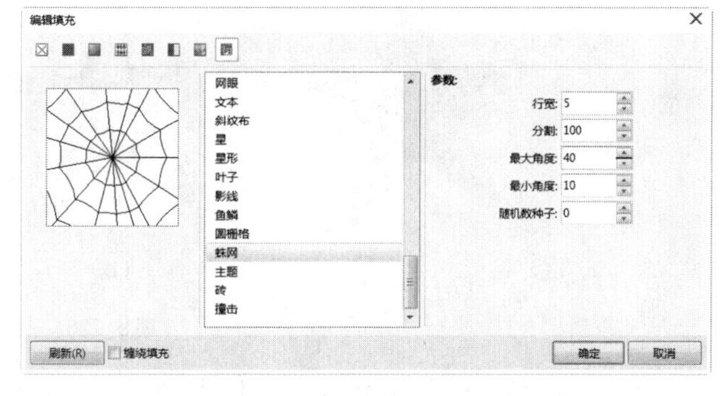

图 5-216

图 5-217

图 5-218

5.3.2 底纹填充

选择“编辑填充”工具，弹出“编辑填充”对话框，单击“底纹填充”按钮。在对话框中，CorelDRAW X7 的底纹库提供了多个样本组和几百种预设的底纹填充图案，如图 5-219 所示。

在对话框中的“底纹库”选项的下拉列表中可以选择不同的样本组。CorelDRAW X7 底纹库提供了 7 个样本组。选择样本组后，在上面的“预览”框中显示出底纹的效果，单击“预览”框右侧的按钮，在弹出的面板中可以选择需要的底纹图案。

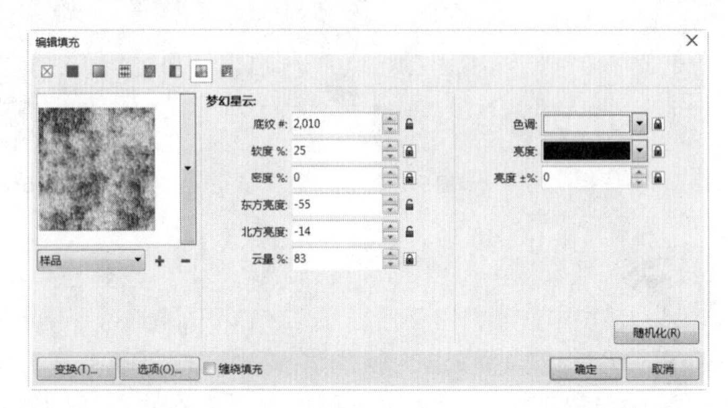

图 5-219

绘制一个图形，在“底纹库”中选择需要的样本后，单击“预览”框右侧的按钮，在弹出的面板中选择需要的底纹效果，单击“确定”按钮，可以将底纹填充到图形对象中。几个填充不同底纹的图形效果如图 5-220 所示。

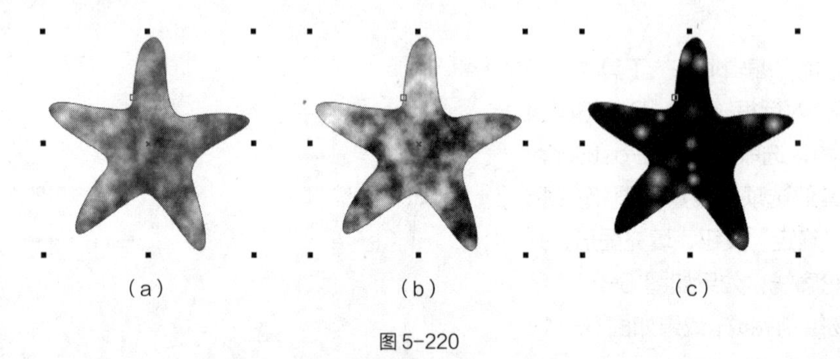

（a）　　（b）　　（c）

图 5-220

选择“交互式填充”工具，在属性栏中选择“底纹填充”选项，单击“填充挑选器”选项右侧的按钮，在弹出的下拉列表中可以选择底纹填充的样式。

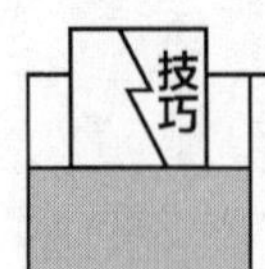

底纹填充会增加文件的大小，并使操作的时间增长，在对大型的图形对象使用底纹填充时要慎重。

5.3.3 PostScript 填充

PostScript 填充是利用 PostScript 语言设计出来的一种特殊的图案填充。PostScript 图案是一种特殊的图案。只有在“增强”视图模式下，PostScript 填充的底纹才能显示出来。下面我们来介绍 PostScript 填充的方法和技巧。

选择“编辑填充”工具，弹出“编辑填充”对话框，单击“PostScript 填充”按钮，切换到相应的对话框，如图 5-221 所示，CorelDRAW X7 提供了多个 PostScript 底纹图案。

图5-221

在对话框中，在左侧“预览”框中不需要打印就可以看到 PostScript 底纹的效果。在中间的列表框中提供了多个 PostScript 底纹，选择一个 PostScript 底纹，在右侧的“参数”设置区中会出现所选 PostScript 底纹的参数。不同的 PostScript 底纹会有相对应的不同参数。

在“参数”设置区的各个选项中输入需要的数值，可以改变选择的 PostScript 底纹，产生新的 PostScript 底纹效果，如图 5-222 所示。

选择“交互式填充”工具，在属性栏中选择“PostScript 填充”选项，单击“PostScript 填充底纹”选项 DNA ，可以在弹出的下拉面板中选择多种 PostScript 底纹填充的样式对图形对象进行填充，如图 5-223 所示。

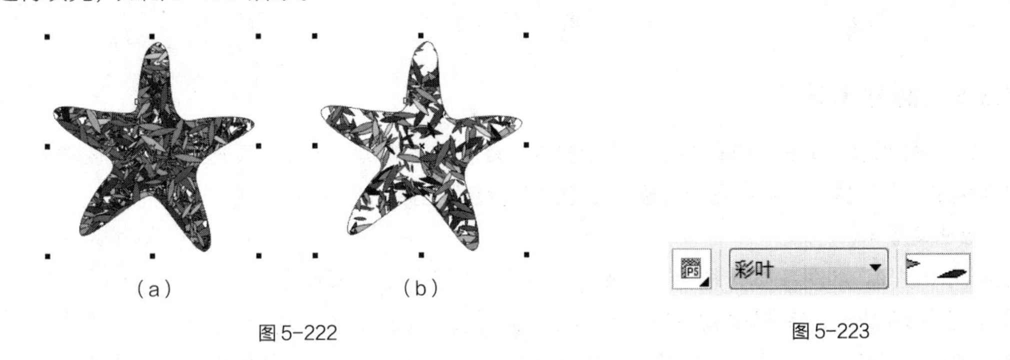

图5-222

图5-223

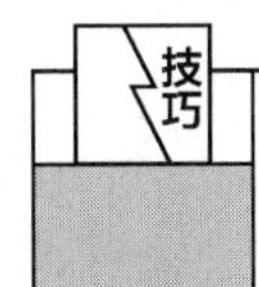

CorelDRAW X7 在屏幕上显示 PostScript 填充时用字母“PS”表示。PostScript 填充使用的限制非常多。由于 PostScript 填充图案非常复杂，所以在打印和更新屏幕显示时会使处理时间增长。PostScript 填充非常占用系统资源，使用时一定要慎重。

5.3.4 网状填充

绘制一个要进行网状填充的图形，如图 5-224 所示。选择“交互式填充”工具展开式工具栏中的“网状填充”工具，在属性栏中将横竖网格的数值均设置为 3，按 Enter 键，图形的网状填充效果如图 5-225 所示。

单击选中网格中需要填充的节点，如图 5-226 所示。在调色板中需要的颜色上单击鼠标左键，可以为选中的节点填充颜色，效果如图 5-227 所示。

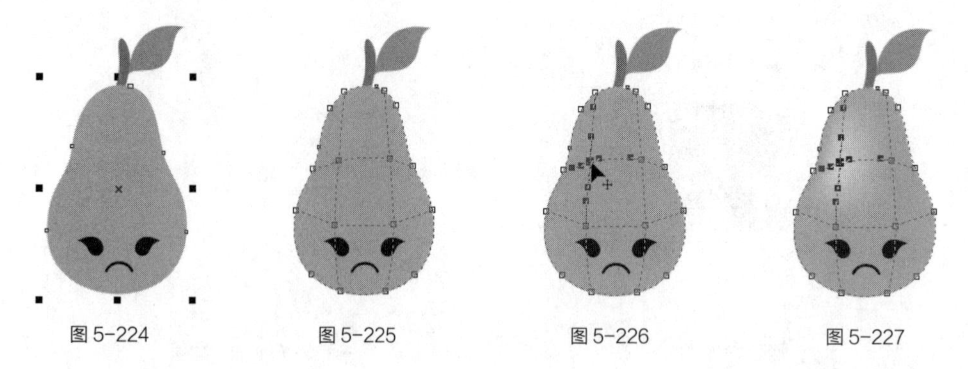
图 5-224 图 5-225 图 5-226 图 5-227

再依次选中需要的节点并进行颜色填充，如图 5-228 所示。选中节点后，拖曳节点的控制点可以扭曲颜色填充的方向，如图 5-229 所示。交互式网格填充效果如图 5-230 所示。

图 5-228 图 5-229 图 5-230

5.3.5 滴管工具

使用“属性滴管”工具可以在图形对象上提取并复制对象的属性，进而填充到其他图形对象中。使用“颜色滴管”工具只能将从图形对象上提取的颜色复制到其他图形对象中。

1. **颜色滴管工具**

绘制两个图形，如图 5-231 所示。选择“颜色滴管”工具，属性栏如图 5-232 所示。将滴管光标放置在图形对象上，单击鼠标左键来提取对象的颜色，如图 5-233 所示。光标变为图标，将光标移动到另一图形上，如图 5-234 所示，单击鼠标，填充提取的颜色，效果如图 5-235 所示。

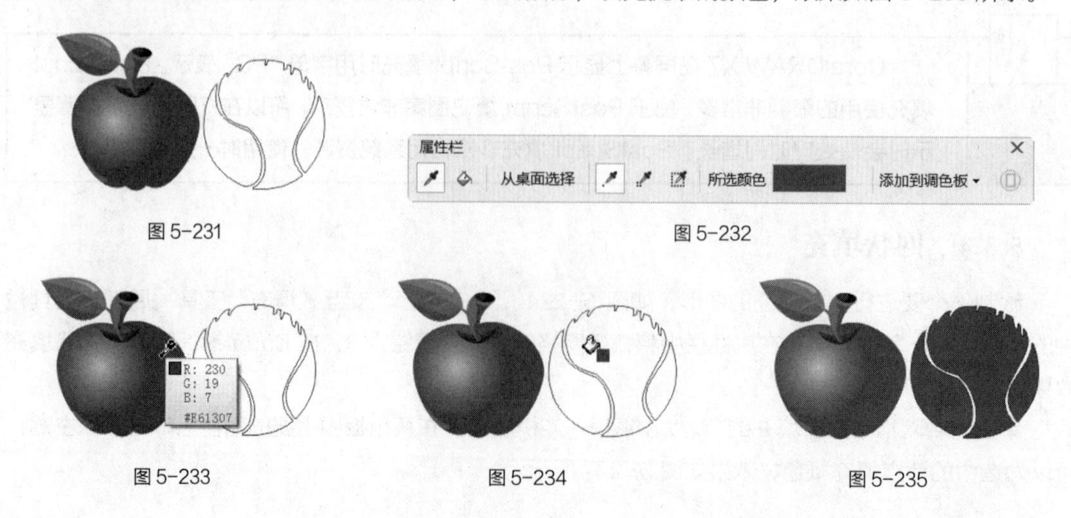

图 5-231 图 5-232
图 5-233 图 5-234 图 5-235

2. **属性滴管工具**

绘制两个图形，如图5-236所示。选择“属性滴管”工具，属性栏如图5-237所示。将滴管光标放置在图形对象上，单击鼠标左键来提取对象的属性，如图5-238所示。光标变为图标，将光标移动到另一图形上，如图5-239所示，单击鼠标，将填充提取的所有属性，效果如图5-240所示。

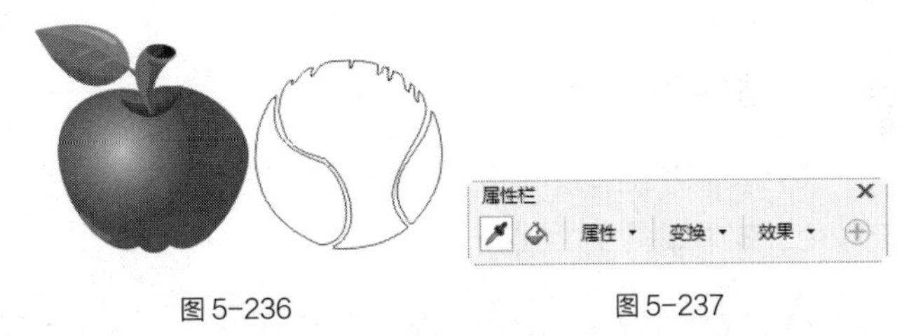

图5-236

图5-237

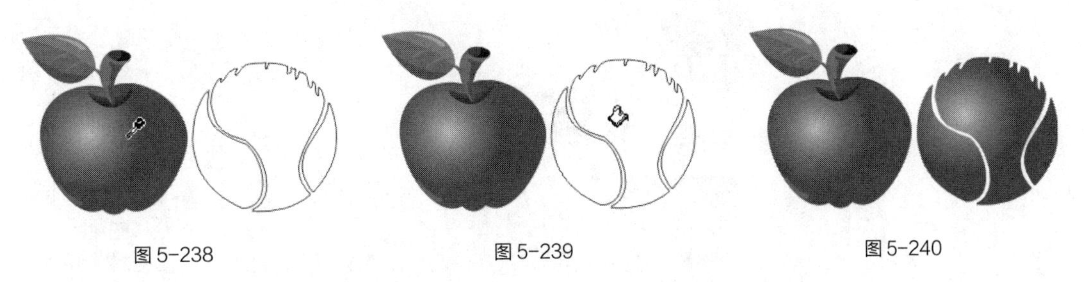

图5-238

图5-239

图5-240

“属性吸管”工具属性栏中，在“属性”选项下拉列表中可以设置提取并复制对象的轮廓属性、填充属性和文本属性；在“变换”选项下拉列表中可以设置提取并复制对象的大小、旋转角度和位置等属性；在“效果”选项下拉列表中可以设置提取并复制对象的透视、封套、混合、立体化、轮廓图、透镜、图框精确剪裁、阴影和变形等属性。

课堂练习——绘制卡通火车

练习知识要点

使用矩形工具、椭圆工具、星形工具和贝塞尔工具绘制车箱；使用填充工具和渐变工具填充绘制的图形。效果如图5-241所示。

图5-241

效果所在位置

云盘/Ch05/效果/绘制卡通火车.cdr。

课后习题——绘制可爱棒冰插画

习题知识要点

使用贝塞尔工具绘制棒冰的眼睛和嘴巴；使用椭圆形工具绘制棒冰的脸；使用填充工具为图形填充颜色。效果如图 5-242 所示。

图 5-242

效果所在位置

云盘/Ch05/效果/绘制可爱棒冰插画.cdr。

06

第6章 排列和组合对象

CorelDRAW X7 提供了多个命令和工具来排列和组合图形对象。本章将主要介绍排列和组合对象的功能以及相关的技巧。通过学习本章的内容，读者可以自如地排列和组合绘图中的图形对象，轻松完成制作任务。

课堂学习目标

- 掌握对齐和分布命令的使用方法
- 掌握网格和辅助线的使用方法
- 掌握标尺的使用方法
- 掌握标注线的绘制方法
- 掌握对象的排序方法
- 掌握群组和结合的使用方法

6.1 对齐和分布

在 CorelDRAW X7 中，提供了对齐和分布功能来设置对象的对齐和分布方式。下面我们就来介绍对齐和分布的使用方法和技巧。

6.1.1 课堂案例——制作假日游轮插画

案例学习目标

学习使用绘画工具、对齐和分布命令制作假日游轮插画。

案例知识要点

使用贝塞尔工具、矩形工具、对齐和分布命令、文本工具制作假日游轮插画；假日游轮插画效果图如图 6-1 所示。

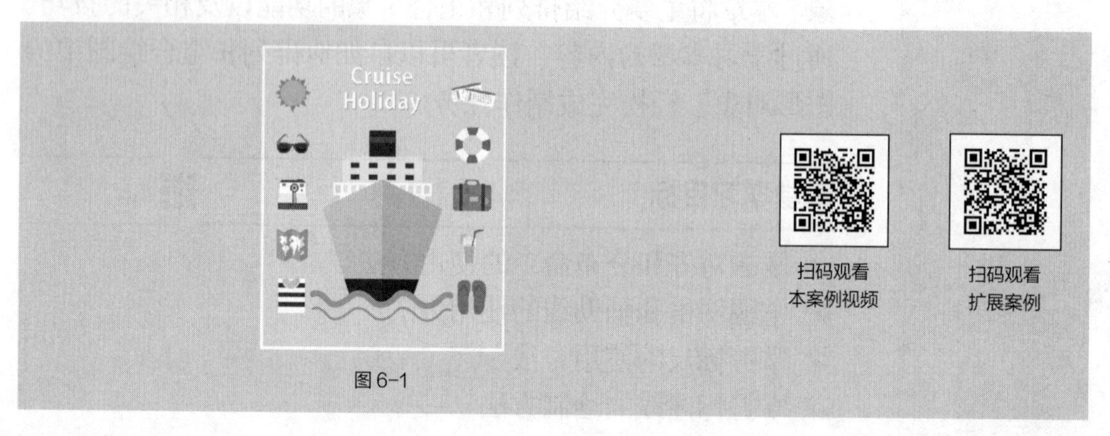

图 6-1

效果所在位置

云盘/Ch06/效果/制作假日游轮插画.cdr。

（1）按 Ctrl+N 组合键，新建一个 A4 页面。选择“矩形”工具，在适当的位置绘制矩形。设置图形颜色的 CMYK 值为 7、14、26、0，填充图形，并去除图形的轮廓线，效果如图 6-2 所示。选择“贝塞尔”工具，绘制一个图形，如图 6-3 所示。

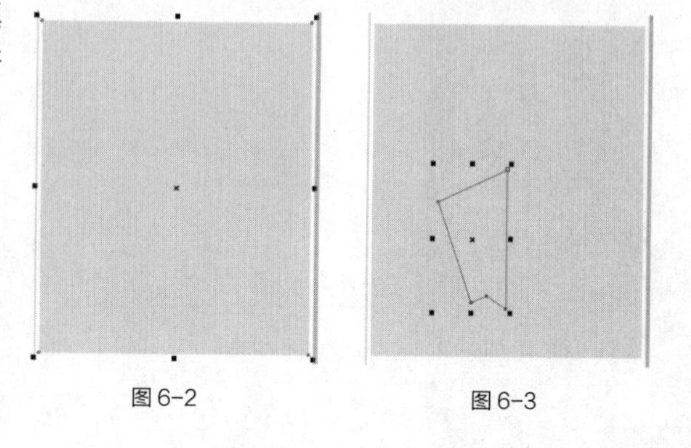
图 6-2　图 6-3

（2）设置图形颜色的 CMYK 值为 19、19、20、0，填充图形，并去除图形的轮廓线，效果如图 6-4 所示。选择“选择”工具，按数字键盘上的+键，复制图形。单击属性栏中的“水平镜像”按钮，水平翻转复制的图形，效果如图 6-5 所示。

（3）将图形拖曳到适当的位置，效果如图6-6所示。设置图形颜色的CMYK值为27、26、25、0，填充图形，并去除图形的轮廓线，效果如图6-7所示。

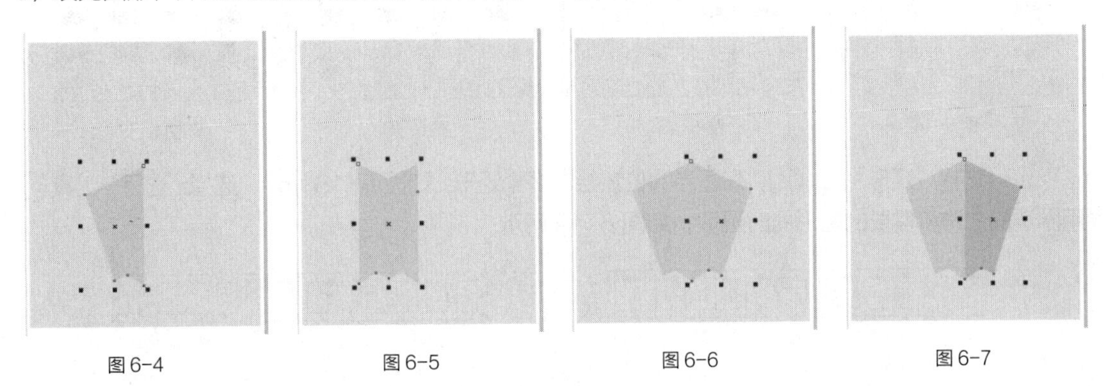

图6-4　图6-5　图6-6　图6-7

（4）选择“选择”工具，选取需要的图形，按数字键盘上的+键，复制图形。选择“形状”工具，分别将上方的节点拖曳到适当的位置，效果如图6-8所示。设置图形颜色的CMYK值为100、80、49、13，填充图形，并去除图形的轮廓线，效果如图6-9所示。

（5）选择“选择”工具，按数字键盘上的+键，复制图形。单击属性栏中的“水平镜像”按钮，水平翻转复制的图形，效果如图6-10所示。拖曳到适当的位置，效果如图6-11所示。设置图形颜色的CMYK值为100、90、58、25，填充图形，并去除图形的轮廓线，效果如图6-12所示。

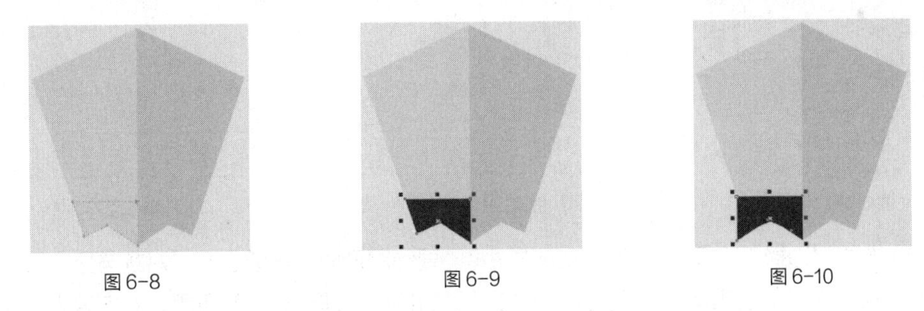

图6-8　图6-9　图6-10

（6）选择“矩形”工具，在适当的位置绘制矩形。设置图形颜色的CMYK值为0、0、0、10，填充图形，并去除图形的轮廓线，效果如图6-13所示。再次绘制矩形，设置图形颜色的CMYK值为0、0、0、90，填充图形，效果如图6-14所示。选择“选择”工具，按住Shift键的同时，拖曳图形到适当的位置并单击鼠标右键，复制图形，效果如图6-15所示。

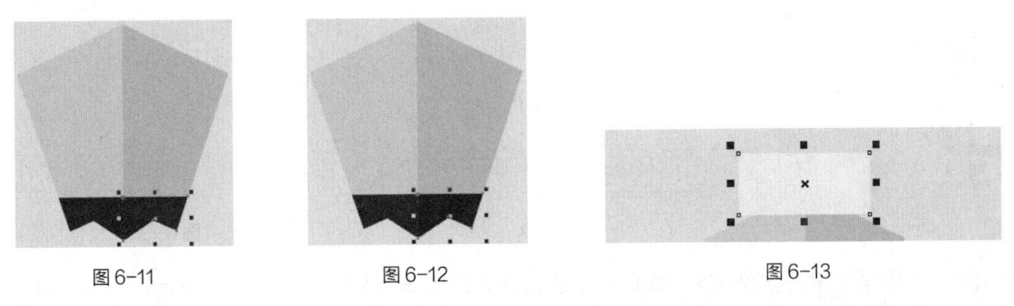

图6-11　图6-12　图6-13

（7）连续按Ctrl+D组合键，复制两个图形，如图6-16所示。选择“选择”工具，用圈选的方法将需要的图形同时选取。按住Shift键的同时，垂直向下拖曳图形到适当的位置并单击鼠标右键，复制图形，效果如图 6-17 所示。

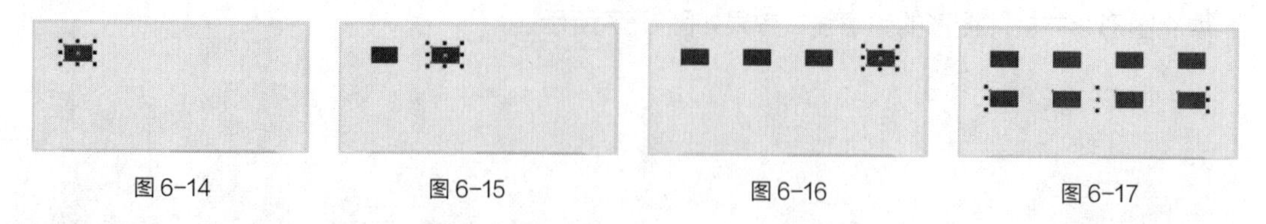

图 6-14　图 6-15　图 6-16　图 6-17

（8）选择“矩形”工具，在适当的位置绘制多个矩形，如图 6-18 所示。选择“选择”工具，用圈选的方法将需要的图形同时选取，如图 6-19 所示。

图 6-18　图 6-19

（9）选择“对象 > 对齐和分布 > 对齐与分布”命令，弹出“对齐与分布”泊坞窗，单击“底端对齐”按钮和“水平分散排列中心”按钮，如图 6-20 所示，对齐效果如图 6-21 所示。按 Ctrl+G 组合键，群组图形，效果如图 6-22 所示。

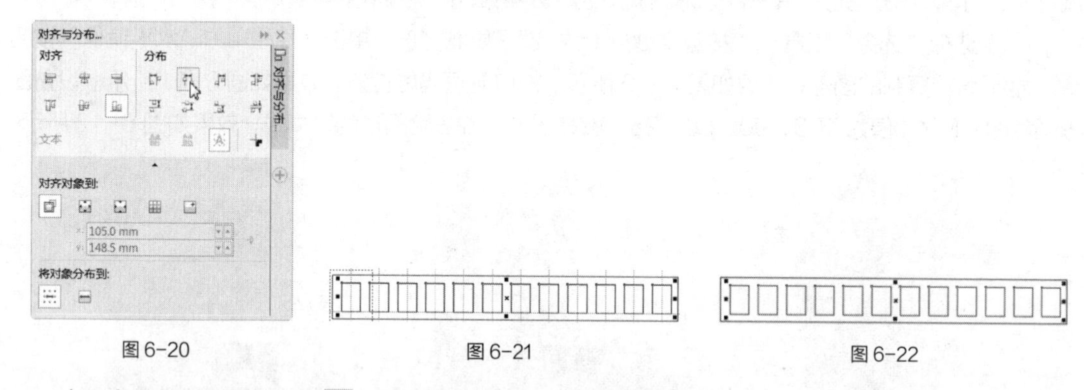

图 6-20　图 6-21　图 6-22

（10）选择“选择”工具，用圈选的方法将需要的图形同时选取。在“对齐与分布”泊坞窗中单击“水平居中对齐”按钮和“垂直居中对齐”按钮，如图 6-23 所示，对齐效果如图 6-24 所示。单击属性栏中的“移除后面对象”按钮，修改图形，效果如图 6-25 所示。

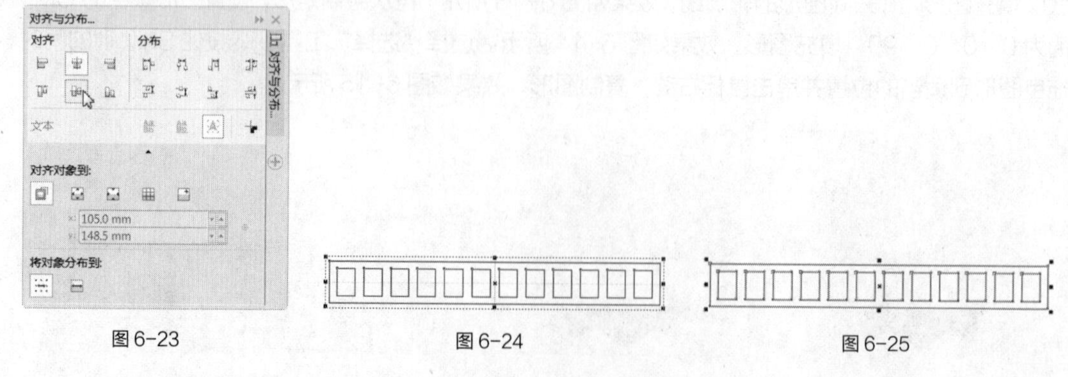

图 6-23　图 6-24　图 6-25

（11）保持图形的选取状态，填充为白色，并去除图形的轮廓线，拖曳到适当的位置，效果如图 6-26 所示。选择“矩形”工具，在适当的位置绘制矩形，填充为白色，并去除图形的轮廓线，效果如图 6-27 所示。

（12）选择“矩形”工具□，在适当的位置绘制矩形。设置图形颜色的 CMYK 值为 100、80、49、13，填充图形，并去除图形的轮廓线，效果如图 6-28 所示。再次绘制矩形，设置图形颜色的 CMYK 值为 40、91、100、6，填充图形，并去除图形的轮廓线，效果如图 6-29 所示。选择“选择”工具，用圈选的方法将需要的图形同时选取。连续按 Ctrl+PageDown 组合键，后移图形，效果如图 6-30 所示。

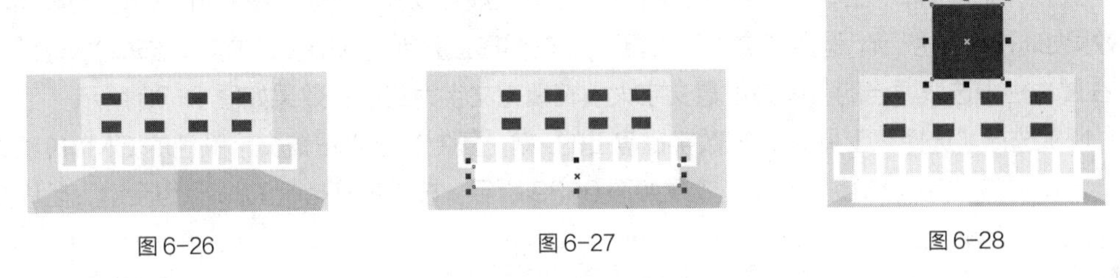

图 6-26　　图 6-27　　图 6-28

（13）选择“选择”工具，用圈选的方法将需要的图形同时选取。连续按 Ctrl+PageDown 组合键，后移图形，效果如图 6-31 所示。选择“贝塞尔”工具，绘制一条曲线，如图 6-32 所示。

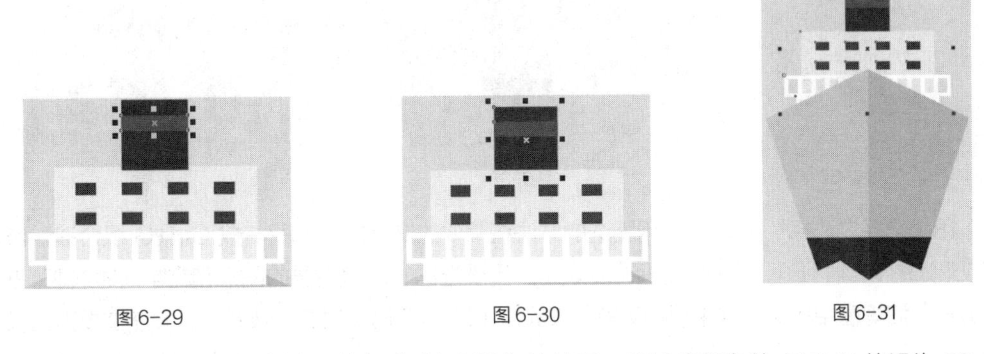

图 6-29　　图 6-30　　图 6-31

（14）按 Alt+Enter 组合键，弹出“对象属性”泊坞窗，将轮廓颜色的 CMYK 值设为 56、9、24、0，其他选项的设置如图 6-33 所示，效果如图 6-34 所示。

图 6-32

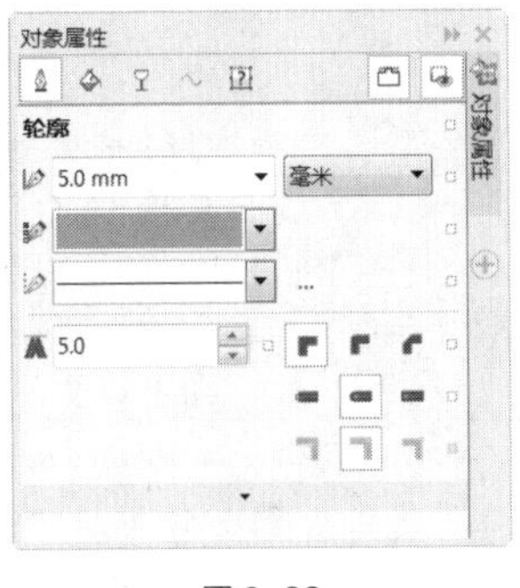

图 6-33

图 6-34

（15）选择“选择”工具，将需要的曲线选取。按住 Shift 键的同时，垂直向下拖曳曲线到适当的位置并单击鼠标右键，复制曲线，效果如图 6-35 所示。在属性栏中的“轮廓宽度”框 2 mm 中设置数值为 2mm，按 Enter 键，效果如图 6-36 所示。

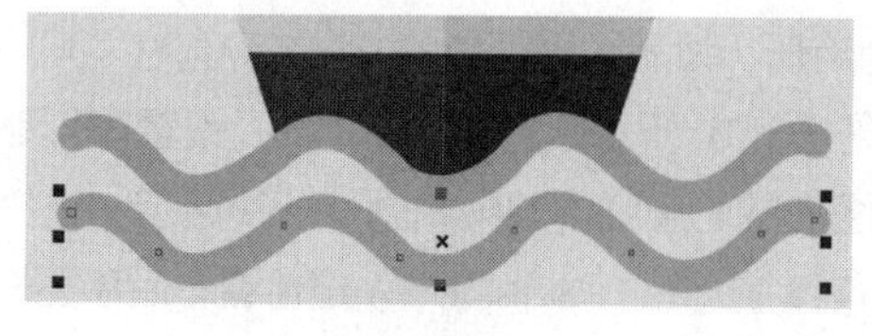
图6-35

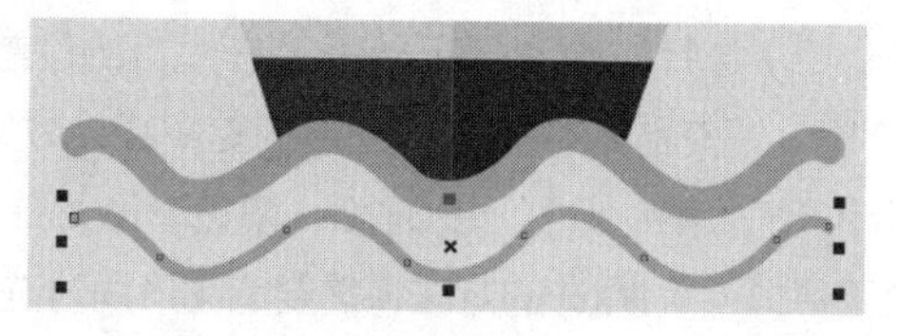
图6-36

（16）选择“选择”工具，用圈选的方法将需要的图形同时选取。按Ctrl+G组合键，群组图形，效果如图6-37所示。选择“文本”工具，在图形上分别输入需要的文字，选择“选择”工具，在属性栏中选取适当的字体并设置文字大小，填充文字为白色，效果如图6-38所示。

（17）选择“选择”工具，按数字键盘上的+键，复制文字。设置文字颜色的CMYK值为0、0、0、50，填充文字，微移其位置，效果如图6-39所示。按Ctrl+PageDown组合键，后移文字，效果如图6-40所示。

图6-37

图6-38

图6-39

（18）选择“选择”工具，用圈选的方法将需要的文字同时选取。按Ctrl+G组合键，群组文字，效果如图6-41所示。选择“选择”工具，用圈选的方法将需要的图形和文字同时选取。在“对齐与分布”泊坞窗中单击“水平居中对齐”按钮和“垂直居中对齐”按钮，对齐效果如图6-42所示。

图6-40

图6-41

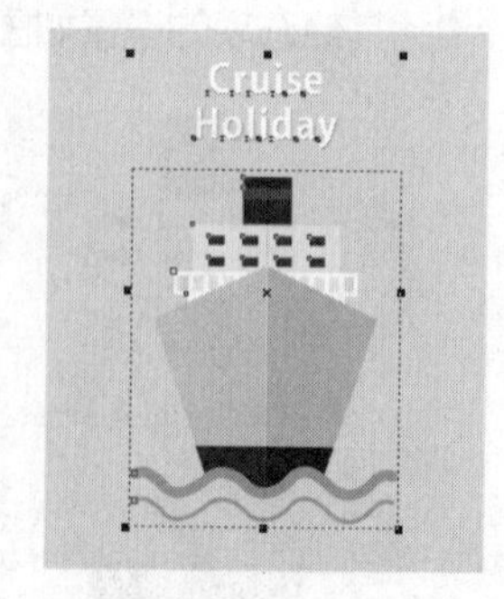

图6-42

（19）按Ctrl+I组合键，弹出“导入”对话框，打开云盘中的“Ch06 > 素材 > 制作假日游轮插画 > 01～10”文件，单击“导入”按钮，在页面中分别单击导入图片，选择“选择”工具，分别调整其位置和大小，效果如图6-43所示。

（20）选择“选择”工具，用圈选的方法将需要的图片同时选取。在“对齐与分布”泊坞窗中单击“水平居中对齐”按钮和“垂直分散排列中心”按钮，如图 6-44 所示，对齐效果如图 6-45 所示。

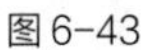
图 6-43

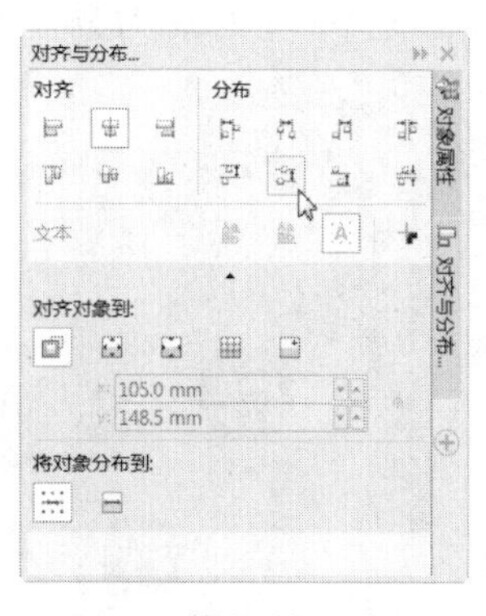

图 6-44

图 6-45

（21）选择“选择”工具，用圈选的方法将需要的图片同时选取。在“对齐与分布”泊坞窗中单击“水平居中对齐”按钮和“垂直分散排列中心”按钮，如图 6-46 所示，对齐效果如图 6-47 所示。假日游轮插画制作完成，效果如图 6-48 所示。

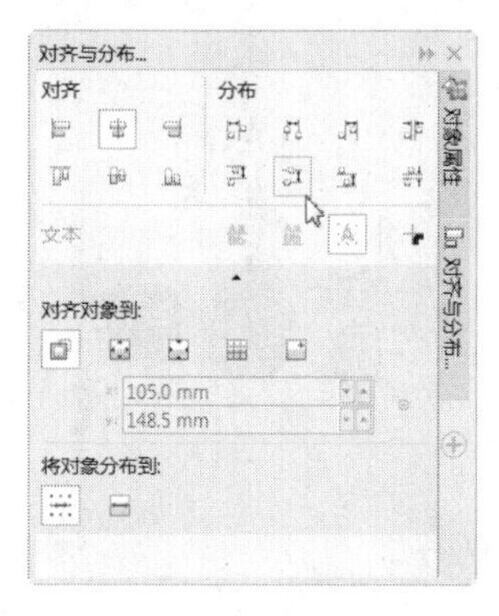

图 6-46

图 6-47

图 6-48

6.1.2 多个对象的对齐和分布

1. 多个对象的对齐

使用“选择”工具选中多个要对齐的对象，选择“排列 > 对齐和分布 > 对齐与分布”命令，或按 Ctrl+Shift+A 组合键，或单击属性栏中的“对齐与分布”按钮，弹出图 6-49 所示的“对齐与分布”泊坞窗。

在“对齐与分布”泊坞窗中的“对齐”选项组中，可以选择两组对齐方式，如左对齐、水平居中对齐、右对齐或者顶端对齐、垂直居中对齐、底端对齐。两组对齐方式可以单独使用，也可以配合使用，如对齐右底端、左顶端等设置就需要配合使用。

“对齐对象到”选项组中的按钮只有在单击了“对齐”或“分布”选项组中的按钮时才可以使用。其中的“页面边缘”按钮或“页面中心”按钮，用于设置图形对象以页面的什么位置为基准对齐。

选择“选择”工具，按住 Shift 键，单击几个要对齐的图形对象将它们全选，如图 6-50 所示。注意要将图形目标对象最后选中，因为其他图形对象将以图形目标对象为基准对齐。本例中以右下角的小笼包图形为图形目标对象，所以最后一个选中它。

选择“排列 > 对齐和分布 > 对齐与分布”命令，弹出“对齐与分布”泊坞窗，在泊坞窗中单击“右对齐”按钮，如图 6-51 所示，几个图形对象以最后选取的小笼包图形的右边缘为基准进行对齐，效果如图 6-52 所示。

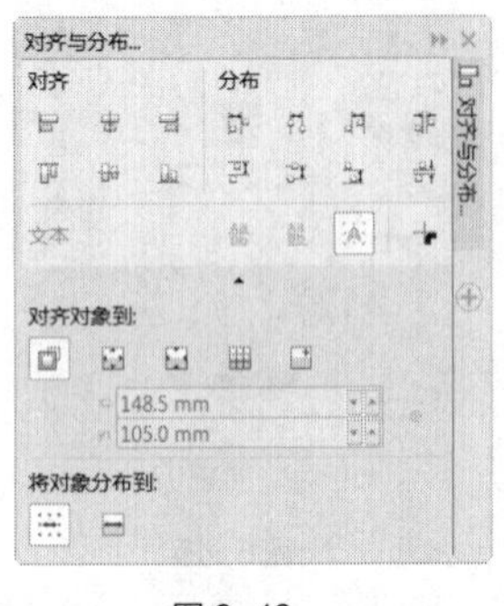

图 6-49

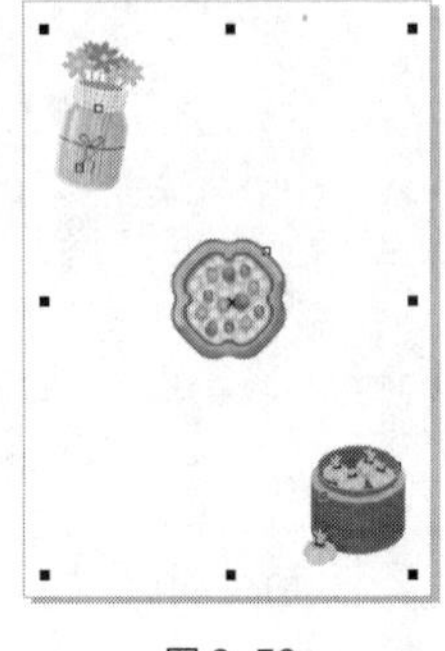

图 6-50

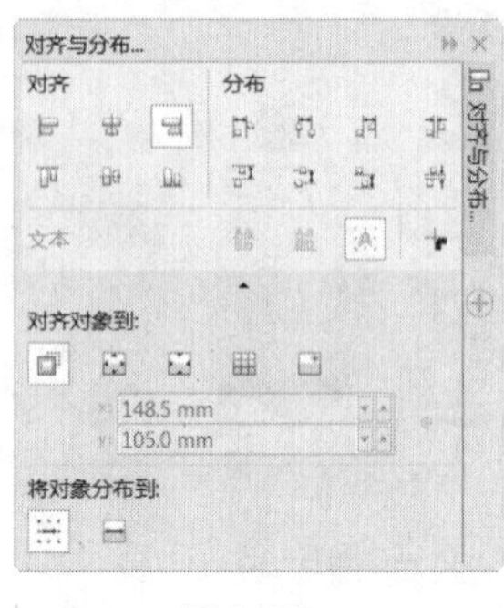

图 6-51

在“对齐与分布”泊坞窗中，单击“垂直居中对齐”按钮，再单击“对齐对象到”选项组中的“页面中心”按钮，如图 6-53 所示，几个图形对象以页面中心为基准进行垂直居中对齐，效果如图 6-54 所示。

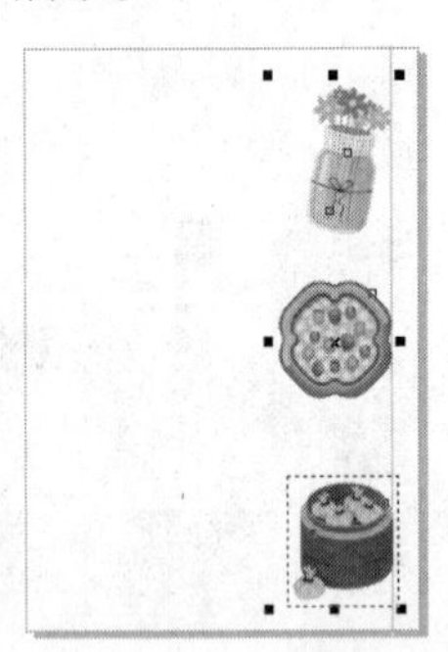

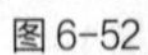

图 6-52

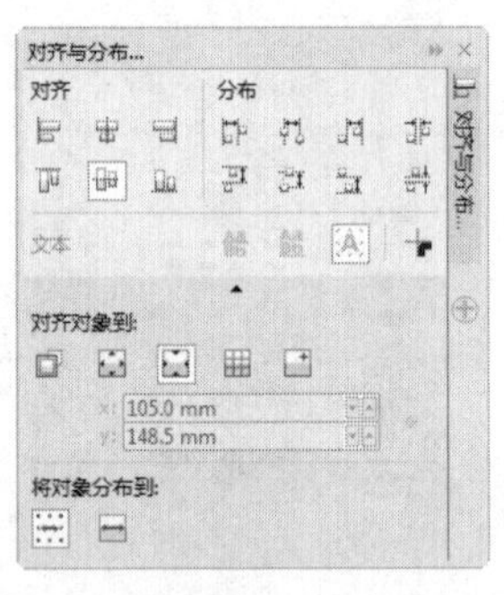

图 6-53

图 6-54

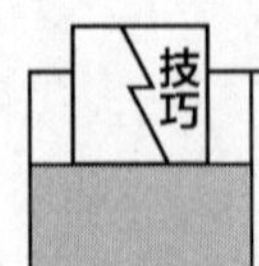

在“对齐与分布”对话框中，还可以进行多种图形对齐方式的设置，读者只要多练习就可以很快掌握。

2. 多个对象的分布

使用“选择”工具选择多个要分布的图形对象，如图 6-55 所示。再选择“排列 > 对齐和分布 > 对齐与分布”命令，弹出“对齐与分布”泊坞窗，在“分布”选项组中显示分布排列的按钮，如图 6-56 所示。

图 6-55

在“分布”对话框中有两种分布形式，分别是沿垂直方向分布和沿水平方向分布。可以选择不同的基准点来分布对象。

在“将对象分布到”选项组中，分别单击“选定的范围”按钮和“页面范围”按钮，如图 6-57 所示进行设定，几个图形对象的分布效果如图 6-58 所示。

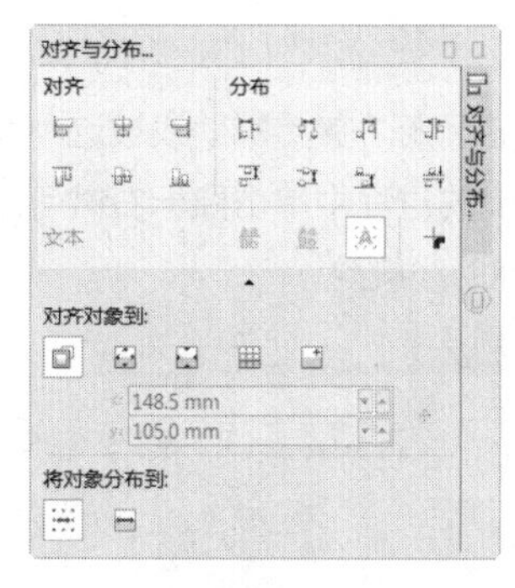

图6-56

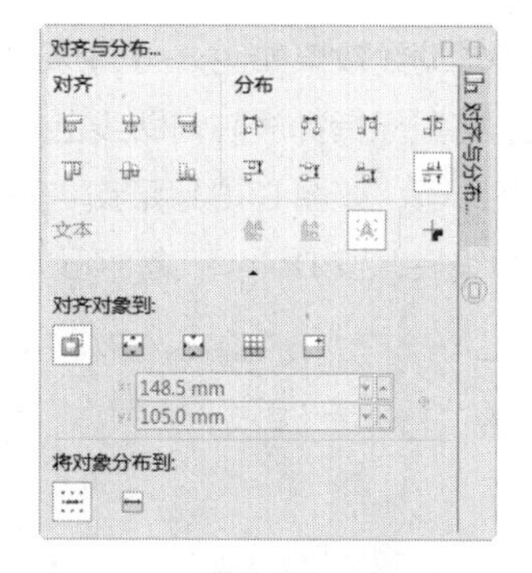

图6-57

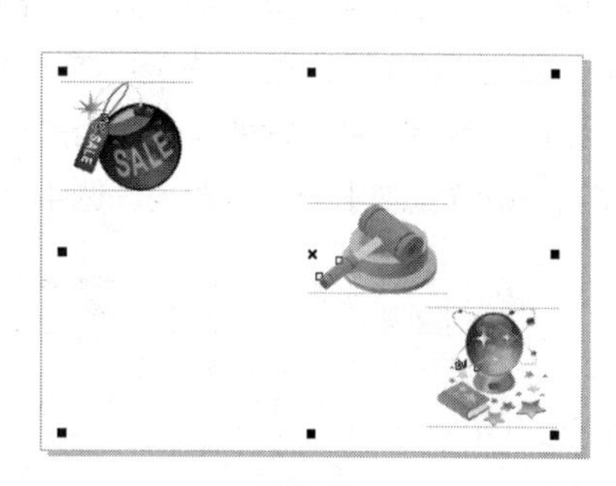

图6-58

6.1.3 网格和辅助线的设置和使用

1. 设置网格

选择“视图 > 网格 > 文档网格”命令，在页面中生成网格，效果如图6-59所示。如果想消除网格，只要再次选择“视图 > 网格 > 文档网格”命令即可。

在绘图页面中单击鼠标右键，弹出其快捷菜单，在菜单中选择“视图 > 文档网格”命令，如图6-60所示，也可以在页面中生成网格。

在绘图页面的标尺上单击鼠标右键，弹出快捷菜单，在菜单中选择“栅格设置”命令，如图6-61所示，弹出“选项”对话框，如图6-62所示。在“文档网格”选项组中可以设置网格的密度和网格点的间距；在“基线网格”选项组中可以设置从顶部开始的距离和基线间的间距；若要查看像素网格设置的效果，必须切换到“像素”视图。

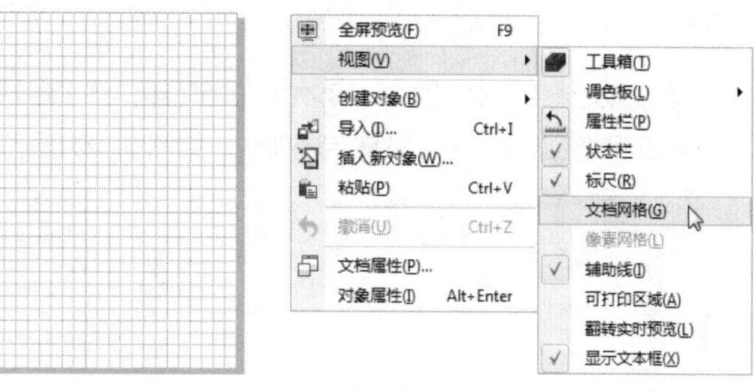

图6-59　　图6-60

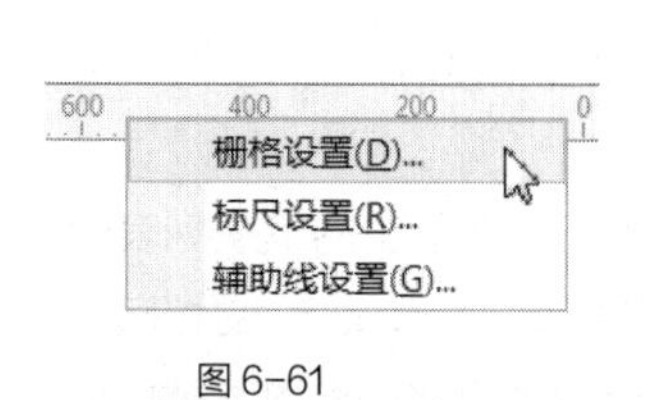

图6-61

图6-62

2. 设置辅助线

将鼠标指针移动到水平或垂直标尺上，按住鼠标左键不放，并向下或向右拖曳指针，可以绘制一条辅助线，在适当的位置松开鼠标左键，辅助线效果如图 6-63 所示。

要想移动辅助线必须先选中辅助线，将鼠标指针放在辅助线上并单击鼠标左键，辅助线被选中并呈红色，用指针拖曳辅助线到适当的位置即可，如图 6-64 所示。在拖曳的过程中单击鼠标右键可以在当前位置复制出一条辅助线。选中辅助线后，按 Delete 键，可以将辅助线删除。

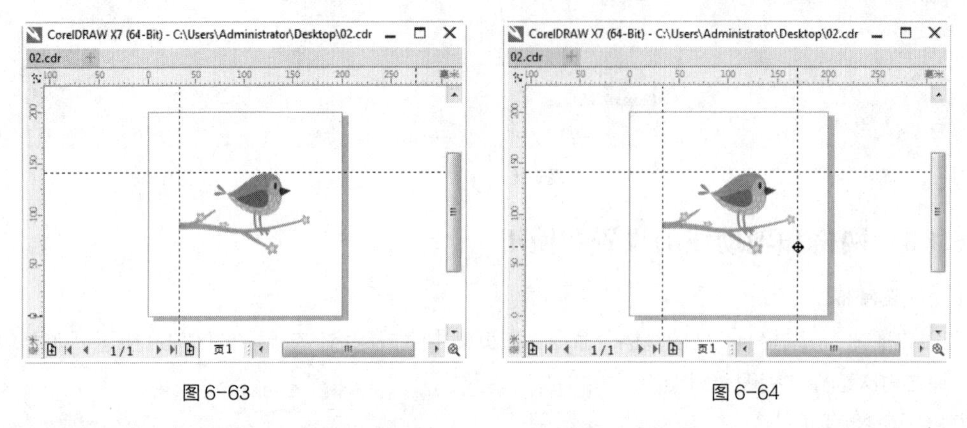

图 6-63　　图 6-64

辅助线被选中变成红色后，再次单击辅助线，将出现辅助线的旋转模式，如图 6-65 所示，可以通过拖曳两端的旋转控制点来旋转辅助线，如图 6-66 所示。

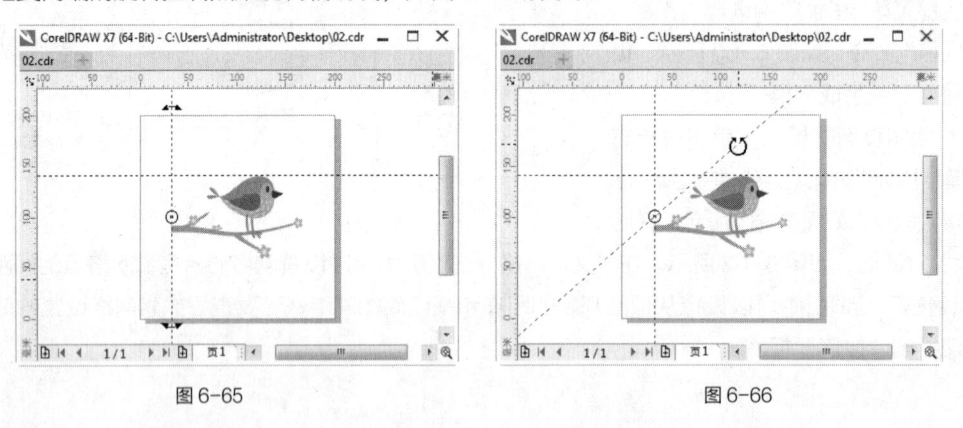

图 6-65　　图 6-66

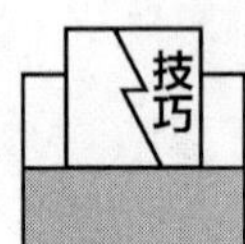

选择“窗口 > 泊坞窗 > 辅助线”命令，或使用鼠标右键单击标尺，弹出快捷菜单，在其中选择“辅助线设置”命令，弹出“辅助线”泊坞窗，也可设置辅助线。

在辅助线上单击鼠标右键，在弹出的快捷菜单中选择“锁定对象”命令，可以将辅助线锁定；用相同的方法在弹出的快捷菜单中选择“解锁对象”命令，可以将辅助线解锁。

3. *对齐网格、辅助线和对象*

选择“视图 > 贴齐 > 文档网格”命令；或单击“贴齐”按钮，在弹出的下拉列表中选择“文档网格”选项，如图 6-67 所示；或按 Ctrl+Y 组合键。再选择“视图 > 网格 > 文档网格”命令，在绘图页面中设置好网格，在移动图形对象的过程中，图形对象会自动对齐到网格、辅助线或其他图形对象上，如图 6-68 所示。

在“对齐与分布”泊坞窗中选取需要的对齐或分布方式，选择“对齐对象到”选项组中的“网格”

按钮，如图 6-69 所示，图形对象的中心点会对齐到最近的网格点。在移动图形对象时，图形对象会对齐到最近的网格点。

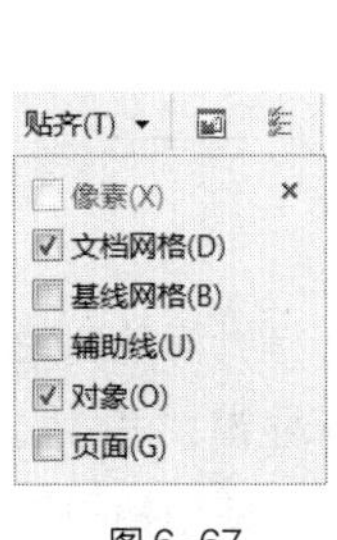

图 6-67

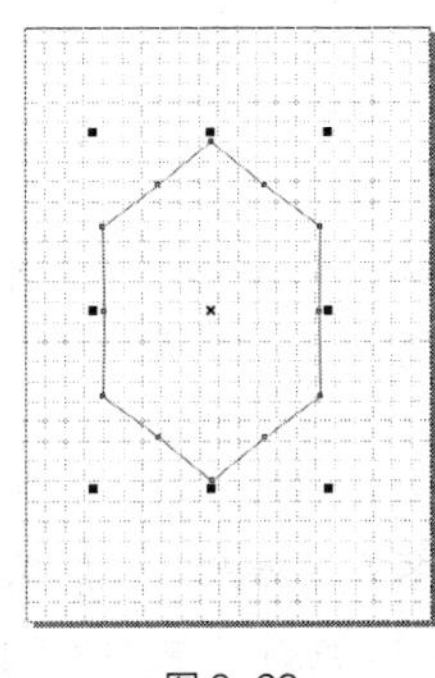

图 6-68

图 6-69

选择“视图 > 贴齐 > 辅助线”命令；或单击“贴齐”按钮，在弹出的下拉列表中选择“辅助线”选项，可使图形对象自动对齐辅助线。

选择“视图 > 贴齐 > 对象”命令；或单击“贴齐”按钮，在弹出的下拉列表中选择“对象”选项；或按 Alt+Z 组合键，可使两个对象的中心对齐重合。

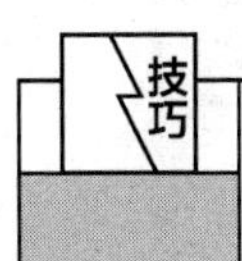

在曲线图形对象之间，用“选择”工具或“形状”工具选择并移动图形对象上的节点时，利用“对齐对象”选项的功能可以方便准确地进行节点间的捕捉对齐。

6.1.4 标尺的设置和使用

标尺可以帮助用户了解图形对象的当前位置，以便用户在设计作品时确定作品的精确尺寸。下面我们来介绍标尺的设置和使用方法。

选择“视图 > 标尺”命令，可以显示或隐藏标尺。显示标尺的效果如图 6-70 所示。

将鼠标指针放在标尺左上角的图标上，单击鼠标左键按住不放并拖曳指针，出现十字虚线的标尺定位线，如图 6-71 所示。在需要的位置松开鼠标左键，可以设定新的标尺坐标原点。双击图标，可以将标尺还原到原始的位置。

按住 Shift 键的同时，将鼠标指针放在标尺左上角的图标上，单击鼠标左键按住不放并拖曳指针，可以将标尺移动到新位置，如图 6-72 所示。使用相同的方法拖曳标尺放回左上角可以还原标尺的位置。

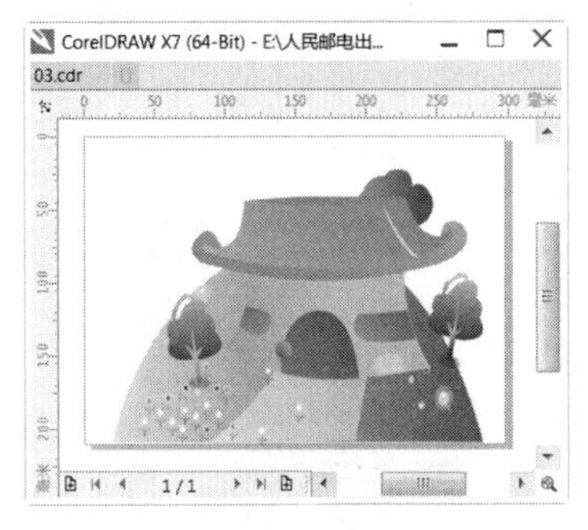

图 6-70

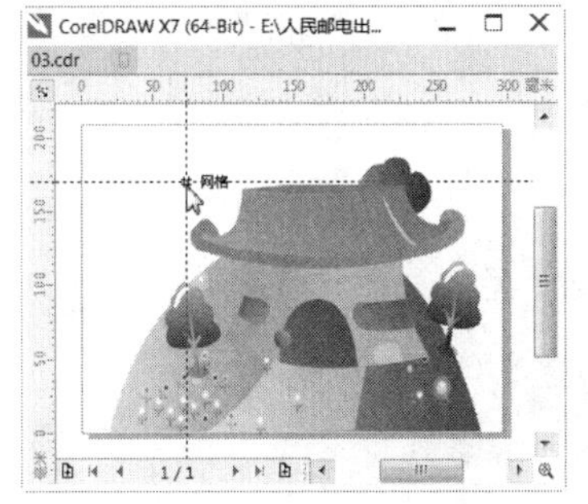

图 6-71

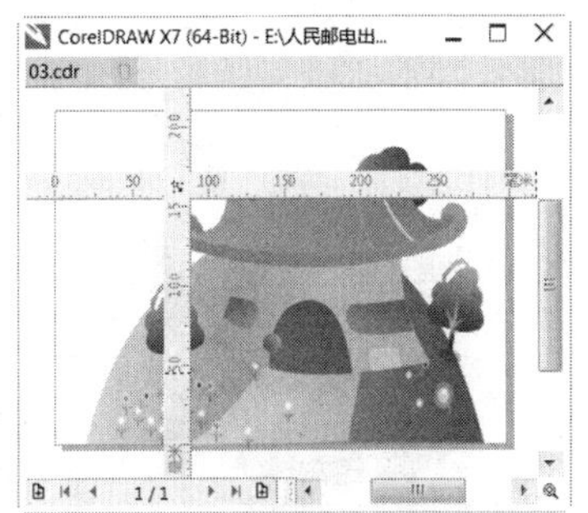

图 6-72

6.1.5 标注线的绘制

选择“平行度量”工具，弹出其属性栏，如图 6-73 所示。在工具栏中共有 5 种标注工具，它们从上到下依次是“平行度量”工具、“水平或垂直度量”工具、“角度量”工具、“线段度量”工具、“三点标注”工具。

图 6-73

打开一个图形对象，如图 6-74 所示。选择“平行度量”工具，将鼠标指针移动到图形对象的右侧顶部单击并向下拖曳指针，将指针移动到图形对象的底部后再次单击鼠标左键，再将鼠标指针拖曳到线段的中间，如图 6-75 所示。再次单击完成标注，效果如图 6-76 所示。使用相同的方法，可以用其他标注工具为图形对象进行标注，标注完成后的图形效果如图 6-77 所示。

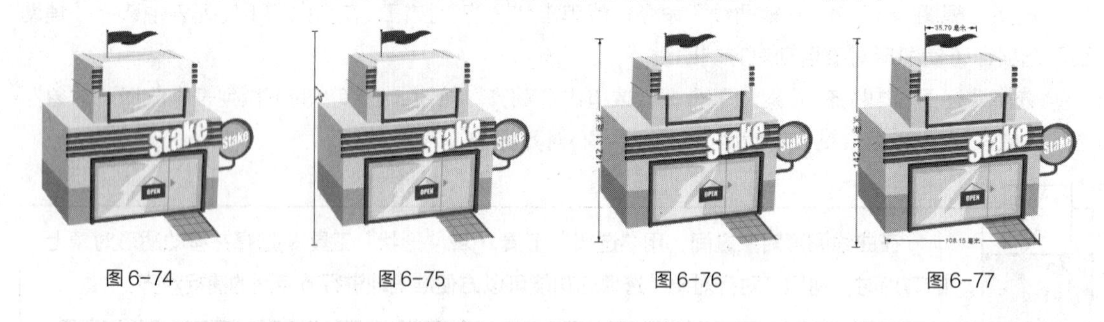

图 6-74 图 6-75 图 6-76 图 6-77

6.1.6 对象的排序

在 CorelDRAW X7 中，绘制的图形对象都存在着重叠的关系，如果在绘图页面中的同一位置先后绘制两个不同背景的图形对象，后绘制的图形对象将位于先绘制图形对象的上方。

使用 CorelDRAW X7 的排序功能可以安排多个图形对象的前后顺序，也可以使用图层来管理图形对象。

在绘图页面中先后绘制几个不同的图形对象，效果如图 6-78 所示。使用“选择”工具选择要进行排序的图形对象，如图 6-79 所示。

选择“对象 > 顺序”子菜单下的各个命令，如图 6-80 所示，可将已选择的图形对象排序。

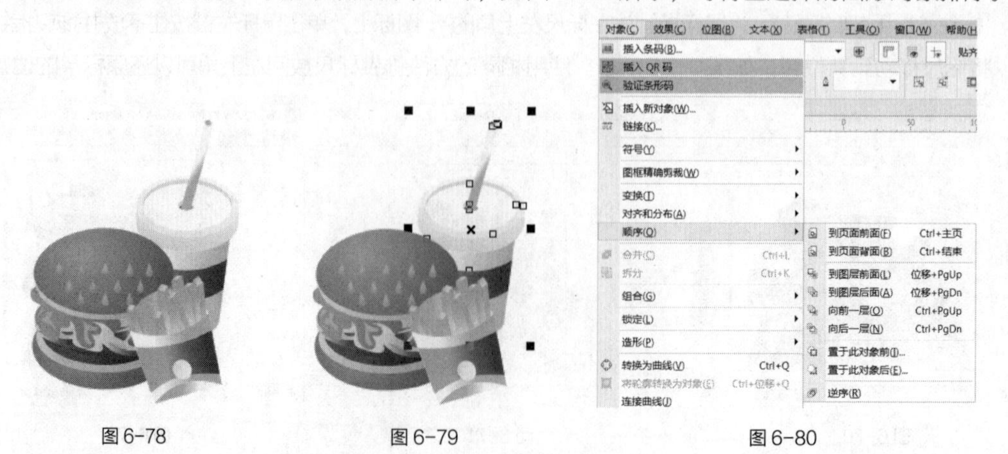

图 6-78 图 6-79 图 6-80

选择“到图层前面”命令，可以将背景图形从当前层移动到绘图页面中其他图形对象的最前面，效果如图 6-81 所示；按 Shift+PageUp 组合键，也可以完成这个操作。

选择“到图层后面”命令，可以将背景图形从当前层移动到绘图页面中其他图形对象的最后面，如图 6-82 所示；按 Shift+PageDown 组合键，也可以完成这个操作。

选择“向前一层”命令，可以将选定的背景图形从当前位置向前移动一个图层，如图 6-83 所示；按 Ctrl+PageUp 组合键，也可以完成这个操作。

当图形位于图层最前面的位置时，选择“向后一层”命令，可以将选定的图形（背景）从当前位置向后移动一个图层，如图 6-84 所示；按 Ctrl+PageDown 组合键，也可以完成这个操作。

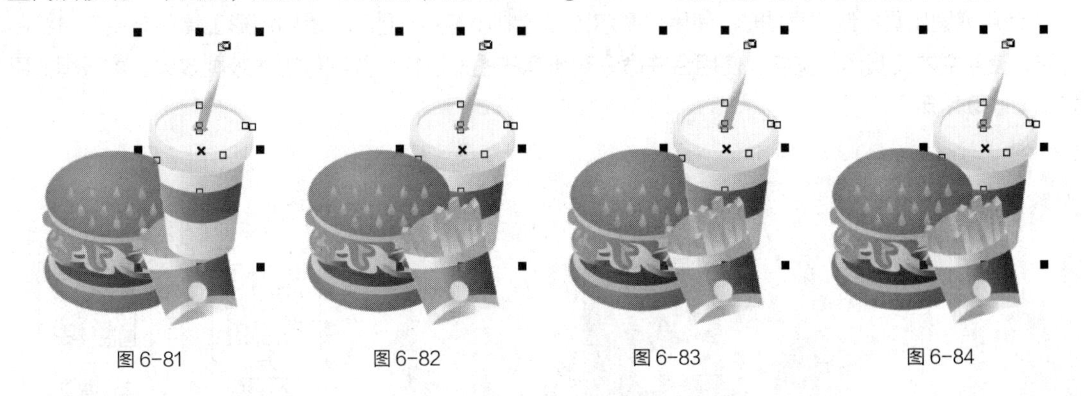

图 6-81　图 6-82　图 6-83　图 6-84

选择“置于此对象前”命令，可以将选择的图形放置到指定图形对象的前面。选择“置于此对象前”命令后，鼠标指针变为黑色箭头，使用黑色箭头单击指定图形对象，如图 6-85 所示，图形被放置到指定图形对象的前面，效果如图 6-86 所示。

选择“置于此对象后”命令，可以将选择的图形放置到指定图形对象的后面。选择“置于此对象后”命令后，鼠标指针变为黑色箭头，使用黑色箭头单击指定的图形对象，如图 6-87 所示，图形被放置到指定的背景图形对象的后面，效果如图 6-88 所示。

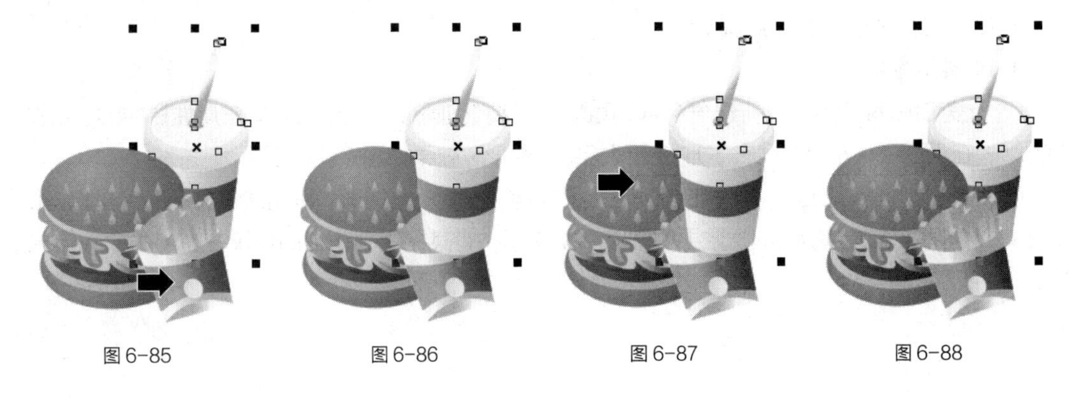

图 6-85　图 6-86　图 6-87　图 6-88

6.2 群组和结合

在 CorelDRAW X7 中，提供了群组和结合功能。群组可以将多个不同的图形对象组合在一起，方便整体操作；结合可以将多个图形对象合并在一起，创建出一个新的对象。下面我们就来介绍群组和结合的方法和技巧。

6.2.1 课堂案例——绘制木版画

案例学习目标

学习使用几何图形工具、“合并”命令和“对齐与分布”泊坞窗绘制木版画。

案例知识要点

使用椭圆工具绘制鸡身图形；使用贝塞尔工具绘制小鸡腿部图形；使用矩形工具和渐变工具绘制背景；使用文本工具添加文字；使用合并命令对所有的图形进行合并制作出木版画效果。木版画效果如图 6-89 所示。

图 6-89

效果所在位置

云盘/Ch06/效果/绘制木版画.cdr。

1. 绘制小鸡效果

（1）按 Ctrl+N 组合键，新建一个 A4 页面。选择“椭圆形”工具，单击属性栏中的“饼图”按钮，在页面上从左上方向右下方拖曳鼠标绘制图形，效果如图 6-90 所示。

（2）选择“选择”工具，按数字键盘上的+键，复制一个图形。单击属性栏中的“垂直镜像”按钮，垂直翻转复制的图形，效果如图 6-91 所示。将其拖曳到适当的位置并调整大小，效果如图 6-92 所示。

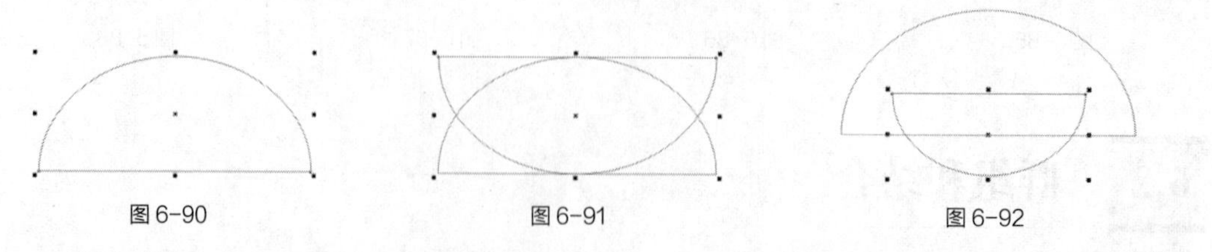
图 6-90　图 6-91　图 6-92

（3）选择“贝塞尔”工具，绘制一个图形，如图 6-93 所示。选择“选择”工具，按数字键盘上的+键，复制一个图形，按住 Ctrl 键的同时，水平向右拖曳图形到适当的位置，效果如图 6-94 所示。

（4）选择“贝塞尔”工具，绘制一个图形，如图 6-95 所示。选择“选择”工具，按两次数字键盘上的+键，复制两个图形，并分别拖曳图形到适当的位置，效果如图 6-96 所示。

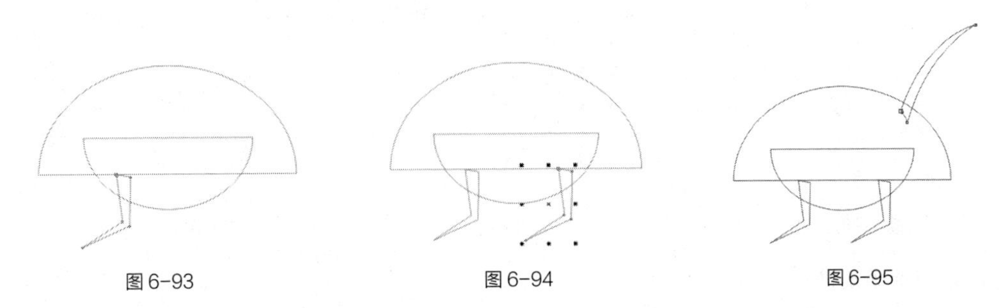

图 6-93　　图 6-94　　图 6-95

（5）选择“贝塞尔”工具，绘制一个图形，如图 6-97 所示。选择“三点椭圆形”工具，分别绘制 3 个倾斜的椭圆形，如图 6-98 所示。

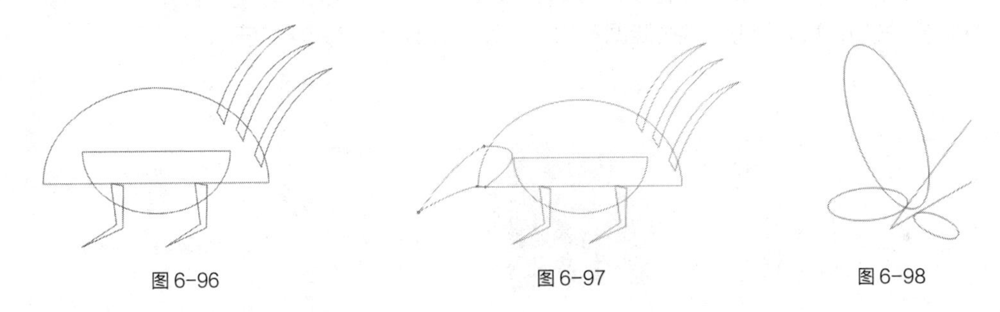

图 6-96　　图 6-97　　图 6-98

2. 绘制栅栏、太阳和粮食效果

（1）选择“贝塞尔”工具，绘制一个图形，如图 6-99 所示。用相同的方法再次绘制多个图形，效果如图 6-100 所示。

（2）选择“椭圆形”工具，按住 Ctrl 键的同时，绘制一个圆形，如图 6-101 所示。用相同的方法再次绘制多个圆形，效果如图 6-102 所示。

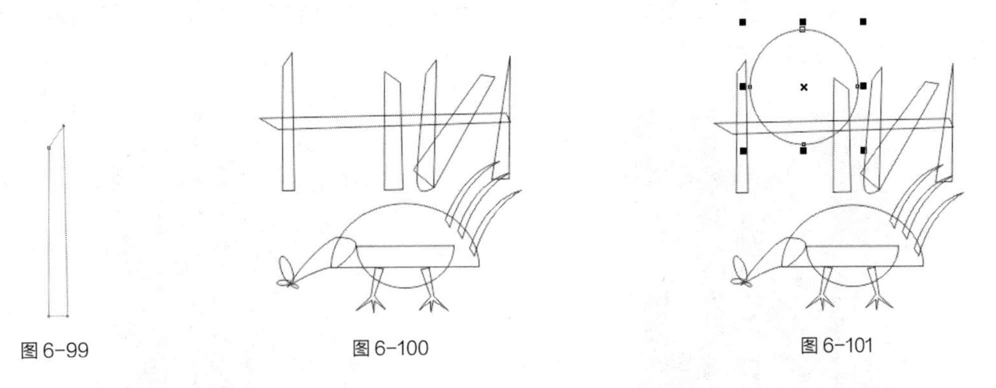

图 6-99　　图 6-100　　图 6-101

（3）选择“贝塞尔”工具，绘制一个图形，如图 6-103 所示。选择“选择”工具，按两次数字键盘上的+键，复制两个图形，分别拖曳图形到适当的位置并调整其大小，效果如图 6-104 所示。

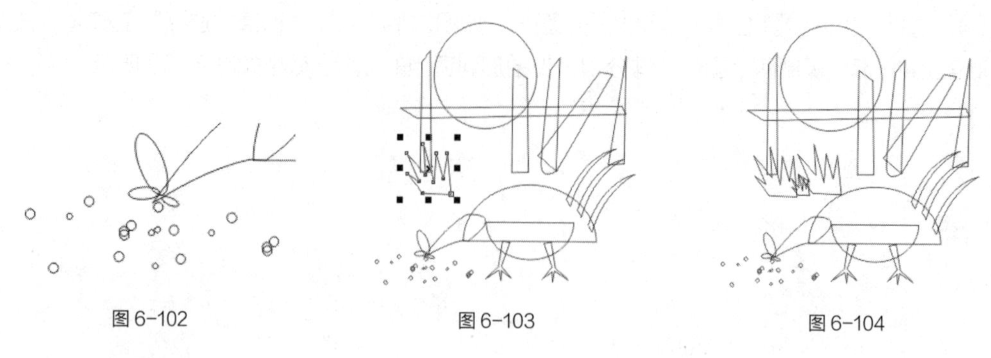

图 6-102　　图 6-103　　图 6-104

3. 绘制背景效果

（1）选择“矩形”工具，按住 Ctrl 键的同时，绘制一个正方形，如图 6-105 所示。按 F11 键，弹出“编辑填充”对话框，选择“渐变填充”按钮，将“起点”颜色的 CMYK 值设置为 0、0、100、0，“终点”颜色的 CMYK 值设置为 0、100、100、0，其他选项的设置如图 6-106 所示。单击“确定”按钮，填充图形，并去除图形的轮廓线，效果如图 6-107 所示。

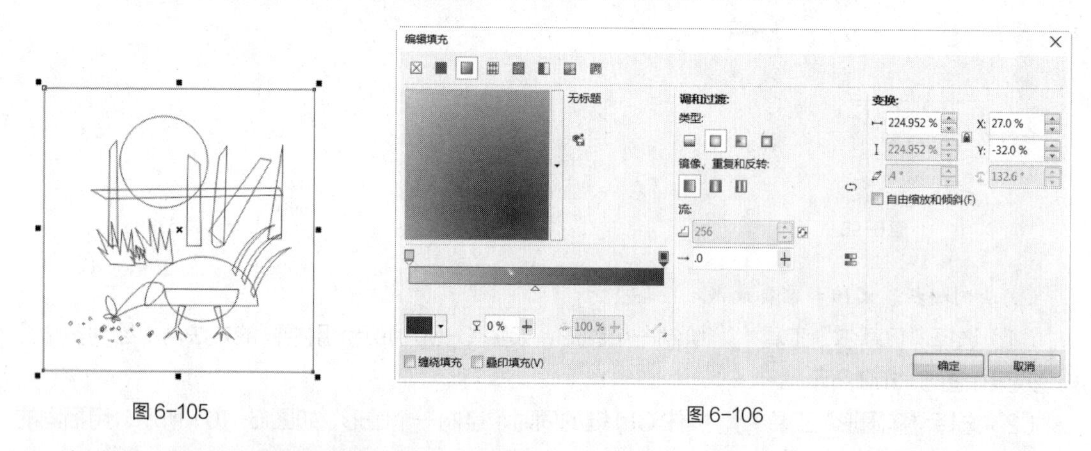

图 6-105　　图 6-106

（2）按 Shift+PageDown 组合键，将其置后，效果如图 6-108 所示。选择“选择”工具，用圈选的方法将所需要的图形同时选取，如图 6-109 所示。单击属性栏中的“合并”按钮，将图形结合为一个图形，效果如图 6-110 所示。

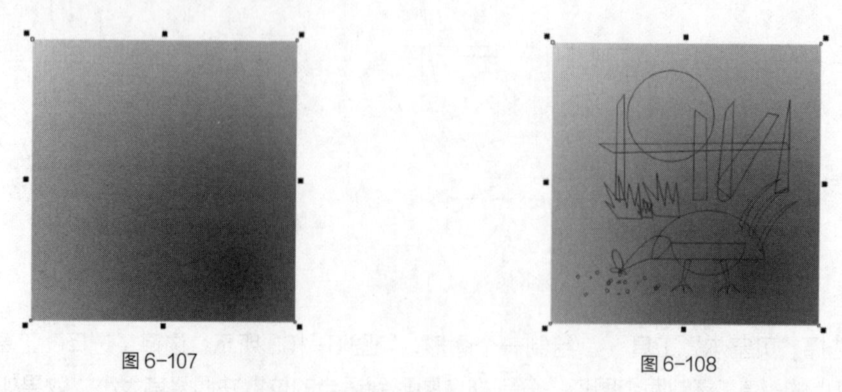

图 6-107　　图 6-108

（3）选择“矩形”工具，按住 Ctrl 键的同时，绘制一个正方形，设置图形颜色的 CMYK 值为 0、0、100、0，填充图形，并去除图形的轮廓线，效果如图 6-111 所示。按 Shift+PageDown

组合键，将其置后，效果如图 6-112 所示。

图 6-109　　图 6-110　　图 6-111

（4）选择“选择”工具，用圈选的方法将所需要的图形同时选取。单击属性栏中的“对齐与分布”按钮，弹出“对齐与分布”泊坞窗，单击“水平居中对齐”按钮和“垂直居中对齐”按钮，如图 6-113 所示，对齐效果如图 6-114 所示。木版画绘制完成。

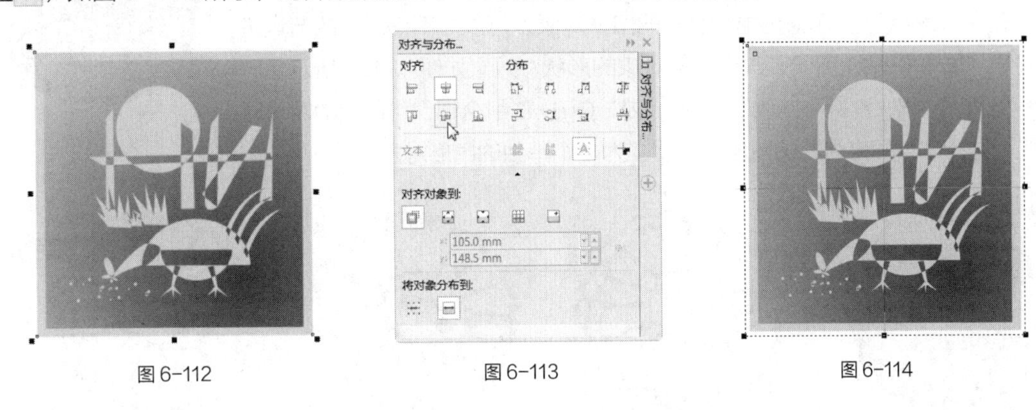

图 6-112　　图 6-113　　图 6-114

6.2.2　群组

绘制几个图形对象，使用“选择”工具选中要进行群组的图形对象，如图 6-115 所示。选择“排列 > 群组”命令，或按 Ctrl+G 组合键，或单击属性栏中的“群组”按钮，都可以将多个图形对象群组，效果如图 6-116 所示。按住 Ctrl 键，选择“选择”工具，单击需要选取的子对象，松开 Ctrl 键，子对象被选取，效果如图 6-117 所示。

图 6-115　　图 6-116　　图 6-117

群组后的图形对象变成一个整体，移动一个对象，其他的对象将会随着移动，填充一个对象，其他的对象也将随着被填充。

选择“排列 > 取消群组”命令，或按 Ctrl+U 组合键，或单击属性栏中的“取消群组”按钮，可以取消对象的群组状态。选择“排列 > 取消全部群组”命令，或单击属性栏中的“取消全部群组”按钮，可以取消所有对象的群组状态。

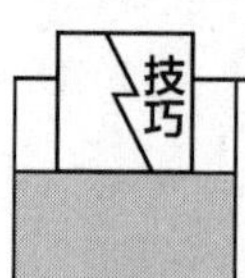

在群组中，子对象可以是单个的对象，也可以是多个对象组成的群组，称为群组的嵌套。使用群组的嵌套可以管理多个对象之间的关系。

6.2.3 结合

绘制几个图形对象，如图 6-118 所示。使用“选择”工具，选中要进行结合的图形对象，如图 6-119 所示。

选择“对象 > 合并”命令，或按 Ctrl+L 组合键，可以将多个图形对象合并，效果如图 6-120 所示。

使用“形状”工具选中结合后的图形对象，可以对图形对象的节点进行调整，如图 6-121 所示，改变图形对象的形状，效果如图 6-122 所示。

选择“对象 > 拆分曲线”命令，或按 Ctrl+K 组合键，可以取消图形对象的合并状态，原来合并的图形对象将变为多个单独的图形对象。

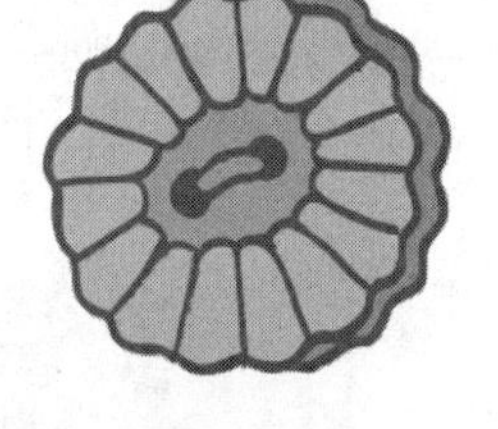

图 6-118

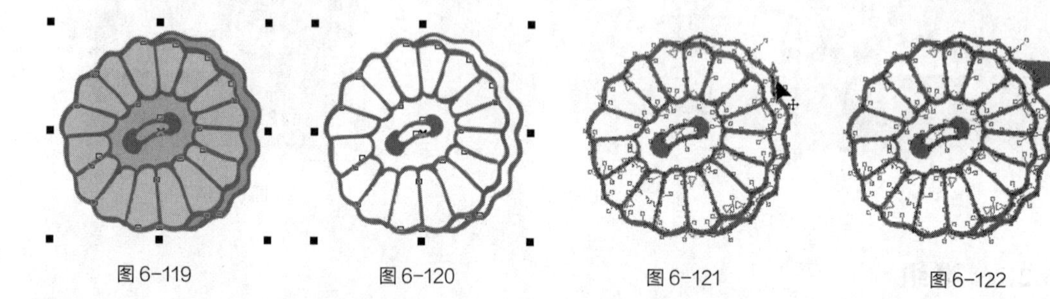

图 6-119　图 6-120　图 6-121　图 6-122

如果对象结合前有颜色填充，那么结合后的对象将显示最后选取对象的颜色。如果使用圈选的方法选取对象，将显示圈选框最下方对象的颜色。

课堂练习——绘制可爱猫头鹰

练习知识要点

使用椭圆形工具和图样填充命令绘制背景；使用椭圆形工具和图框精确剪裁绘制猫头鹰身体；使用贝塞尔、矩形工具、三点椭圆形工具、多边形工具和群组命令绘制猫头鹰五官。效果如图 6-123 所示。

图 6-123

效果所在位置

云盘/Ch06/效果/绘制可爱猫头鹰.cdr。

课后习题——制作房地产宣传单

习题知识要点

使用导入命令导入背景图片；使用对齐和分布命令调整图像位置；使用平行度量工具添加尺寸。效果如图 6-124 所示。

图 6-124

效果所在位置

云盘/Ch06/效果/制作房地产宣传单.cdr。

07 第 7 章 编辑文本

CorelDRAW X7 具有强大的文本输入、编辑和处理功能。在 CorelDRAW X7 中，除了可以进行常规的文本输入和编辑外，还可以进行复杂的特效文本处理。通过学习本章的内容，读者可以了解并掌握应用 CorelDRAW X7 编辑文本的方法和技巧。

课堂学习目标

- 掌握创建文本的基本操作方法
- 掌握字体设置的方法
- 掌握制作文本效果的方法

7.1 文本的基本操作

在 CorelDRAW X7 中，文本是具有特殊属性的图形对象。下面我们来介绍在 CorelDRAW X7 中处理文本的一些基本操作。

7.1.1 课堂案例——制作咖啡招贴

案例学习目标

学习使用绘图工具和文本工具制作咖啡海报。

案例知识要点

使用导入命令和图框精确裁剪命令制作背景效果，使用矩形工具和复制命令绘制装饰图形，使用文本工具和对象属性泊坞窗添加宣传文字。咖啡招贴效果如图 7-1 所示。

图 7-1

效果所在位置

云盘/Ch07/效果/制作咖啡招贴.cdr。

1. 制作背景效果

（1）按 Ctrl+N 组合键，新建一个文件。在属性栏的“页面度量”选项中将“宽度”选项设为 210mm，“高度”选项设为 285mm，按 Enter 键，页面显示为设置的大小。双击“矩形”工具，绘制一个与页面大小相等的矩形，如图 7-2 所示。

（2）选择“文件>导入”命令或按 Ctrl+I 组合键，弹出“导入”对话框，选择云盘中的“Ch07 > 素材 > 制作咖啡招贴 > 01”文件，单击“导入”按钮，在页面中单击导入图片，拖曳到适当的位置并调整其大小，效果如图 7-3 所示。

（3）选择“选择”工具，选取导入的图片，按 Ctrl+PageDown 组合键，后移图形。选择“对象 > 图框精确剪裁 > 置于图文框内部”命令，鼠标指针变为黑色箭头形状，在矩形上单击鼠标，将图片置入矩形中，并去除图形的轮廓线，效果如图 7-4 所示。

2. 绘制装饰图形

（1）选择“矩形”工具，在适当的位置绘制矩形，设置图形颜色的 CMYK 值为 4、76、83、0，填充图形，并去除图形的轮廓线，效果如图 7-5 所示。选择“选择”工具，按住 Shift 键的同时，将矩形垂直向下拖曳到适当的位置并单击鼠标右键，复制矩形，如图 7-6 所示。

图 7-2　图 7-3　图 7-4　图 7-5

（2）保持矩形的选取状态，在属性栏中的“圆角半径”框中进行设置，如图 7-7 所示。按 Enter 键，效果如图 7-8 所示。

（3）保持图形的选取状态，设置图形颜色的 CMYK 值为 40、85、100、5，填充图形，效果如图 7-9 所示。按 Ctrl+PageDown 组合键，后移图形，效果如图 7-10 所示。选择“选择”工具，用圈选的方法将需要的图形同时选取，按住 Shift 键的同时，将其水平向右拖曳到适当的位置并单击鼠标右键，复制图形，如图 7-11 所示。

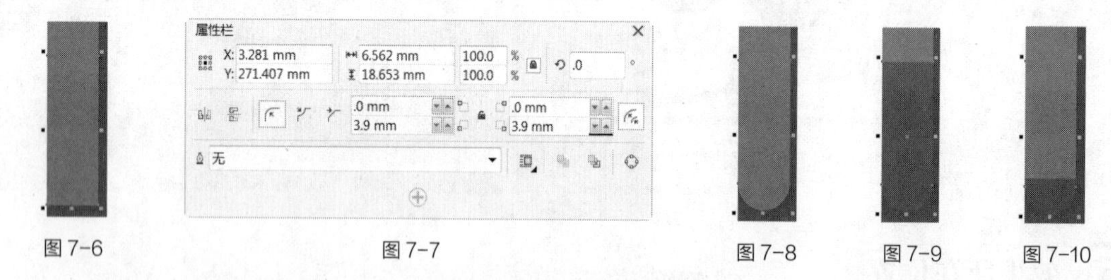

图 7-6　图 7-7　图 7-8　图 7-9　图 7-10

（4）选择“选择”工具，选取需要的图形，设置填充颜色的 CMYK 值为 3、9、23、0，填充图形，效果如图 7-12 所示。再次选取需要的图形，设置填充颜色的 CMYK 值为 39、39、48、0，填充图形，效果如图 7-13 所示。

（5）选择“选择”工具，用圈选的方法将需要的图形同时选取，如图 7-14 所示。按住 Shift 键的同时，将其水平向右拖曳到适当的位置并单击鼠标右键，复制图形，如图 7-15 所示。

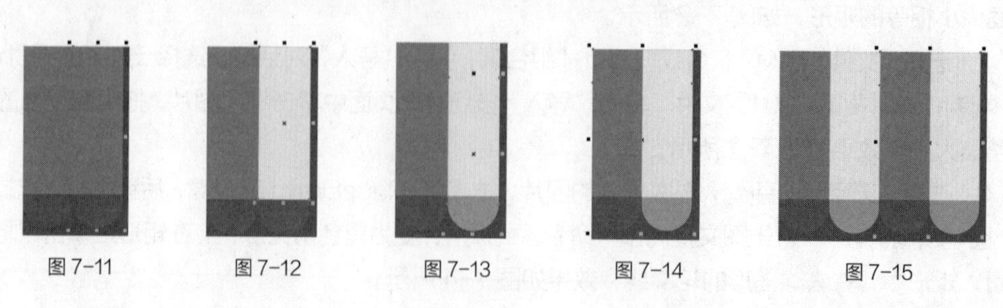

图 7-11　图 7-12　图 7-13　图 7-14　图 7-15

（6）连续按 Ctrl+D 组合键，复制多个图形，效果如图 7-16 所示。选择“矩形”工具，在适当的位置绘制矩形，设置图形颜色的 CMYK 值为 4、76、83、0，填充图形，并去除图形的轮廓线，效果如图 7-17 所示。再次绘制矩形，设置图形颜色的 CMYK 值为 40、85、100、5，填充图形，并去除图形的轮廓线，效果如图 7-18 所示。

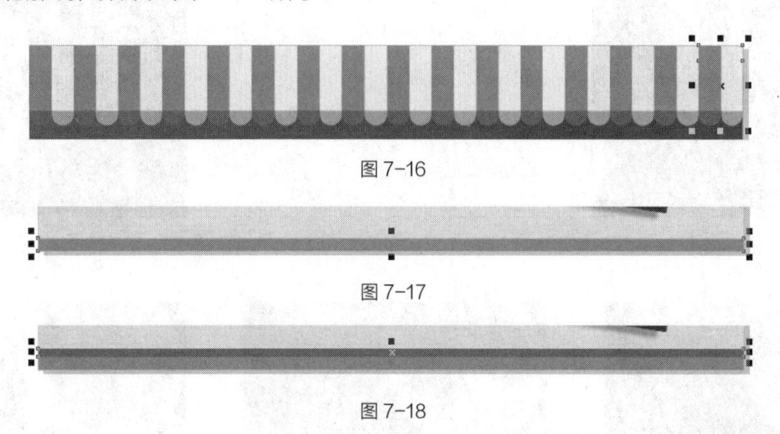

图 7-16

图 7-17

图 7-18

3. *添加宣传文字*

（1）选择“文本”工具，在页面中分别输入需要的文字，选择“选择”工具，在属性栏中分别选取适当的字体并设置文字大小，设置填充颜色的 CMYK 值为 0、0、100、0，填充文字，效果如图 7-19 所示。

图 7-19

（2）选取需要的文字，按 Alt+Enter 组合键，弹出“对象属性”泊坞窗，单击“段落”按钮，弹出相应的泊坞窗，选项的设置如图 7-20 所示。按 Enter 键，文字效果如图 7-21 所示。

（3）选取需要的文字，在“对象属性”泊坞窗中选项的设置如图 7-22 所示。按 Enter 键，文字效果如图 7-23 所示。

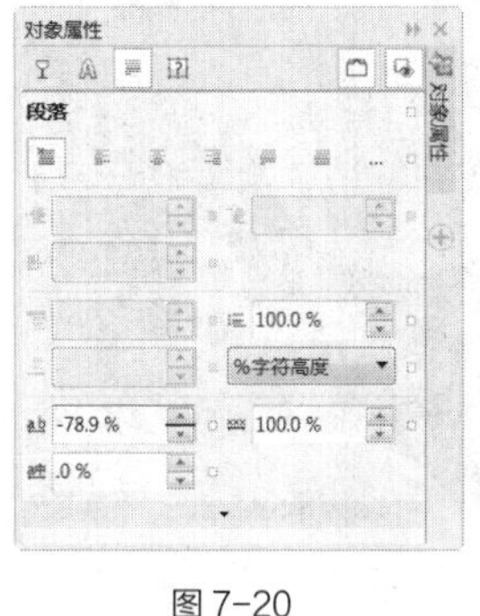

图 7-20

图 7-21

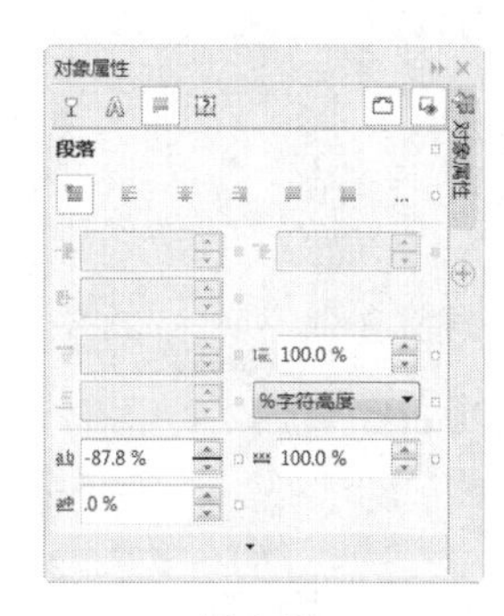

图 7-22

（4）选取需要的文字，在“对象属性”泊坞窗中选项的设置如图 7-24 所示。按 Enter 键，文字效果如图 7-25 所示。

（5）选择“文本”工具，在页面中分别输入需要的文字，选择“选择”工具，在属性栏中分别选取适当的字体并设置文字大小，效果如图 7-26 所示。按住 Shift 键的同时，将需要的文字同时选取，设置填充颜色的 CMYK 值为 20、0、20、0，填充文字，效果如图 7-27 所示。选取需要的文字，设置填充颜色的 CMYK 值为 0、0、100、0，填充文字，效果如图 7-28 所示。

图 7-23

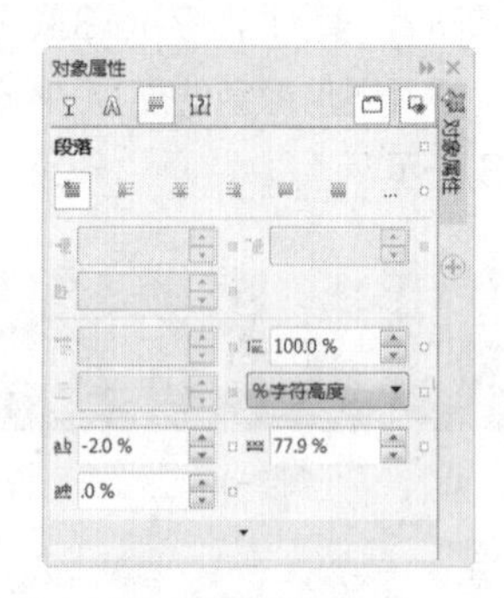

图 7-24

图 7-25

图 7-26

图 7-27

图 7-28

（6）保持文字的选取状态。在“对象属性”泊坞窗中选项的设置如图 7-29 所示。按 Enter 键，文字效果如图 7-30 所示。再次单击文字，使其处于旋转状态，向右拖曳上方中间的控制手柄到适当的位置，效果如图 7-31 所示。

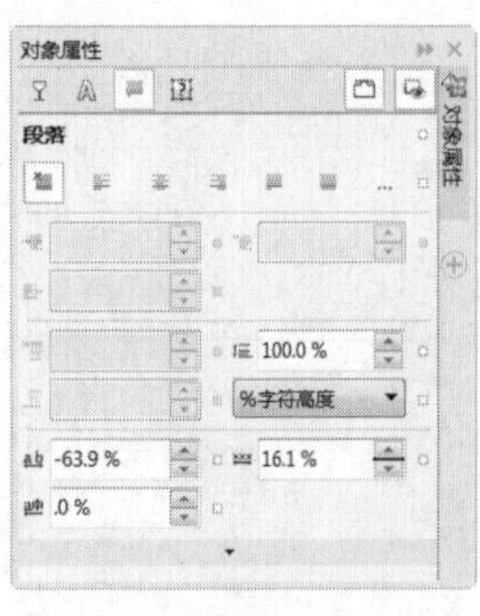

图 7-29

图 7-30

图 7-31

（7）按住 Shift 键的同时，将需要的文字同时选取，在“对象属性”泊坞窗中选项的设置如图 7-32 所示。按 Enter 键，文字效果如图 7-33 所示。

（8）选择“文本”工具字，在页面中分别输入需要的文字，选择“选择”工具，在属性栏中分别选取适当的字体并设置文字大小，填充适当的颜色，效果如图 7-34 所示。选取需要的文字，在“对象属性”泊坞窗中选项的设置如图 7-35 所示。按 Enter 键，文字效果如图 7-36 所示。

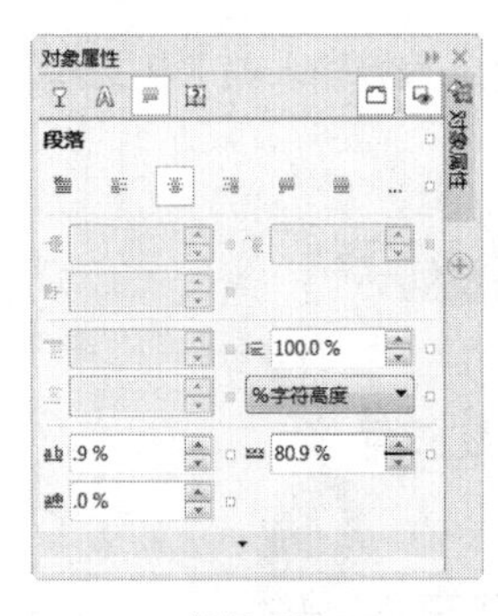

图 7-32

图 7-33

图 7-34

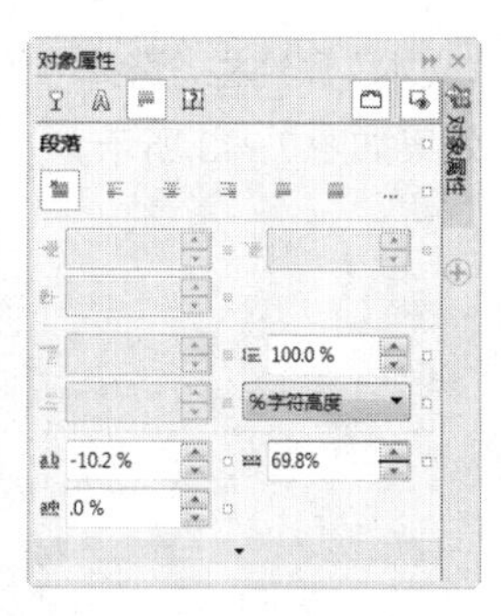

图 7-35

（9）选择“选择”工具，用圈选的方法将需要的文字同时选取，在属性栏中的“旋转角度”框中设置数值为 351.9°，按 Enter 键，效果如图 7-37 所示。选择“文本”工具，在页面中输入需要的文字，选择“选择”工具，在属性栏中分别选取适当的字体并设置文字大小，效果如图 7-38 所示。

图 7-36

图 7-37

图 7-38

（10）保持文字的选取状态，在“对象属性”泊坞窗中选项的设置如图 7-39 所示。按 Enter 键，文字效果如图 7-40 所示。咖啡招贴制作完成，效果如图 7-41 所示。

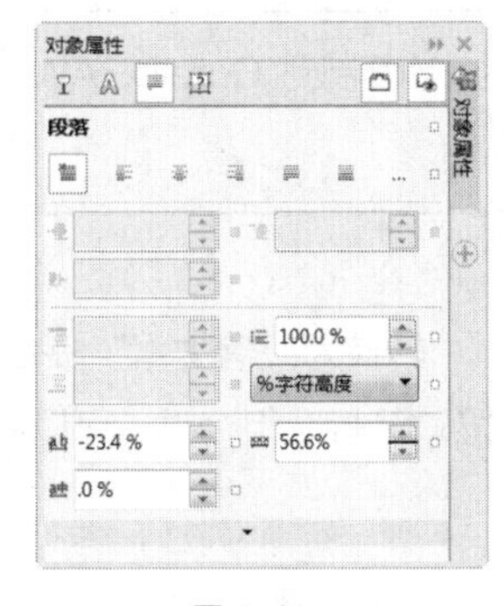

图 7-39

图 7-40

图 7-41

7.1.2 创建文本

CorelDRAW X7 中的文本有两种类型，分别是美术字文本和段落文本。它们在使用方法、应用编辑格式、应用特殊效果等方面有很大的区别。

1. **输入美术字文本**

选择“文本”工具，在绘图页面中单击鼠标，出现“I”形插入文本光标，这时属性栏显示为

“文本”属性栏，选择字体，设置字号和字符属性，如图 7-42 所示。设置好后，直接输入美术字文本，效果如图 7-43 所示。

图 7-42

图 7-43

2. 输入段落文本

选择“文本”工具字，在绘图页面中按住鼠标左键不放，沿对角线拖曳鼠标指针，出现一个矩形的文本框，松开鼠标左键，文本框如图 7-44 所示。在属性栏中选择字体，设置字号和字符属性，如图 7-45 所示。设置好后，直接在虚线框中输入段落文本，效果如图 7-46 所示。

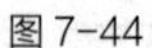

图 7-44

图 7-45

图 7-46

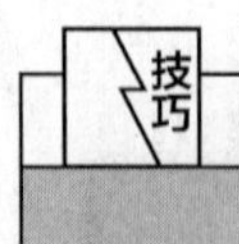

利用剪切、复制和粘贴等命令，可以将其他文本处理软件中的文本复制到 CorelDRAW X7 的文本框中，如 Office 软件中的文本。

3. 转换文本模式

使用“选择”工具选中美术字文本，如图 7-47 所示。选择“文本 > 转换为段落文本”命令，或按 Ctrl+F8 组合键，可以将其转换为段落文本，如图 7-48 所示。再次按 Ctrl+F8 组合键，可以将其转换回美术字文本，如图 7-49 所示。

图 7-47

图 7-48

图 7-49

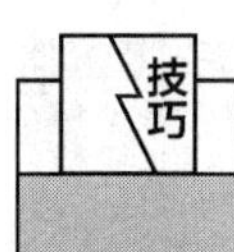

将美术字文本转换成段落文本后，它就不是图形对象了，也就不能对其进行特殊效果的操作。当段落文本转换成美术字文本后，它会失去段落文本的格式。

7.1.3　改变文本的属性

1．在属性栏中改变文本的属性

选择“文本”工具，属性栏如图 7-50 所示。各选项的含义如下。

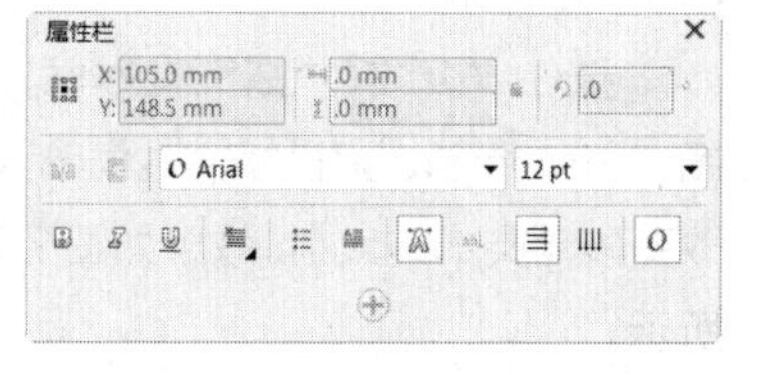

图 7-50

字体：单击 O Arial 右侧的倒三角按钮，可以选取需要的字体。

字号：单击 24 pt 右侧的倒三角按钮，可以选取需要的字号。

：分别设定字体为粗体、斜体或带下划线。

“文本方式”按钮：可在其下拉列表中选择文本的对齐方式。

“文本属性”按钮：可打开“文本属性”对话框。

“编辑文本”按钮：可打开“编辑文本”对话框，编辑文本的各种属性。

：设置文本的排列方式为水平或垂直。

2．利用“文本属性”泊坞窗改变文本的属性

单击属性栏中的“文本属性”按钮，打开“文本属性”泊坞窗，如图 7-51 所示，可以设置文字的字体及大小等属性。

图 7-51

7.1.4　文本编辑

选择“文本”工具，在绘图页面的文本中单击鼠标，插入鼠标光标并按住鼠标左键不放，拖曳光标可以选中需要的文本，松开鼠标左键，效果如图 7-52 所示。

在“文本”属性栏中重新选择字体，如图 7-53 所示。设置好后，选中文本的字体被改变，效果如图 7-54 所示。在“文本”属性栏中还可以设置文本的其他属性。

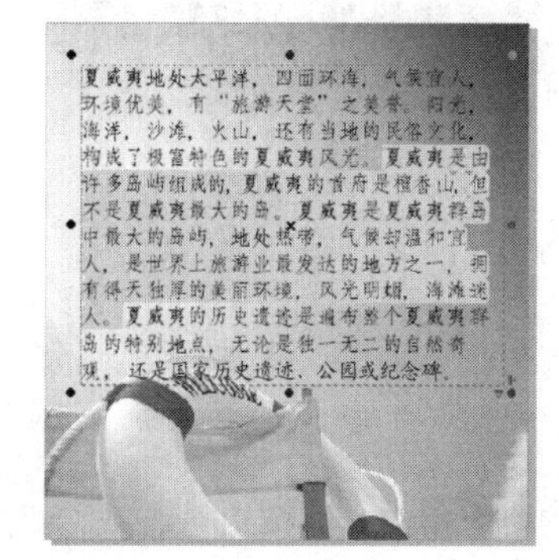

图 7-52

图 7-53

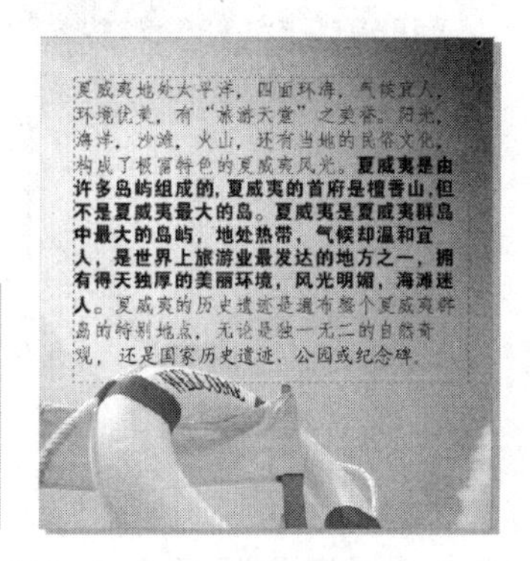

图 7-54

选中需要填色的文本，在调色板中需要的颜色上单击鼠标，可以为选中的文本填充颜色，效果如图 7–55 所示。在页面上的任意位置单击鼠标左键，可以取消对文本的选取，如图 7–56 所示。

按住 Alt 键并拖曳文本框，如图 7–57 所示，可以按文本框的大小改变段落文本的大小，效果如图 7–58 所示。

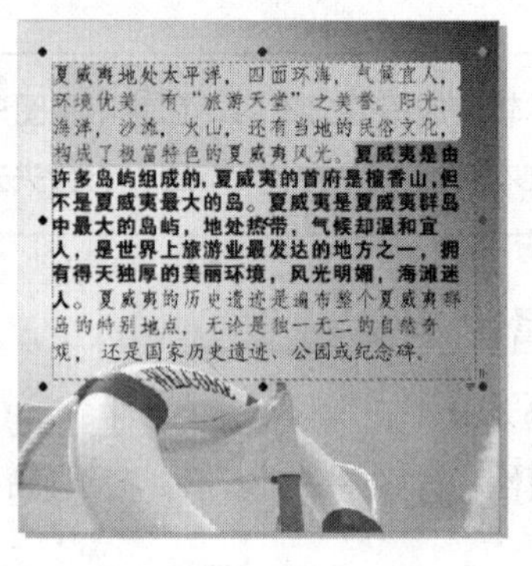

图 7–55

图 7–56

选中需要复制的文本，如图 7–59 所示，按 Ctrl+C 组合键，将选中的文本复制到 Windows 的剪贴板中。用鼠标在文本中其他位置单击插入光标，再按 Ctrl+V 组合键，可以将选中的文本粘贴到文本中的其他位置，效果如图 7–60 所示。

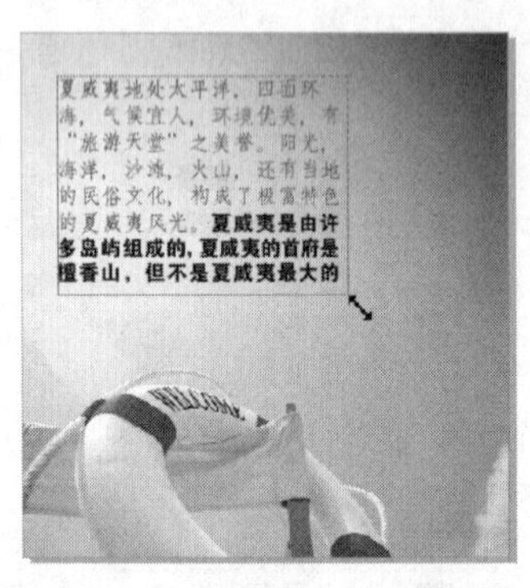

图 7–57

图 7–58

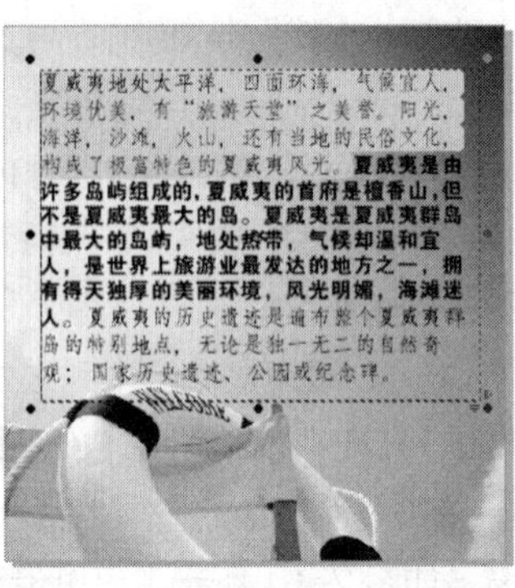

图 7–59

在文本中的任意位置插入鼠标光标，效果如图 7–61 所示，再按 Ctrl+A 组合键，可以将整个文本选中，效果如图 7–62 所示。

图 7–60

图 7–61

图 7–62

选择“选择”工具，选中需要编辑的文本，单击属性栏中的“编辑文本”按钮，或选择“文本 > 编辑文本”命令，或按 Ctrl+Shift+T 组合键，弹出“编辑文本”对话框，如图 7–63 所示。

在“编辑文本”对话框中，上面的选项可以设置文本的属性，中间的文本栏可以输入需要的文本。

单击下面的“选项”按钮，弹出图 7-64 所示的快捷菜单，可在其中选择需要的命令来完成编辑文本的操作。

单击下面的“导入”按钮，弹出图 7-65 所示的“导入”对话框，可以将需要的文本导入“编辑文本”对话框的文本栏中。

在“编辑文本”对话框中编辑好文本后，单击“确定”按钮，编辑好的文本内容就会出现在绘图页面中。

图 7-63

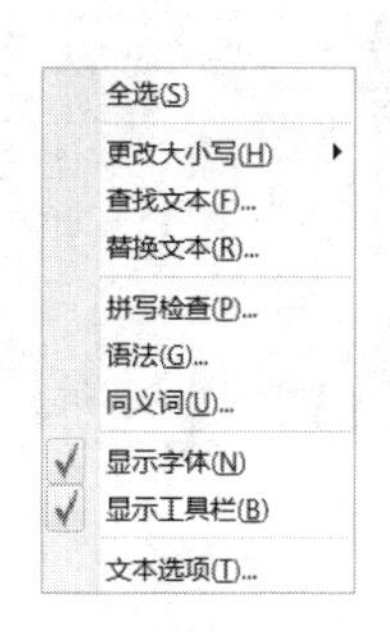

图 7-64

图 7-65

7.1.5 文本导入

在杂志、报纸的制作过程中，经常会将已编辑好的文本插入页面中，这些编辑好的文本都是用其他的字处理软件输入的。使用 CorelDRAW X7 的导入功能，可以方便快捷地完成输入文本的操作。

1. 使用剪贴板导入文本

CorelDRAW X7 可以借助剪贴板在两个运行的程序间剪贴文本。一般可以使用的字处理软件有 Word、WPS 等。

在 Word、WPS 等软件的文件中选中需要的文本，按 Ctrl+C 组合键，将文本复制到剪贴板。

在 CorelDRAW X7 中选择“文本”工具，在绘图页面中需要插入文本的位置单击鼠标左键，出现“I”形插入文本光标。按 Ctrl+V 组合键，将剪贴板中的文本粘贴到插入文本光标的位置，美术字文本的导入完成。

在 CorelDRAW X7 中选择“文本”工具，在绘图页面中单击鼠标左键并拖曳光标绘制出一个文本框。按 Ctrl+V 组合键，将剪贴板中的文本粘贴到文本框中，段落文本的导入完成。

选择“编辑 > 选择性粘贴”命令，弹出“选择性粘贴”对话框，如图 7-66 所示。在对话框中，可以将文本以图片、Word 文档格式、纯文本 Text 格式导入，可以根据需要选择不同的导入格式。

2. 使用菜单命令导入文本

选择“文件 > 导入”命令，或按 Ctrl+I 组合键，弹出“导入”对话框，选择需要导入的文本文件，如图 7-67 所示，单击“导入”按钮。

在绘图页面上会出现“导入/粘贴文本”对话框，如图 7-68 所示，转换过程正在进行。如果单击“取消”按钮，可以取消文本的导入。选择需要的导入方式，单击“确定”按钮。

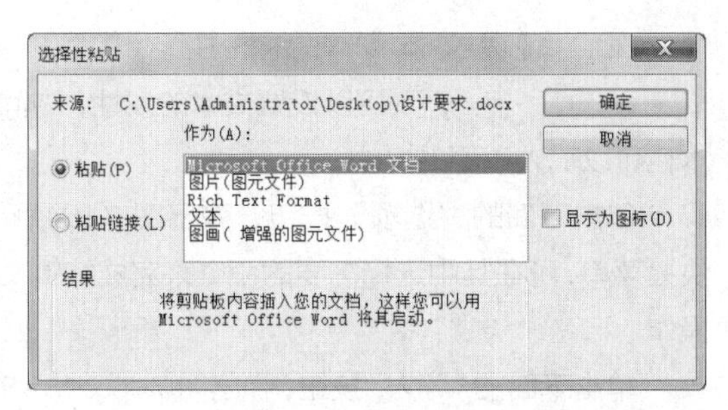

图 7-66

转换过程完成后，在绘图页面中会出现一个标题光标，如图 7-69 所示，按住鼠标左键并拖曳光标绘制出文本框，效果如图 7-70 所示。松开鼠标左键，导入的文本出现在文本框中，效果如图 7-71 所示。如果文本框的大小不合适，可以用鼠标指针拖曳文本框边框的控制点调整文本框的大小，效果如图 7-72 所示。

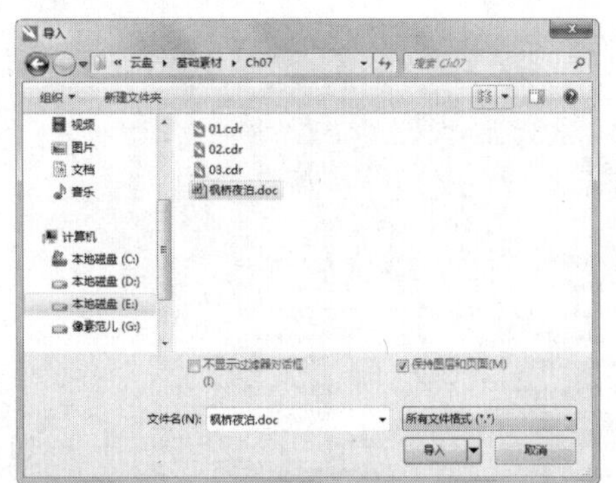

图 7-67

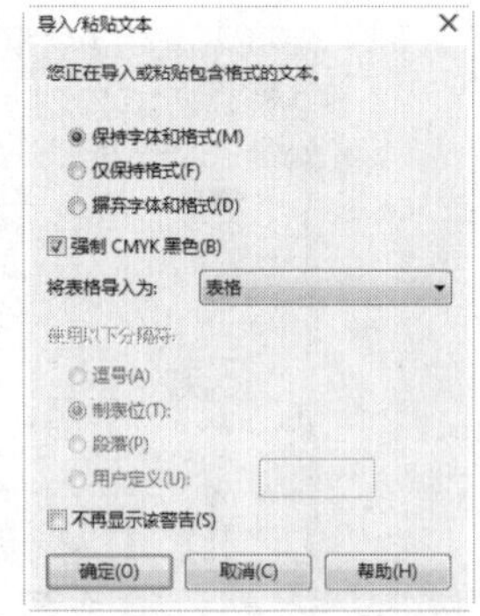

图 7-68

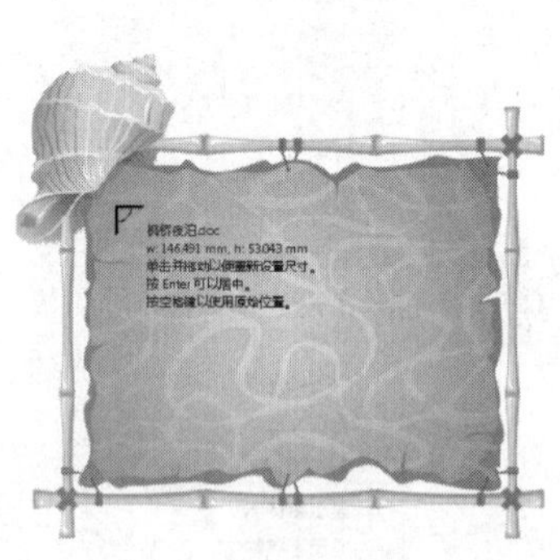
图 7-69

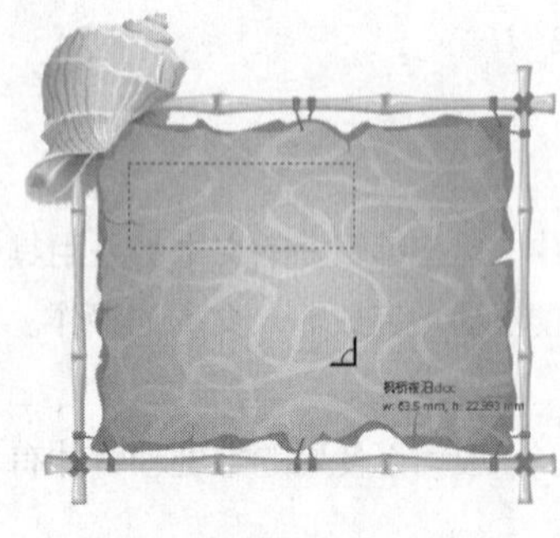
图 7-70

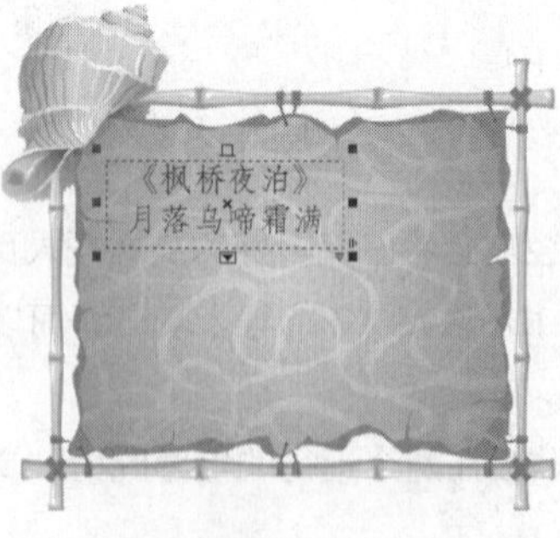

图 7-71

图 7-72

技巧 当导入的文本文字太多时，绘制的文本框将容纳不下这些文字，这时，CorelDRAW X7 会自动增加新页面，并建立相同的文本框，将其余容纳不下的文字导入进去，直到全部导入完成为止。

7.1.6 字体设置

通过“文本”属性栏可以对美术字文本和段落文本的字体、字号的大小、字体样式和段落等属性进行简单的设置，效果如图 7–73 所示。

选中文本，如图 7–74 所示。选择“文本 > 文本属性”命令，或单击“文本”属性栏中的“文本属性”按钮，或按 Ctrl+T 组合键，弹出“文本属性”泊坞窗，如图 7–75 所示。

图 7–73　　图 7–74　　图 7–75

在“文本属性”泊坞窗中，可以设置文本的字体、字号大小等属性，在“字距调整范围”选项中，可以设置字距。在“填充类型”设置区中，可以设置文本的填充颜色及轮廓宽度。在“字符偏移”设置区中可以设置位移和倾斜角度。

7.1.7　字体属性

字体属性的修改方法很简单，下面我们来介绍使用“形状”工具修改字体的属性的方法和技巧。

用美术字模式在绘图页面中输入文本，效果如图 7–76 所示。选择“形状”工具，在每个文字的左下角将出现一个空心节点 □，效果如图 7–77 所示。

使用“形状”工具单击第 1 个字的空心节点 □，使空心节点 □ 变为黑色 ■，效果如图 7–78 所示。

图 7–76　　图 7–77　　图 7–78

在属性栏中选择新的字体，第 1 个字的字体属性被改变，效果如图 7–79 所示。使用相同的方法，将第 2 个字的字体属性改变，效果如图 7–80 所示。

按住 Shift 键，单击后两个字的空心节点 □ 使其同时变为黑色 ■，在属性栏中选择新的字体，后两个字的字体属性同时被改变，效果如图 7–81 所示。

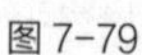
图 7-79

图 7-80

图 7-81

7.1.8 复制文本属性

使用复制文本属性的功能，可以快速地将不同的文本属性设置成相同的文本属性。下面我们就介绍具体的复制方法。

在绘图页面中输入两个不同文本属性的词语，如图 7-82 所示。选中文本“Best”，如图 7-83 所示。用鼠标右键拖曳“Best”文本到“Design”文本上，鼠标指针变为A图标，如图 7-84 所示。

松开鼠标右键，弹出快捷菜单，选择“复制所有属性”命令，如图 7-85 所示，将“Best”文本的属性复制给“Design”文本，效果如图 7-86 所示。

图 7-82

图 7-83

图 7-84

图 7-85

图 7-86

7.1.9 课堂案例——制作台历

案例学习目标

学习使用“文本”工具、对象属性泊坞窗和制表位命令制作台历。

案例知识要点

使用“矩形”工具和“复制”命令制作挂环，使用“文本”工具和“制表位”命令制作台历日期，使用“文本”工具和“对象属性”泊坞窗制作年份，使用“2 点线”工具绘制虚线。台历效果如图 7-87 所示。

图 7-87

效果所在位置

云盘/Ch07/效果/制作台历.cdr。

（1）按 Ctrl+N 组合键，新建一个 A4 页面。单击属性栏中的“横向”按钮，页面显示为横向页面。选择“矩形”工具，在页面中绘制一个矩形，如图 7-88 所示。

（2）按 F11 键，弹出“编辑填充”对话框，选择“渐变填充”按钮，将“起点”颜色的 CMYK 值设置为 0、0、0、10，“终点”颜色的 CMYK 值设置为 0、0、0、40，其他选项的设置如图 7-89 所示。单击“确定”按钮，填充图形，并去除图形的轮廓线，效果如图 7-90 所示。选择“矩形”工具，在适当的位置绘制矩形，设置图形颜色的 CMYK 值为 0、0、0、50，填充图形，并去除图形的轮廓线，效果如图 7-91 所示。

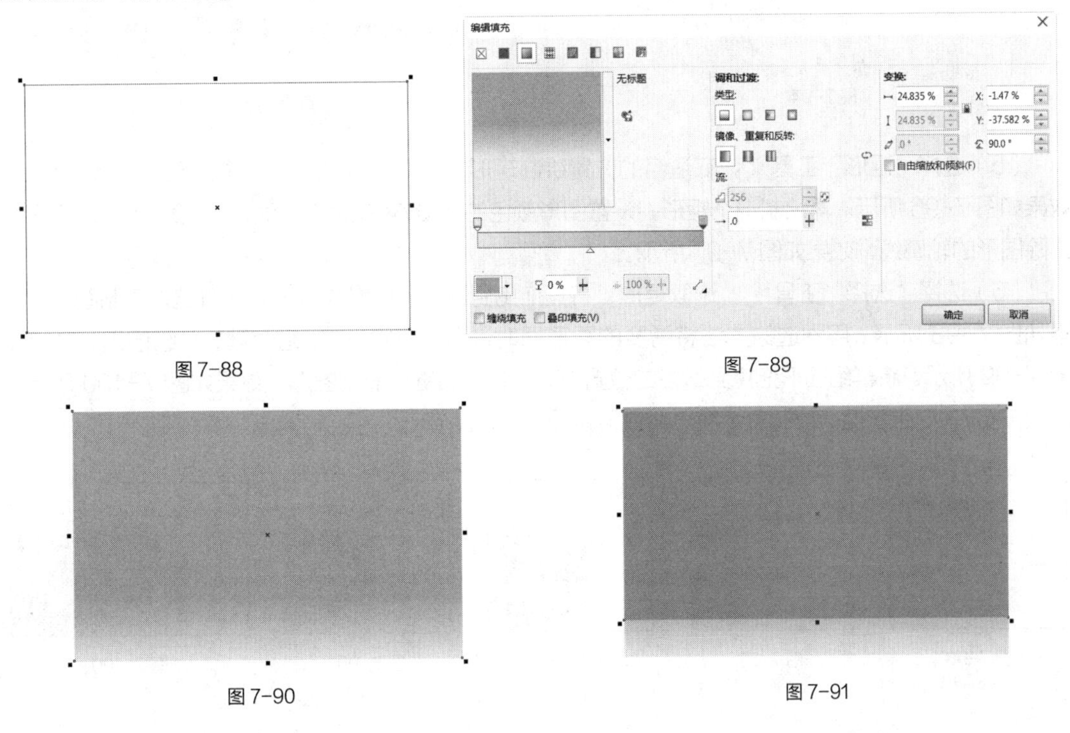

图 7-88　图 7-89

图 7-90　图 7-91

（3）再绘制一个矩形，如图 7-92 所示。按 Ctrl+I 组合键，弹出“导入”对话框，选择“Ch07 > 素材 > 制作台历 > 02”文件，单击“导入”按钮，在页面中单击导入图片。选择“选择”工具，拖曳图片到合适的位置并调整其大小，效果如图 7-93 所示。

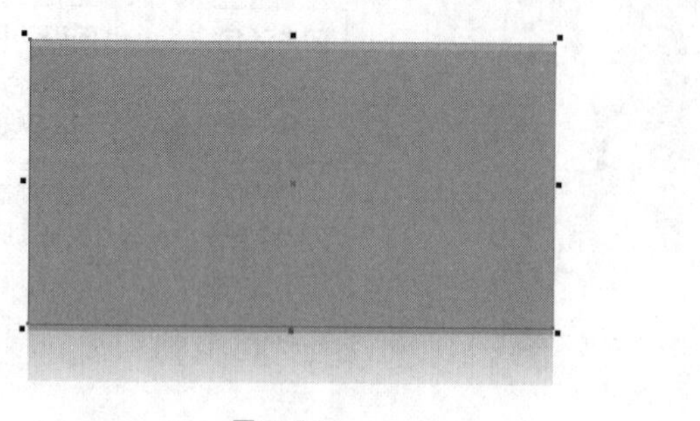
图 7-92

图 7-93

（4）按 Ctrl+PageDown 组合键，后移图片，效果如图 7-94 所示。选择“选择”工具，选取图片，选择“效果 > 图框精确剪裁 > 置入图文框内部”命令，鼠标指针变为黑色箭头形状，在矩形上单击鼠标，将图片置入矩形中，并去除矩形的轮廓线，效果如图 7-95 所示。

图 7-94

图 7-95

（5）选择“矩形”工具，在适当的位置绘制矩形，填充图形为黑色，并去除图形的轮廓线，效果如图 7-96 所示。再绘制一个矩形，设置图形颜色的 CMYK 值为 0、0、0、30，填充图形，并去除图形的轮廓线，效果如图 7-97 所示。

（6）选择“选择”工具，选取矩形，将其拖曳到适当的位置并单击鼠标右键，复制图形，效果如图 7-98 所示。用圈选的方法将需要的图形同时选取，按 Ctrl+G 组合键，群组图形，效果如图 7-99 所示。将群组图形拖曳到适当的位置并单击鼠标右键，复制图形，效果如图 7-100 所示。连续按 Ctrl+D 组合键，复制多个图形，效果如图 7-101 所示。

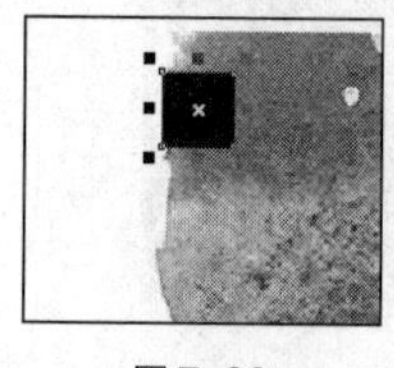
图 7-96

图 7-97

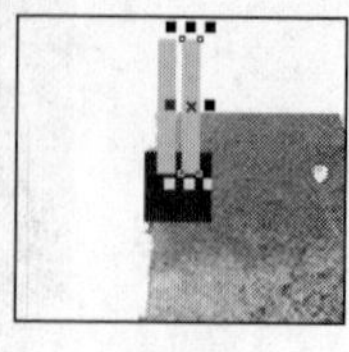
图 7-98

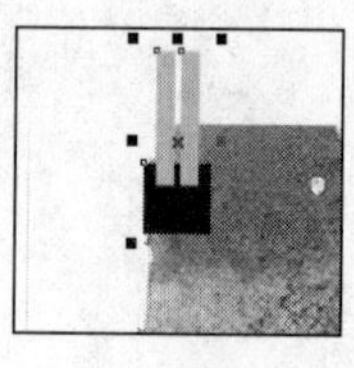
图 7-99

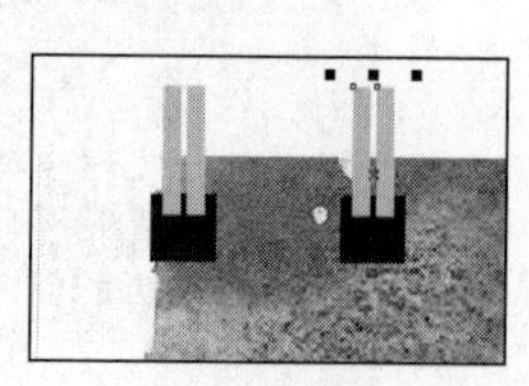
图 7-100

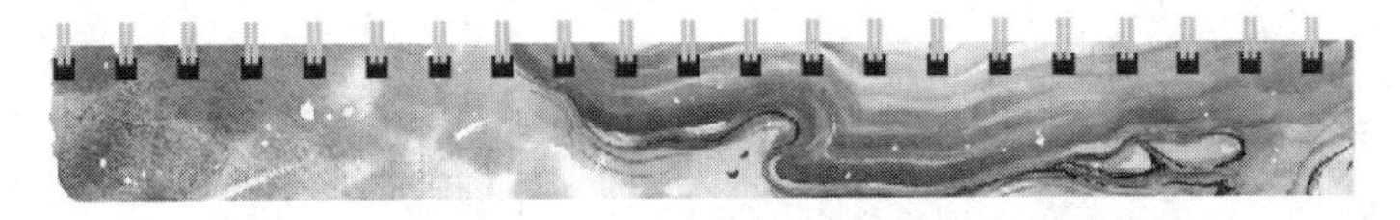

图 7-101

（7）选择“文本”工具字，在页面空白处按住鼠标左键不放，拖曳出一个文本框，如图 7-102 所示。选择“文本 > 制表位”命令，弹出“制表位设置”对话框，如图 7-103 所示。

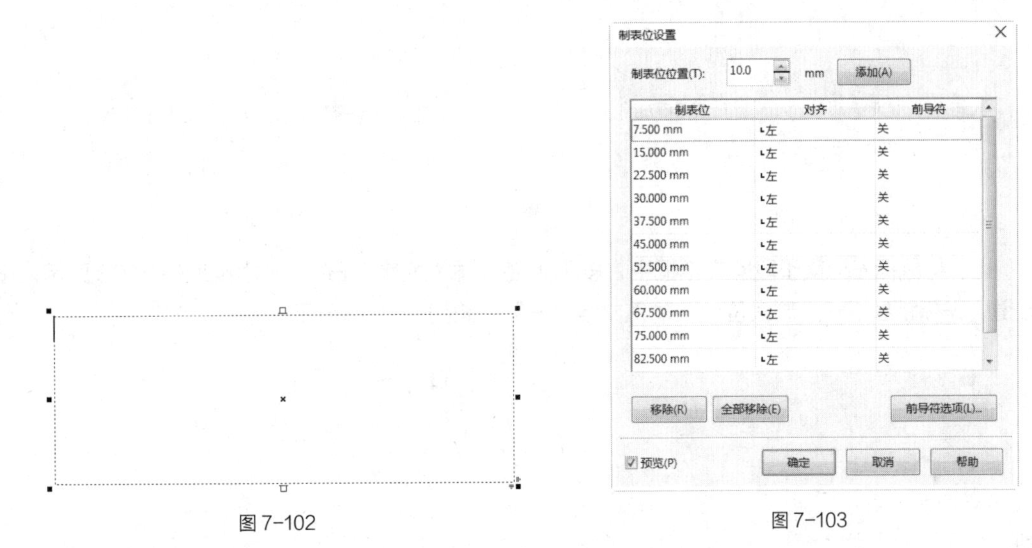

图 7-102　　图 7-103

（8）单击对话框左下角的“全部移除”按钮，清空所有的制表位位置点，如图 7-104 所示。在对话框的“制表位位置”框中输入数值 15，连续按 8 次对话框上面的“添加”按钮，添加 8 个位置点，如图 7-105 所示。

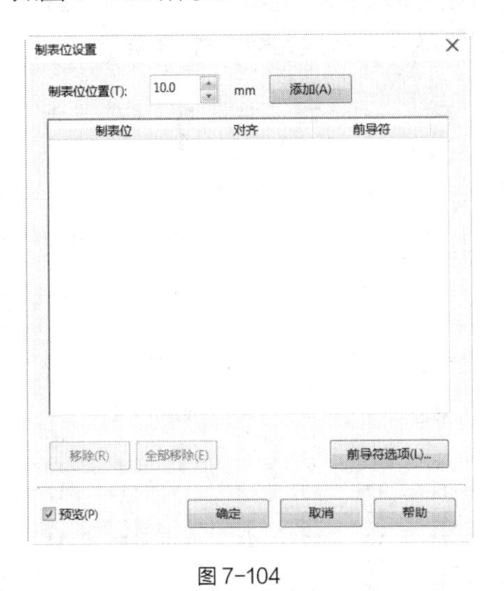

图 7-104

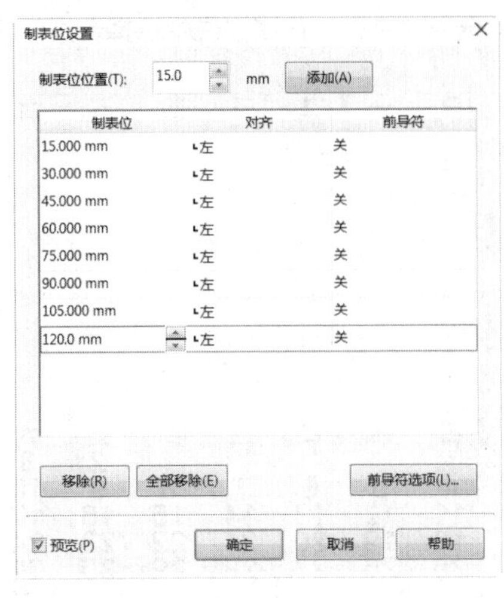

图 7-105

（9）单击“对齐”下的按钮，选择“中”对齐，如图 7-106 所示。将 8 个位置点全部选择“中”对齐，如图 7-107 所示，单击“确定”按钮。

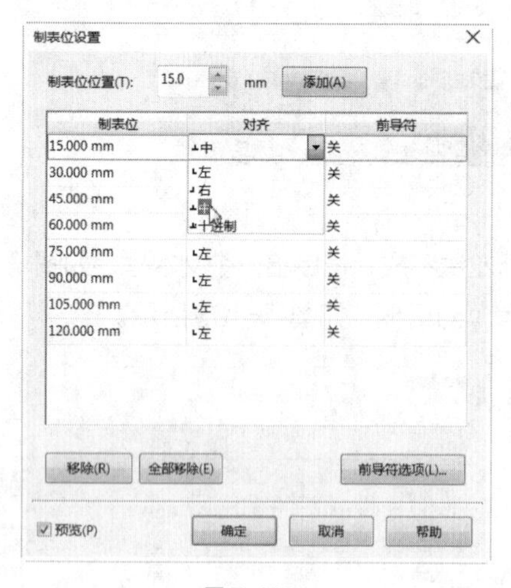

图 7-106

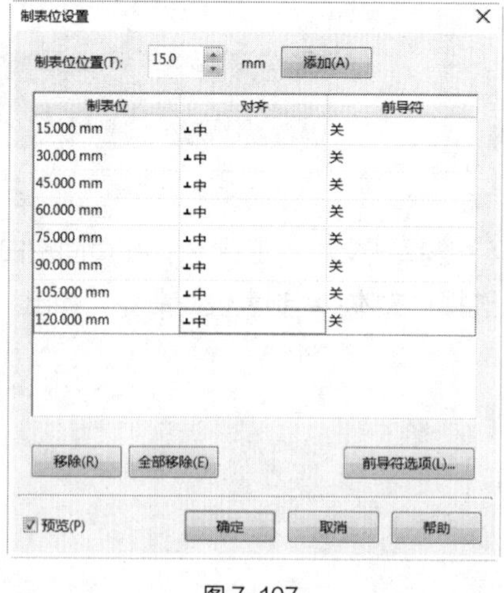

图 7-107

（10）将鼠标光标置于段落文本框中，按 Tab 键，输入文字“日”，效果如图 7-108 所示。按 Tab 键，光标跳到下一个制表位处，输入文字“一”，如图 7-109 所示。

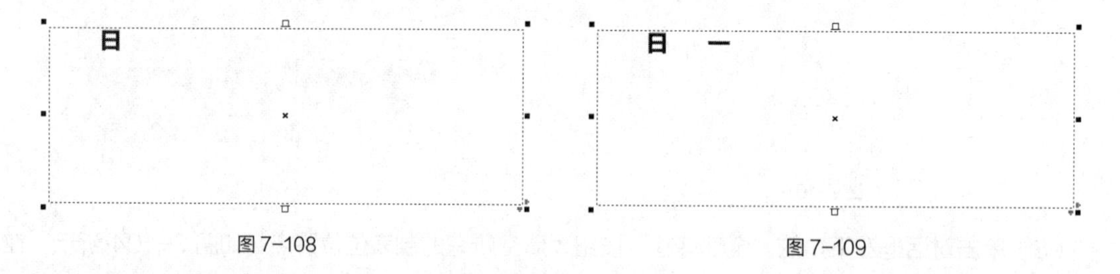

图 7-108　　图 7-109

（11）依次输入其他需要的文字，如图 7-110 所示。按 Enter 键，将光标换到下一行，按 5 下 Tab 键，输入需要的文字，如图 7-111 所示。用相同的方法依次输入需要的文字，效果如图 7-112 所示。选取文本框，在属性栏中选择合适的字体并设置文字大小，效果如图 7-113 所示。

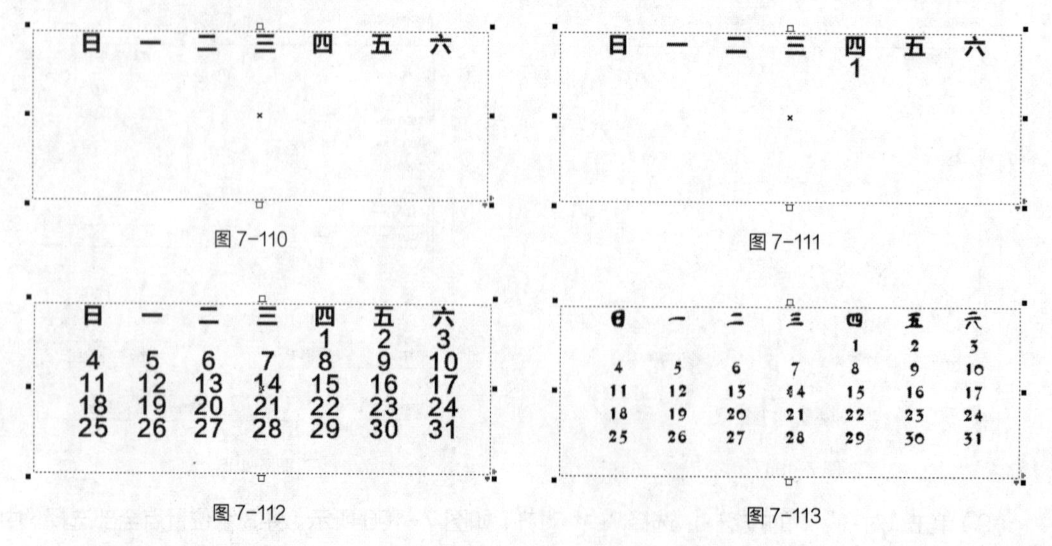

图 7-110　　图 7-111

图 7-112　　图 7-113

（12）选择“形状”工具，向下拖曳文字下方的图标，如图 7-114 所示，松开鼠标，调整文字的行距，效果如图 7-115 所示。

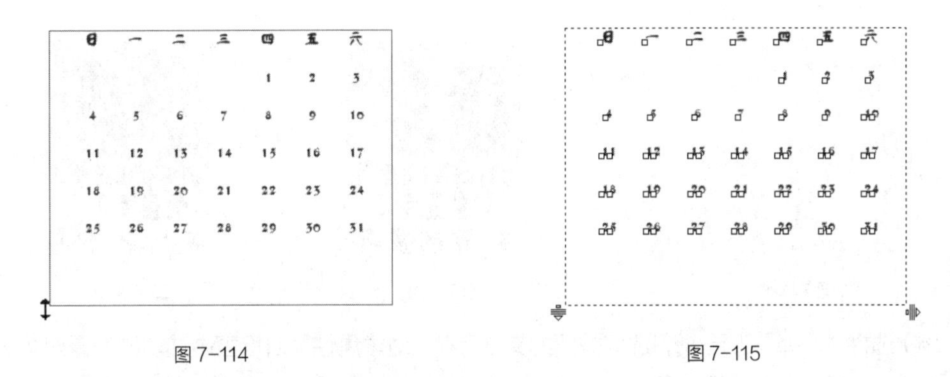

图 7-114　　　　图 7-115

（13）选择“文本”工具，分别选取需要的文字，在“CMYK 调色板”中的“红”色块上单击鼠标，填充文字，效果如图 7-116 所示。选择“选择”工具，向上拖曳文本框下方中间的控制手柄到适当的位置，效果如图 7-117 所示。

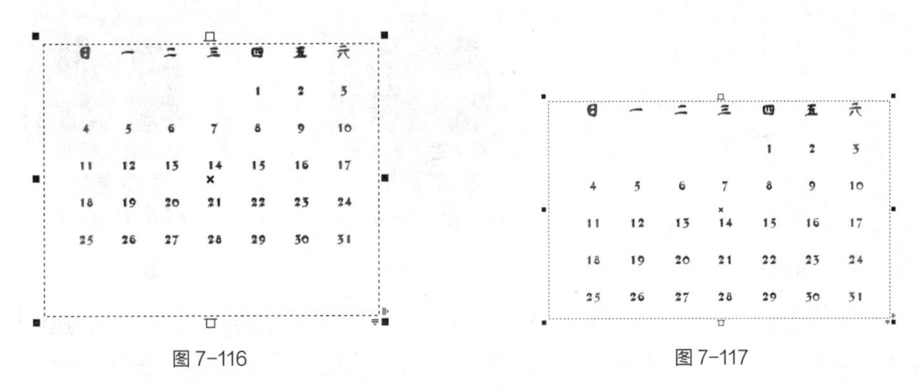

图 7-116　　　　图 7-117

（14）选择“选择”工具，将文本框拖曳到适当的位置，效果如图 7-118 所示。选择“文本”工具，在页面中分别输入需要的文字，选择“选择”工具，在属性栏中分别选取适当的字体并设置文字大小，效果如图 7-119 所示。

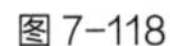

图 7-118　　　　图 7-119

（15）选择“选择”工具，选取需要的文字。按 Alt+Enter 组合键，弹出“对象属性”泊坞窗，单击“段落”按钮，弹出相应的泊坞窗，选项的设置如图 7-120 所示。按 Enter 键，文字效果如图 7-121 所示。设置填充颜色的 CMYK 值为 0、100、100、20，填充文字，效果如图 7-122 所示。

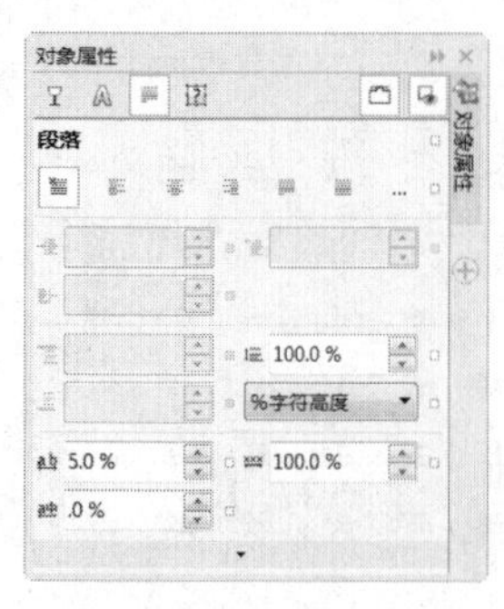

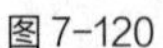
图 7-120

图 7-121

图 7-122

（16）选择“选择”工具，选取需要的文字。在“对象属性”泊坞窗中选项的设置如图 7-123 所示。按 Enter 键，文字效果如图 7-124 所示。用相同的方法调整其他文字，效果如图 7-125 所示。

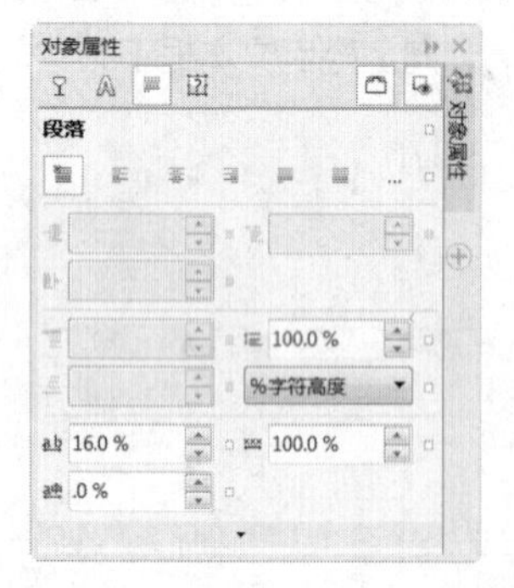

图 7-123

图 7-124

图 7-125

（17）选择“文本”工具，在页面中输入需要的文字，选择“选择”工具，在属性栏中选取适当的字体并设置文字大小，效果如图 7-126 所示。选择“2 点线”工具，按住 Shift 键的同时，绘制直线，效果如图 7-127 所示。在属性栏中的“轮廓样式”框中选择需要的样式，如图 7-128 所示，效果如图 7-129 所示。

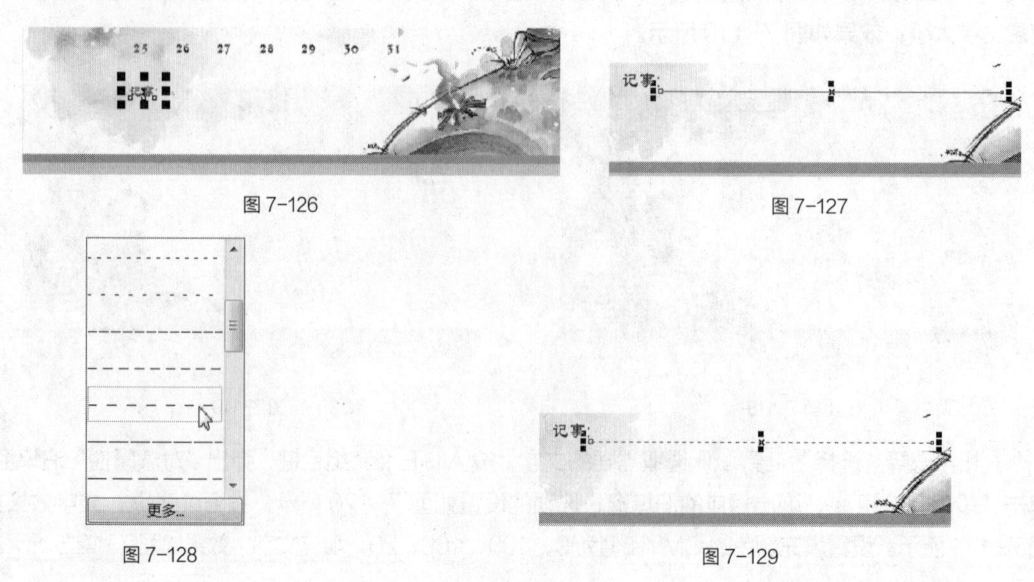

图 7-126

图 7-127

图 7-128

图 7-129

（18）选择“选择”工具，将虚线拖曳到适当的位置并单击鼠标右键，复制虚线，效果如图 7-130 所示。向左拖曳左侧中间的控制手柄，调整虚线长度，效果如图 7-131 所示。

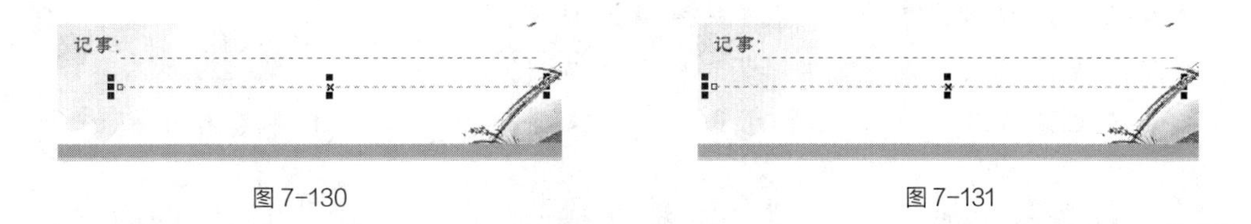

图 7-130　　图 7-131

（19）选择“选择”工具，将虚线拖曳到适当的位置并单击鼠标右键，复制虚线，效果如图 7-132 所示。台历制作完成，效果如图 7-133 所示。

图 7-132　　图 7-133

7.1.10　设置间距

输入美术字文本或段落文本，效果如图 7-134 所示。使用“形状”工具选中文本，文本的节点处于编辑状态，如图 7-135 所示。

用鼠标拖曳图标，可以调整文本中字符和字符的间距；拖曳图标，可以调整文本中行的间距，如图 7-136 所示。使用键盘上的方向键，可以对文本进行微调。按住 Shift 键，将段落中第 2 行文字左下角的节点全部选中，如图 7-137 所示。

图 7-134　　图 7-135　　图 7-136

将鼠标指针放在黑色的节点上并拖曳鼠标，如图 7-138 所示。可以将第 2 行文字移动到需要的位置，效果如图 7-139 所示。使用相同的方法可以对单个字进行移动调整。

图 7-137

图 7-138

图 7-139

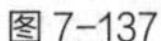

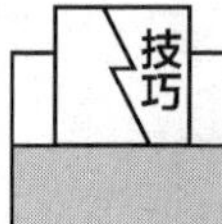

单击“文本”工具属性栏中的“文本属性”按钮，弹出“文本属性”面板，在“段落”设置区的“字符间距”选项的数值框中可以设置字符的间距；在“行间距”选项的数值框中可以设置行的间距，用来控制段落中行与行间的距离。

7.1.11　设置文本嵌线和上下标

1. 设置文本嵌线

选中需要处理的文本，如图 7-140 所示。单击“文本”属性栏中的“文本属性”按钮，弹出“文本属性”泊坞窗，如图 7-141 所示。

单击“下划线”按钮，在弹出的下拉列表中选择线型，如图 7-142 所示，文本下划线的效果如图 7-143 所示。

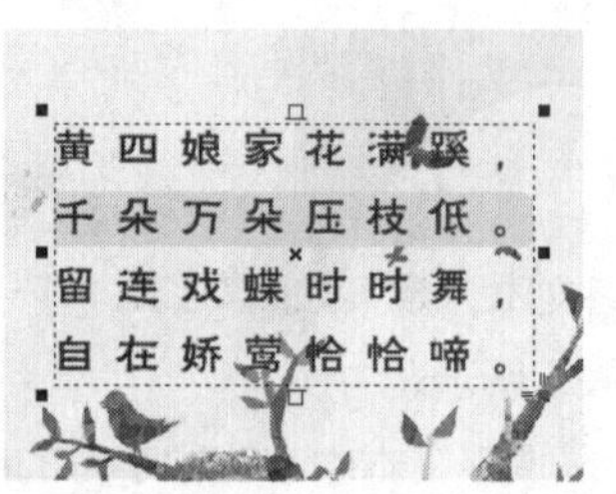

图 7-140

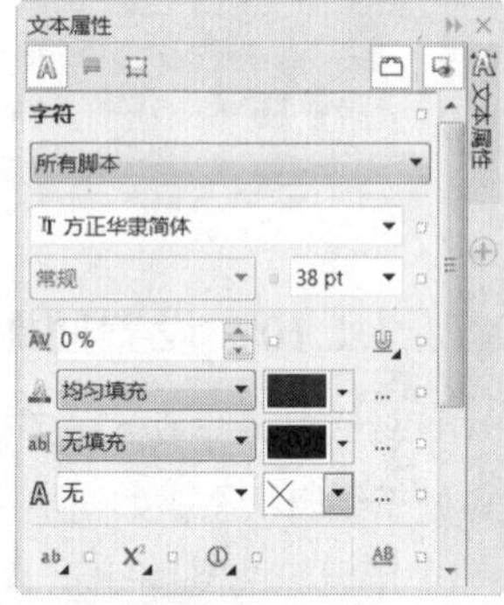

图 7-141

选中需要处理的文本，如图 7-144 所示。单击“文本属性”面板中的按钮，弹出更多选项，在“字符删除线”选项（无）的下拉列表中选择线型，如图 7-145 所示，文本删除线的效果如图 7-146 所示。

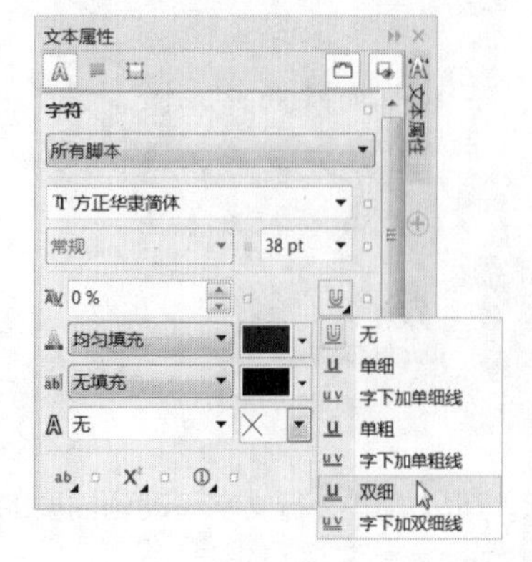

图 7-142

图 7-143

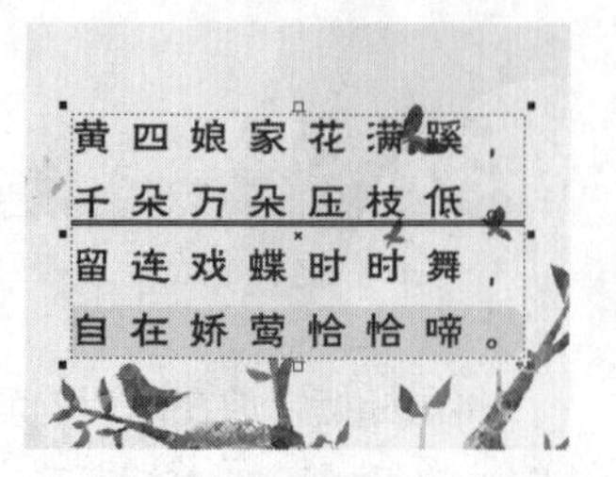

图 7-144

选中需要处理的文本，如图 7-147 所示。在“字符上划线”选项 的下拉列表中选择线型，如图 7-148 所示，文本上划线的效果如图 7-149 所示。

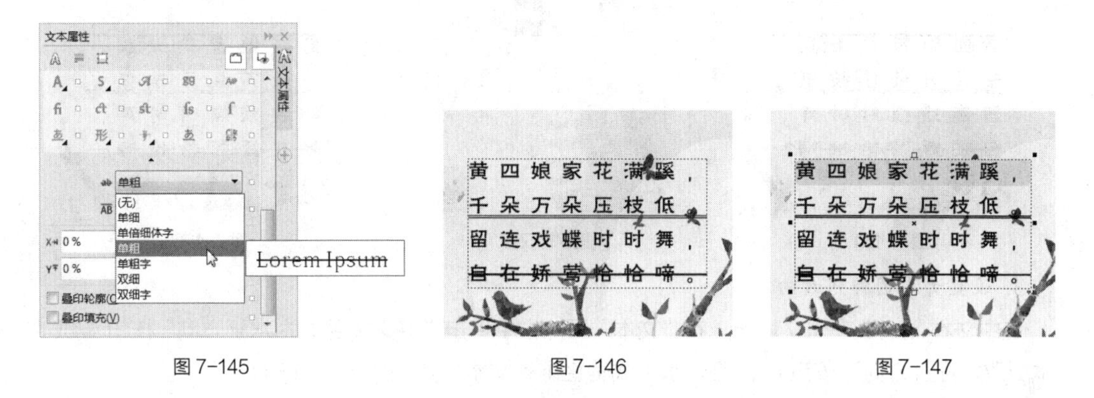

图 7-145　　图 7-146　　图 7-147

2. 设置文本上下标

选中需要制作上标的文本，如图 7-150 所示。单击“文本”属性栏中的“文本属性”按钮 ，弹出“文本属性”泊坞窗，如图 7-151 所示。

图 7-148　　图 7-149　　图 7-150

单击“位置”按钮 ，在弹出的下拉列表中选择“上标（自动）”选项，如图 7-152 所示，设置上标的效果如图 7-153 所示。

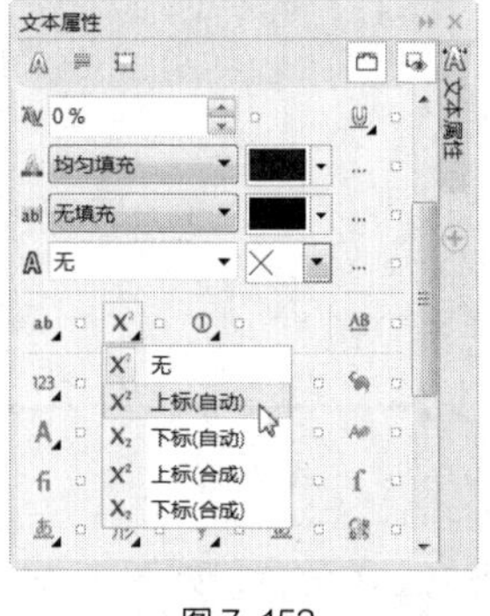

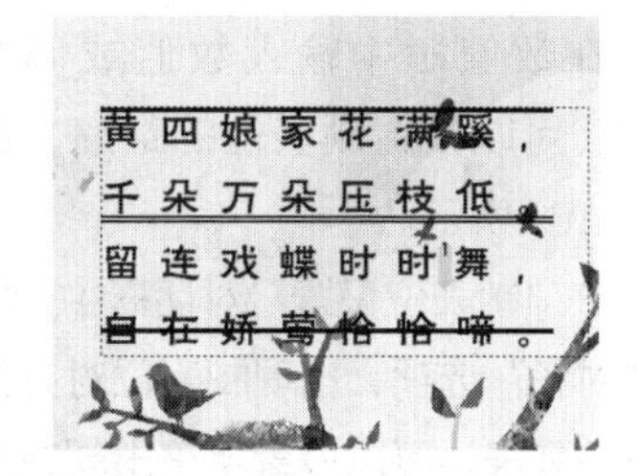

图 7-151　　图 7-152　　图 7-153

选中需要制作下标的文本，如图 7-154 所示。单击“位置”按钮 ，在弹出的下拉列表中选择“下标（自动）”选项，如图 7-155 所示，设置下标的效果如图 7-156 所示。

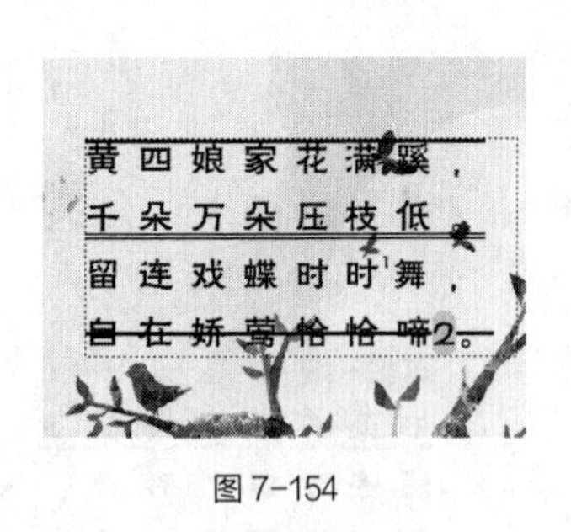

图 7-154

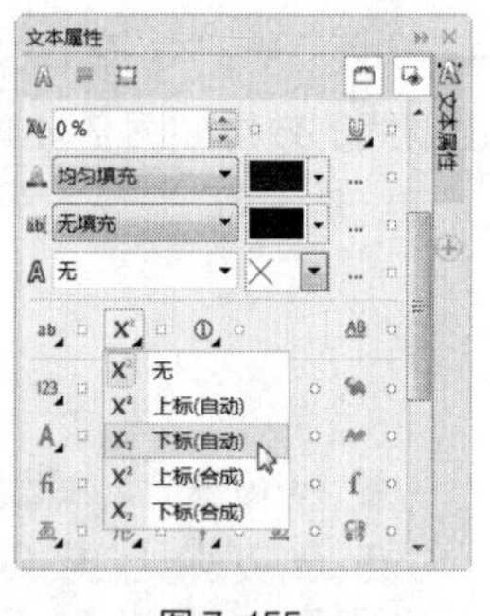

图 7-155

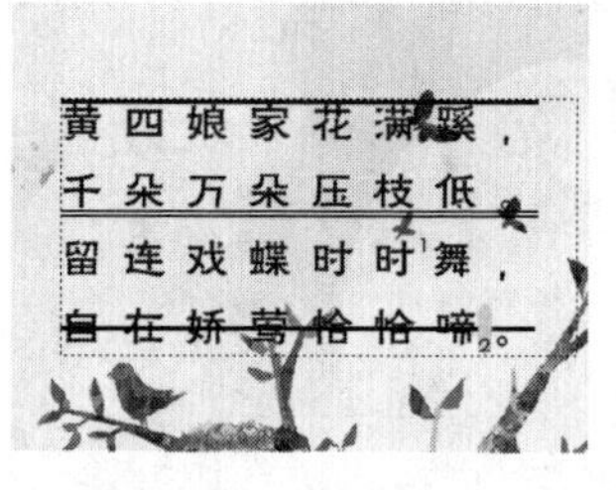

图 7-156

3. 设置文本的排列方向

选中文本，如图 7-157 所示。在“文本”属性栏中单击“将文字更改为水平方向”按钮 或“将文本更改为垂直方向”按钮 ，可以水平或垂直排列文本，效果如图 7-158 所示。

选择“文本 > 文本属性”命令，弹出“文本属性”泊坞窗，在“图文框”选项中选择文本的排列方向，如图 7-159 所示，设置好后，可以改变文本的排列方向。

图 7-157

图 7-158

图 7-159

7.1.12 设置制表位和制表符

1. 设置制表位

选择“文本”工具 ，在绘图页面中绘制一个段落文本框，标尺上出现多个制表位，如图 7-160 所示。选择“文本 > 制表位”命令，弹出“制表位设置”对话框，在对话框中可以进行制表位的设置，如图 7-161 所示。

在数值框中输入数值或调整数值，可以设置制表位的距离，如图 7-162 所示。

在“制表位设置”对话框中，单击“对齐”选项，出现制表位对齐方式下拉列表，可以设置字符出现在制表位上的位置，如图 7-163 所示。

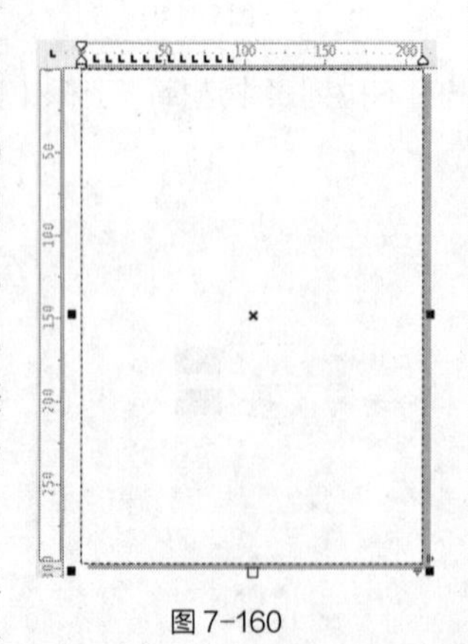

图 7-160

图 7-161

在“制表位设置”对话框中，选中一个制表位，单击“移除”或“全部移除”按钮，可以删除制表位；单击“添加”按钮，可以增加制表位。设置好制表位后，单击“确定”按钮，可以完成制表位的设置。

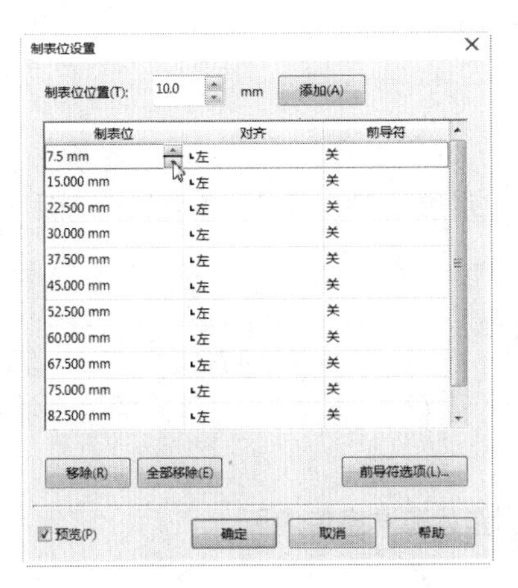

图 7-162

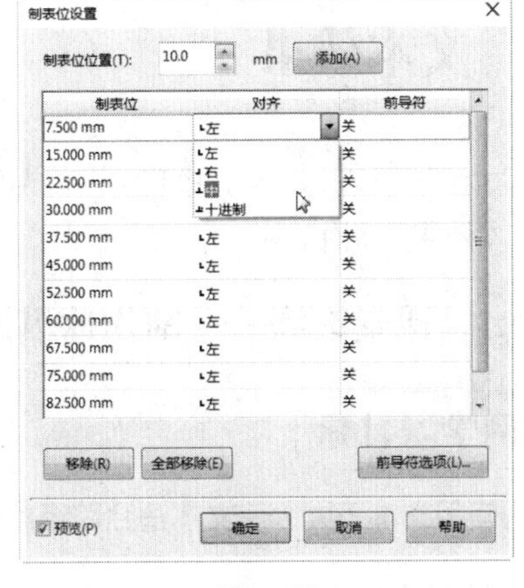

图 7-163

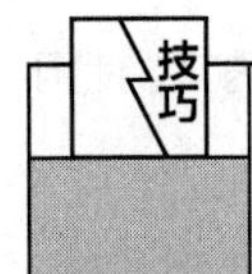

在段落文本框中插入光标，在键盘上按 Tab 键，每按一次 Tab 键，插入的光标就会按新设置的制表位移动。

2. 设置制表符

选择“文本”工具![字]，在绘图页面中绘制一个段落文本框，效果如图 7-164 所示。

在标尺上出现多个“L”形滑块，这个就是制表位，效果如图 7-165 所示。在任意一个制表位上单击鼠标右键，弹出快捷菜单，在快捷菜单中可以选择该制表位的对齐方式，也可以对网格、标尺和辅助线进行设置，如图 7-166 所示。

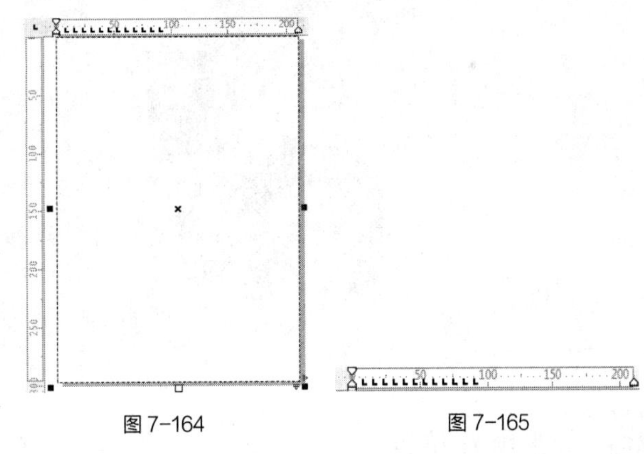

图 7-164　　图 7-165

在上方的标尺上拖曳“L”形滑块，可以将制表位移动到需要的位置，效果如图 7-167 所示。在标尺上的任意位置单击鼠标左键，可以添加一个制表位，效果如图 7-168 所示。将制表位拖放到标尺外，就可以删除该制表位。

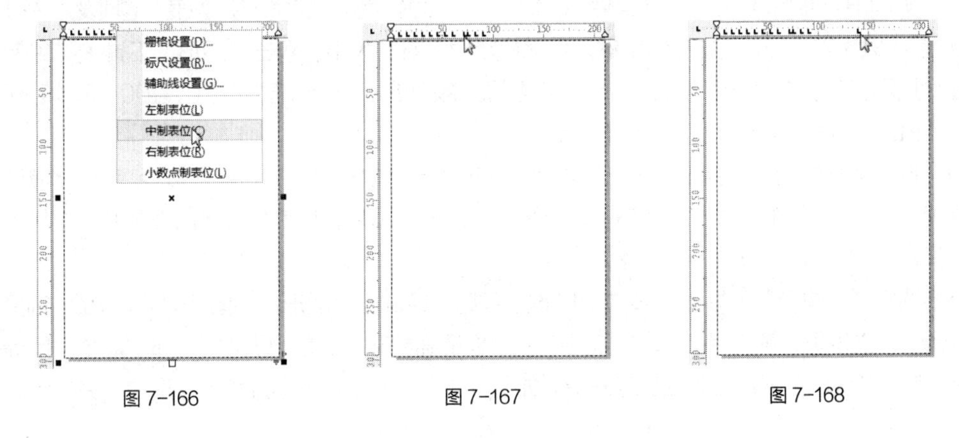

图 7-166　　图 7-167　　图 7-168

7.2 文本效果

在 CorelDRAW X7 中，我们可以根据设计制作任务的需要，制作多种文本效果。下面我们就具体讲解文本效果的制作。

7.2.1 课堂案例——制作冰淇淋宣传内页

案例学习目标

学习使用文本工具、使文本适合路径命令和栏命令制作冰淇淋宣传内页。

案例知识要点

使用选择工具和属性栏添加辅助线；使用文字工具和段落格式化面板添加并调整杂志内文；使用栏命令制作分栏效果。冰淇淋宣传内页效果如图 7-169 所示。

图 7-169

效果所在位置

云盘/Ch07/效果/制作冰淇淋宣传内页.cdr。

（1）按 Ctrl+N 组合键，新建一个文件。在属性栏的“页面度量”选项中将“宽度”选项设为 210mm，“高度”选项设为 285mm，按 Enter 键，页面显示为设置的大小。双击“矩形”工具，绘制一个与页面大小相等的矩形，如图 7-170 所示。设置图形颜色的 CMYK 值为 0、0、100、0，填充图形，并去除图形的轮廓线，效果如图 7-171 所示。

（2）按 Ctrl+I 组合键，弹出“导入”对话框，选择云盘中的“Ch07 > 素材 > 制作冰淇淋宣传内页 > 01”文件，单击“导入”按钮，在页面中单击导入图片，拖曳到适当的位置并调整其大小，效果如图 7-172 所示。

（3）选择“椭圆形”工具，按住 Ctrl 键的同时，绘制一个圆形，如图 7-173 所示。选择“选择”工具，选取导入的图片，选择“对象 > 图框精确剪裁 > 置于图文框内部”命令，鼠标指针变为黑色箭头形状，在圆形上单击鼠标左键，如图 7-174 所示，将图片置入圆形中，并去除图形的轮廓线，如图 7-175 所示。用相同的方法导入其他图片，并将图片置入圆形中，如图 7-176 所示。

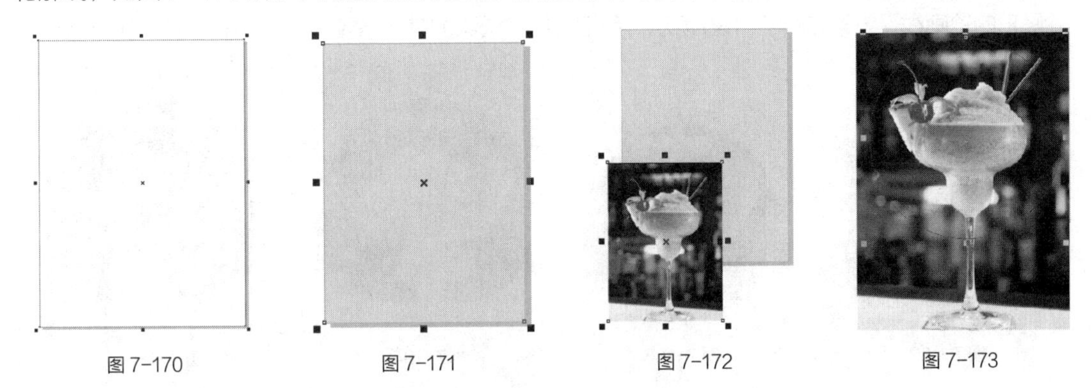

图 7-170　　图 7-171　　图 7-172　　图 7-173

（4）选择“选择”工具，按住 Shift 键的同时，单击需要的图形，如图 7-177 所示。选择“对象 > 图框精确剪裁 > 置于图文框内部”命令，鼠标指针变为黑色箭头形状，在矩形上单击鼠标左键，如图 7-178 所示，将图形置入矩形中，并去除图形的轮廓线，效果如图 7-179 所示。

图 7-174　　图 7-175　　图 7-176　　图 7-177

（5）选择“椭圆形”工具，按住 Ctrl 键的同时，绘制一个圆形，如图 7-180 所示。选择“文本”工具，在页面中输入需要的文字，选择“选择”工具，在属性栏中选择合适的字体并设置文字大小，填充文字颜色的 CMYK 值为 0、100、0、0，填充文字，效果如图 7-181 所示。

图 7-178　　图 7-179　　图 7-180　　图 7-181

（6）选择“文本 > 使文本适合路径”命令，将文字拖曳至路径上，文本绕路径排列，如图 7-182 所示，单击鼠标，文字效果如图 7-183 所示。

（7）选择“选择”工具，在属性栏中的“与路径的距离”框中设置数值为 4，按 Enter

键，效果如图 7-184 所示。选取圆形，在“CMYK 调色板”中的“无填充”按钮☒上单击鼠标右键，去除图形的轮廓线，效果如图 7-185 所示。用相同的方法添加其他路径文字，效果如图 7-186 所示。

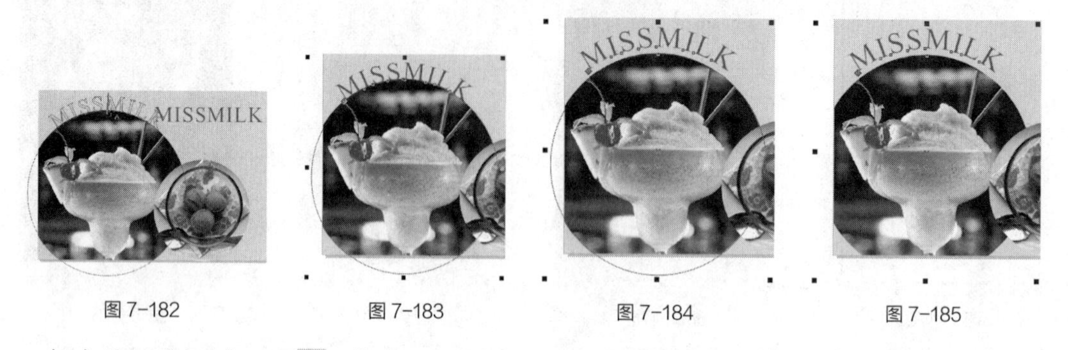

图 7-182　　图 7-183　　图 7-184　　图 7-185

（8）选择“文本”工具字，拖曳一个文本框，输入需要的文字。选择“选择”工具，在属性栏中选择合适的字体并设置文字大小，效果如图 7-187 所示。

（9）选择“文本 > 栏”命令弹出“栏设置”对话框，选项的设置如图 7-188 所示，单击“确定”按钮，效果如图 7-189 所示。

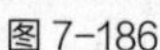

图 7-186

图 7-187

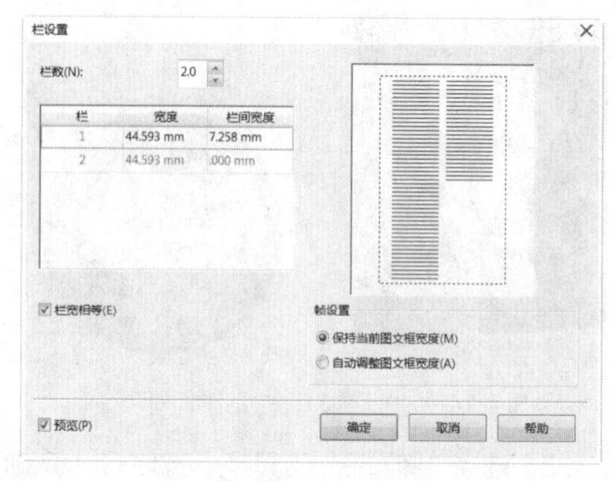

图 7-188

（10）选择“矩形”工具□，在适当的位置绘制一个矩形，设置图形颜色的 CMYK 值为 20、90、0、0，填充图形，并去除图形的轮廓线，效果如图 7-190 所示。

（11）选择“文本”工具字，拖曳一个文本框，输入需要的文字。选择“选择”工具，在属性栏中选择合适的字体并设置文字大小，设置文字颜色为白色，效果如图 7-191 所示。选择“文本”工具字，选取需要的文字，在属性栏中选择合适的字体并设置文字大小，效果如图 7-192 所示。

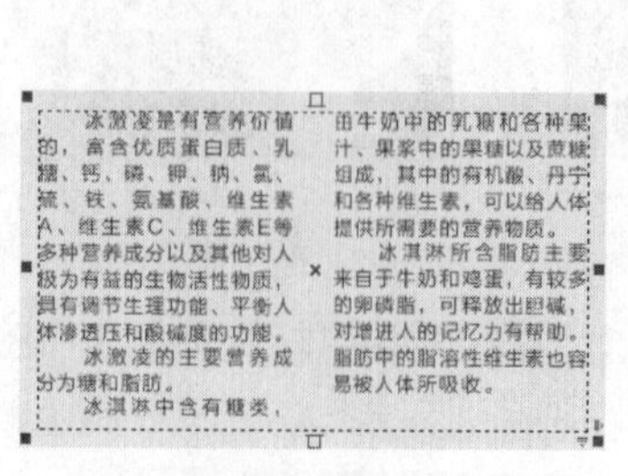

图 7-189

图 7-190

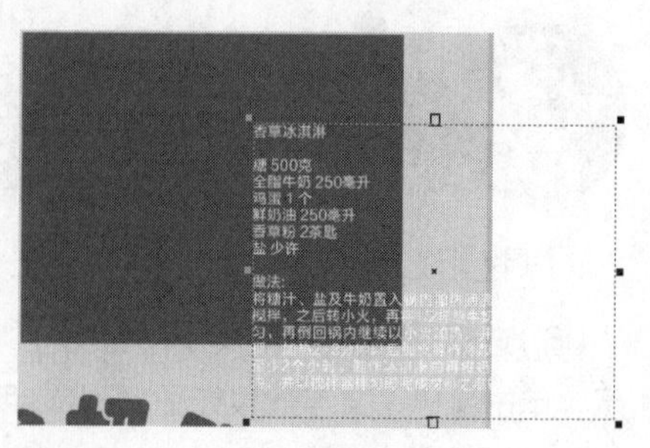

图 7-191

（12）选择“选择”工具，选取文本框，单击鼠标右键拖曳文本框到矩形内，当鼠标指针变为十字形的圆环⊕时，松开鼠标右键，弹出快捷菜单，选择“内置文本”命令，如图 7-193 所示。文本被置入图形内，效果如图 7-194 所示。

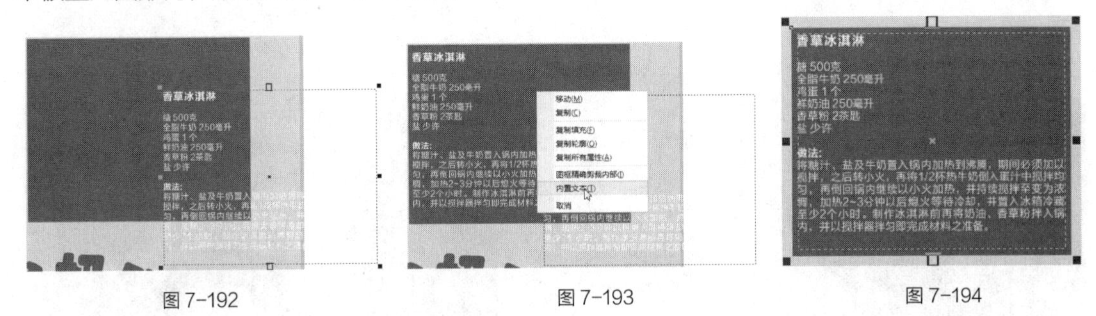

图 7-192　　图 7-193　　图 7-194

（13）选择“星形”工具，在适当的位置绘制一个五角星，设置图形颜色的 CMYK 值为 0、0、100、0，填充图形，并去除图形的轮廓线，效果如图 7-195 所示。

（14）选择“选择”工具，选取图形，按住 Shift 键的同时，水平向右拖曳图形到适当位置，单击鼠标右键，复制图形，效果如图 7-196 所示。连续按 Ctrl+D 组合键 3 次，再次复制 3 个图形，效果如图 7-197 所示。

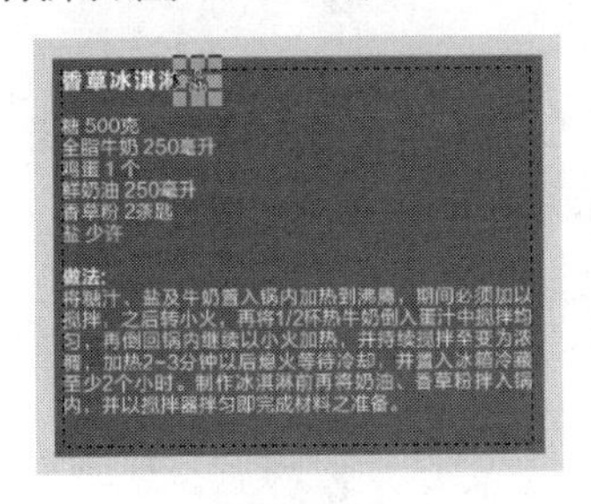

图 7-195

图 7-196

图 7-197

（15）按 Ctrl+I 组合键，弹出“导入”对话框，选择云盘中的“Ch07 > 素材 > 制作冰淇淋宣传内页 > 06”文件，单击“导入”按钮，在页面中单击导入图片，拖曳到适当的位置并调整其大小，效果如图 7-198 所示。

（16）选择“选择”工具，圈选需要的图形，在属性栏中的“旋转角度”框中设置数值为 351，效果如图 7-199 所示。

（17）选择“文本”工具，拖曳一个文本框，分别输入需要的文字。选择“选择”工具，在属性栏中分别选择合适的字体并设置文字大小，效果如图 7-200 所示。

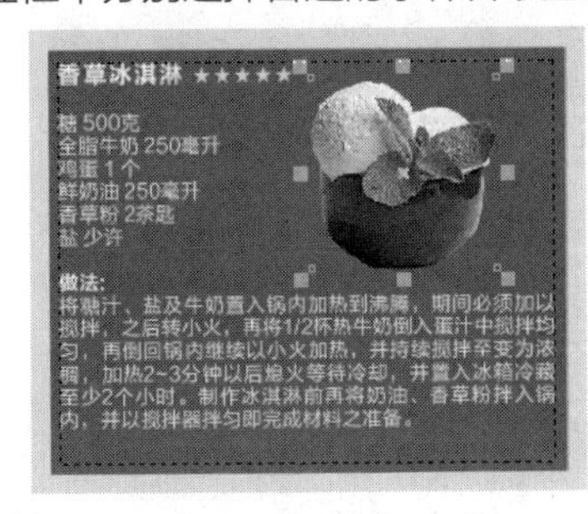

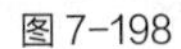

图 7-198

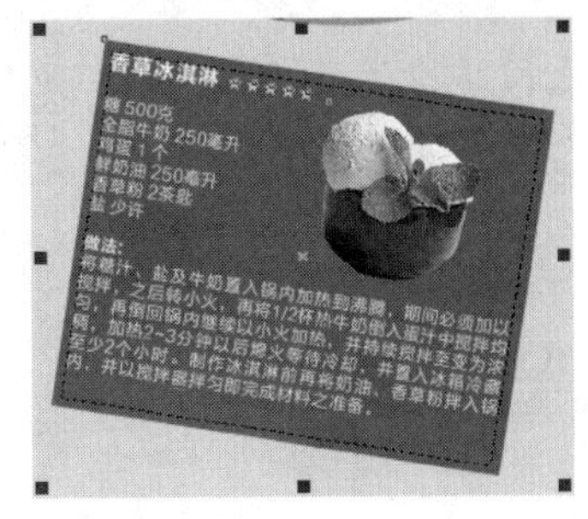

图 7-199

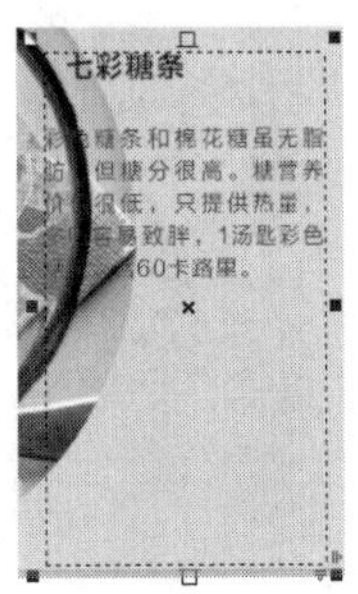

图 7-200

（18）选择“选择”工具，选择需要的图片，如图 7-201 所示，在属性栏中单击“文本换行”，在弹出的下拉菜单中可以设置换行样式，如图 7-202 所示，效果如图 7-203 所示。冰淇淋宣传内页制作完成，效果如图 7-204 所示。

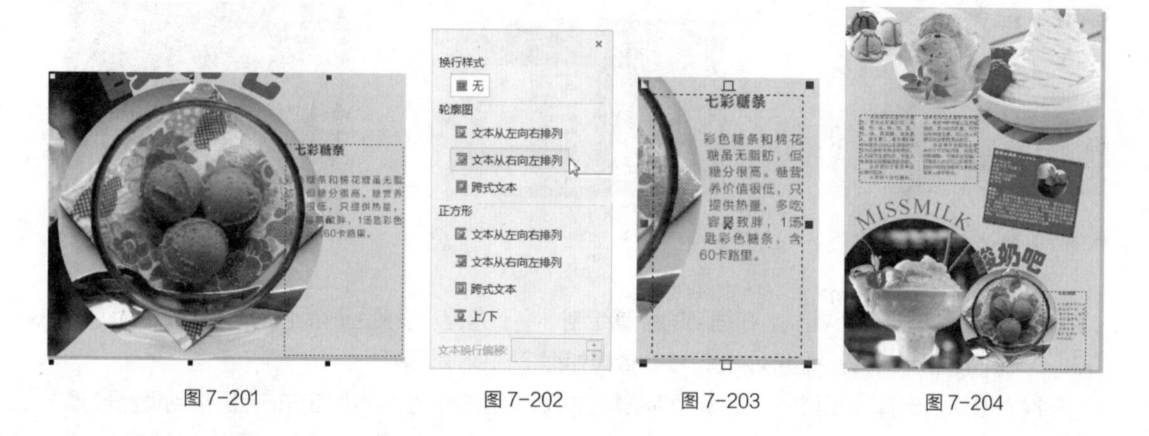

图 7-201　　图 7-202　　图 7-203　　图 7-204

7.2.2　设置首字下沉和项目符号

1. 设置首字下沉

在绘图页面中打开一个段落文本，效果如图 7-205 所示。选择“文本 > 首字下沉”命令，出现“首字下沉”对话框，勾选“使用首字下沉”复选框，如图 7-206 所示。

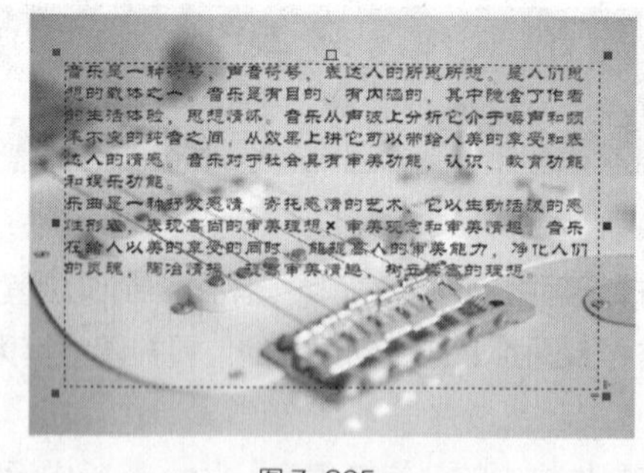

图 7-205

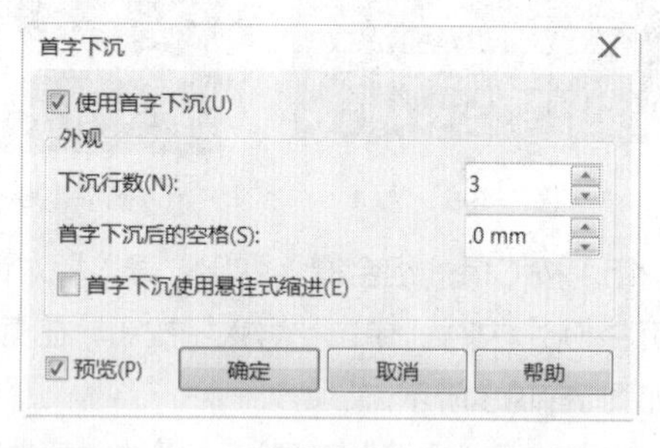

图 7-206

单击“确定”按钮，各段落首字下沉效果如图 7-207 所示，勾选“首字下沉使用悬挂式缩进”复选框，单击“确定”按钮，悬挂缩进式首字下沉效果如图 7-208 所示。

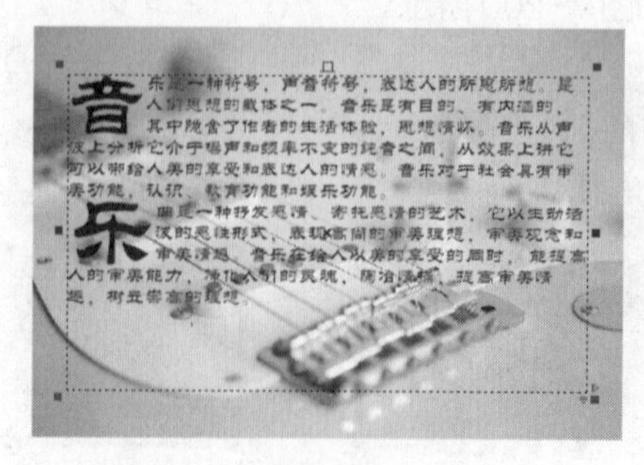

图 7-207

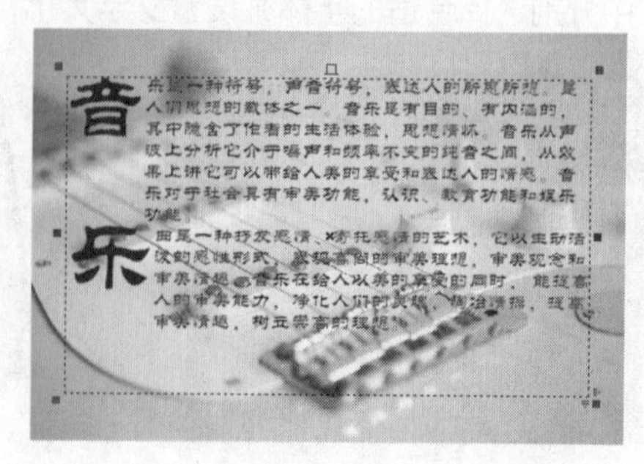

图 7-208

2. 设置项目符号

在绘图页面中打开一个段落文本，效果如图 7-209 所示。选择“文本 > 项目符号”命令，出现“项目符号”对话框，勾选“使用项目符号”复选框，对话框如图 7-210 所示。

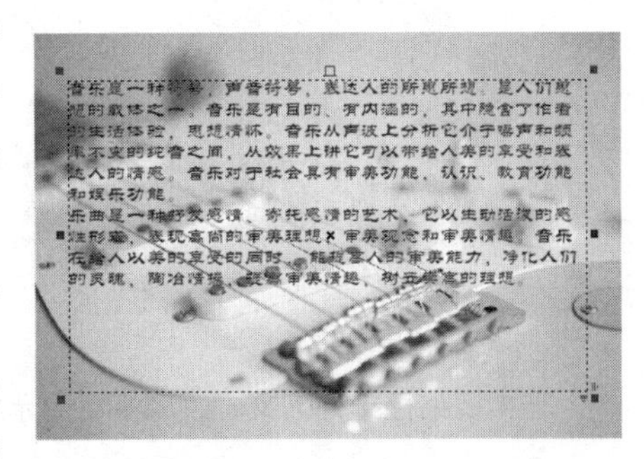

图 7-209

在对话框中的“外观”设置区中“字体”选项中可以设置字体的类型；在“符号”选项中可以选择项目符号样式；在“大小”选项中可以设置字体符号的大小；在“基线位移”选项中可以选择基线的距离；在“间距”设置区中可以调节文本和项目符号的缩进距离。

设置需要的选项，如图 7-211 所示，单击“确定”按钮，段落文本中添加了新的项目符号，效果如图 7-212 所示。在段落文本中需要另起一段的位置插入光标，按 Enter 键，项目符号会自动添加在新段落的前面，效果如图 7-213 所示。

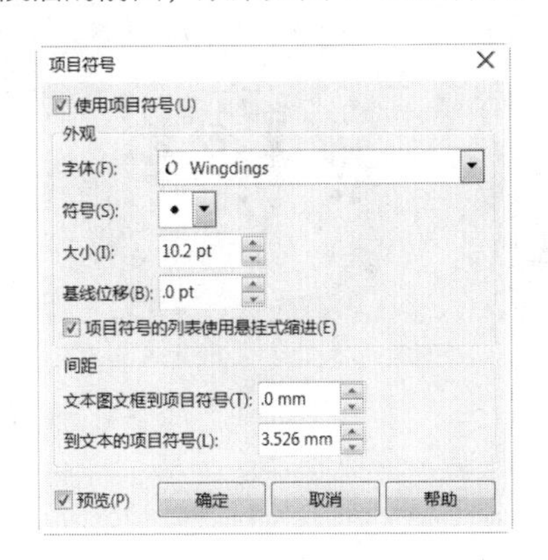

图 7-210

图 7-211

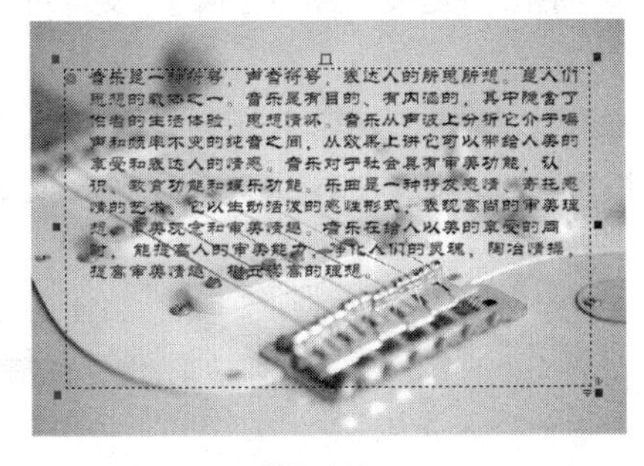

图 7-212

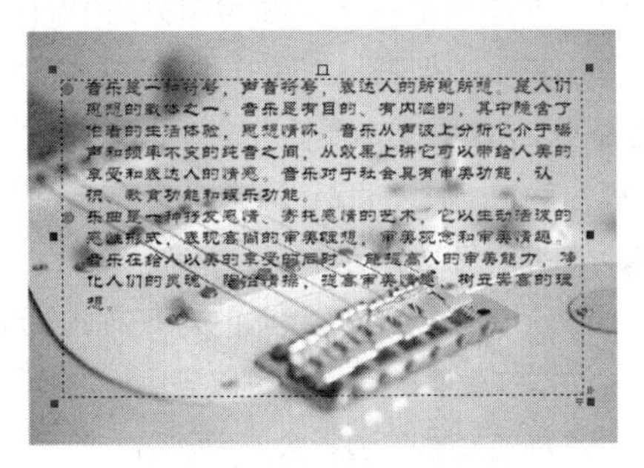

图 7-213

7.2.3 文本绕路径

选择“文本”工具，在绘图页面中输入美术字文本，使用“椭圆形”工具绘制一个椭圆路径，选中美术字文本，效果如图 7-214 所示。

选择“文本 > 使文本适合路径”命令，出现箭头图标，将箭头放在椭圆路径上，文本自动绕路径排列，如图 7-215 所示，单击鼠标左键确定，效果如图 7-216 所示。

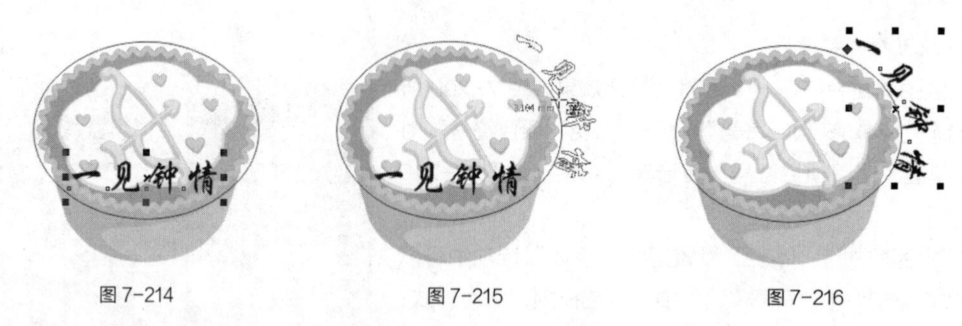

图 7-214　　　　图 7-215　　　　图 7-216

选中绕路径排列的文本，属性栏显示状态如图 7-217 所示。

图 7-217

在属性栏中可以设置“文字方向”“与路径的距离”“水平偏移”，通过设置可以产生多种文本绕路径的效果，如图 7-218 所示。

图 7-218

7.2.4　对齐文本

选择“文本”工具，在绘图页面中输入段落文本，单击“文本”属性栏中的“文本对齐”按钮，弹出其下拉列表，共有 6 种对齐方式，如图 7-219 所示。

选择“文本 > 文本属性”命令，弹出“文本属性”面板，单击“段落”按钮，切换到“段落”属性面板，单击“调整间距设置”按钮，弹出“间距设置”对话框，在对话框中可以选择文本的对齐方式，如图 7-220 所示。

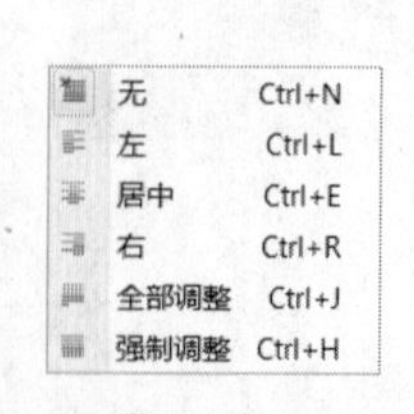

图 7-219

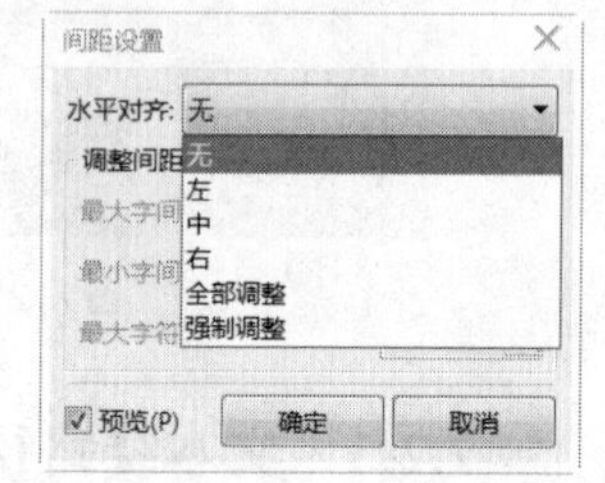

图 7-220

无：CorelDRAW X7 默认的对齐方式。选择它将不会对文本产生影响，文本可以自由地变换，但单纯的无对齐方式文本的边界会参差不齐。

左：选择左对齐后，段落文本会按文本框的左边界对齐。

中：选择居中对齐后，段落文本的每一行都会在文本框中居中。

右：选择右对齐后，段落文本会按文本框的右边界对齐。

全部调整：选择全部对齐后，段落文本的每一行都会同时对齐文本框的左右两端。

强制调整：选择强制全部对齐后，可以对段落文本的所有格式进行调整。

选中进行过移动调整的文本，如图 7-221 所示，选择“文本 > 对齐基线”命令，可以将文本重新对齐，效果如图 7-222 所示。

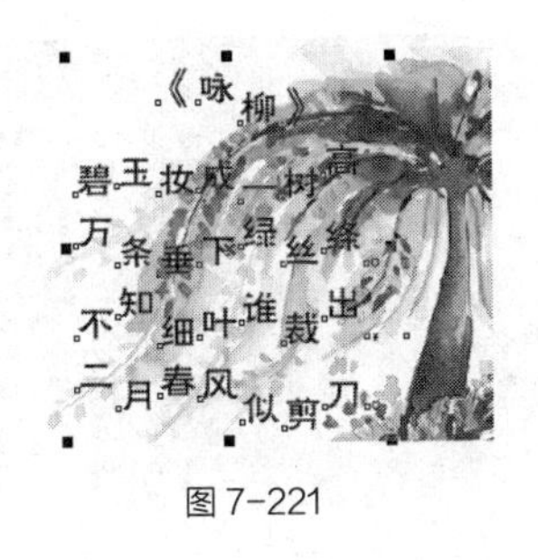

图 7-221

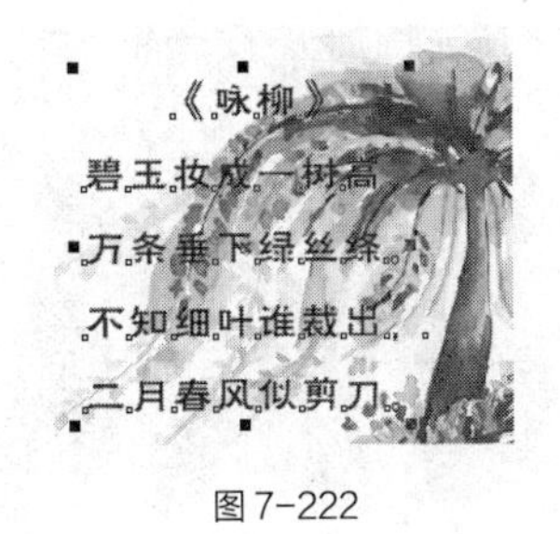

图 7-222

7.2.5 内置文本

选择“文本”工具，在绘图页面中输入美术字文本，使用“贝塞尔”工具绘制一个图形，选中美术字文本，效果如图 7-223 所示。

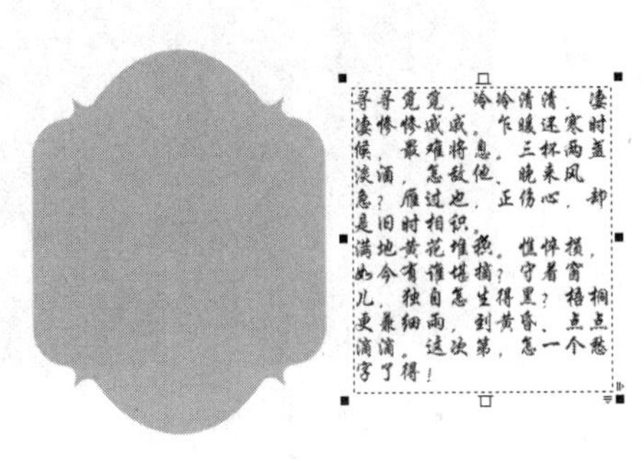
图 7-223

用鼠标右键拖曳文本到图形内，当鼠标指针变为十字形的圆环时，松开鼠标右键，弹出快捷菜单，选择“内置文本”命令，如图 7-224 所示，文本被置入到图形内，美术字文本自动转换为段落文本，效果如图 7-225 所示。选择“文本 > 段落文本框 > 使文本适合框架”命令，文本和图形对象基本适配，效果如图 7-226 所示。

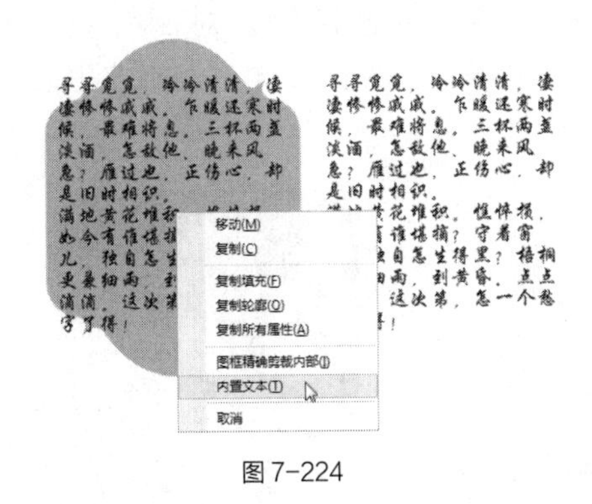

图 7-224

图 7-225

图 7-226

技巧 选择“排列 > 拆分路径内的段落文本”命令，可以将路径内的文本与路径分离。

7.2.6 段落文字的连接

在文本框中经常出现文本被遮住而不能完全显示的问题，如图 7-227 所示。通过调整文本框的大小可使文本完全显示，通过多个文本框的连接也可使文本完全显示。

选择“文本”工具，单击文本框下部的图标，鼠标指针变为形状，在页面中按住鼠标左键不放，沿对角线拖曳鼠标，绘制一个新的文本框，如图 7-228 所示。松开鼠标左键，在新绘制的文本框中显示出被遮住的文字，效果如图 7-229 所示。拖曳文本框到适当的位置，如图 7-230 所示。

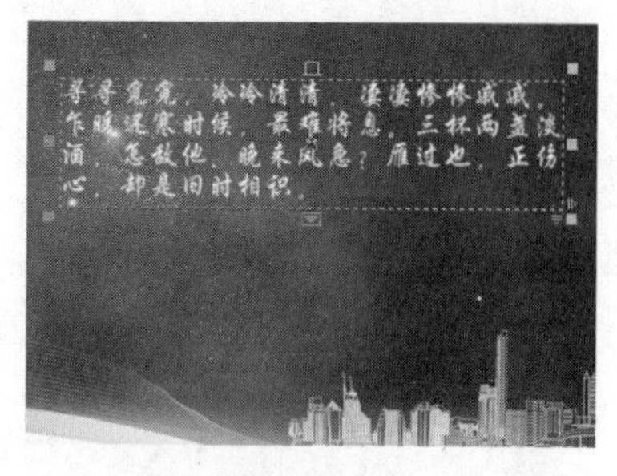

图 7-227

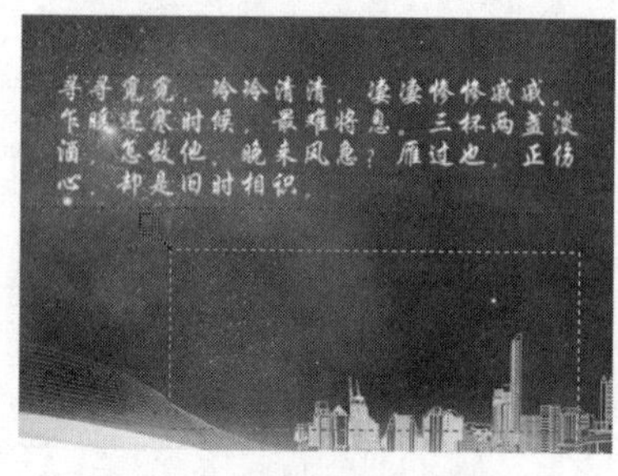

图 7-228

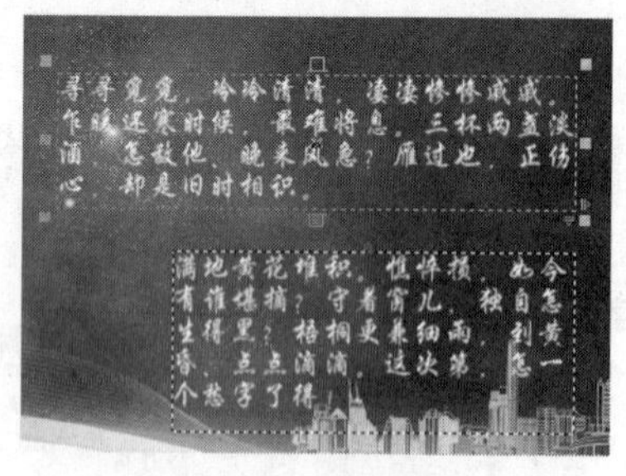

图 7-229

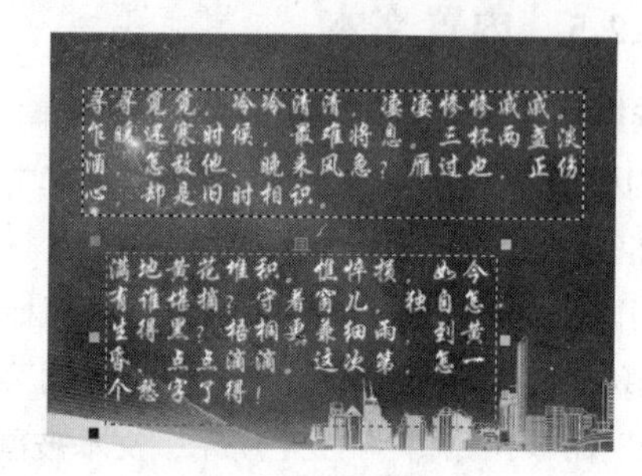

图 7-230

7.2.7 段落分栏

选择一个段落文本，如图 7-231 所示。选择"文本 > 栏"命令，弹出"栏设置"对话框，将"栏数"选项设置为"2"，栏间宽度设置为"8mm"，如图 7-232 所示，设置好后，单击"确定"按钮，段落文本被分为两栏，效果如图 7-233 所示。

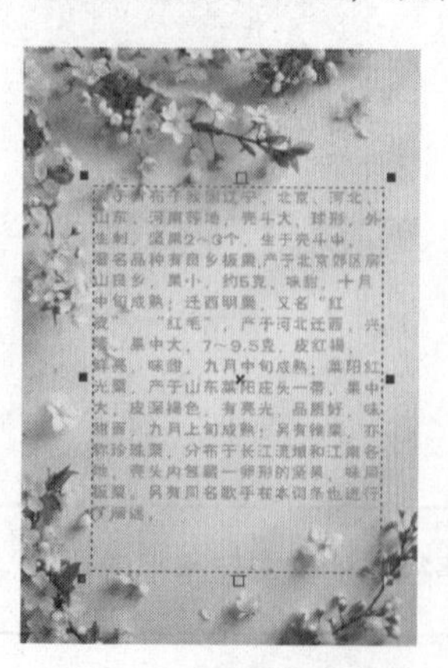
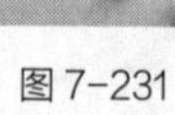
图 7-231

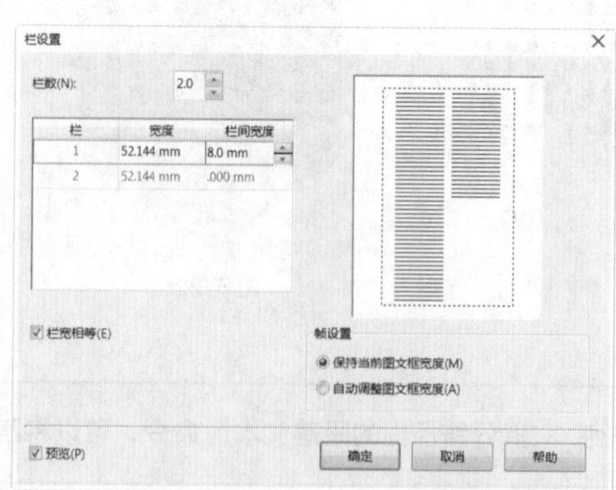

图 7-232

图 7-233

7.2.8 文本绕图

CorelDRAW X7 提供了多种文本绕图的形式，应用好文本绕图可以使设计制作的杂志或报刊更加生动美观。

选择“文件 > 导入”命令，或按Ctrl+I组合键，弹出“导入”对话框，在对话框的“查找范围”列表框中选择需要的文件夹，在文件夹中选取需要的位图文件，单击“导入”按钮，在页面中单击鼠标左键，图形被导入到页面中，将其调整到段落文本中的适当位置，效果如图7-234所示。

在属性栏中单击“文本换行”按钮，在弹出的下拉菜单中选择需要的绕图方式，如图7-235所示，文本绕图效果如图7-236所示。在属性栏中单击“文本换行”按钮，在弹出的下拉菜单中可以设置换行样式，在“文本换行偏移”数值框中可以设置偏移距离，如图7-237所示。

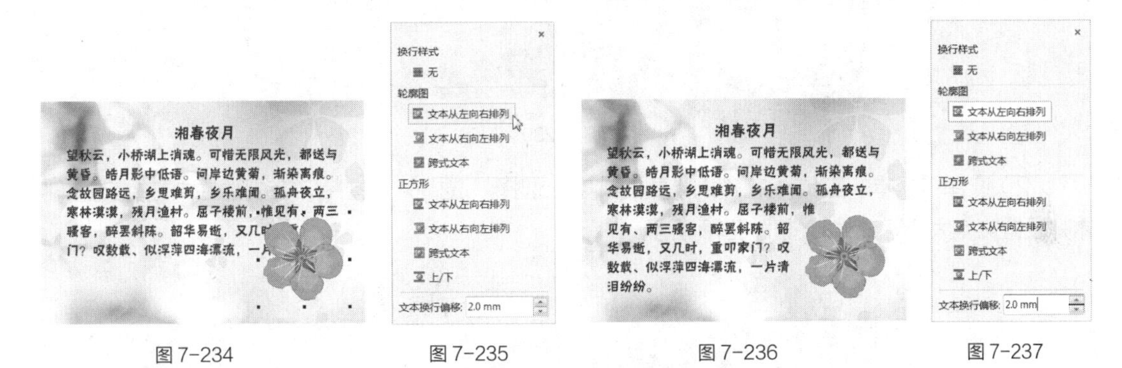

图7-234　图7-235　图7-236　图7-237

7.2.9　课堂案例——制作蜂蜜广告

案例学习目标

学习使用将文字转换为曲线命令来制作蜂蜜广告。

案例知识要点

使用文本工具输入标题文字；使用字符命令添加字符；使用转换为曲线命令将文字转换为图形；使用贝塞尔工具绘制图形；使用手绘工具绘制直线。蜂蜜广告效果如图7-238所示。

图7-238

效果所在位置

云盘/Ch07/效果/制作蜂蜜广告.cdr。

（1）按Ctrl+N组合键，新建一个文件。在属性栏的“页面度量”选项中将“宽度”选项设为297mm，“高度”选项设为105mm，按Enter键，页面显示为设置的大小。按Ctrl+I组合键，弹出“导入”

对话框，选择云盘中的“Ch07 > 素材 > 制作蜂蜜广告 > 01”文件，单击“导入”按钮，在页面中单击导入图片，按 P 键，将图片在页面中居中对齐，效果如图 7-239 所示。

图 7-239

（2）选择“文本”工具字，输入需要的文字。选择“选择”工具，在属性栏中选择合适的字体并设置文字大小，效果如图 7-240 所示。

图 7-240

（3）设置文字填充颜色的 CMYK 值为 70、0、100、0，填充文字，按 F12 键，弹出“轮廓笔”对话框，将轮廓色设置为白色，其他选项的设置如图 7-241 所示。单击“确定”按钮，效果如图 7-242 所示。

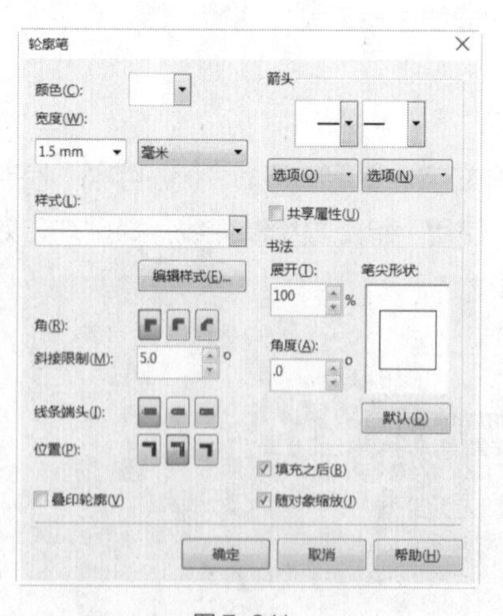

图 7-241

图 7-242

（4）选择“选择”工具，再次单击文字，使文字属于旋转状态，如图 7-243 所示。向右拖曳文字上方中间位置的控制手柄到适当的位置，将文字倾斜，效果如图 7-244 所示。按 Ctrl+Q 组合键，将文字转换为曲线，如图 7-245 所示。

图 7-243

图 7-244

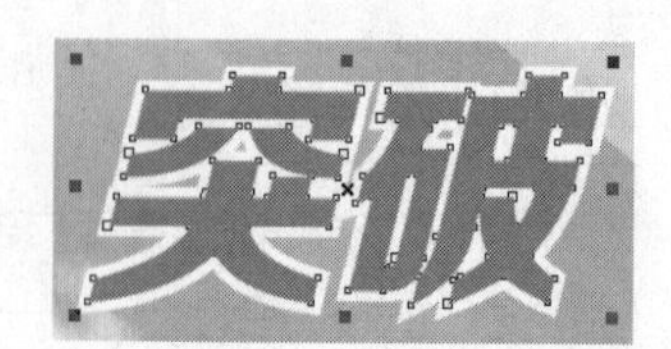

图 7-245

（5）选择“贝塞尔”工具，绘制一个图形，设置图形颜色的 CMYK 值为 100、0、100、50，填充图形，并去除图形的轮廓线，效果如图 7-246 所示。

（6）选择“对象 > 图框精确剪裁 > 置于图文框内部”命令，鼠标指针变为黑色箭头形状，在文字上单击鼠标左键，如图 7-247 所示，将图形置入文字中，效果如图 7-248 所示。用相同的方法添加其他的文字，并在文字内置入其他的图形，效果如图 7-249 所示。

图 7-246

图 7-247

（7）选择“文件 > 打开”命令，弹出“打开绘图”对话框。选择云盘中的“Ch07 > 素材 > 制作蜂蜜广告 > 02”文件，单击“打开”按钮，将图形粘贴到页面中，并拖曳到适当的位置，效果如图 7-250 所示。选择“矩形”工具，在适当的位置绘制矩形，如图 7-251 所示。

图 7-248

图 7-249

图 7-250

（8）选择“对象 > 图框精确剪裁 > 置于图文框内部”命令，鼠标指针变为黑色箭头形状，在矩形上单击鼠标左键，如图 7-252 所示，将图形置入矩形中，并去除矩形的轮廓线，效果如图 7-253 所示。

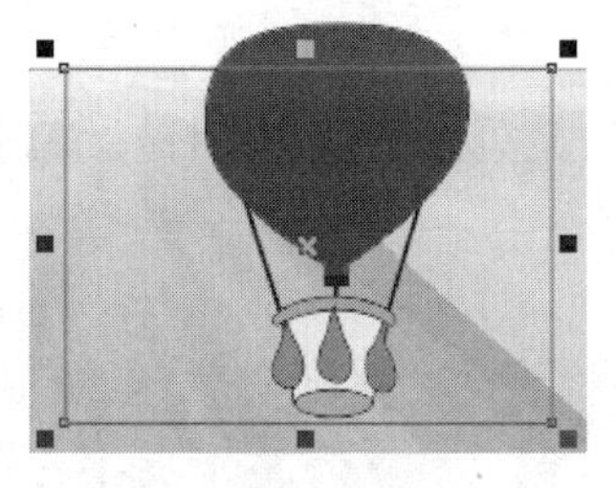

图 7-251

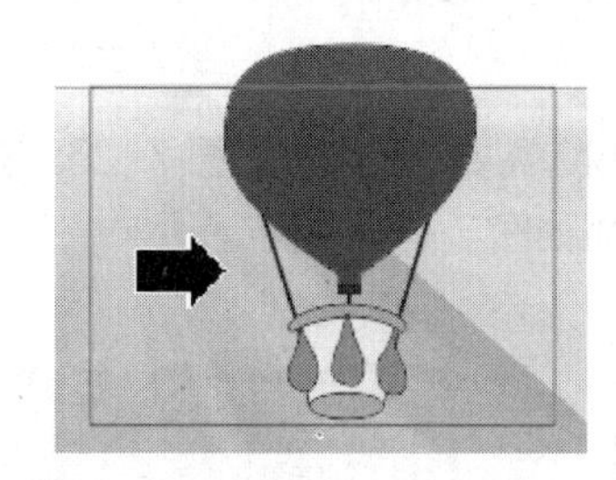

图 7-252

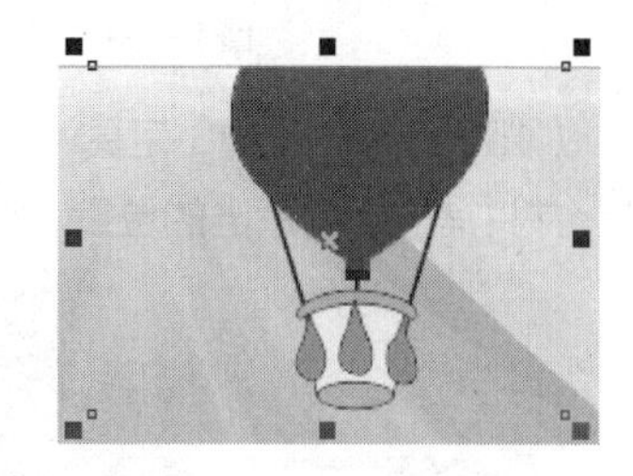

图 7-253

（9）选择“矩形”工具，在属性栏中的“转角半径”框中设置数值为 10，按 Enter 键，在适当的位置绘制圆角矩形，设置图形颜色的 CMYK 值为 0、0、100、0，填充图形，并去除图形的轮廓线，效果如图 7-254 所示。

（10）选择“文本”工具，输入需要的文字。选择“选择”工具，在属性栏中选择合适的字体并设置文字大小，设置文字填充颜色的 CMYK 值为 0、100、100、0，填充文字，效果如图 7-255 所示。

图 7-254

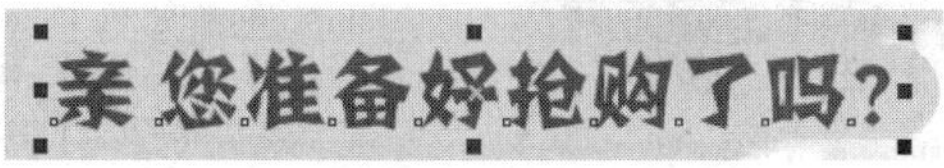

图 7-255

（11）选择“矩形”工具，在适当的位置绘制矩形，设置图形颜色为黑色，填充图形，并去除图形的轮廓线，效果如图7-256所示。

（12）选择“文本”工具，输入需要的文字。选择“选择”工具，在属性栏中选择合适的字体并设置文字大小，设置文字填充颜色为白色，填充文字，效果如图7-257所示。

（13）选择“矩形”工具，在适当的位置绘制矩形，设置图形颜色的CMYK值为30、0、100、0，填充图形，并去除图形的轮廓线，效果如图7-258所示。用相同的方法绘制其他矩形，并填充适当的颜色，效果如图7-259所示。

图7-256

图7-257

图7-258

（14）选择“贝塞尔”工具，绘制一个图形，设置图形颜色的CMYK值为40、0、100、0，填充图形，并去除图形的轮廓线，效果如图7-260所示。连续按Ctrl+PageDown组合键两次，向后移动图形，效果如图7-261所示。用相同的方法绘制其他矩形，填充适当的颜色，并向后移动图形，效果如图7-262所示。

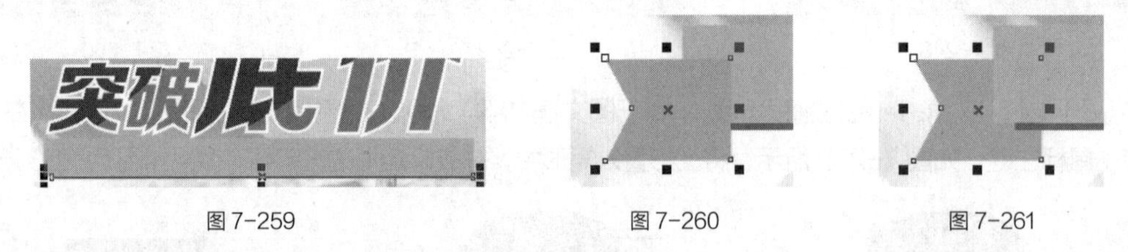

图7-259　　图7-260　　图7-261

（15）选择“选择”工具，圈选需要的图形，如图7-263所示。按数字键盘上的+键，复制图形，并将其拖曳到适当的位置，效果如图7-264所示。

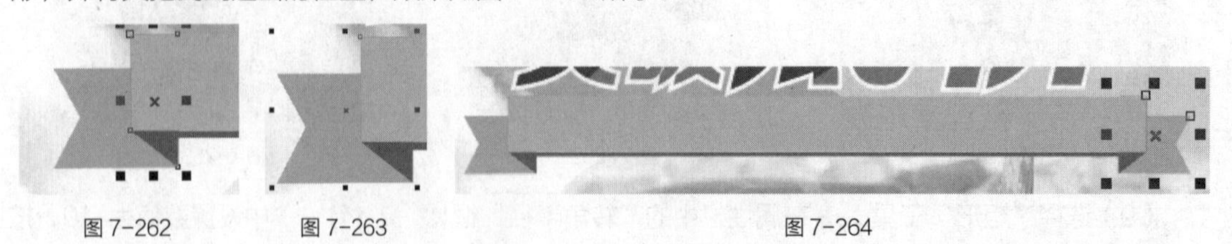

图7-262　　图7-263　　图7-264

（16）选择“多边形”工具，在属性栏中的“点数或者边数”框5中设置数值为3，在“锐度”框1中设置数值为1，按Enter键，在适当的位置绘制一个图形。设置图形颜色为黑色，填充图形，并去除图形的轮廓线，效果如图7-265所示。

（17）选择“透明度”工具，在属性栏中的设置如图7-266所示。按Enter键，效果如图7-267所示。

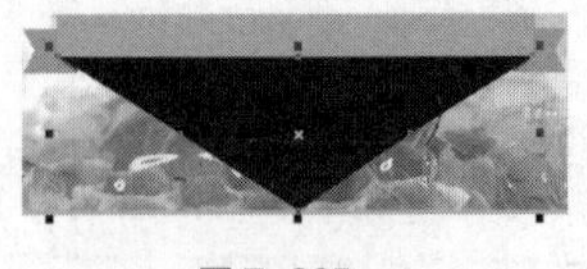

图7-265

图7-266

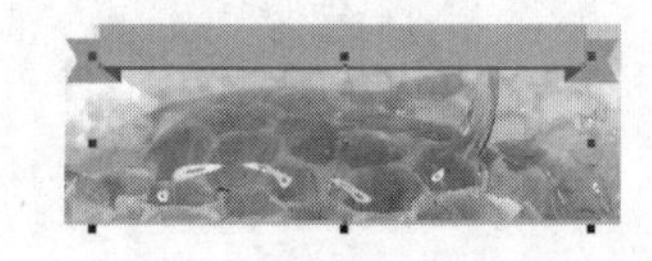

图7-267

（18）选择“文本”工具，输入需要的文字。选择“选择”工具，在属性栏中选择合适的字体并设置文字大小。按 F12 键，弹出“轮廓笔”对话框，将轮廓色设置为白色，其他选项的设置如图 7-268 所示。单击“确定”按钮，效果如图 7-269 所示。

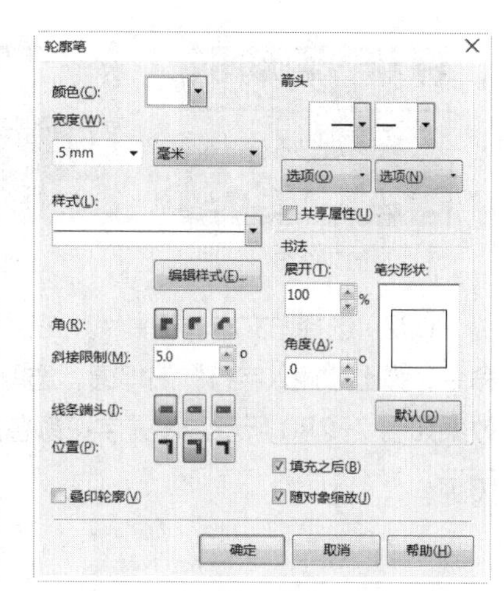

图 7-268

（19）选择“文本”工具，选取需要的文字，如图 7-270 所示，设置文字填充颜色的 CMYK 值为 0、100、0、0，填充文字，效果如图 7-271 所示。

（20）选择“矩形”工具，在属性栏中的“转角半径”框中设置数值为 10，按 Enter 键，在适当的位置绘制圆角矩形，如图 7-272 所示。设置图形颜色的 CMYK 值为 40、0、100、0，填充图形。按 F12 键，弹出“轮廓笔”对话框，将轮廓色的 CMYK 值为 100、0、100、50，其他选项的设置如图 7-273 所示。单击“确定”按钮，效果如图 7-274 所示。

图 7-269

图 7-270

图 7-271

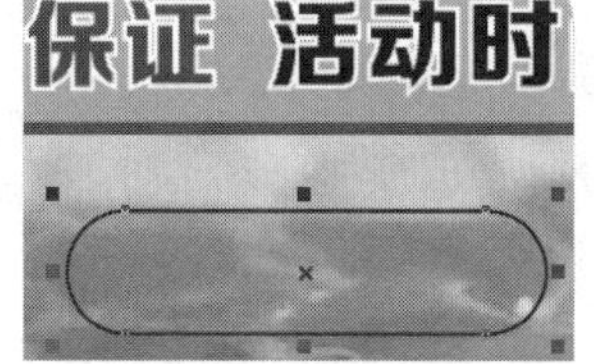

图 7-272

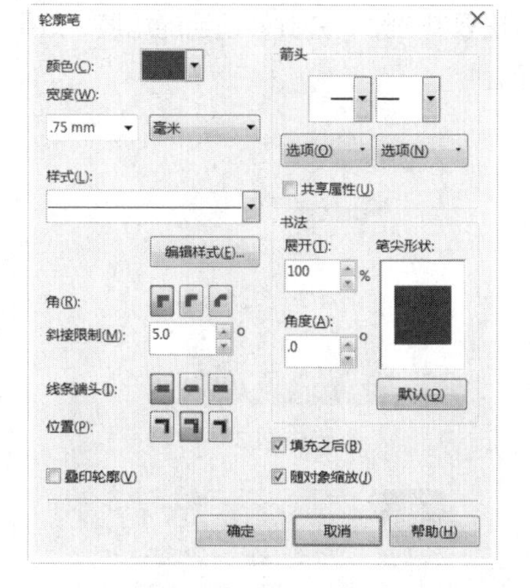

图 7-273

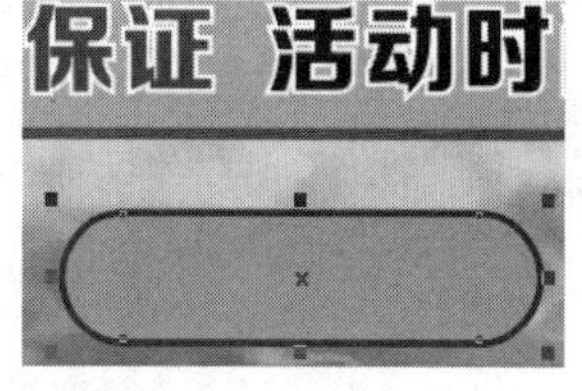

图 7-274

（21）选择“文本”工具，输入需要的文字。选择“选择”工具，在属性栏中选择合适的字体并设置文字大小，设置文字填充颜色为白色，填充文字，效果如图 7-275 所示。用相同的方法添加其他文字，效果如图 7-276 所示。在属性栏中单击“文本对齐”按钮，在弹出的下拉菜单中设置文本居中对齐，如图 7-277 所示，效果如图 7-278 所示。

图 7-275

图 7-276

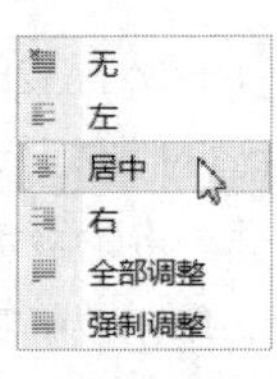

图 7-277

图 7-278

（22）选择“文本”工具字，在适当的位置单击鼠标左键，插入光标，选择“文本 > 插入字符”命令，弹出“插入字符”泊坞窗，选取需要的字符，如图 7-279 所示。双击选取的字符，插入字符，效果如图 7-280 所示。设置字符颜色的 CMYK 值为 0、0、100、0，填充字符，效果如图 7-281 所示。

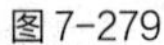
图 7-279

图 7-280

图 7-281

（23）选择“选择”工具，按数字键盘上的+键，复制图形，将其拖曳到适当的位置，并调整图形的大小，效果如图 7-282 所示。在属性栏中的“旋转角度”框中设置数值为 338，效果如图 7-283 所示。用相同的方法复制图形，并旋转适当的角度，效果如图 7-284 所示。蜂蜜广告制作完成，效果如图 7-285 所示。

图 7-282

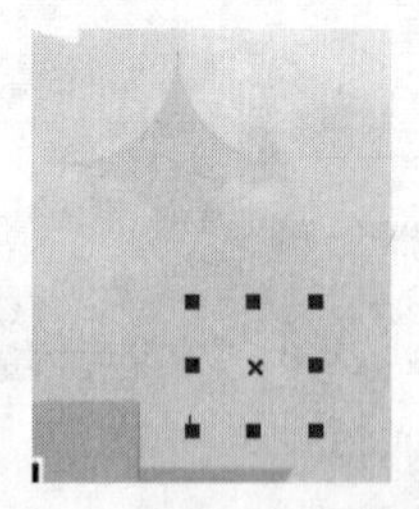
图 7-283

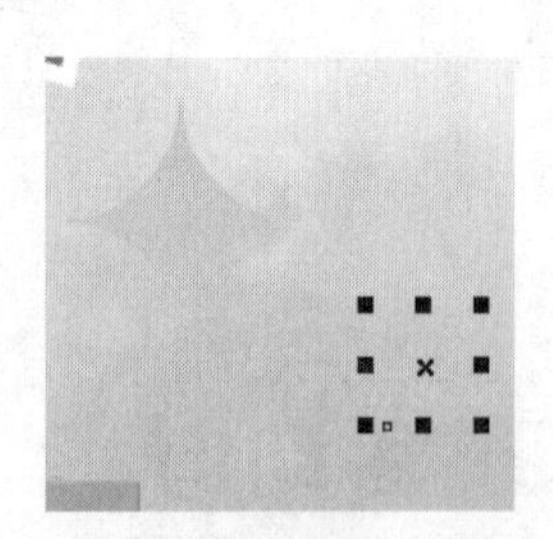
图 7-284

图 7-285

7.2.10　插入字符

选择“文本”工具字，在文本中需要的位置单击鼠标左键插入光标，如图 7-286 所示。选择“文本 > 插入符号字符”命令，或按 Ctrl+F11 组合键，弹出“插入字符”泊坞窗，在需要的字符上双击鼠标左键，或选中字符后单击“复制”按钮，如图 7-287 所示，字符插入文本中，效果如图 7-288 所示。

图 7-286

图 7-287

图 7-288

7.2.11　将文字转化为曲线

使用 CorelDRAW X7 编辑好美术文本后，通常需要把文本转换为曲线。转换后既可以对美术文本任意变形，也可以使转为曲线后的文本对象不会丢失其文本格式，具体操作步骤如下。

选择“选择”工具选中文本，如图 7-289 所示。选择“对象 > 转换为曲线”命令，或按 Ctrl+Q 组合键，将文本转化为曲线，如图 7-290 所示。可用“形状”工具对曲线文本进行编辑，并修改文本的形状。

图 7-289

图 7-290

7.2.12　创建文字

应用 CorelDRAW X7 的独特功能，可以轻松地创建出其他汉字，方法其实很简单，下面我们就介绍具体的创建方法。

使用“文本”工具字输入两个具有创建文字所需偏旁的汉字，如图 7-291 所示。用“选择”工具选取文字，效果如图 7-292 所示。按 Ctrl+Q 组合键，将文字转换为曲线，效果如图 7-293 所示。

图 7-291

轧论

图 7-292

轧论

图 7-293

再按 Ctrl+K 组合键，将转换为曲线的文字打散，选择“选择”工具选取所需偏旁，将其移动到创建文字的位置，进行组合，效果如图 7-294 所示。

组合好新文字后，用“选择”工具圈选新文字，效果如图 7-295 所示，再按 Ctrl+G 组合键，将新文字组合，效果如图 7-296 所示，新文字就制作完成了，效果如图 7-297 所示。

图 7-294 图 7-295 图 7-296 图 7-297

课堂练习——制作旅游宣传单

练习知识要点

使用文本工具添加文字内容；使用转化为曲线命令编辑文字效果；使用贝塞尔工具、椭圆形工具和基本形状工具绘制图形效果；使用渐变填充工具填充文字。效果如图 7-298 所示。

图 7-298

效果所在位置

云盘/Ch07/效果/制作旅游宣传单.cdr。

课后习题——制作网页广告

习题知识要点

使用导入命令导入背景图片；使用文本工具输入需要的宣传文字。效果如图 7-299 所示。

图 7-299

效果所在位置

云盘/Ch07/效果/制作网页广告.cdr。

08 第8章 编辑位图

CorelDRAW X7 提供了强大的位图编辑功能。本章将介绍编辑和调整位图的颜色、位图滤镜的使用等知识。通过学习本章的内容，读者可以了解并掌握如何应用 CorelDRAW X7 的强大功能来处理和编辑位图。

课堂学习目标

- 掌握导入位图的方法
- 掌握调整位图的方法
- 掌握各种滤镜效果的使用方法

8.1 导入并调整位图

CorelDRAW X7 提供了将矢量图形转换为位图的功能，以及对位图的颜色进行调整的功能。下面我们来介绍转换为位图和调整位图颜色的方法。

8.1.1 课堂案例——制作万圣节门票

案例学习目标

学习使用位图调整命令和文本工具制作万圣节门票。

案例知识要点

使用调整命令调整图片的颜色；使用文本工具添加宣传语。万圣节门票效果如图 8-1 所示。

图 8-1

效果所在位置

云盘/Ch08/效果/制作万圣节门票.cdr。

（1）按 Ctrl+N 组合键，新建一个 A4 页面。在属性栏中单击“横向”按钮，页面显示为横向页面。按 Ctrl+I 组合键，弹出“导入”对话框，选择云盘中的“Ch08 > 素材 > 制作万圣节门票 > 01”文件，单击“导入”按钮，在页面中分别单击导入图片，拖曳到适当的位置并调整其大小，效果如图 8-2 所示。

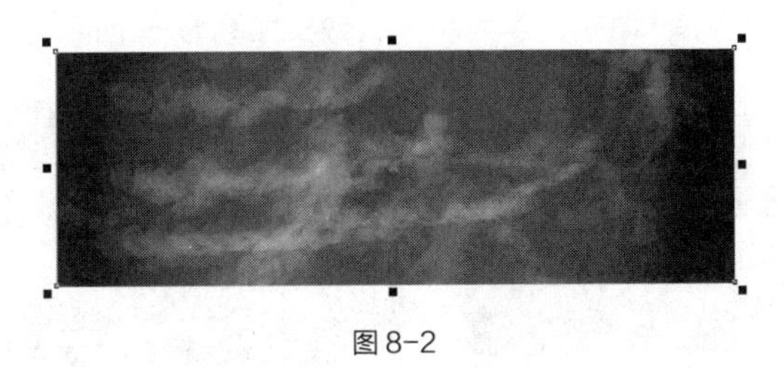

图 8-2

（2）选择“效果 > 调整 > 亮度/对比度/强度”命令，在弹出的对话框中进行设置，如图 8-3 所示。单击“确定”按钮，效果如图 8-4 所示。按 Ctrl+I 组合键，弹出“导入”对话框，选择云盘中的“Ch08 > 素材 > 制作万圣节门票 > 02”文件，单击“导入”按钮，在页面中分别单击导入图片，拖曳到适当的位置并调整其大小，效果如图 8-5 所示。

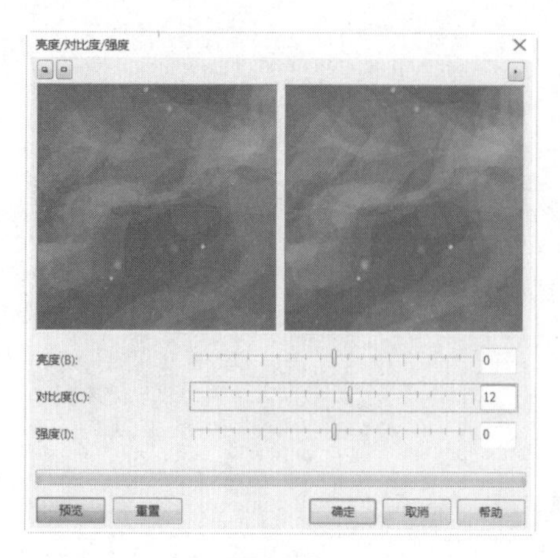

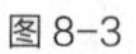

图 8-3

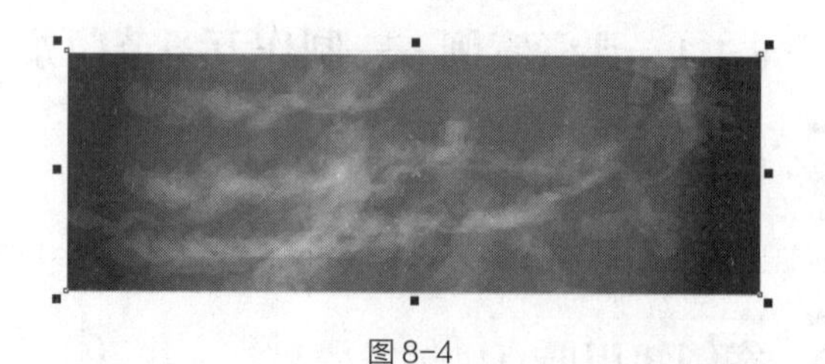

图 8-4

（3）保持图片的选取状态。选择“效果 > 调整 > 色度/饱和度/亮度”命令，在弹出的对话框中进行设置，如图 8-6 所示。单击“确定”按钮，效果如图 8-7 所示。

图 8-5

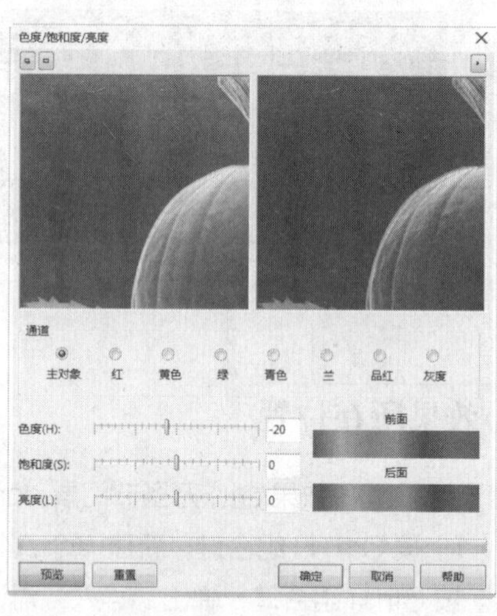

图 8-6

（4）选择“文本”工具字，在页面中分别输入需要的文字，选择“选择”工具，在属性栏中选取适当的字体并设置文字大小，填充文字为白色，效果如图 8-8 所示。

图 8-7

图 8-8

（5）选择“选择”工具，选取上方的文字，按 Ctrl+T 组合键，弹出“文本属性”泊坞窗，选项的设置如图 8-9 所示，文字效果如图 8-10 所示。选取下方的文字，在“文本属性”泊坞窗中，选项的设置如图 8-11 所示，文字效果如图 8-12 所示。

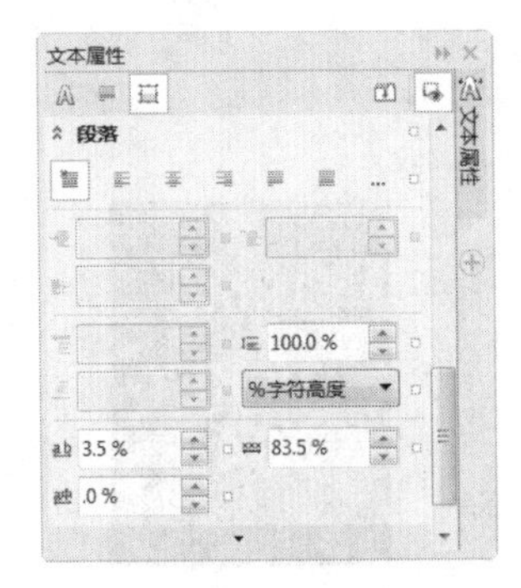

图 8-9

图 8-10

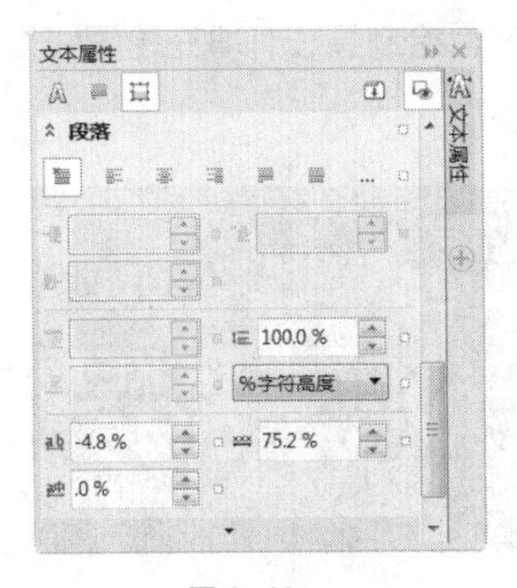

图 8-11

图 8-12

（6）选取上方的文字，在属性栏中的“旋转角度”框 中输入旋转的角度数值为 5.3，按 Enter 键，效果如图 8-13 所示。选择“2 点线”工具，按住 Shift 键的同时，在适当的位置绘制一条直线，填充轮廓线为白色。在“轮廓宽度”框 中设置数值为 0.5mm，效果如图 8-14 所示。

图 8-13

（7）在属性栏中单击“轮廓样式”选项 ，在弹出的面板中选择需要的样式，如图 8-15 所示，直线效果如图 8-16 所示。

图 8-14

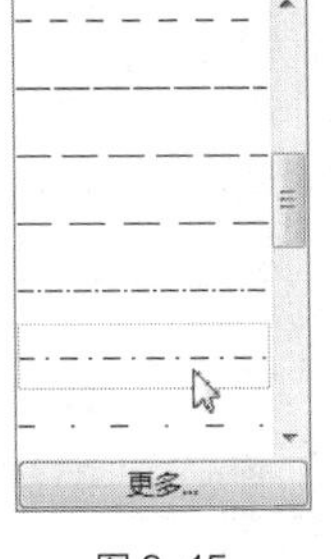

图 8-15

图 8-16

（8）选择“文本”工具，在页面中分别输入需要的文字，选择“选择”工具，在属性栏中选取适当的字体并设置文字大小，填充文字为白色，效果如图 8-17 所示。选取需要的文字，在“文本属性”泊坞窗中选项的设置如图 8-18 所示，文字效果如图 8-19 所示。

图 8-17

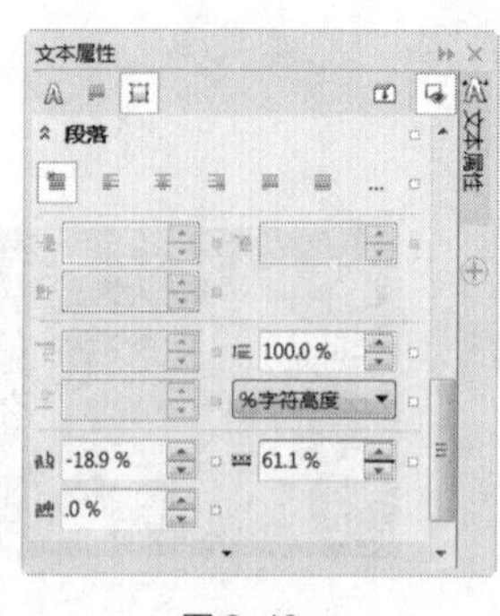

图 8-18

图 8-19

（9）选择“2 点线”工具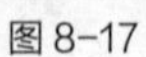，按住 Shift 键的同时，在适当的位置绘制直线，填充轮廓线为白色，效果如图 8-20 所示。万圣节门票制作完成，效果如图 8-21 所示。

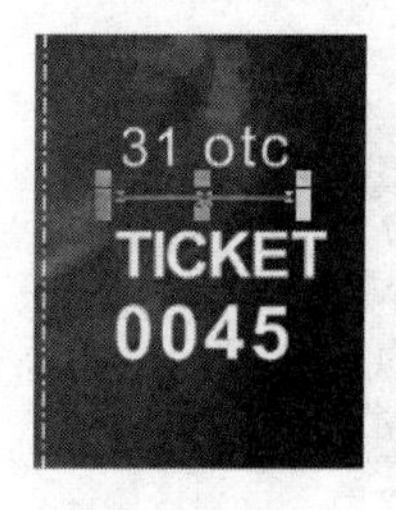

图 8-20

图 8-21

8.1.2 导入位图

选择“文件 > 导入”命令，或按 Ctrl+I 组合键，弹出“导入”对话框，在对话框中的“查找范围”列表框中选择需要的文件夹，在文件夹中选中需要的位图文件，如图 8-22 所示。

选中需要的位图文件后，单击“导入”按钮，鼠标指针变为 状，如图 8-23 所示。在绘图页面中单击鼠标左键，位图被导入到绘图页面中，如图 8-24 所示。

图 8-22

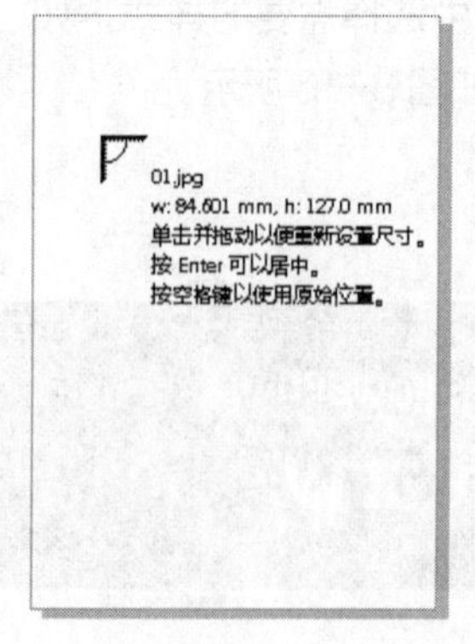

图 8-23

图 8-24

8.1.3 裁切位图

使用“形状”工具 ，可以对导入后的位图进行裁切，下面我们介绍具体的操作方法。

导入一张位图到绘图页面中，效果如图 8-25 所示。选择“形状”工具，单击位图，位图的周围出现 4 个节点，用鼠标指针拖曳节点，可以裁切位图，效果如图 8-26 所示。裁切的位图可以是不规则的形状，如图 8-27 所示。

图 8-25

图 8-26

图 8-27

导入一张位图到绘图页面中，选择“形状”工具，单击位图，位图的周围出现 4 个节点，在控制线上双击鼠标左键，可以增加节点，效果如图 8-28 所示。再单击属性栏中的按钮，转换直线为曲线，用鼠标指针拖曳节点，裁切位图，效果如图 8-29 所示。裁切的位图可以有弧形效果，如图 8-30 所示。

图 8-28

图 8-29

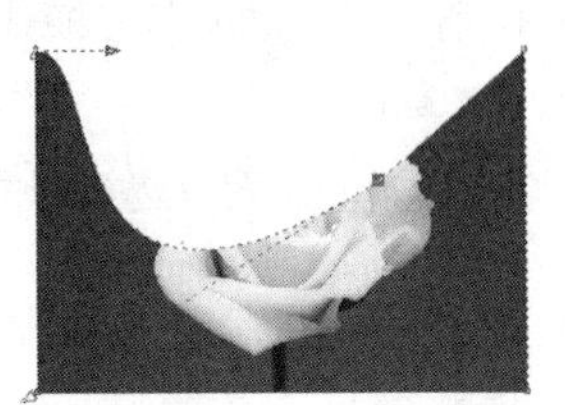

图 8-30

8.1.4 转换为位图

CorelDRAW X7 提供了将矢量图形转换为位图的功能，下面我们介绍具体的操作方法。

打开一个矢量图形并保持其选取状态，选择“位图 > 转换为位图”命令，弹出“转换为位图”对话框，如图 8-31 所示。

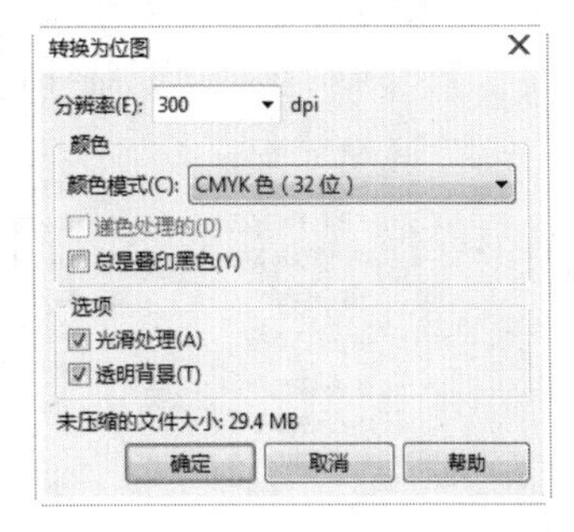

图 8-31

分辨率：在弹出的下拉列表中可选择要转换为位图的分辨率。

颜色模式：在弹出的下拉列表中可选择要转换的色彩模式。

光滑处理：可以在转换成位图后消除位图的锯齿。

透明背景：可以在转换成位图后保留原对象的通透性。

8.1.5 调整位图的颜色

CorelDRAW X7 可以对导入的位图进行颜色的调整，下面我们介绍具体的操作方法。

选中导入的位图，选择“效果 > 调整”子菜单下的命令，如图 8-32 所示，选择其中的命令，在弹出的对话框中可以对位图的颜色进行各种方式的调整。

选择“效果 > 变换”子菜单下的命令，如图 8-33 所示，在弹出的对话框中也可以对位图的颜色进行调整。

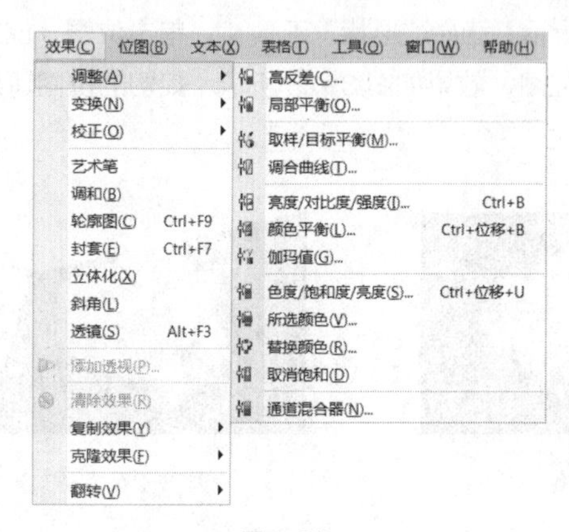

图 8-32

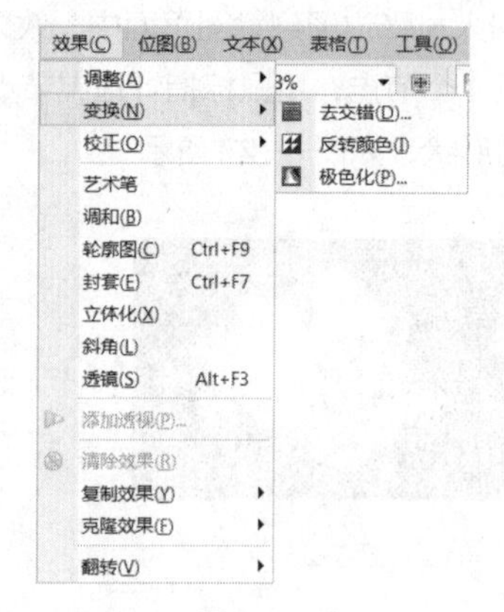

图 8-33

8.1.6 位图色彩模式

导入位图后，选择“位图 > 模式”子菜单下的各种色彩模式，可以转换位图的色彩模式，如图 8-34 所示。不同的色彩模式会以不同的方式对位图的颜色进行分类和显示。

1. **黑白模式**

选中导入的位图，选择“位图 > 模式 > 黑白”命令，弹出“转换为 1 位”对话框，如图 8-35 所示。

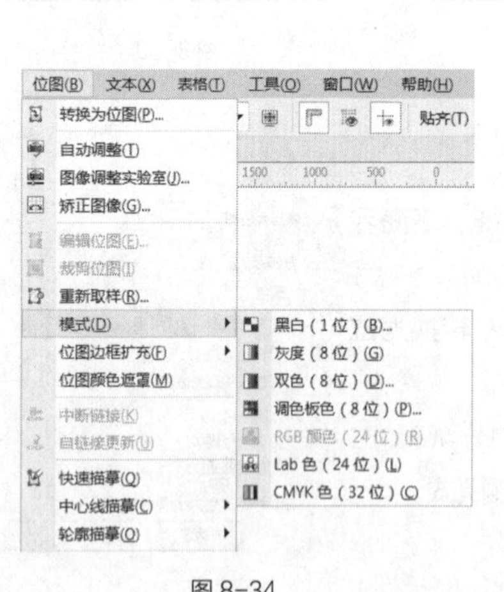

图 8-34

图 8-35

在对话框上方的导入位图预览框上单击鼠标左键，可以放大预览图像；单击鼠标右键，可以缩小预览图像。

在对话框中“转换方法”列表框上单击鼠标左键，弹出下拉列表，可以在下拉列表中选择其他的转换方法。拖曳“选项”设置区中的“阈值”滑块，可以设置转换的强度。

在对话框中“转换方法”列表框的下拉列表中选择不同的转换方法，可以使黑白位图产生不同的效果，设置完毕，单击“预览”按钮，可以预览设置的效果，单击“确定”按钮，各效果如图 8-36 所示。

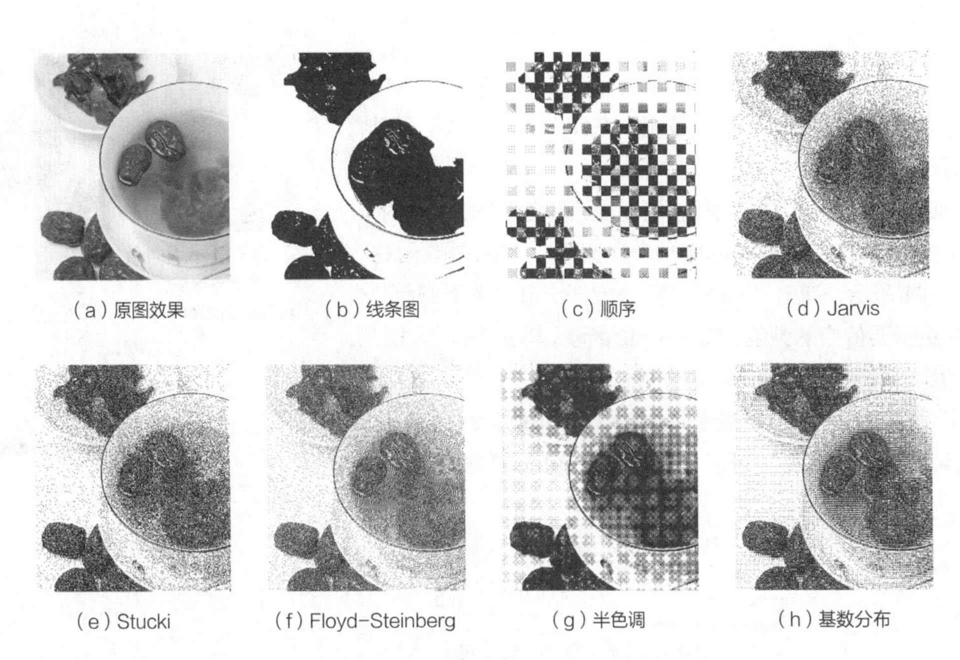
（a）原图效果 （b）线条图 （c）顺序 （d）Jarvis
（e）Stucki （f）Floyd-Steinberg （g）半色调 （h）基数分布

图 8-36

“黑白”模式只能用 1 bit 的位分辨率来记录它的每一个像素，而且只能显示黑白两色，因此是最简单的位图模式。

2. 灰度模式

导入的位图效果如图 8-37 所示。选择“位图 > 模式 > 灰度”命令，位图将转换为 256 灰度模式，效果如图 8-38 所示。

位图转换为 256 灰度模式后，效果和黑白照片的效果类似，位图被不同灰度填充并失去了所有的颜色。

3. 双色模式

导入的位图效果如图 8-39 所示。选择“位图 > 模式 > 双色”命令，弹出“双色调”对话框，如图 8-40 所示。

图 8-37

图 8-38

图 8-39

在对话框中“类型”选项的列表框上单击鼠标左键，弹出下拉列表，可以在下拉列表中选择其他的色调模式。

单击“装入”按钮，在弹出的对话框中可以装入原来保存的双色调效果。单击“保存”按钮，在弹出的对话框中可以将设置好的双色调效果保存。

拖曳右侧显示框中的曲线，可以设置双色调的色阶变化。

在双色调的色标 PANTONE Process Yellow C 上双击鼠标左键，如图 8-41 所示，弹出“选择颜色”对话框，在“选择颜色”对话框中选择要替换的颜色，如图 8-42 所示。单击“确定”按钮，将双色调的颜色替换，如图 8-43 所示。

设置完毕，单击“预览”按钮，可以预览双色调设置的效果，单击“确定”按钮，双色调位图的效果如图 8-44 所示。

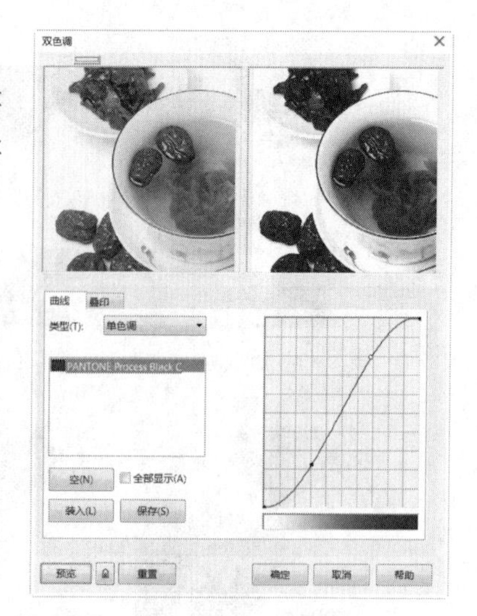

图 8-40

图 8-41

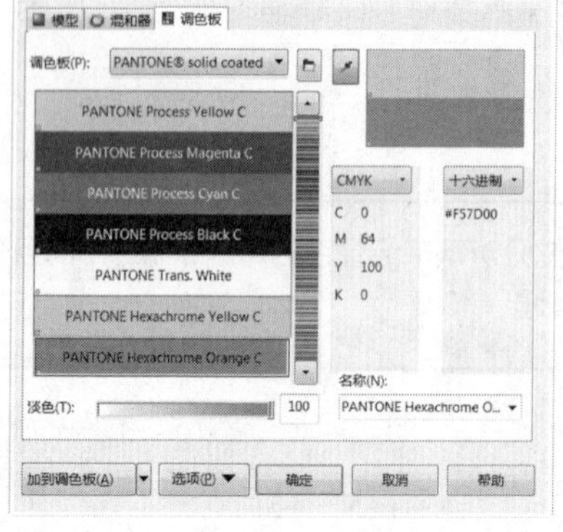

图 8-42

图 8-43

图 8-44

4. 调色板模式

选中导入的位图，选择“位图 > 模式 > 调色板色”命令，弹出“转换至调色板色”对话框，如图 8-45 所示。

在对话框中拖曳“平滑”滑块，可以设置位图色彩的平滑程度。在“调色板”选项的列表框上单击，弹出下拉列表，可以在下拉列表中选择调色板的类型。在“递色处理的”选项的列表框上单击鼠标左键，弹出下拉列表，可以在下拉列表中选择底色的类型。拖曳“抵色强度”滑块，可以设置位图底色的抖动程度。“颜色”选项可以控制色彩数。在“预设”选项的列表框上单击鼠标左键，弹出下拉列表，可以在下拉列表中选择预设的效果。

在“调色板”选项的下拉列表中选择“更多调色板”选项，弹出“更多调色板”对话框，在对话框中可以选择需要的调色板，如图 8-46 所示。选择完毕，单击“确定”按钮。

图 8-45

“转换至调色板色”对话框的设置如图 8-47 所示。

设置完毕，单击“预览”按钮，可以预览调色板设置的效果，单击“确定”按钮，自定义调色板位图的效果如图 8-48 所示。

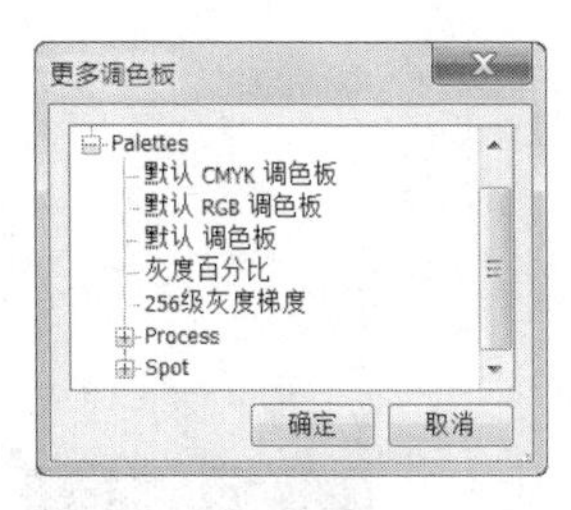

图 8-46

图 8-47

图 8-48

8.2 使用滤镜

CorelDRAW X7 提供了多种滤镜，可以对位图进行各种效果的处理。灵活使用位图的滤镜，可以为我们设计的作品增色不少。下面我们就来具体介绍滤镜的使用方法。

8.2.1 课堂案例——制作商场广告

案例学习目标

学习使用编辑位图命令和文字工具制作商场广告。

案例知识要点

使用导入命令、旋涡命令、天气命令和高斯模糊命令添加和编辑背景图片；使用矩形工具和图框精确剪裁命令制作背景效果；使用文本工具和字符面板制作宣传文字。商场广告效果如图 8-49 所示。

图 8-49

效果所在位置

云盘/Ch08/效果/制作商场广告.cdr。

（1）按 Ctrl+N 组合键，新建一个 A4 页面。按 Ctrl+I 组合键，弹出“导入”对话框，选择云盘中的“Ch08 > 素材 > 制作商场广告 > 01”文件，单击“导入”按钮，在页面中单击导入图片，调整其大小，效果如图 8-50 所示。

（2）选择“位图 > 扭曲 > 旋涡”命令，在弹出的对话框中进行设置，如图 8-51 所示。单击“确定”按钮，效果如图 8-52 所示。

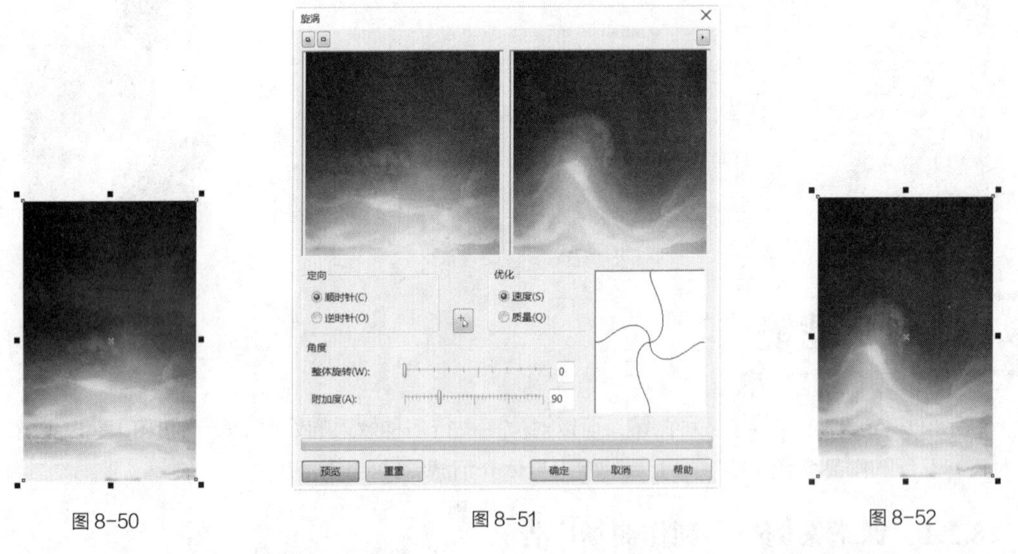

图 8-50　　图 8-51　　图 8-52

（3）选择“位图 > 创造性 > 天气”命令，在弹出的对话框中进行设置，如图 8-53 所示。单击“确定”按钮，效果如图 8-54 所示。

（4）按 Ctrl+I 组合键，弹出“导入”对话框，选择云盘中的“Ch08 > 素材 > 制作商场广告 > 02”文件，单击“导入”按钮，在页面中单击导入图片，效果如图 8-55 所示。

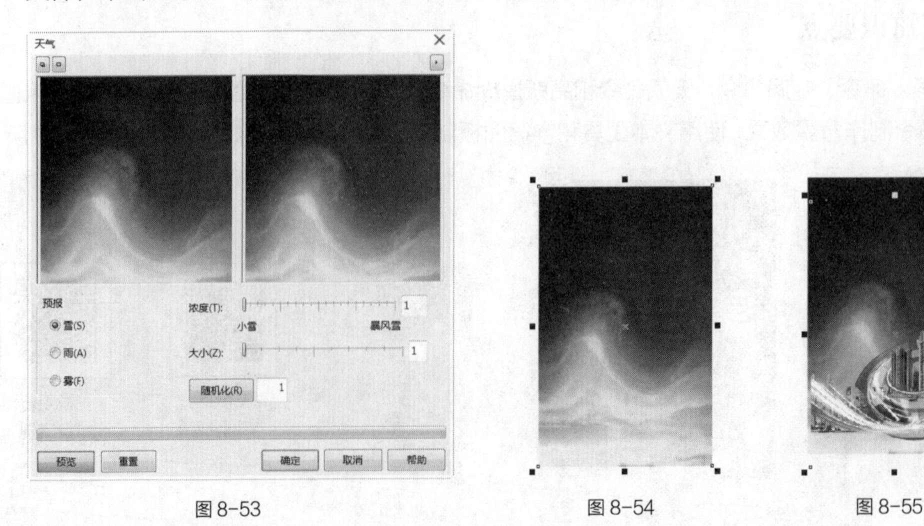

图 8-53　　图 8-54　　图 8-55

（5）选择“位图 > 模糊 > 高斯模糊”命令，在弹出的对话框中进行设置，如图 8-56 所示。单击“确定”按钮，效果如图 8-57 所示。

（6）双击“矩形”工具，绘制一个与页面大小相等的矩形，如图 8-58 所示。按 Shift+PageUp 组合键，将矩形置于图层的前面，效果如图 8-59 所示。

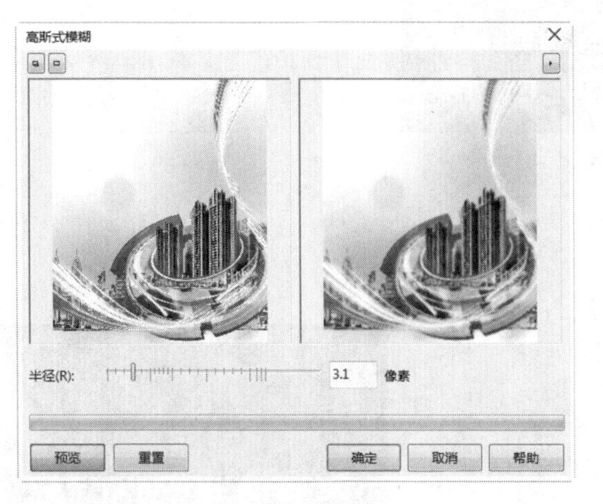

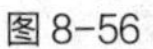
图 8-56

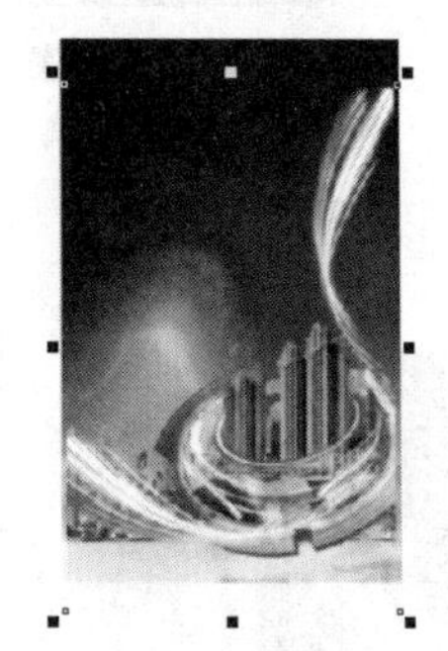
图 8-57

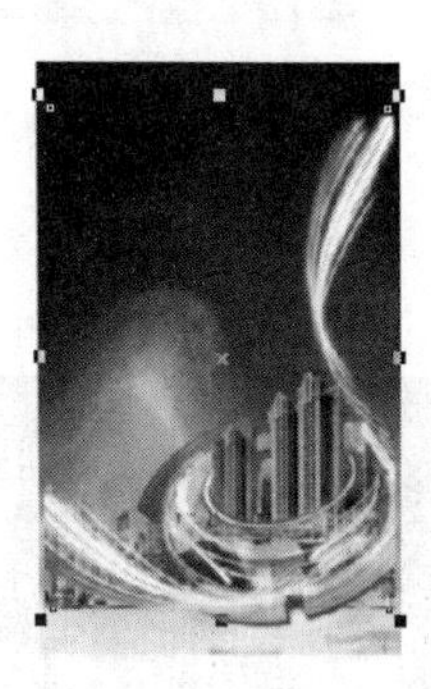
图 8-58

（7）选择“选择”工具，按住 Shift 键的同时，将两个图片同时选取，如图 8-60 所示。选择“对象 > 图框精确剪裁 > 置于图文框内部”命令，鼠标指针变为黑色箭头形状，在矩形上单击，如图 8-61 所示，图片置入矩形中，效果如图 8-62 所示。

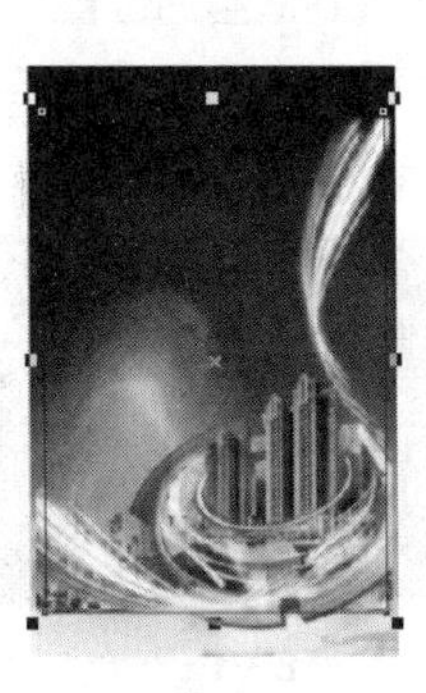
图 8-59

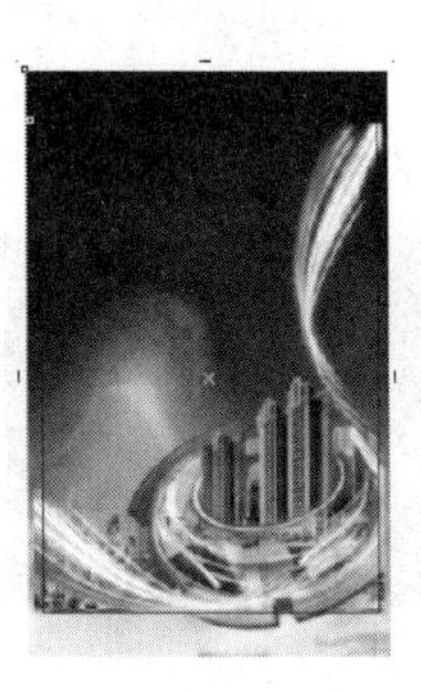
图 8-60

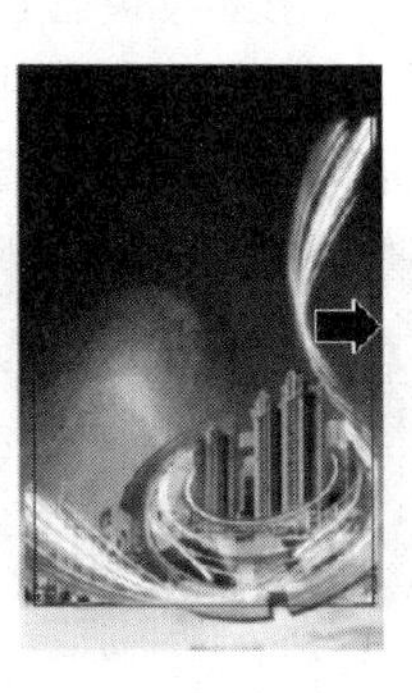
图 8-61

图 8-62

（8）选择“文本”工具，在页面中分别输入需要的文字，选择“选择”工具，在属性栏中选取适当的字体并设置文字大小，设置文字颜色的 CMYK 值为 0、0、100、0，填充文字，效果如图 8-63 所示。按住 Shift 键的同时，将需要的文字同时选取，设置文字颜色的 CMYK 值为 100、0、0、0，填充文字，效果如图 8-64 所示。

（9）选择“选择”工具，选取需要的文字。按 Ctrl+T 组合键，弹出“文本属性”泊坞窗，选项的设置如图 8-65 所示，文字效果如图 8-66 所示。选取右侧的文字。在“文本属性”泊坞窗中，选项的设置如图 8-67 所示，并将其拖曳到适当的位置，文字效果如图 8-68 所示。

图8-63

图8-64

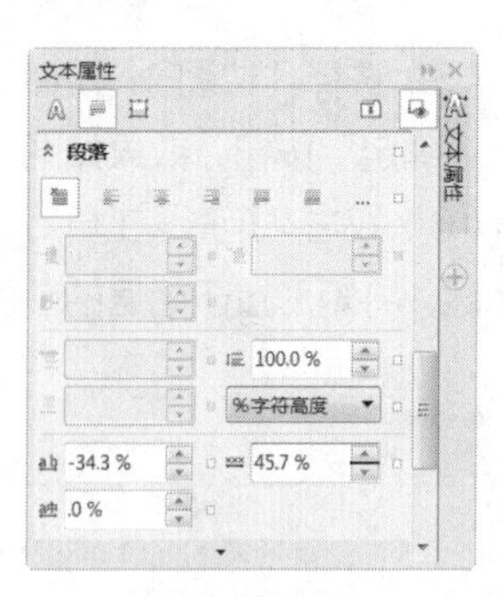

图8-65

图8-66

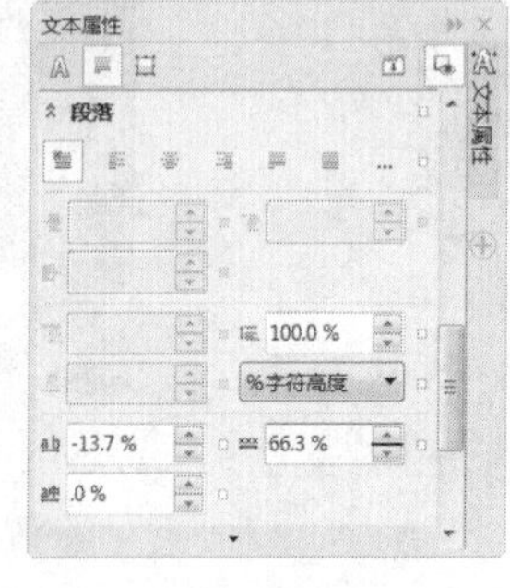

图8-67

图8-68

（10）选择“矩形”工具，在适当的位置绘制矩形，设置图形填充颜色的CMYK值为100、0、0、0，填充图形，并去除图形的轮廓线，如图8-69所示。用相同的方法再次绘制矩形，设置图形填充颜色的CMYK值为0、100、0、0，填充图形，并去除图形的轮廓线，如图8-70所示。

（11）选择“选择”工具，按数字键盘上的+键，复制矩形，并将其拖曳到适当的位置，效果如图8-71所示。选择“矩形”工具，在页面中绘制矩形，设置图形填充颜色的CMYK值为0、0、100、0，填充图形，并去除图形的轮廓线，如图8-72所示。

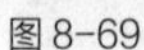
图8-69

图8-70

图8-71

（12）选择“选择”工具，按住Shift键的同时，将3个矩形同时选取，如图8-73所示。选择“对象 > 图框精确剪裁 > 置于图文框内部”命令，鼠标指针变为黑色箭头形状，在前方的黄色矩形上单击，选取的矩形置入前方的矩形中，效果如图8-74所示。

图8-72

图8-73

图8-74

（13）选择“文本”工具字，在页面中输入需要的文字，选择“选择”工具，在属性栏中选取适当的字体并设置文字大小，设置文字颜色的 CMYK 值为 0、0、100、0，填充文字，效果如图 8-75 所示。

（14）选择“矩形”工具，在页面中绘制矩形，设置图形填充颜色的 CMYK 值为 0、100、0、0，填充图形，并去除图形的轮廓线，如图 8-76 所示。选择“文本”工具字，在页面中输入需要的文字，选择“选择”工具，在属性栏中选取适当的字体并设置文字大小，填充文字为白色，效果如图 8-77 所示。

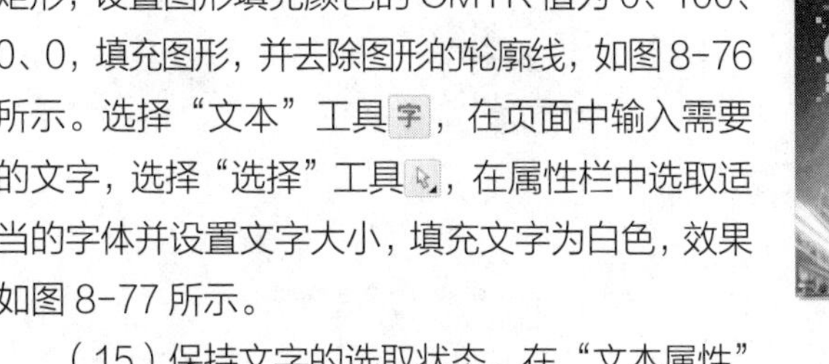

图 8-75

图 8-76

（15）保持文字的选取状态。在“文本属性”泊坞窗中选项的设置如图 8-78 所示，文字效果如图 8-79 所示。

图 8-77

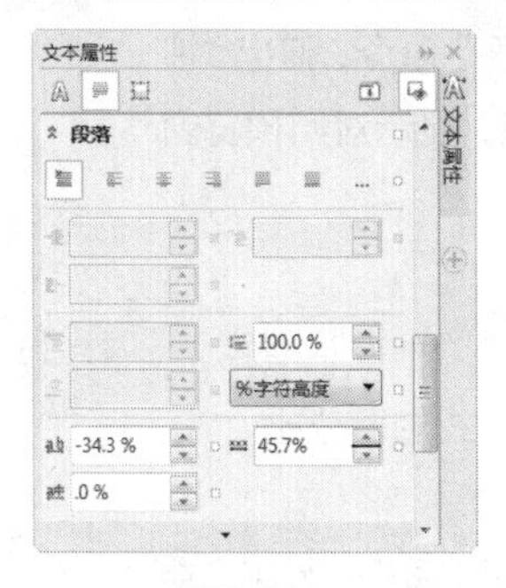

图 8-78

图 8-79

（16）选择“选择”工具，按住 Shift 键的同时，将矩形和文字同时选取，如图 8-80 所示。单击属性栏中的“移除前面对象”按钮，效果如图 8-81 所示。商场广告制作完成，效果如图 8-82 所示。

图 8-80

图 8-81

图 8-82

8.2.2 三维效果

选取导入的位图，选择“位图 > 三维效果”子菜单下的命令，如图 8-83 所示，CorelDRAW X7 提供了 7 种不同的三维效果，下面我们来介绍几种常用的三维效果。

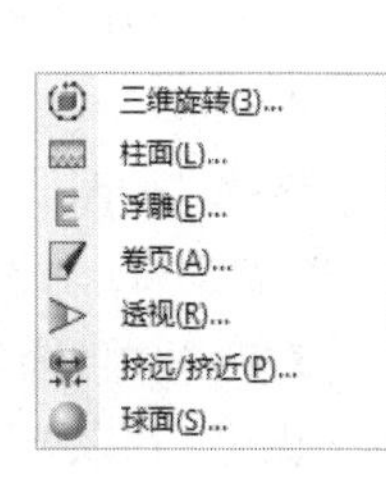

图 8-83

1. 三维旋转

选择“位图 > 三维效果 > 三维旋转”命令，弹出“三维旋转”对话框，单击对话框中的按钮，显示对照预览窗口，如图 8-84 所示，左窗口显示的是位图原始效果，右窗口显示的是完成各项设置后的位图效果。

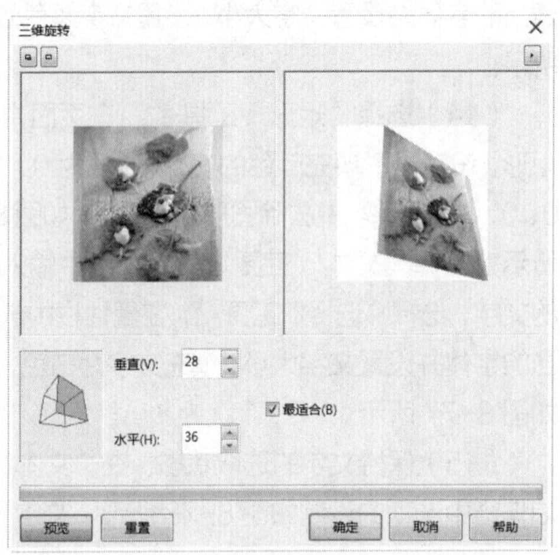

图 8-84

对话框中各选项的含义如下。

：用鼠标拖动立方体图标，可以设定图像的旋转角度。

垂直：可以设置绕垂直轴旋转的角度。

水平：可以设置绕水平轴旋转的角度。

最适合：经过三维旋转后的位图尺寸将接近原来的位图尺寸。

预览：预览设置后的三维旋转效果。

重置：对所有参数重新设置。

2. 柱面

选择“位图 > 三维效果 > 柱面”命令，弹出“柱面”对话框，单击对话框中的按钮，显示对照预览窗口，如图 8-85 所示。

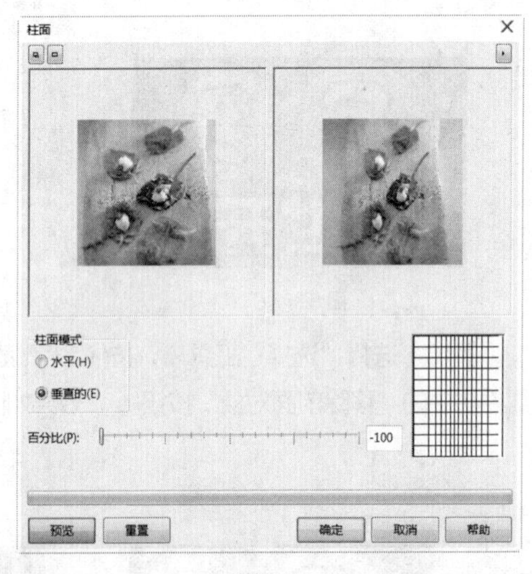

图 8-85

对话框中各选项的含义如下。

柱面模式：可以选择“水平”或“垂直”模式。

百分比：可以设置水平或垂直模式的百分比。

3. 卷页

选择“位图 > 三维效果 > 卷页”命令，弹出“卷页”对话框，单击对话框中的按钮，显示对照预览窗口，如图 8-86 所示。

对话框中各选项的含义如下。

：4 个卷页类型按钮，可以设置位图卷起页角的位置。

定向：有“垂直的”和“水平”两个单选项，可以设置卷页效果的卷起边缘。

纸张：有“不透明”和“透明的”两个单选项，可以设置卷页部分是否透明。

卷曲：可以设置卷页颜色。

背景：可以设置卷页后面的背景颜色。

宽度：可以设置卷页的宽度。

高度：可以设置卷页的高度。

4. 球面

选择“位图 > 三维效果 > 球面”命令，弹出“球面”对话框，单击对话框中的按钮，显示对照预览窗口，如图 8-87 所示。

对话框中各选项的含义如下。

优化：可以选择“速度”和“质量”选项。

百分比：可以控制位图球面化的程度。

：用来在预览窗口中设定变形的中心点。

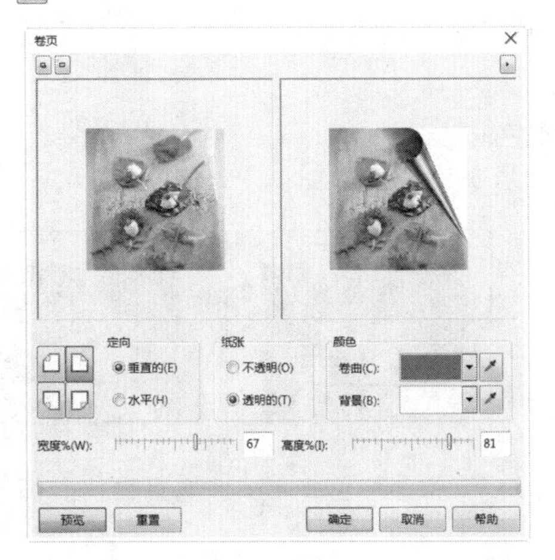

图 8-86

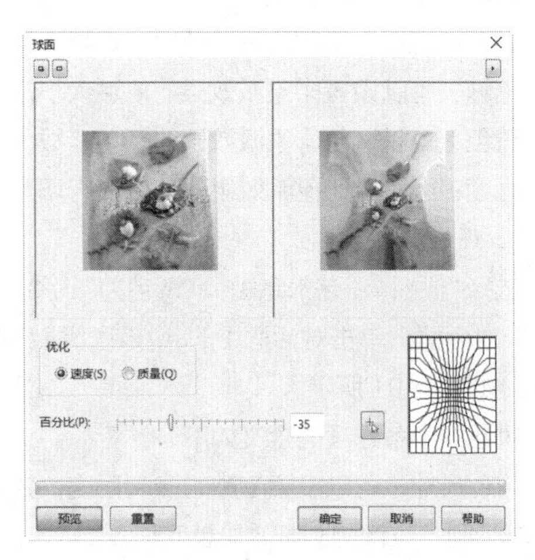

图 8-87

8.2.3 艺术笔触

选中位图，选择“位图 > 艺术笔触”子菜单下的命令，如图 8-88 所示，CorelDRAW X7 提供了 14 种不同的艺术笔触效果，下面我们来介绍常用的几种艺术笔触。

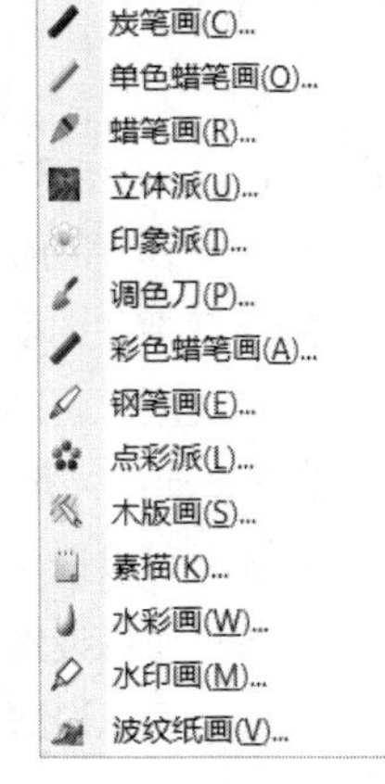

图 8-88

1. 炭笔画

选择“位图 > 艺术笔触 > 炭笔画”命令，弹出“炭笔画”对话框，单击对话框中的按钮，显示对照预览窗口，如图 8-89 所示。

对话框中各选项的含义如下。

大小：可以设置位图炭笔画的像素大小。

边缘：可以设置位图炭笔画的黑白度。

2. 印象派

选择“位图 > 艺术笔触 > 印象派”命令，弹出“印象派”对话框，单击对话框中的按钮，显示对照预览窗口，如图 8-90 所示。

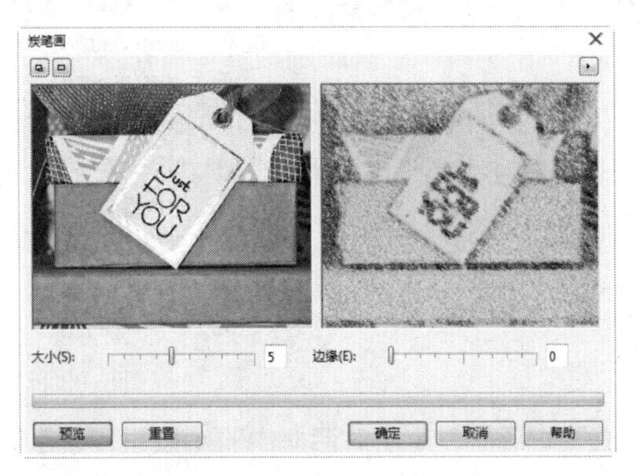

图 8-89

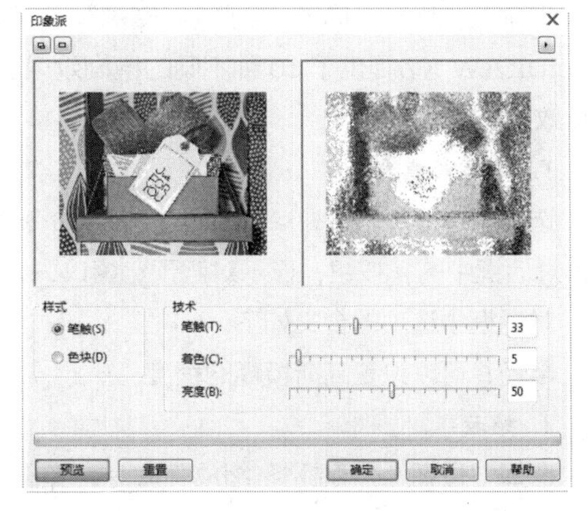

图 8-90

对话框中各选项的含义如下。

样式：选择“笔触”或“色块”选项，会得到不同的印象派位图效果。

笔触：可以设置印象派效果的笔触大小及其强度。

着色：可以调整印象派效果的颜色，数值越大，颜色越重。

亮度：可以对印象派效果的亮度进行调节。

3. 调色刀

选择“位图 > 艺术笔触 > 调色刀”命令，弹出“调色刀”对话框，单击对话框中的▣按钮，显示对照预览窗口，如图 8-91 所示。

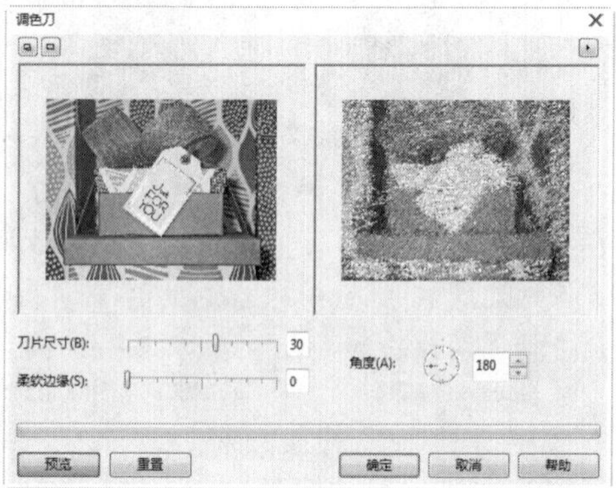

对话框中各选项的含义如下。

刀片尺寸：可以设置笔触的锋利程度，数值越小，笔触越锋利，位图的刻画效果越明显。

柔软边缘：可以设置笔触的坚硬程度，数值越大，位图的刻画效果越平滑。

角度：可以设置笔触的角度。

图 8-91

4. 素描

选择“位图 > 艺术笔触 > 素描”命令，弹出“素描”对话框，单击对话框中的▣按钮，显示对照预览窗口，如图 8-92 所示。

对话框中各选项的含义如下。

铅笔类型：可选择“碳色”或“颜色”两种类型，不同的类型可以产生不同的位图素描效果。

样式：可以设置石墨或彩色素描效果的平滑度。

笔芯：可以设置素描效果的精细和粗糙程度。

轮廓：可以设置素描效果的轮廓线宽度。

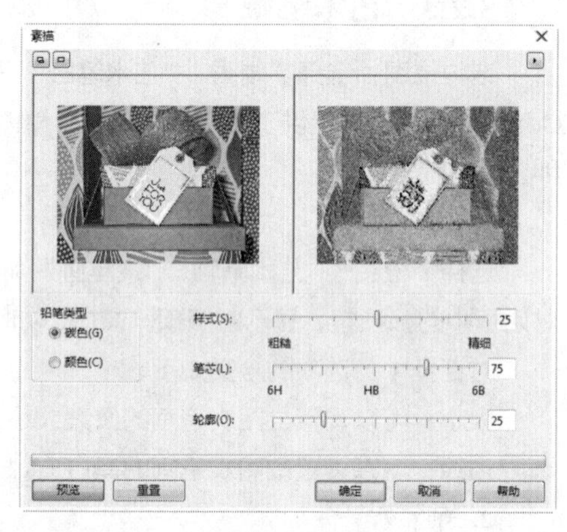

图 8-92

8.2.4 模糊

选中一张图片，选择“位图 > 模糊”子菜单下的命令，如图 8-93 所示。CorelDRAW X7 提供了 10 种不同的模糊效果，下面我们介绍其中两种常用的模糊效果。

1. 高斯式模糊

选择“位图 > 模糊 > 高斯式模糊”命令，弹出“高斯式模糊”对话框，单击对话框中的▣按钮，显示对照预览窗口，如图 8-94 所示。

对话框中选项的含义如下。

半径：可以设置高斯模糊的程度。

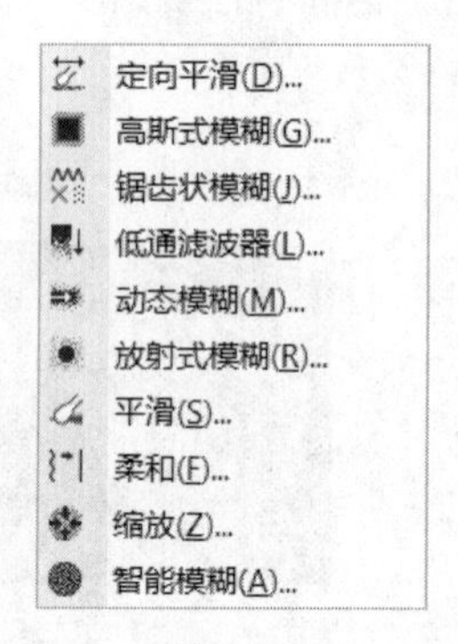

图 8-93

2. 缩放

选择“位图 > 模糊 > 缩放”命令，弹出“缩放”对话框，单击对话框中的▣按钮，显示对照预览窗口，如图 8-95 所示。

对话框中各选项的含义如下。

：在左边的原始图像预览框中单击鼠标左键，可以确定移动模糊的中心位置。

数量：可以设定图像的模糊程度。

图 8-94

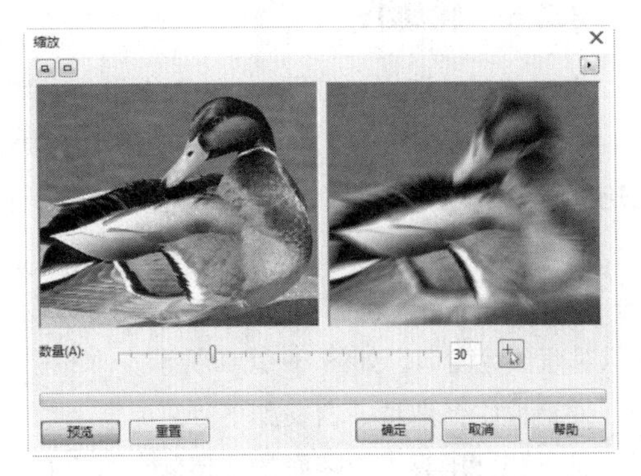

图 8-95

8.2.5 颜色转换

选中位图，选择“位图 > 颜色转换”子菜单下的命令，如图 8-96 所示。CorelDRAW X7 提供了 4 种不同的颜色转换效果，下面我们介绍其中两种常用的颜色转换效果。

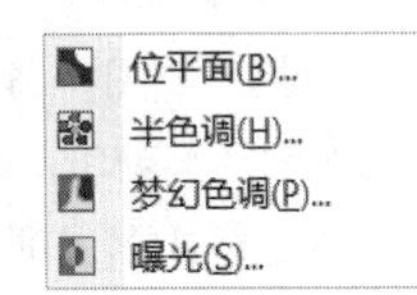

图 8-96

1. 半色调

选择“位图 > 颜色转换 > 半色调”命令，弹出“半色调”对话框，单击对话框中的按钮，显示对照预览窗口，如图 8-97 所示。

对话框中各选项的含义如下。

青、品红、黄、黑：可以设定颜色通道的网角值。

最大点半径：可以设定网点的大小。

2. 曝光

选择“位图 > 颜色转换 > 曝光”命令，弹出“曝光”对话框，单击对话框中的按钮，显示对照预览窗口，如图 8-98 所示。

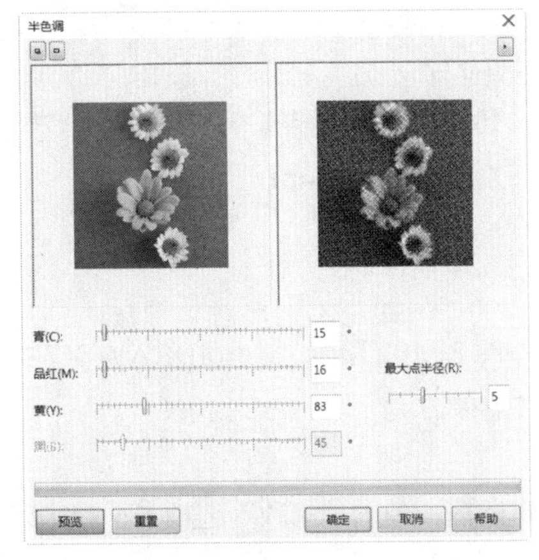

图 8-97

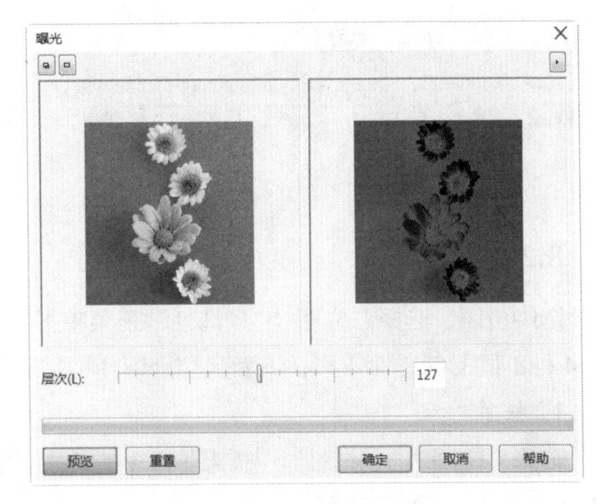

图 8-98

对话框中选项的含义如下。

层次：可以设定曝光的强度，数量大，曝光过度；反之，则曝光不足。

8.2.6 轮廓图

选中位图，选择“位图 > 轮廓图”子菜单下的命令，如图 8-99 所示。CorelDRAW X7 提供了 3 种不同的轮廓图效果，下面我们介绍其中两种常用的轮廓图效果。

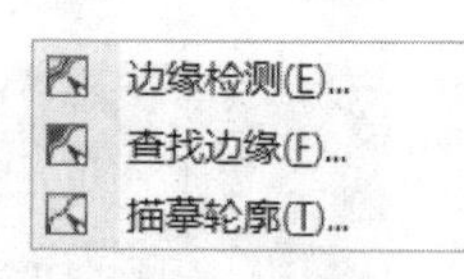

图 8-99

1. 边缘检测

选择“位图 > 轮廓图 > 边缘检测”命令，弹出“边缘检测”对话框，单击对话框中的按钮，显示对照预览窗口，如图 8-100 所示。

对话框中各选项的含义如下。

背景色：用来设定图像的背景颜色为白色、黑色或其他颜色。

：可以在位图中吸取背景色。

灵敏度：用来设定探测边缘的灵敏度。

2. 查找边缘

选择“位图 > 轮廓图 > 查找边缘”命令，弹出“查找边缘”对话框，单击对话框中的按钮，显示对照预览窗口，如图 8-101 所示。

对话框中各选项的含义如下。

边缘类型：有“软”和“纯色”两种类型，选择不同的类型，会得到不同的效果。

层次：可以设定效果的纯度。

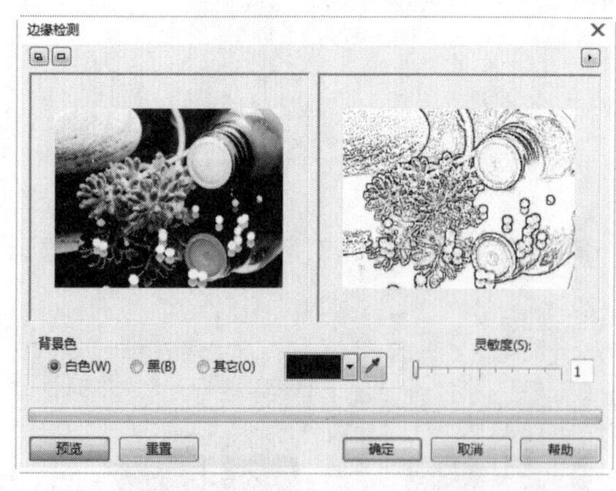

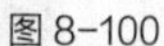
图 8-100

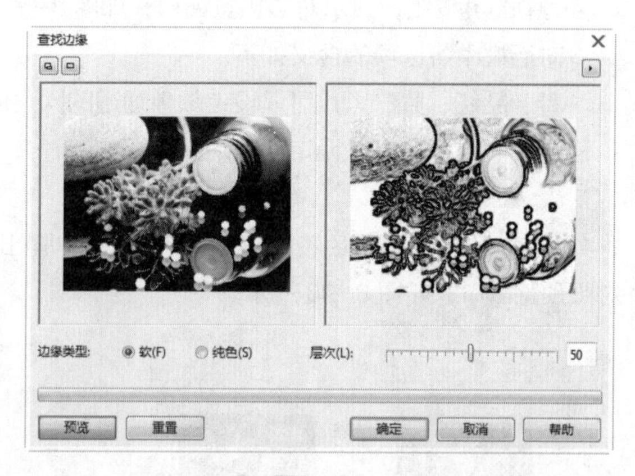

图 8-101

8.2.7 创造性

选中位图，选择“位图 > 创造性”子菜单下的命令，如图 8-102 所示。CorelDRAW X7 提供了 14 种不同的创造性效果，下面我们介绍几种常用的创造性效果。

1. 框架

选择“位图 > 创造性 > 框架”命令，弹出“框架”对话框，单击“修改”选项卡，单击对话框中的按钮，显示对照预览窗口，如图 8-103 所示。

对话框中各选项的含义如下。

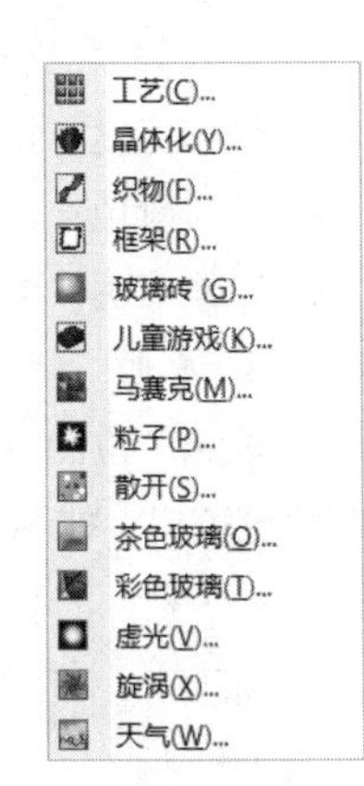

图 8-102

“选择”选项卡：用来选择框架，并为选取的列表添加新框架。

“修改”选项卡：用来对框架进行修改。此选项卡中各选项的含义如下。

颜色、不透明：用来设定框架的颜色和透明度。

模糊/羽化：用来设定框架边缘的模糊及羽化程度。

调和：用来选择框架与图像之间的混合方式。

水平、垂直：用来设定框架的大小比例。

旋转：用来设定框架的旋转角度。

翻转：用来将框架垂直或水平翻转。

对齐：用来在图像窗口中设定框架效果的中心点。

回到中心位置：用来在图像窗口中重新设定中心点。

2. 马赛克

选择“位图 > 创造性 > 马赛克”命令，弹出“马赛克”对话框，单击对话框中的按钮，显示对照预览窗口，如图 8-104 所示。

对话框中各选项的含义如下。

大小：设置马赛克显示的大小。

背景色：设置马赛克的背景颜色。

虚光：为马赛克图像添加模糊的羽化框架。

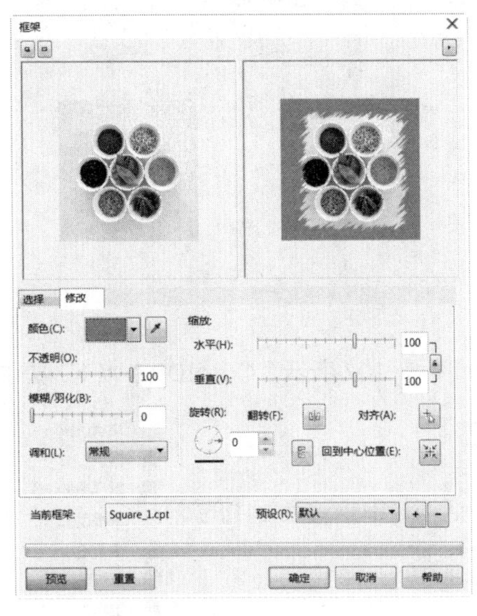

图 8-103

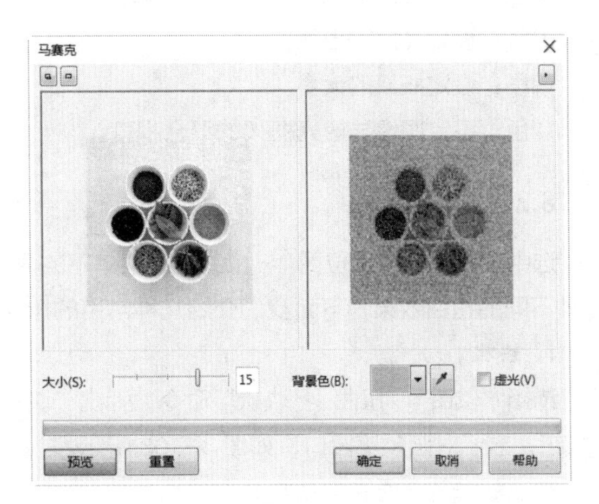

图 8-104

3. 彩色玻璃

选择“位图 > 创造性 > 彩色玻璃”命令，弹出“彩色玻璃”对话框，单击对话框中的按钮，显示对照预览窗口，如图 8-105 所示。

对话框中各选项的含义如下。

大小：设定彩色玻璃块的大小。

光源强度：设定彩色玻璃光源的强度。强度越小，显示越暗；强度越大，显示越亮。

焊接宽度：设定玻璃块焊接处的宽度。

焊接颜色：设定玻璃块焊接处的颜色。

三维照明：显示彩色玻璃图像的三维照明效果。

4. 虚光

选择“位图 > 创造性 > 虚光”命令，弹出“虚光”对话框，单击对话框中的按钮，显示对照预览窗口，如图 8-106 所示。

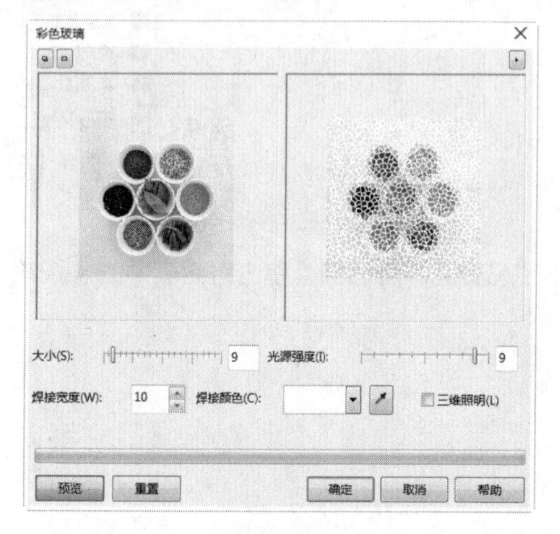

图 8-105

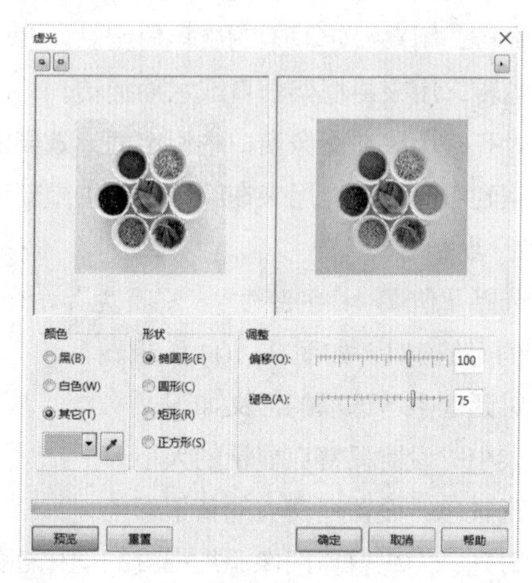

图 8-106

对话框中各选项的含义如下。

颜色：设定光照的颜色。

形状：设定光照的形状。

偏移：设定框架的大小。

褪色：设定图像与虚光框架的混合程度。

8.2.8 扭曲

选中位图，选择“位图 > 扭曲”子菜单下的命令，如图 8-107 所示。CorelDRAW X7 提供了 11 种不同的扭曲效果，下面我们介绍几种常用的扭曲效果。

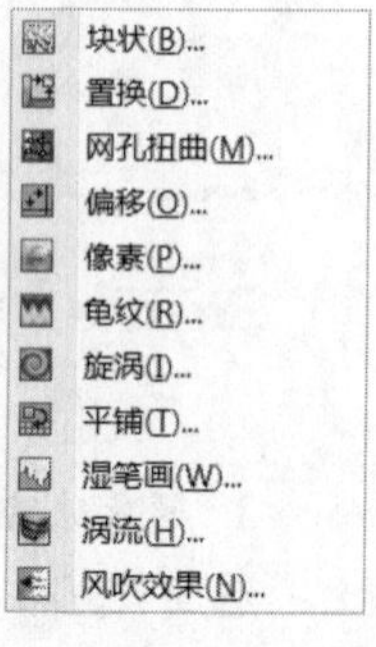

块状(B)...
置换(D)...
网孔扭曲(M)...
偏移(O)...
像素(P)...
龟纹(R)...
旋涡(I)...
平铺(T)...
湿笔画(W)...
涡流(H)...
风吹效果(N)...

图 8-107

1. 块状

选择“位图 > 扭曲 > 块状”命令，弹出“块状”对话框，单击对话框中的按钮，显示对照预览窗口，如图 8-108 所示。

对话框中各选项的含义如下。

未定义区域：在其下拉列表中可以设定背景部分的颜色。

块宽度、块高度：设定块状图像的尺寸大小。

最大偏移：设定块状图像的打散程度。

2. 置换

选择“位图 > 扭曲 > 置换”命令，弹出“置换”对话框，单击对话框中的按钮，显示对照预览窗口，如图 8-109 所示。

对话框中各选项的含义如下。

缩放模式：可以选择“平铺”或“伸展适合”两种模式。

：可以选择置换的图形。

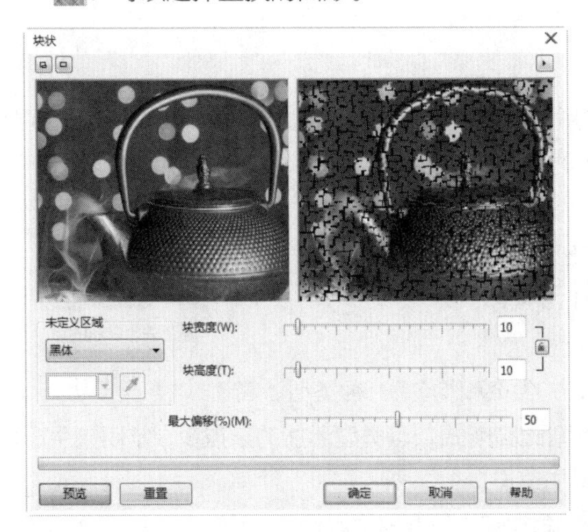

图 8-108

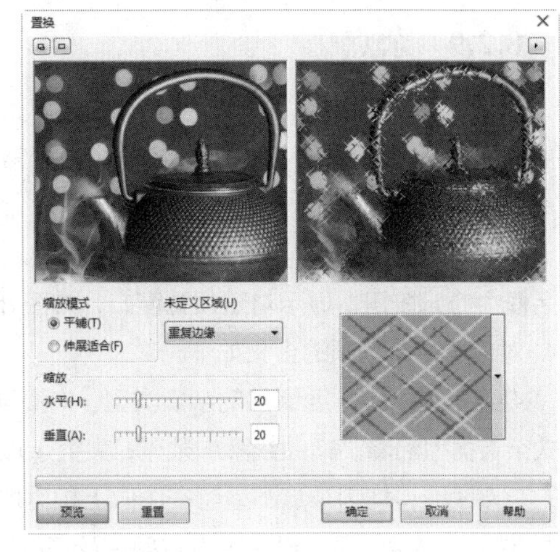

图 8-109

3. 像素

选择“位图 > 扭曲 > 像素”命令，弹出“像素”对话框，单击对话框中的按钮，显示对照预览窗口，如图 8-110 所示。

对话框中各选项的含义如下。

像素化模式：当选择“射线”模式时，可以在预览窗口中设定像素化的中心点。

宽度、高度：设定像素色块的大小。

不透明：设定像素色块的不透明度，数值越小，色块就越透明。

4. 龟纹

选择“位图 > 扭曲 > 龟纹”命令，弹出“龟纹”对话框，单击对话框中的按钮，显示对照预览窗口，如图 8-111 所示。

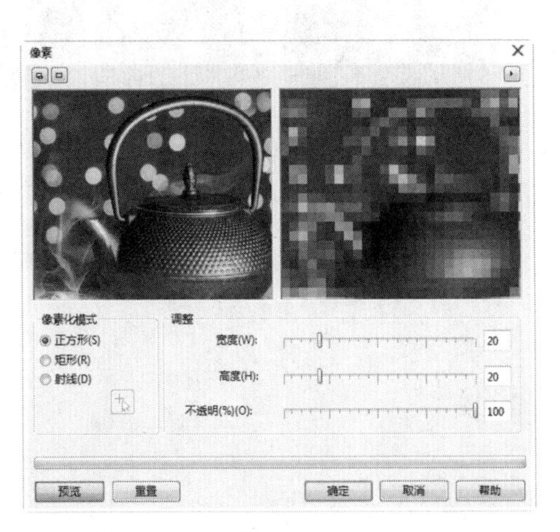

图 8-110

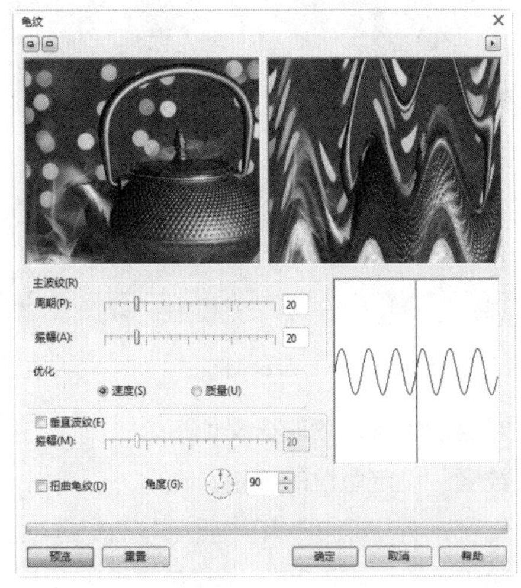

图 8-111

对话框中选项的含义如下。

周期、振幅：默认的波纹是与图像的顶端和底端平行的。拖曳此滑块，可以设定波纹的周期和振幅，在右边可以看到波纹的形状。

8.2.9 杂点

选中位图，选择“位图 > 杂点”子菜单下的命令，如图 8-112 所示。CorelDRAW X7 提供了 6 种不同的杂点效果，下面我们介绍其中两种常用的杂点滤镜效果。

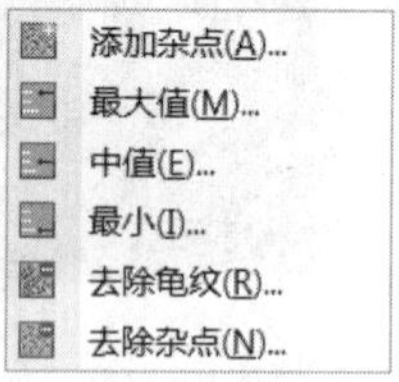

添加杂点(A)...
最大值(M)...
中值(E)...
最小(I)...
去除龟纹(R)...
去除杂点(N)...

图 8-112

1. 添加杂点

选择“位图 > 杂点 > 添加杂点”命令，弹出“添加杂点”对话框，单击对话框中的按钮，显示对照预览窗口，如图 8-113 所示。

对话框中各选项的含义如下。

杂点类型：设定要添加的杂点类型，有高斯式、尖突和均匀 3 种类型。高斯式杂点类型沿着高斯曲线添加杂点；尖突杂点类型比高斯式杂点类型添加的杂点少，常用来生成较亮的杂点区域；均匀杂点类型可在图像上相对地添加杂点。

层次、密度：可以设定杂点对颜色及亮度的影响范围及杂点的密度。

颜色模式：用来设定杂点的模式，在颜色下拉列表框中可以选择杂点的颜色。

2. 去除龟纹

选择“位图 > 杂点 > 去除龟纹”命令，弹出“去除龟纹”对话框，单击对话框中的按钮，显示对照预览窗口，如图 8-114 所示。

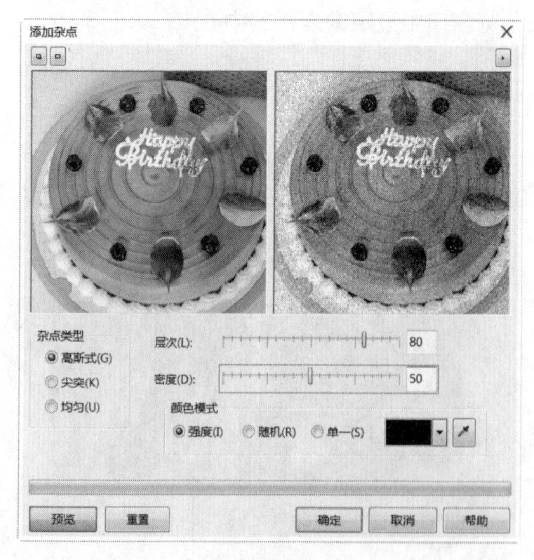

图 8-113

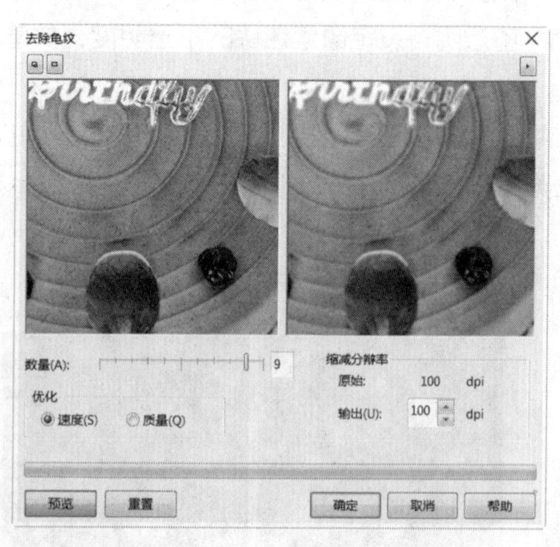

图 8-114

对话框中各选项的含义如下。

数量：设定龟纹的数量。

优化：有“速度”和“质量”两个选项。

输出：设定新的图像分辨率。

8.2.10　鲜明化

选中位图，选择“位图 > 鲜明化”子菜单下的命令，如图 8-115 所示。CorelDRAW X7 提供了 5 种不同的鲜明化效果，下面我们介绍其中两种主要的鲜明化滤镜效果。

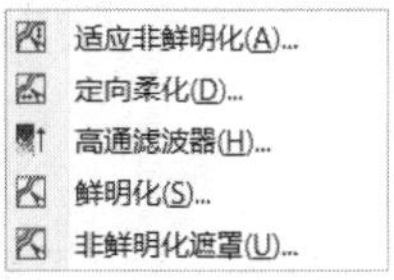

适应非鲜明化(A)...
定向柔化(D)...
高通滤波器(H)...
鲜明化(S)...
非鲜明化遮罩(U)...

图 8-115

1. 高通滤波器

选择“位图 > 鲜明化 > 高通滤波器”命令，弹出“高通滤波器”对话框，单击对话框中的按钮，显示对照预览窗口，如图 8-116 所示。

对话框中各选项的含义如下。

百分比：设定滤镜效果的程度。

半径：设定应用效果的像素范围。

2. 非鲜明化遮罩

选择“位图 > 鲜明化 > 非鲜明化遮罩”命令，弹出“非鲜明化遮罩”对话框，单击对话框中的按钮，显示对照预览窗口，如图 8-117 所示。

对话框中各选项的含义如下。

百分比：设定滤镜效果的程度。

半径：设定应用效果的像素范围。

阈值：设定锐化效果的强弱，其数值越小，效果就越明显。

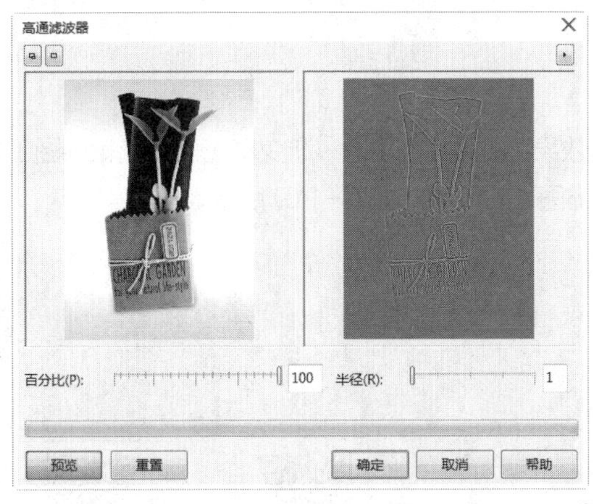

图 8-116

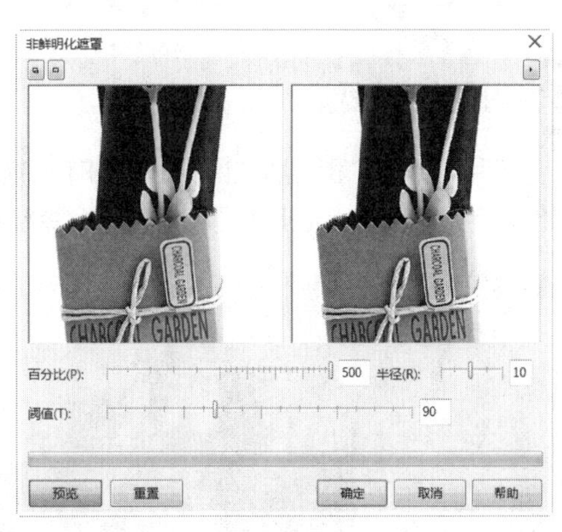

图 8-117

课堂练习——制作心情卡

练习知识要点

使用位图颜色遮罩命令遮罩背景颜色；使用黑白命令为人物图片填充颜色；使用动态模糊命令制作图形模糊效果；使用颜色平衡命令调整图形颜色；使用文本工具输入文字。效果如图 8-118 所示。

图 8-118

效果所在位置

云盘/Ch08/效果/制作心情卡.cdr。

课后习题——制作夜吧海报

习题知识要点

使用导入命令和高斯式模糊命令制作人物剪影效果；使用文本工具、渐变填充工具和轮廓图工具制作文字效果；使用矩形工具和轮廓笔命令绘制装饰图形。效果如图 8-119 所示。

图 8-119

效果所在位置

云盘/Ch08/效果/制作夜吧海报.cdr。

09

第 9 章
应用特殊效果

CorelDRAW X7 提供了多种特殊效果工具和命令，应用这些效果和命令，可以制作出丰富的图形特效。通过对本章内容的学习，读者可以了解并掌握如何应用强大的特殊效果功能制作出丰富多彩的图形特效。

课堂学习目标

- ✔ 掌握图框精确裁剪的调整方法
- ✔ 掌握色调的调整方法
- ✔ 掌握特殊效果的制作方法

9.1 图框精确裁剪和色调的调整

在 CorelDRAW X7 中，使用图框精确剪裁，可以将一个对象内置于另外一个容器对象中。内置的对象可以是任意的，但容器对象必须是创建的封闭路径。使用色调调整命令可以调整图形。下面我们就具体讲解如何置入图形和调整图形的色调。

9.1.1 课堂案例——制作网页服饰广告

案例学习目标

学习使用色调的调整命令和文本工具制作网页服饰广告。

案例知识要点

使用矩形工具、贝塞尔工具、调整命令和图框精确剪裁命令制作背景和宣传主体；使用文本工具、对象属性面板和透明度工具添加宣传文字。网页服饰广告效果如图 9-1 所示。

图 9-1

效果所在位置

云盘/Ch09/效果/制作网页服饰广告.cdr。

（1）按 Ctrl+N 组合键，新建一个 A4 页面。单击属性栏中的“横向”按钮，横向显示页面。选择“矩形”工具，绘制一个矩形，如图 9-2 所示。设置图形颜色的 CMYK 值为 5、12、22、0，填充图形，并去除图形的轮廓线，效果如图 9-3 所示。

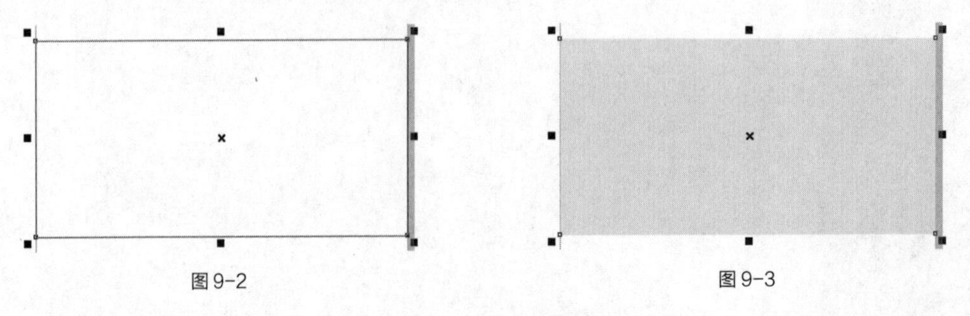

图 9-2　　图 9-3

（2）选择“贝塞尔”工具，绘制一个图形，设置图形颜色的 CMYK 值为 68、0、18、0，填充图形，并去除图形的轮廓线，如图 9-4 所示。

（3）按 Ctrl+I 组合键，弹出“导入”对话框，打开云盘中的“Ch09 > 素材 > 制作网页服饰广告 > 01”文件，单击“导入”按钮，在页面中单击导入图片，选择“选择”工具，将其拖曳到适当的位置并调整大小，效果如图 9-5 所示。

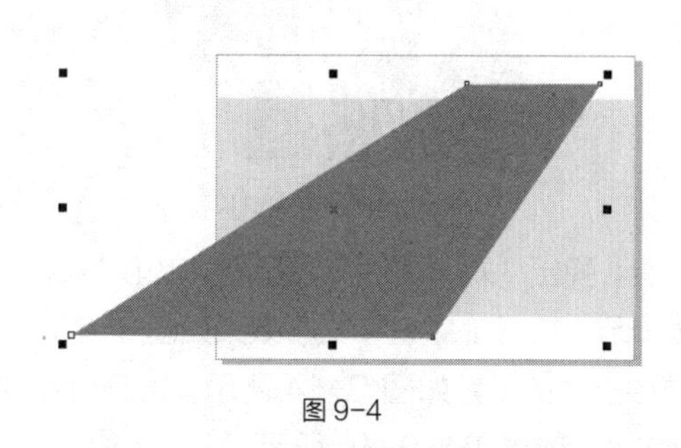

图 9-4

图 9-5

（4）选择“效果 > 调整 > 亮度/对比度/调整”命令，在弹出的对话框中进行设置，如图 9-6 所示。单击“确定”按钮，效果如图 9-7 所示。

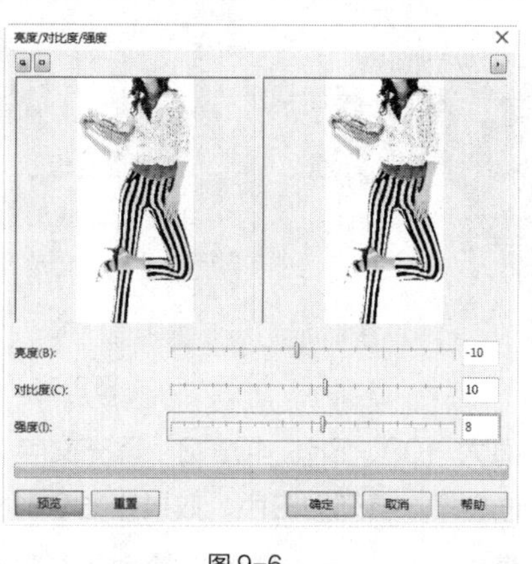

图 9-6

图 9-7

（5）选择“选择”工具，按住 Shift 键的同时，单击绘制的图形，将其同时选取，如图 9-8 所示。选择“对象 > 图框精确剪裁 > 置于图文框内部”命令，鼠标指针变为黑色箭头，将箭头放在矩形上单击，图像被置入矩形中，效果如图 9-9 所示。

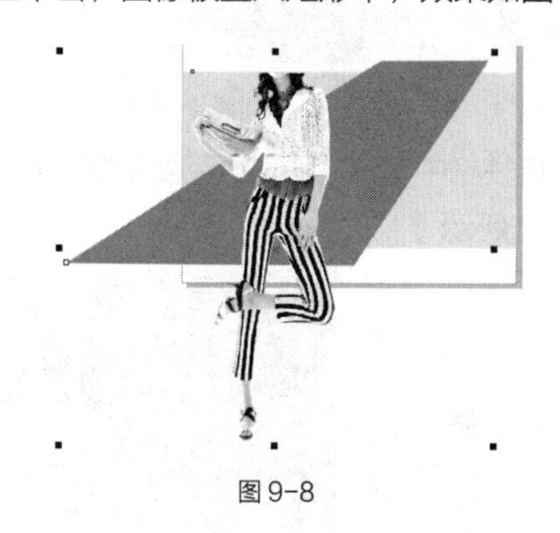

图 9-8

图 9-9

（6）选择“文本”工具，在页面中分别输入需要的文字，选择“选择”工具，在属性栏中分别选取适当的字体并设置文字大小，如图 9-10 所示。选取需要的文字，拖曳右侧中间的控制手柄到适当的位置，效果如图 9-11 所示。

图 9-10

图 9-11

（7）保持文字的选取状态，按 Alt+Enter 组合键，弹出“对象属性”泊坞窗，单击“段落”按钮，切换到相应的泊坞窗，选项的设置如图 9-12 所示。按 Enter 键，文字效果如图 9-13 所示。

（8）选取需要的文字，在“对象属性”泊坞窗中选项的设置如图 9-14 所示。按 Enter 键，文字效果如图 9-15 所示。用相同的方法调整下方的文字，效果如图 9-16 所示。

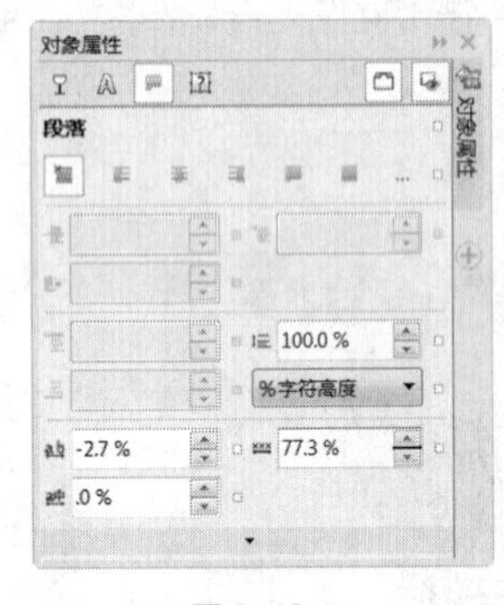

图 9-12

图 9-13

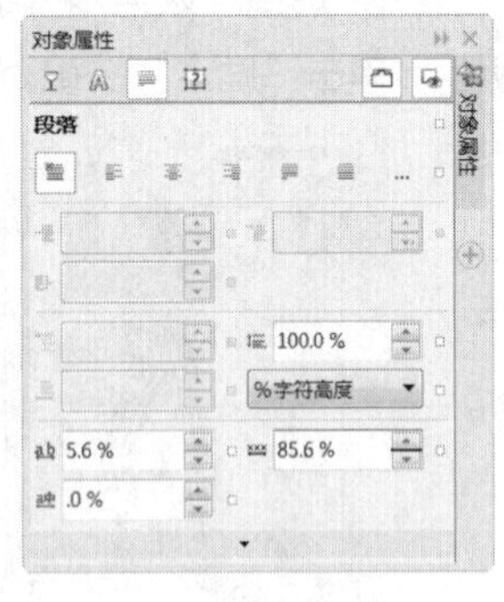

图 9-14

（9）选取需要的文字，设置填充颜色的 CMYK 值为 100、86、40、2，填充文字，效果如图 9-17 所示。按住 Shift 键的同时，将需要的文字同时选取，填充为白色，效果如图 9-18 所示。

图 9-15

图 9-16

图 9-17

（10）选取需要的文字。选择“透明度”工具，在属性栏中单击“均匀透明度”按钮，其他选项的设置如图 9-19 所示。按 Enter 键，效果如图 9-20 所示。

图 9-18

图 9-19

图 9-20

（11）选择“文本”工具，在页面中分别输入需要的文字，选择“选择”工具，在属性栏中分别选取适当的字体并设置文字大小，如图 9-21 所示。选取需要的文字，设置填充颜色的 CMYK 值为 0、100、60、20，填充文字，效果如图 9-22 所示。再次选取需要的文字，设置填充颜色的 CMYK 值为 68、0、18、0，填充文字，效果如图 9-23 所示。

图 9-21

图 9-22

图 9-23

（12）选取需要的文字，在“对象属性”泊坞窗中选项的设置如图 9-24 所示。按 Enter 键，文字效果如图 9-25 所示。

（13）选取需要的文字，在“对象属性”泊坞窗中选项的设置如图 9-26 所示。按 Enter 键，文字效果如图 9-27 所示。

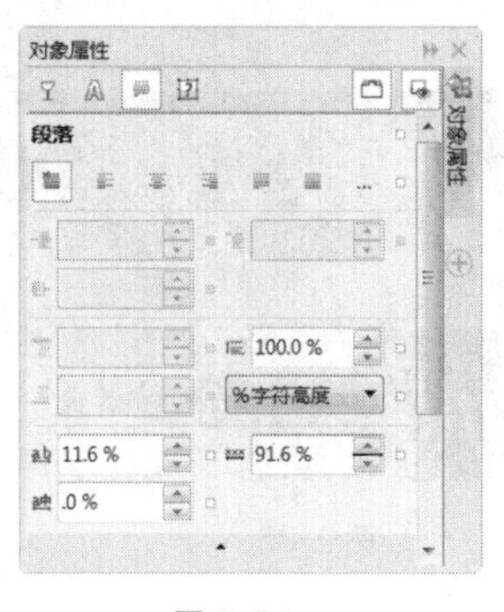

图 9-24

图 9-25

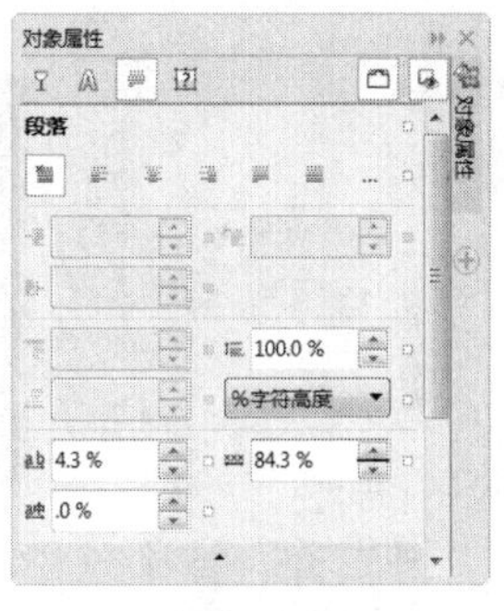

图 9-26

（14）选择“文本”工具，在页面中输入需要的文字，选择“选择”工具，在属性栏中选取适当的字体并设置文字大小，如图 9-28 所示。设置填充颜色的 CMYK 值为 5、12、22、0，填充文字，效果如图 9-29 所示。

（15）保持文字的选取状态，在“对象属性”泊坞窗中选项的设置如图 9-30 所示。按 Enter 键，文字效果如图 9-31 所示。

图 9-27

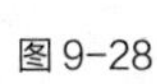
图 9-28

图 9-29

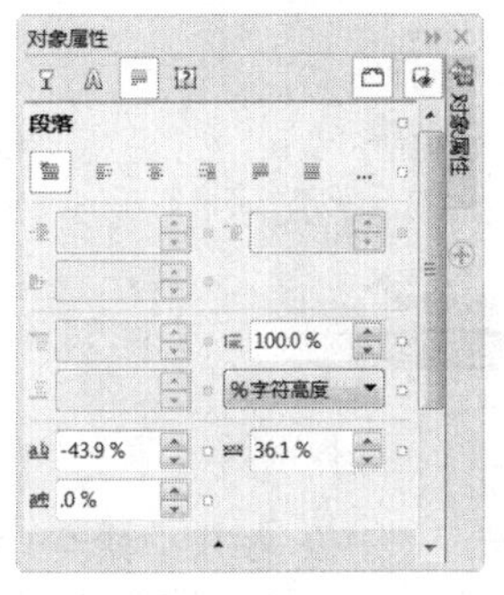

图 9-30

（16）选择“文本”工具，在页面中分别输入需要的文字，选择“选择”工具，在属性栏中分别选取适当的字体并设置文字大小，如图 9-32 所示。用圈选的方法将文字同时选取，设置填充颜色的 CMYK 值为 5、12、22、0，填充文字，效果如图 9-33 所示。

图 9-31

图 9-32

图 9-33

（17）保持文字的选取状态，在“对象属性”泊坞窗中选项的设置如图 9-34 所示。按 Enter 键，文字效果如图 9-35 所示。网页服饰广告制作完成，效果如图 9-36 所示。

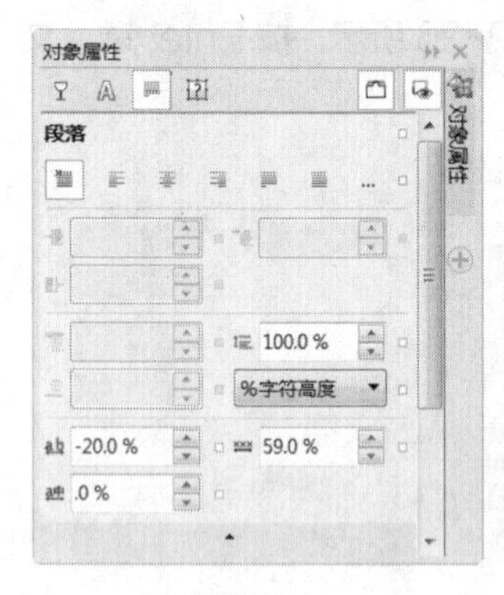

图 9-34

图 9-35

图 9-36

9.1.2 图框精确剪裁效果

打开一个图形，再绘制一个图形作为容器对象，使用“选择”工具选中要用来内置的图形，效果如图 9-37 所示。

选择“对象 > 图框精确剪裁 > 置于图文框内部”命令，鼠标指针变为黑色箭头，将箭头放在容器对象内并单击鼠标左键，如图 9-38 所示。完成的图框精确剪裁对象效果如图 9-39 所示。内置图形的中心和容器对象的中心是重合的。

图 9-37　　图 9-38　　图 9-39

选择“对象 > 图框精确剪裁 > 提取内容”命令，可以将容器对象内的内置位图提取出来。

选择“对象 > 图框精确剪裁 > 编辑 PowerClip”命令，可以修改内置对象。

选择“对象 > 图框精确剪裁 > 结束编辑”命令，完成内置位图的重新选择。

选择“对象 > 图框精确剪裁 > 复制 PowerClip 自”命令，鼠标指针变为黑色箭头，将箭头放在图框精确剪裁对象上并单击，可复制内置对象。

9.1.3 调整亮度、对比度和强度

打开一个图形，如图 9-40 所示。选择“效果 > 调整 > 亮度/对比度/强度”命令，或按 Ctrl+B 组合键，弹出“亮度/对比度/强度”对话框，用鼠标拖曳滑块可以设置各项的数值，如图 9-41 所示，调整好后，单击“确定”按钮，图形色调的调整效果如图 9-42 所示。

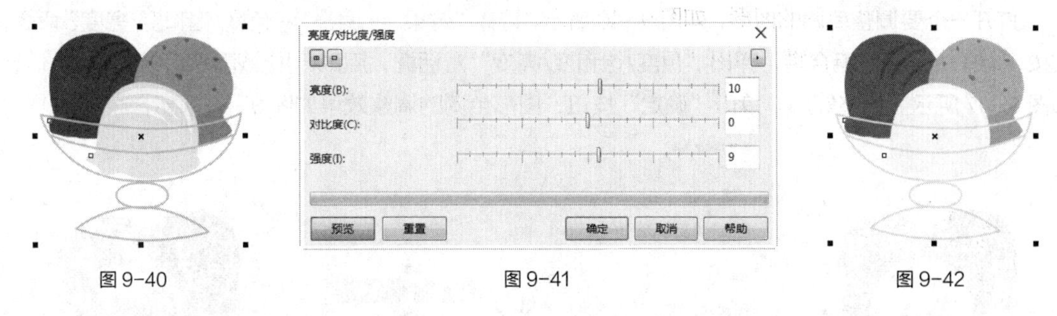

图 9-40　　图 9-41　　图 9-42

“亮度”选项：可以调整图形颜色的深浅变化，也就是增加或减少所有像素值的色调范围。

“对比度”选项：可以调整图形颜色的对比，也就是调整最浅和最深像素值之间的差。

“强度”选项：可以调整图形浅色区域的亮度，同时不降低深色区域的亮度。

“预览”按钮：可以预览色调的调整效果。

“重置”按钮：可以重新调整色调。

9.1.4 调整颜色通道

打开一个图形，效果如图 9-43 所示。选择“效果 > 调整 > 颜色平衡”命令，或按 Ctrl+Shift+B 组合键，弹出“颜色平衡”对话框，用鼠标拖曳滑块可以设置各选项的数值，如图 9-44 所示。调整好后，单击“确定”按钮，图形色调的调整效果如图 9-45 所示。

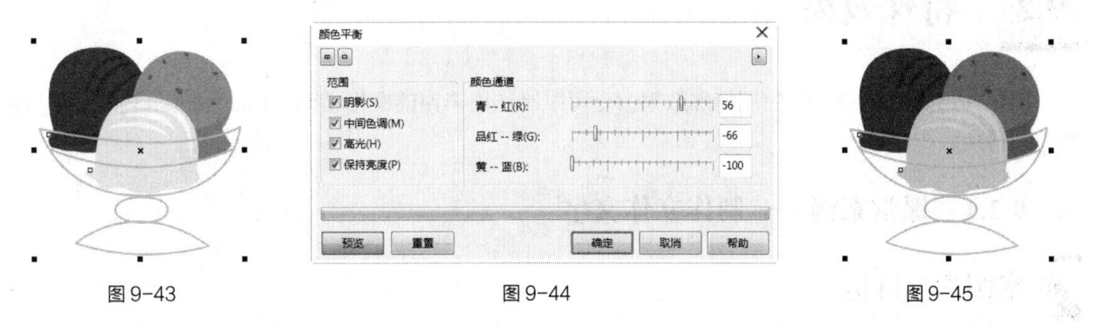

图 9-43　　图 9-44　　图 9-45

在对话框的“范围”设置区中有 4 个复选框，可以共同或分别设置对象的颜色调整范围。

“阴影”复选框：可以对图形阴影区域的颜色进行调整。

“中间色调”复选框：可以对图形中间色调的颜色进行调整。

“高光”复选框：可以对图形高光区域的颜色进行调整。

“保持亮度”复选框：可以在对图形进行颜色调整的同时保持图形的亮度。

“青－红”选项：可以在图形中添加青色和红色。向右移动滑块将添加红色，向左移动滑块将添加青色。

“品红－绿”选项：可以在图形中添加品红色和绿色。向右移动滑块将添加绿色，向左移动滑块将添加品红色。

“黄－蓝”选项：可以在图形中添加黄色和蓝色。向右移动滑块将添加蓝色，向左移动滑块将添加黄色。

9.1.5 调整色度、饱和度和亮度

打开一个要调整色调的图形，如图 9-46 所示。选择“效果 > 调整 > 色度/饱和度/亮度”命令，或按 Ctrl+Shift+U 组合键，弹出“色度/饱和度/亮度”对话框，用鼠标拖曳滑块可以设置其数值，如图 9-47 所示。调整好后，单击“确定”按钮，图形色调的调整效果如图 9-48 所示。

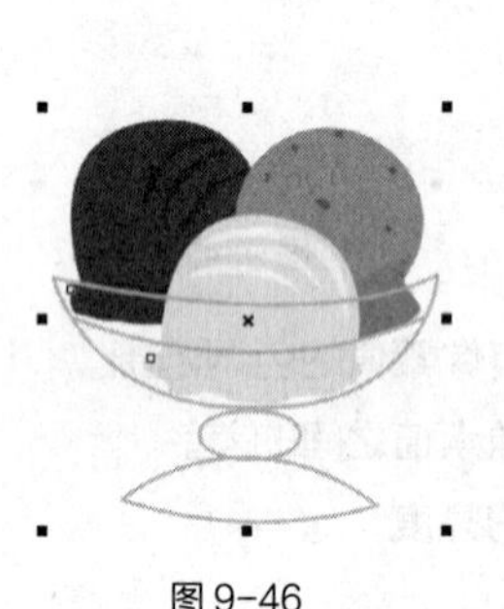
图 9-46

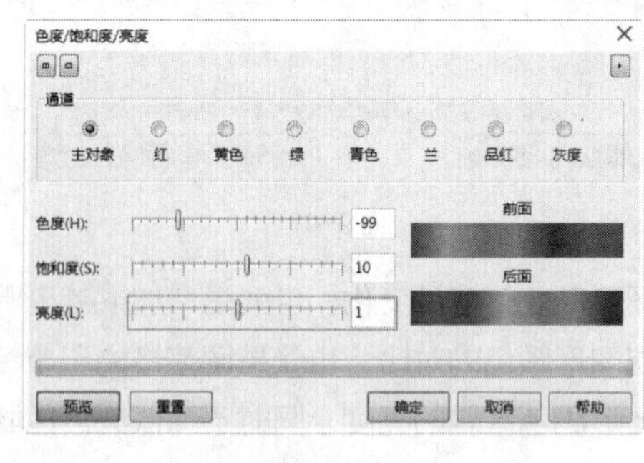

图 9-47

图 9-48

“通道”选项组：可以选择要调整的主要颜色。

“色度”选项：可以改变图形的颜色。

“饱和度”选项：可以改变图形颜色的深浅程度。

“亮度”选项：可以改变图形的明暗程度。

9.2 特殊效果

在 CorelDRAW X7 中应用特殊效果命令可以制作出丰富的图形特效。下面我们就具体介绍几种常用的特殊效果命令。

9.2.1 课堂案例——制作立体文字

案例学习目标

学习使用文本工具和特殊效果命令制作立体文字。

案例知识要点

使用矩形工具和图框精确剪裁命令制作背景效果；使用文本工具、轮廓图工具、透明度工具和立体化工具制作立体文字。效果如图 9-49 所示。

图9-49

效果所在位置

云盘/Ch09/效果/制作立体文字.cdr。

（1）按Ctrl+N组合键，新建一个A4页面。单击属性栏中的“横向”按钮，横向显示页面。按Ctrl+I组合键，弹出“导入”对话框，打开云盘中的“Ch09 > 素材 > 制作立体文字 > 01”文件，单击“导入”按钮，在页面中单击导入图片，选择“选择”工具，将其拖曳到适当的位置并调整大小，效果如图9-50所示。

（2）按Ctrl+I组合键，弹出“导入”对话框，打开云盘中的“Ch09 > 素材 > 制作立体文字 > 02”文件，单击“导入”按钮，在页面中单击导入图片，选择“选择”工具，将其拖曳到适当的位置并调整其大小，效果如图9-51所示。

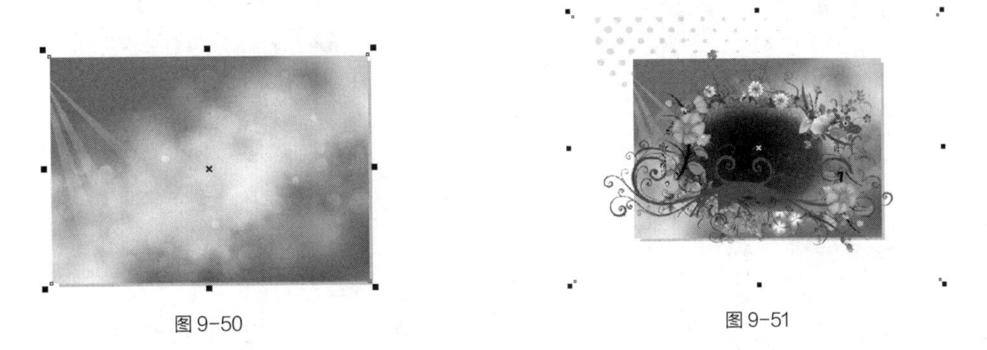

图9-50　　图9-51

（3）双击“矩形”工具，绘制一个与页面大小相等的矩形，如图9-52所示。按Shift+PageUp组合键，将矩形置于图层前面，如图9-53所示。

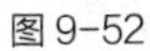

图9-52

图9-53

（4）选择“选择”工具，按住 Shift 键的同时，将需要的图片同时选取。选择“对象 > 图框精确剪裁 > 置于图文框内部”命令，鼠标指针变为黑色箭头，将箭头放在矩形上单击，图像被置入矩形中，并去除图形的轮廓线，效果如图 9-54 所示。

（5）选择“文本”工具，在页面中输入需要的文字，选择“选择”工具，在属性栏中选取适当的字体并设置文字大小，如图 9-55 所示。

（6）选择“形状”工具，按住 Shift 键的同时，将需要的文字同时选取，如图 9-56 所示。按 F11 键，弹出“编辑填充”对话框，选择“渐变填充”按钮，在“位置”选项中分别添加并输入 0、50、100 几个位置点，分别设置几个位置点颜色的 CMYK 值为 0（0、20、100、0）、50（0、10、100、0）、100（0、0、10、0），其他选项的设置如图 9-57 所示。单击“确定”按钮，填充文字，效果如图 9-58 所示。选择“形状”工具，将需要的文字选取，如图 9-59 所示。

图 9-54

图 9-55

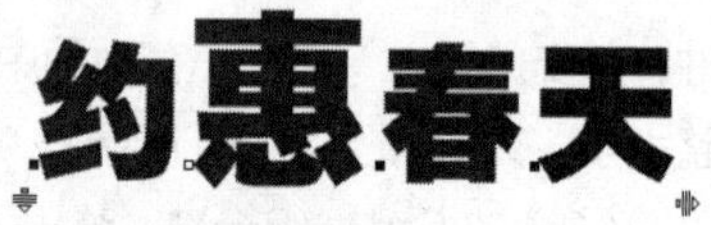

图 9-56

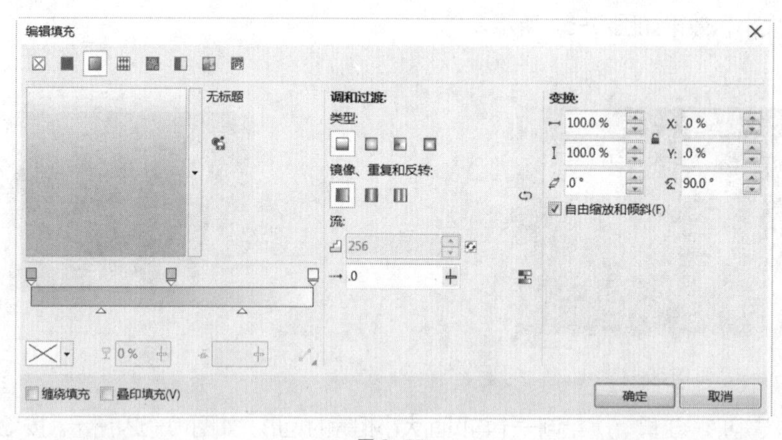

图 9-57

图 9-58

图 9-59

（7）按 F11 键，弹出“编辑填充”对话框，选择“渐变填充”按钮，在“位置”选项中分别添加并输入 0、50、100 几个位置点，分别设置几个位置点颜色的 CMYK 值为 0（0、100、100、40）、50（0、100、100、0）、100（0、100、100、40），其他选项的设置如图 9-60 所示。单击“确定”按钮，填充文字，效果如图 9-61 所示。

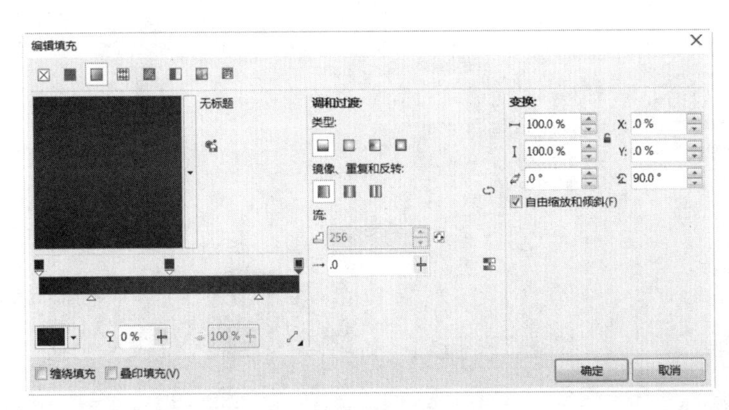

图 9-60

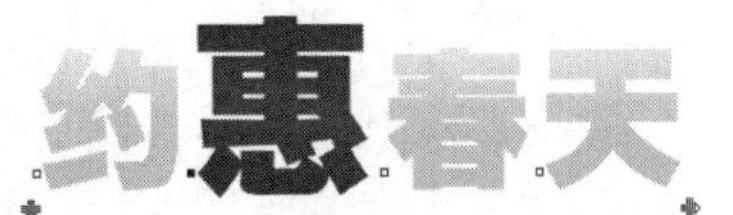

图 9-61

（8）选择“选择”工具，选取文字。选择“轮廓图”工具，在属性栏中单击“外部轮廓”按钮，其他选项的设置如图 9-62 所示。按 Enter 键，效果如图 9-63 所示。

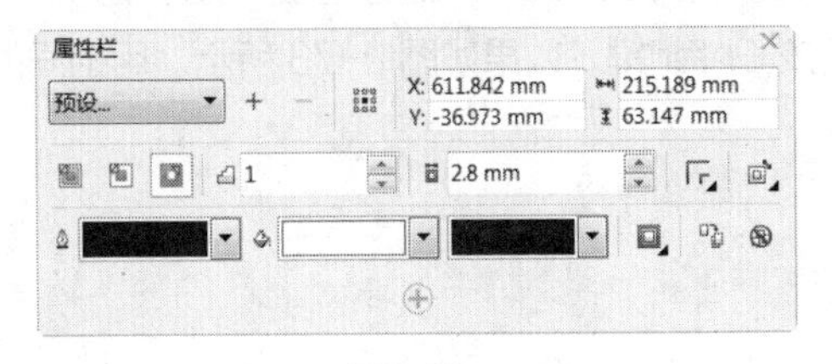

图 9-62

图 9-63

（9）选择“对象 > 拆分轮廓图群组”命令，拆分文字，如图 9-64 所示。选择“选择”工具，选取需要的文字，如图 9-65 所示。

图 9-64

图 9-65

（10）选择“阴影”工具，在文字上从上向下拖曳鼠标，添加阴影效果，在属性栏中的设置如图 9-66 所示。按 Enter 键，效果如图 9-67 所示。

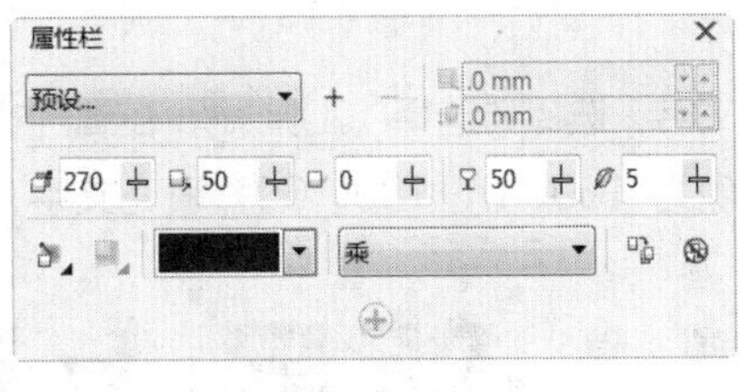

图 9-66

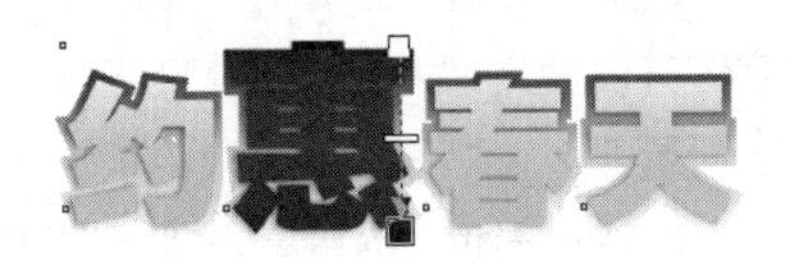

图 9-67

（11）选择“选择”工具，选取文字后方的渐变图形。按 F11 键，弹出“编辑填充”对话框，选择“渐变填充”按钮，在“位置”选项中分别添加并输入 0、50、100 几个位置点，分别设置几个位置点颜色的 CMYK 值为 0（42、64、100、10）、50（0、10、100、0）、100（9、27、95、0），其他选项的设置如图 9-68 所示。单击“确定”按钮，填充图形，效果如图 9-69 所示。

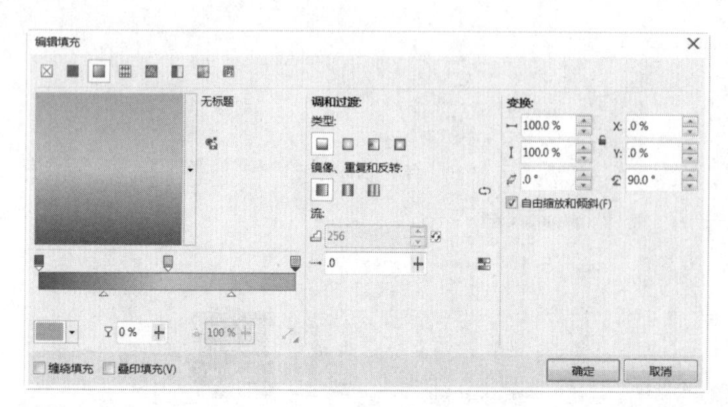

图 9-68

图 9-69

（12）保持图形的选取状态。选择“立体化”工具，在属性栏中的“预设列表”中选择“立体右下”选项，如图 9-70 所示。单击“立体化颜色”按钮，在弹出的面板中单击“使用递减的颜色”按钮，将“从”选项颜色的 CMYK 值设为 60、80、100、44，“到”选项的颜色设为黑色，如图 9-71 所示，其他选项的设置如图 9-72 所示。按 Enter 键，效果如图 9-73 所示。用相同的方法制作其他文字，效果如图 9-74 所示。

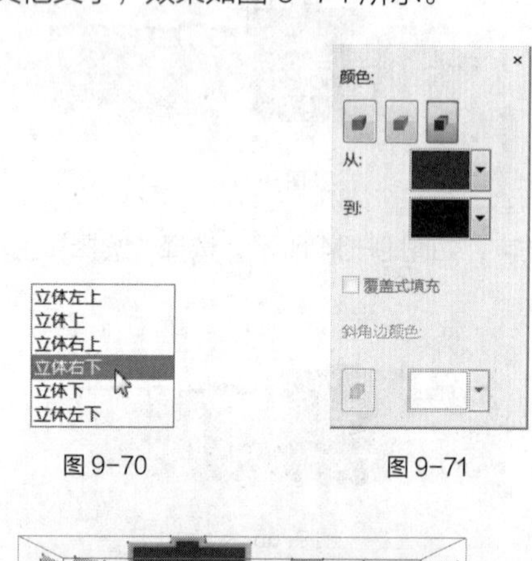

图 9-70　　图 9-71

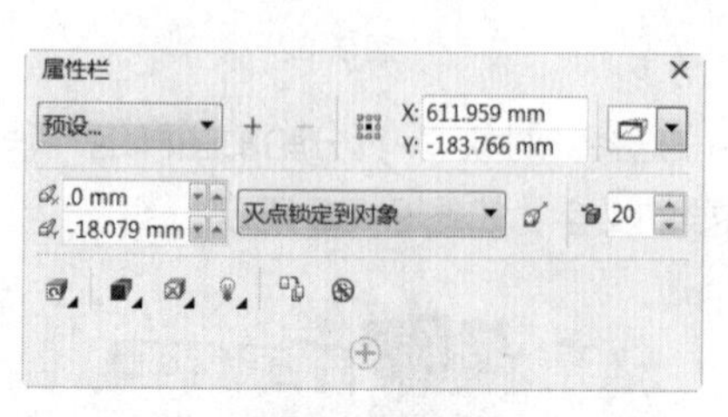

图 9-72

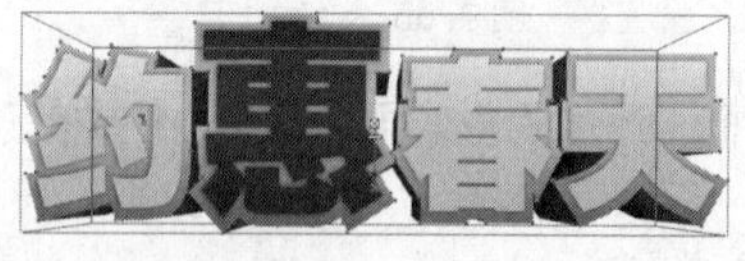

图 9-73

图 9-74

（13）选择“文本”工具，在页面中输入需要的文字，选择“选择”工具，在属性栏中选取适当的字体并设置文字大小，设置文字颜色的 CMYK 值为 100、0、100、60，填充文字，效果如图 9-75 所示。

（14）按 Alt+Enter 组合键，弹出“对象属性”泊坞窗，单击“段落”按钮，弹出相应的泊坞窗，选项的设置如图 9-76 所示。按 Enter 键，文字效果如图 9-77 所示。

新品上市

图 9-75

（15）选择“选择”工具，选取文字。选择“轮廓图”工具，在属性栏中单击“外部轮廓”按钮，将“填充色”选项的 CMYK 值设置为 0、20、100、0，其他选项的设置如图 9-78 所示。按 Enter 键，效果如图 9-79 所示。

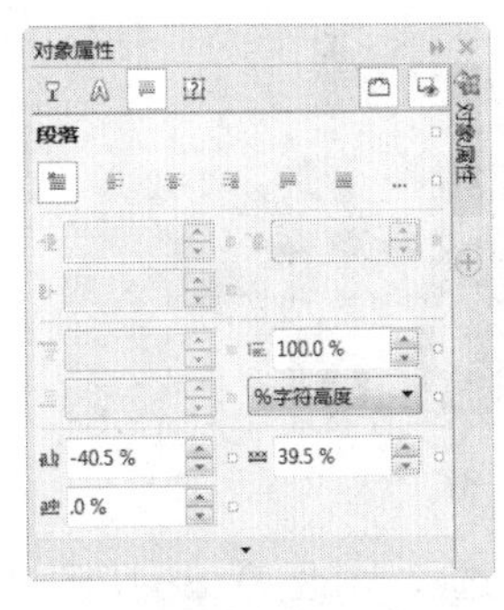

图 9-76

图 9-77

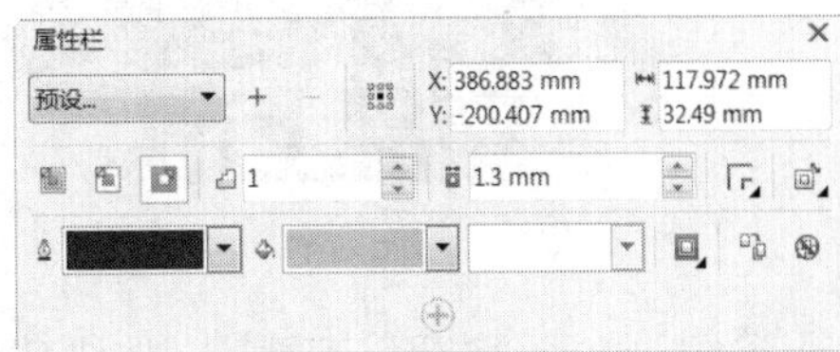

图 9-78

（16）选择“对象 > 拆分轮廓图群组”命令，拆分文字，如图 9-80 所示。选择“选择”工具，选取文字后方的图形，如图 9-81 所示。

图 9-79 　　图 9-80 　　图 9-81

（17）按 F11 键，弹出“编辑填充”对话框，选择“渐变填充”按钮，将“起点”颜色的 CMYK 值设置为 0、0、0、0，“终点”颜色的 CMYK 值设置为 0、20、100、0，其他选项的设置如图 9-82 所示。单击“确定”按钮，填充图形，效果如图 9-83 所示。

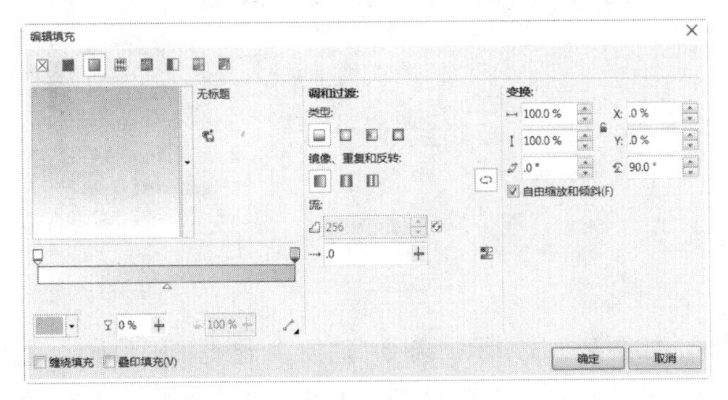

图 9-82

图 9-83

（18）选择“选择”工具，将文字分别拖曳到适当的位置，效果如图 9-84 所示。选取需要的文字，如图 9-85 所示。选择“对象 > 拆分阴影群组”命令，拆分阴影，效果如图 9-86 所示。选取上方的文字，选择“对象 > 拆分美术字”命令，拆分美术字，效果如图 9-87 所示。

图 9-84

图 9-85

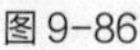
图 9-86

图 9-87

（19）选择“选择”工具，按住 Shift 键的同时，将需要的文字同时选取，如图 9-88 所示。选择“对象 > 转换为曲线”命令，将文字转换为曲线，效果如图 9-89 所示。

图 9-88

图 9-89

（20）选择“椭圆形”工具，在适当的位置绘制椭圆形，设置图形颜色的 CMYK 值为 0、20、100、0，填充图形，并去除图形的轮廓线，效果如图 9-90 所示。选择“透明度”工具，在属性栏中单击“均匀透明度”按钮，其他选项的设置如图 9-91 所示。按 Enter 键，效果如图 9-92 所示。

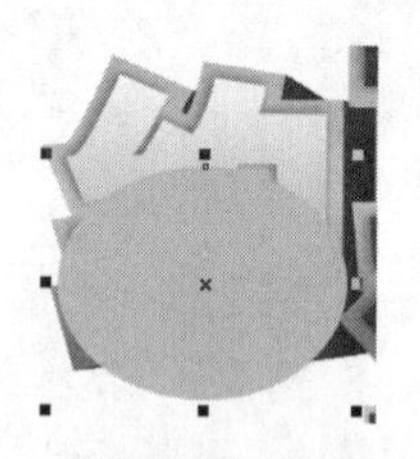
图 9-90

图 9-91

图 9-92

（21）选择“选择”工具，选取图形，如图 9-93 所示。选择“对象 > 图框精确剪裁 > 置于图文框内部”命令，鼠标指针变为黑色箭头，将箭头放在文字上单击，如图 9-94 所示，图形被置入文字中，效果如图 9-95 所示。

（22）用相同的方法制作其他文字，效果如图 9-96 所示。选择“椭圆形”工具，在适当的位置绘制椭圆形，设置图形颜色的 CMYK 值为 0、20、100、0，填充图形，并去除图形的轮廓线，效果如图 9-97 所示。

图 9-93

图 9-94

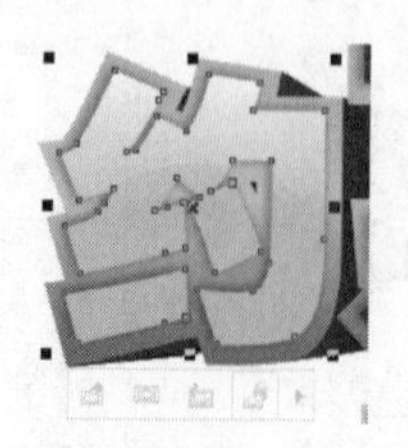
图 9-95

图 9-96

（23）选择“透明度”工具，在图形上从上向下拖曳鼠标，选取上方的节点，在右侧的“节点透明度”框中设置数值为 100，选取下方的节点，在右侧的“节点透明度”框中设置数值为 0，在属性栏中选项的设置如图 9-98 所示。按 Enter 键，效果如图 9-99 所示。

（24）选择“选择”工具，选取图形，如图 9-100 所示。选择“对象 > 图框精确剪裁 > 置于图文框内部”命令，鼠标指针变为黑色箭头，将箭头放在文字上单击，图形被置入文字中，效果如图 9-101 所示。

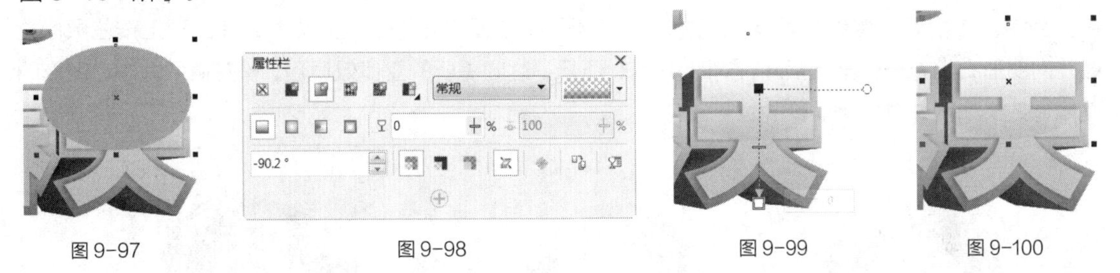

图 9-97　　图 9-98　　图 9-99　　图 9-100

（25）选择“选择”工具，用圈选的方法将需要的图形同时选取，按 Ctrl+G 组合键，组合图形，如图 9-102 所示。将其拖曳到适当的位置，立体文字制作完成，效果如图 9-103 所示。

图 9-101　　图 9-102　　图 9-103

9.2.2　制作透视效果

在设计和制作图形的过程中，经常会使用到透视效果。下面我们就来介绍如何在 CorelDRAW X7 中制作透视效果。

打开要制作透视效果的图形，使用“选择”工具将图形选中，效果如图 9-104 所示。选择“效果 > 添加透视”命令，在图形的周围出现控制线和控制点，如图 9-105 所示。用鼠标拖曳控制点，制作需要的透视效果，在拖曳控制点时出现了透视点×，如图 9-106 所示。用鼠标可以拖曳透视点×，同时可以改变透视效果，如图 9-107 所示。制作好透视效果后，按空格键，确定完成的效果。

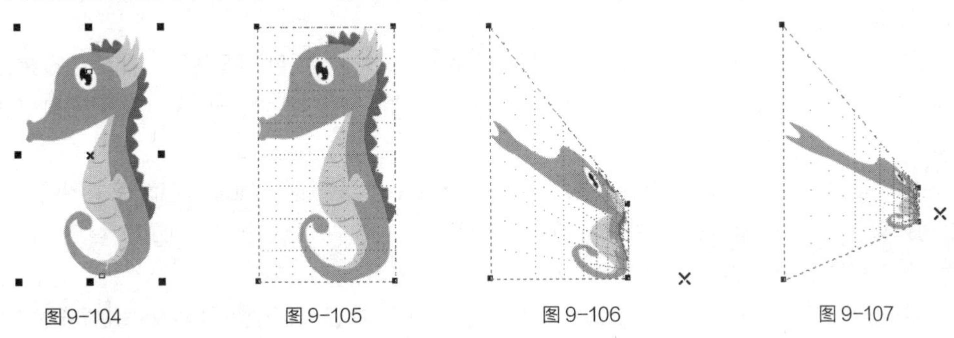

图 9-104　　图 9-105　　图 9-106　　图 9-107

要修改已经制作好的透视效果，需双击图形，再对已有的透视效果进行调整即可。选择“效果 > 清除透视点”命令，可以清除透视效果。

9.2.3 制作立体效果

立体效果是利用三维空间的立体旋转和光源照射的功能来完成的。利用 CorelDRAW X7 中的“立体化”工具可以制作和编辑图形的三维效果。

绘制一个需要立体化的图形，如图 9–108 所示。选择“立体化”工具，在图形上按住鼠标左键并向图形右上方拖曳鼠标指针，如图 9–109 所示，达到需要的立体效果后，松开鼠标左键，图形的立体化效果如图 9–110 所示。

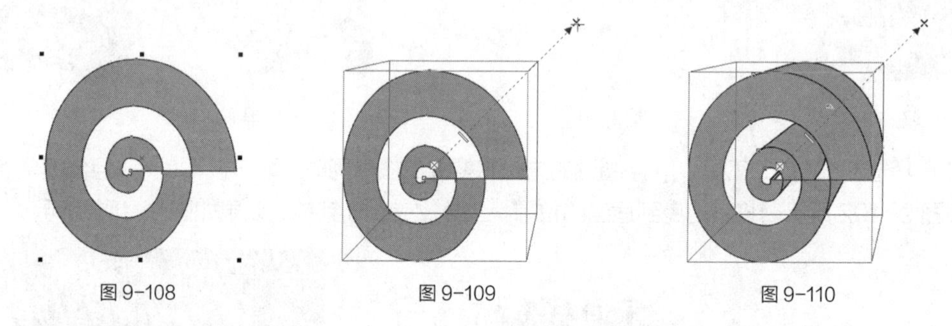

图 9–108　　图 9–109　　图 9–110

“立体化”工具的属性栏如图 9–111 所示。各选项的含义如下。

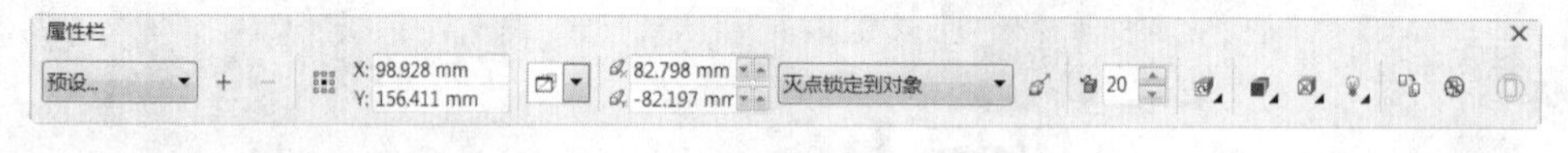

图 9–111

“立体化类型”选项：单击选项后的三角形弹出下拉列表，分别选择可以出现不同的立体化效果。

“深度”选项：可以设置图形立体化的深度。

“灭点属性”选项：可以设置灭点的属性。

“页面或对象灭点”按钮：可以将灭点锁定到页面上，在移动图形时灭点不能移动，且立体化的图形形状会改变。

“立体化旋转”按钮：单击此按钮，弹出旋转设置框，指针放在三维旋转设置区内会变为手形，拖曳鼠标指针可以在三维旋转设置区中旋转图形，页面中的立体化图形会进行相应的旋转。单击按钮，设置区中出现“旋转值”数值框，可以精确地设置立体化图形的旋转数值。单击按钮，恢复到设置区的默认设置。

“立体化颜色”按钮：单击此按钮，弹出立体化图形的“颜色”设置区。在颜色设置区中有 3 种颜色设置模式，分别是“使用对象填充”模式、“使用纯色”模式和“使用递减的颜色”模式。

“立体化倾斜”按钮：单击此按钮，弹出“斜角修饰”设置区，通过拖曳面板中图例的节点来添加斜角效果，也可以在增量框中输入数值来设定斜角。勾选“只显示斜角修饰边”复选框，将只显示立体化图形的斜角修饰边。

“立体化照明”按钮：单击此按钮，弹出照明设置区，在设置区中可以为立体化图形添加光源。

9.2.4 课堂案例——制作美食标签

案例学习目标

学习使用贝塞尔工具和特殊效果命令制作美食标签。

案例知识要点

使用贝塞尔工具、复制按钮、水平镜像按钮、合并按钮和连接两个节点按钮制作标签边框；使用矩形工具和渐变工具制作背景矩形；使用贝塞尔工具、复制命令和图框精确剪裁命令制作标签；使用文本工具和轮廓图工具制作标签文字。美食标签效果如图 9-112 所示。

图 9-112

效果所在位置

云盘/Ch09/效果/制作美食标签.cdr。

（1）按 Ctrl+N 组合键，新建一个 A4 页面。单击属性栏中的“横向”按钮，横向显示页面。选择“贝塞尔”工具，绘制一条曲线，如图 9-113 所示。

（2）选择“选择”工具，选取曲线，按数字键盘上的+键，复制曲线。单击属性栏中的“水平镜像”按钮，水平翻转曲线，效果如图 9-114 所示。拖曳到适当的位置，效果如图 9-115 所示。

（3）选择“选择”工具，用圈选的方法将两条曲线同时选取，如图 9-116 所示，单击属性栏中的“合并”按钮，合并曲线，如图 9-117 所示。

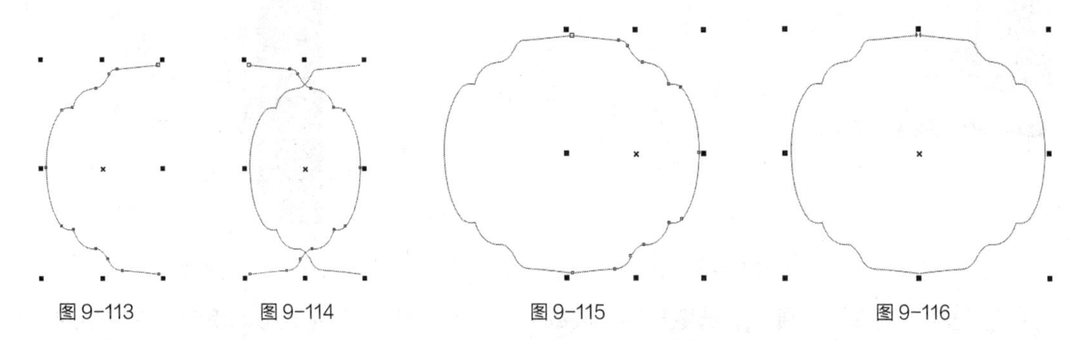

图 9-113　图 9-114　图 9-115　图 9-116

（4）选择“形状”工具，用圈选的方法将需要的节点同时选取，如图 9-118 所示，单击属性栏中的“连接两个节点”按钮，连接两个节点，如图 9-119 所示。用圈选的方法将下方的节点同时选取，单击属性栏中的“连接两个节点”按钮，连接两个节点，如图 9-120 所示。

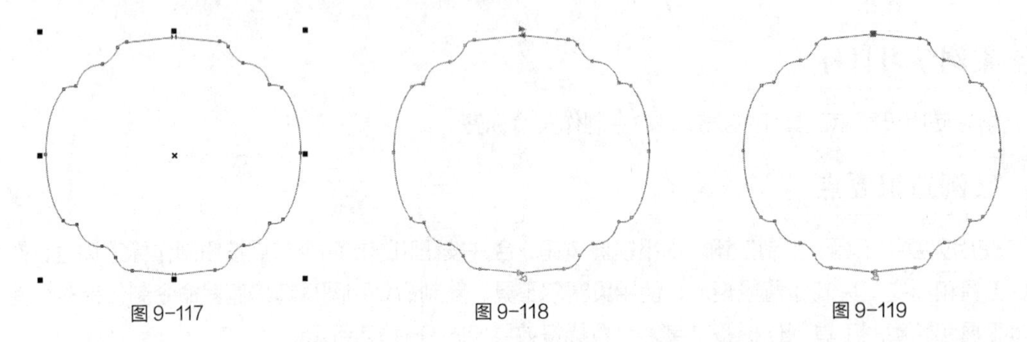

图 9-117　　图 9-118　　图 9-119

（5）选择“矩形”工具，在适当的位置绘制矩形，设置图形颜色的 CMYK 值为 2、7、44、0，填充图形，并去除图形的轮廓线，效果如图 9-121 所示。再绘制一个矩形，如图 9-122 所示。

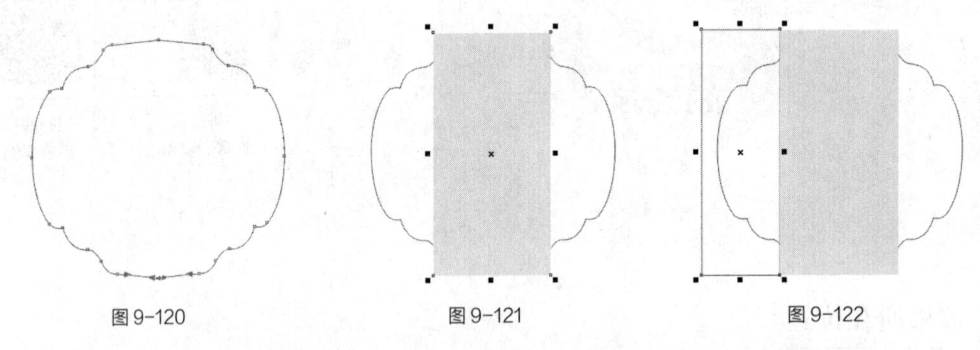

图 9-120　　图 9-121　　图 9-122

（6）按 F11 键，弹出“编辑填充”对话框，选择“渐变填充”按钮，将“起点”颜色的 CMYK 值设置为 100、0、100、60，“终点”颜色的 CMYK 值设置为 31、0、50、0，将下方三角图标的“节点位置”选项设为 63%，其他选项的设置如图 9-123 所示。单击“确定”按钮，填充图形，并去除图形的轮廓线，效果如图 9-124 所示。

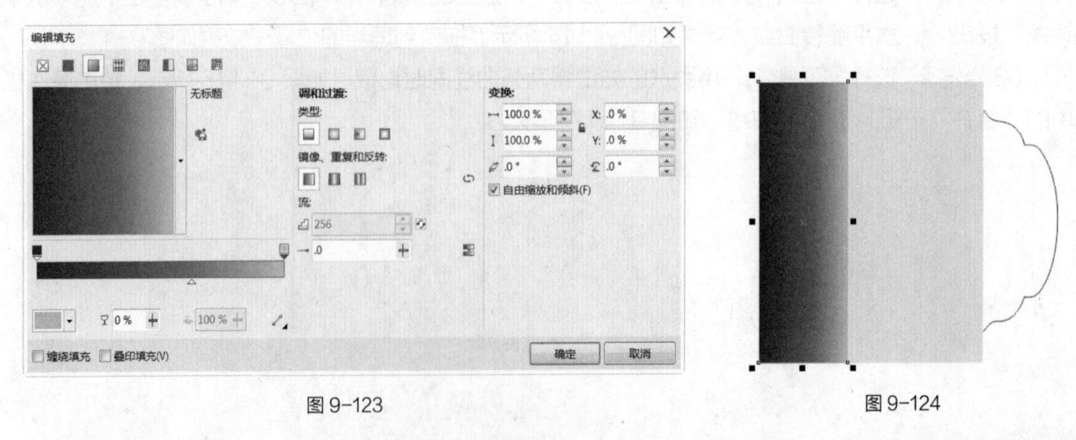

图 9-123　　图 9-124

（7）选择“选择”工具，选取矩形，按数字键盘上的+键，复制矩形。单击属性栏中的“水平镜像”按钮，水平翻转矩形，效果如图 9-125 所示。拖曳到适当的位置，效果如图 9-126 所示。

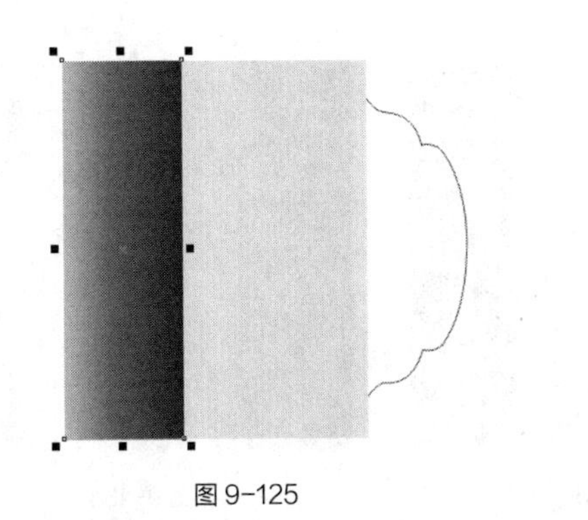

图 9-125

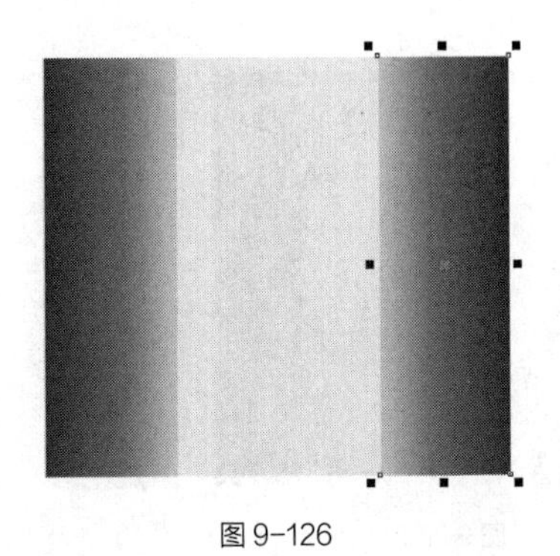

图 9-126

（8）按 F11 键，弹出“编辑填充”对话框，选择“渐变填充”按钮，将“起点”颜色的 CMYK 值设置为 0、100、60、30，“终点”颜色的 CMYK 值设置为 9、20、41、0，将下方三角图标的“节点位置”选项设为 55%，其他选项的设置如图 9-127 所示。单击“确定”按钮，填充图形，效果如图 9-128 所示。

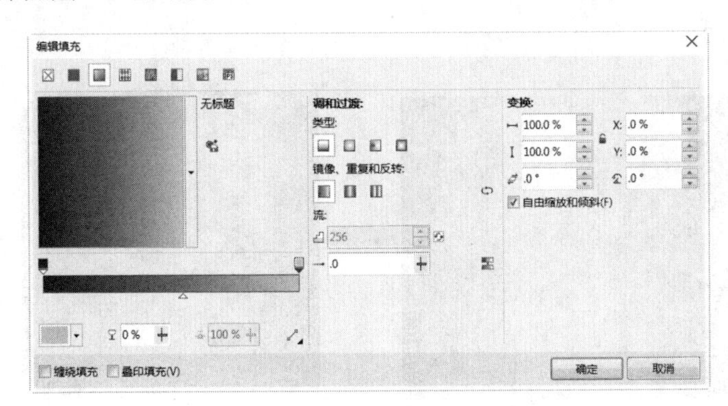

图 9-127

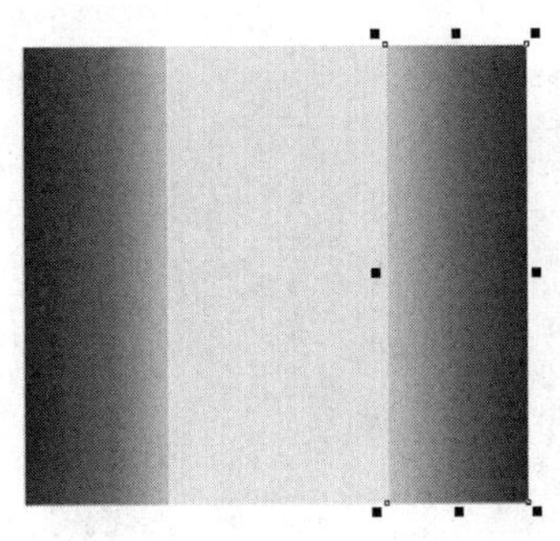

图 9-128

（9）选择“贝塞尔”工具，绘制一个图形，填充为白色，并去除图形的轮廓线，效果如图 9-129 所示。选择“透明度”工具，在属性栏中单击“均匀透明度”按钮，其他选项的设置如图 9-130 所示。按 Enter 键，效果如图 9-131 所示。按数字键盘上的+键，复制图形。再次单击图形，使其处于旋转状态，将旋转中心拖曳到适当的位置，效果如图 9-132 所示。

图 9-129　　图 9-130　　图 9-131

（10）在属性栏中的“旋转角度”框中设置数值为 21.1，按 Enter 键，旋转图形，如图 9-133 所示。连续按 Ctrl+D 组合键，复制多个图形，效果如图 9-134 所示。

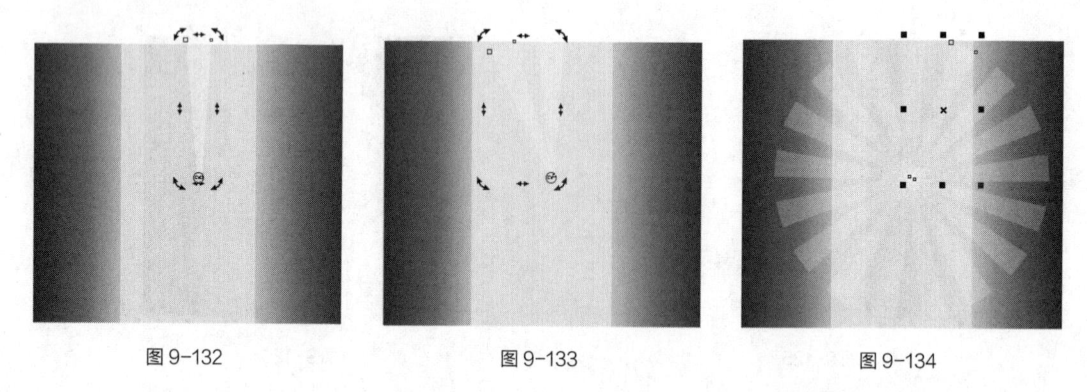

图 9-132　　图 9-133　　图 9-134

（11）选择“选择”工具，按住 Shift 键的同时，将需要的图形同时选取。按 Ctrl+G 组合键，群组图形，如图 9-135 所示。分别拖曳控制手柄，调整图形，效果如图 9-136 所示。

（12）按 Ctrl+I 组合键，弹出“导入”对话框，打开云盘中的“Ch09 > 素材 > 制作美食标签 > 01”文件，单击“导入”按钮，在页面中单击导入图片，选择“选择”工具，将其拖曳到适当的位置并调整大小，效果如图 9-137 所示。

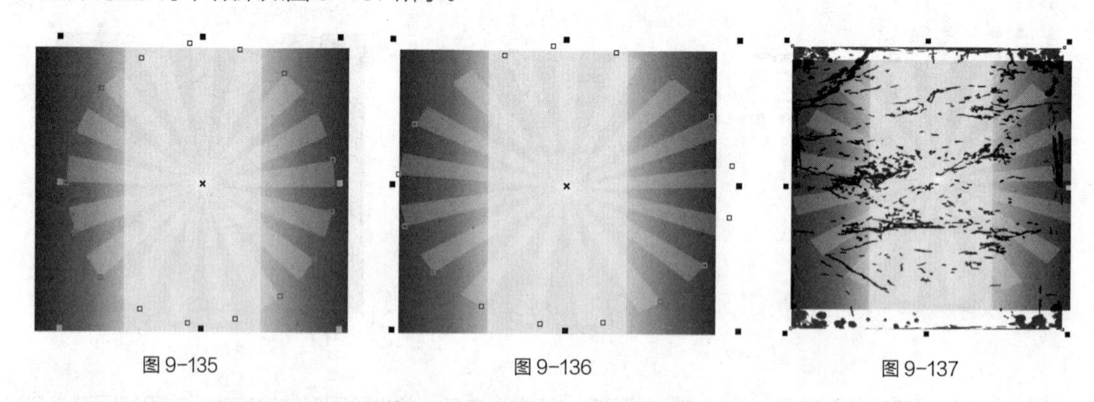

图 9-135　　图 9-136　　图 9-137

（13）选择“透明度”工具，在属性栏中单击“均匀透明度”按钮，其他选项的设置如图 9-138 所示。按 Enter 键，效果如图 9-139 所示。选择“选择”工具，按住 Shift 键的同时，将需要的图形同时选取，按 Shift+PageDown 组合键，将图形置于后面，效果如图 9-140 所示。

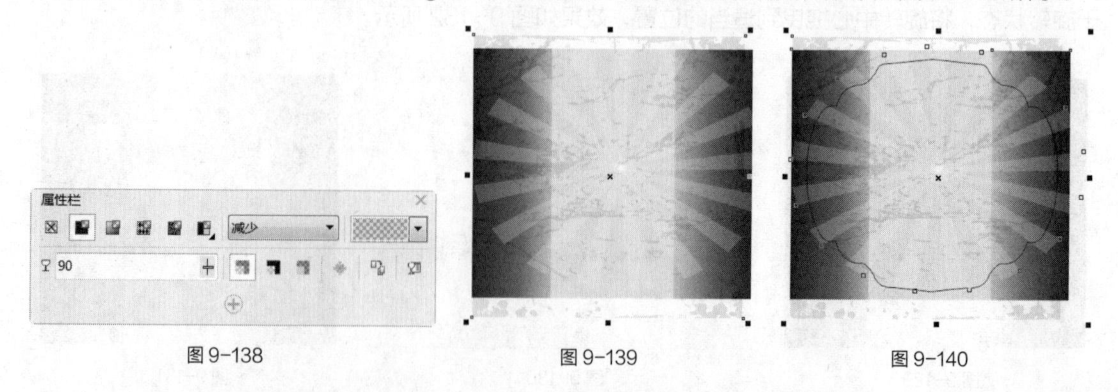

图 9-138　　图 9-139　　图 9-140

（14）保持图形的选取状态。选择“对象 > 图框精确剪裁 > 置于图文框内部”命令，鼠标指针变为黑色箭头，将箭头放在图形上单击，如图 9-141 所示，图像被置入图形中，并去除图形的轮廓线，效果如图 9-142 所示。

（15）选择“阴影”工具，在图形上从上向下拖曳鼠标，添加阴影效果，在属性栏中的设置如图 9-143 所示。按 Enter 键，效果如图 9-144 所示。

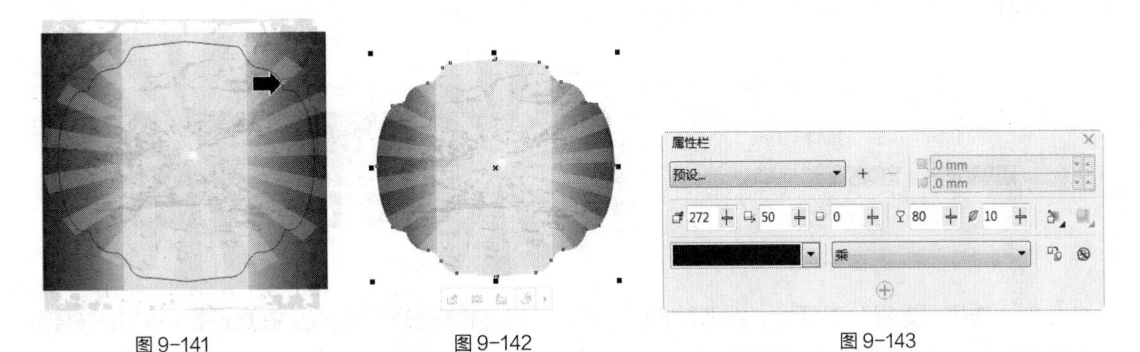

图 9-141　　图 9-142　　图 9-143

（16）选择“轮廓图”工具，在属性栏中单击“外部轮廓”按钮，将“填充色”选项的 CMYK 值设置为 0、40、80、0，其他选项的设置如图 9-145 所示。按 Enter 键，效果如图 9-146 所示。

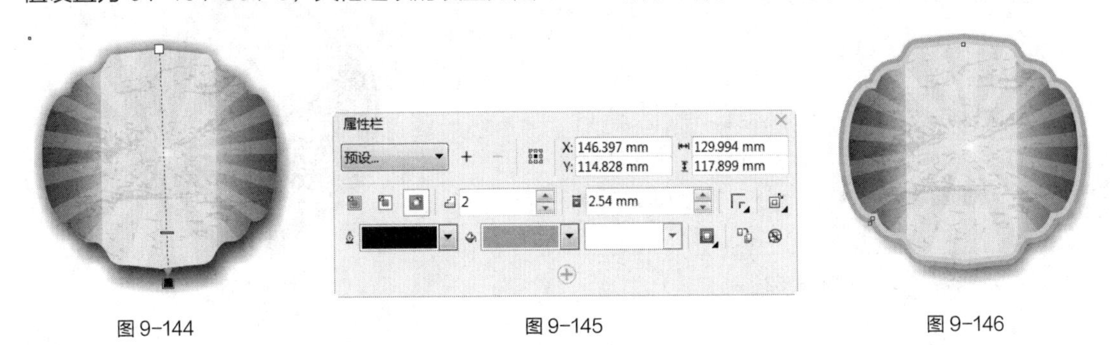

图 9-144　　图 9-145　　图 9-146

（17）按 Ctrl+I 组合键，弹出“导入”对话框，打开云盘中的“Ch09 > 素材 > 制作美食标签 > 02”文件，单击“导入”按钮，在页面中单击导入图片，选择“选择”工具，将其拖曳到适当的位置并调整大小，效果如图 9-147 所示。

（18）选择“文本”工具，在页面中分别输入需要的文字，选择“选择”工具，在属性栏中分别选取适当的字体并设置文字大小，设置文字颜色的 CMYK 值为 100、0、100、80，填充文字，效果如图 9-148 所示。

（19）选择“选择”工具，将文字拖曳到适当的位置并单击鼠标右键，复制文字。设置文字颜色的 CMYK 值为 0、100、100、20，填充文字，效果如图 9-149 所示。

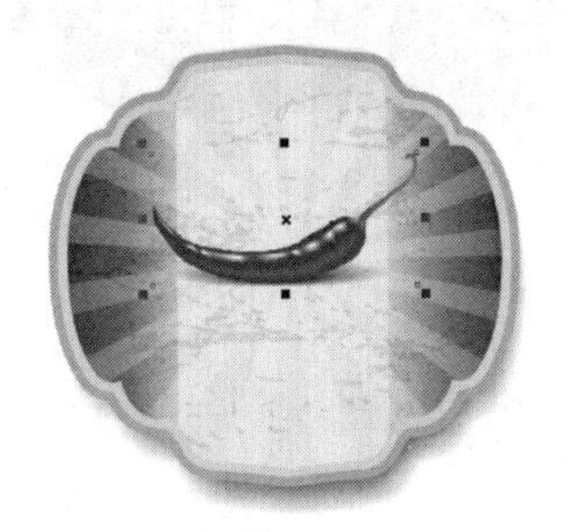

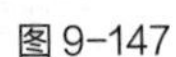
图 9-147

图 9-148

图 9-149

（20）选择“选择”工具，选取后方的文字，选择“轮廓图”工具，在属性栏中单击“外部轮廓”按钮，将“填充色”选项的CMYK值设置为100、0、100、80，其他选项的设置如图9-150所示。按Enter键，效果如图9-151所示。

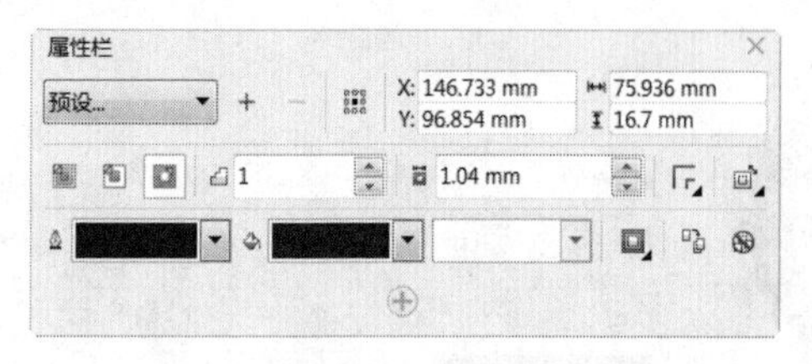

图9-150

图9-151

（21）选择“选择”工具，选取前方的文字，选择“轮廓图”工具，在属性栏中单击“外部轮廓”按钮，将“填充色”选项的CMYK值设置为0、0、40、0，其他选项的设置如图9-152所示。按Enter键，效果如图9-153所示。美食标签制作完成。

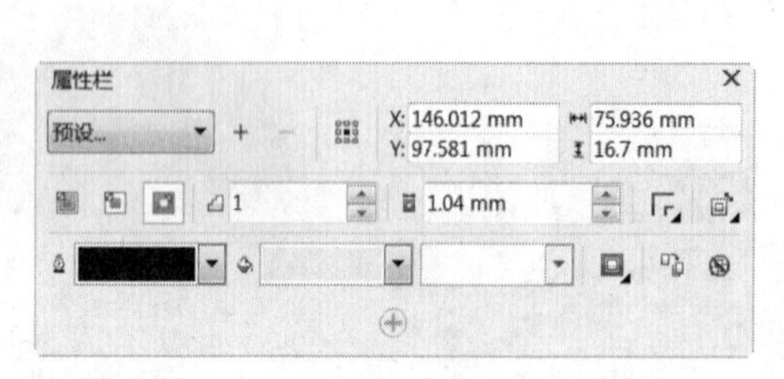

图9-152

图9-153

9.2.5 使用调和效果

调和工具是CorelDRAW X7中应用最广泛的工具之一。制作出的调和效果可以在绘图对象间产生形状、颜色的平滑变化。下面我们来具体讲解调和效果的使用方法。

绘制两个要制作调和效果的图形，如图9-154所示。选择“调和”工具，将鼠标指针放在左边的图形上，鼠标指针变为，按住鼠标左键并拖曳指针到右边的图形上，如图9-155所示。松开鼠标，两个图形的调和效果如图9-156所示。

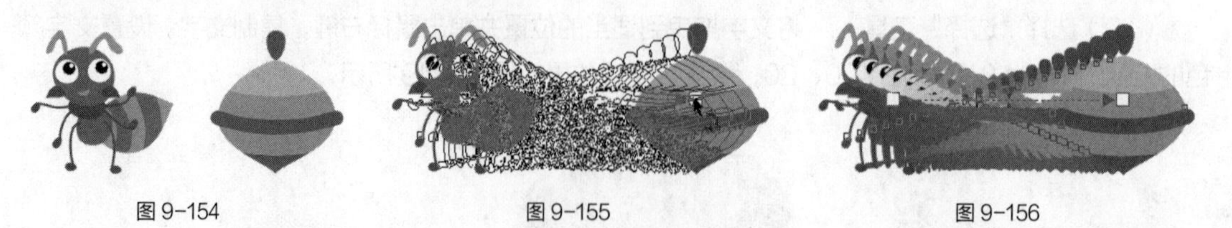

图9-154　　图9-155　　图9-156

“调和”工具的属性栏如图9-157所示。各选项的含义如下。

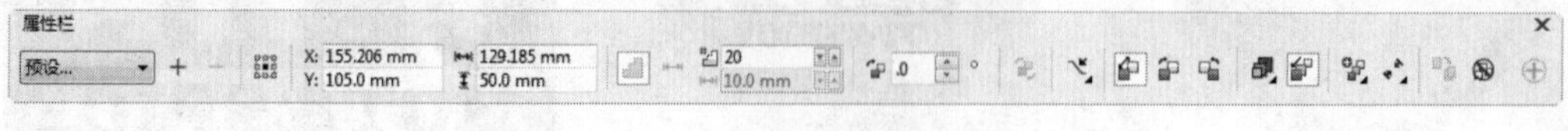

图9-157

“调和步长”选项：可以设置调和的步数，效果如图9-158所示。

“调和方向”选项：可以设置调和的旋转角度，效果如图 9-159 所示。

图 9-158

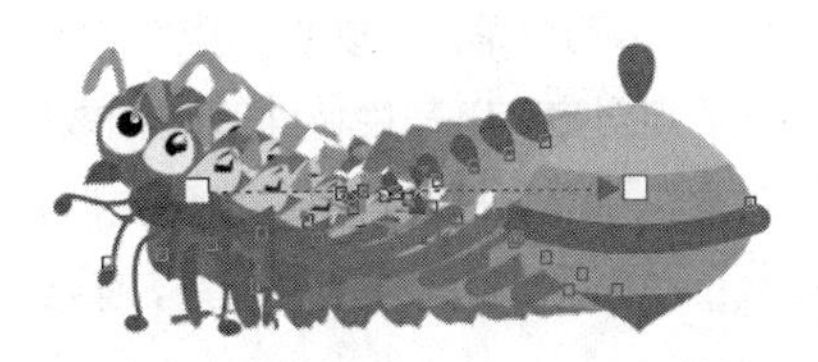

图 9-159

“环绕调和”按钮：调和的图形除了自身旋转外，同时将以起点图形和终点图形的中间位置为旋转中心做旋转分布，如图 9-160 所示。

“直接调和”按钮、“顺时针调和”按钮、“逆时针调和”按钮：设定调和对象之间颜色过渡的方向，效果如图 9-161 所示。

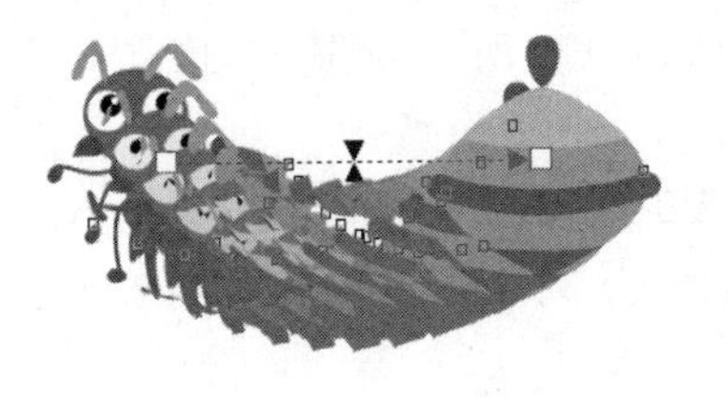

图 9-160

（a）顺时针调和

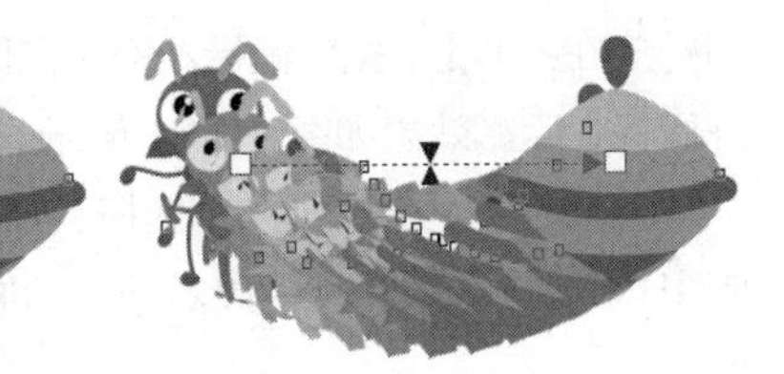

（b）逆时针调和

图 9-161

“对象和颜色加速”按钮：调整对象和颜色的加速属性。单击此按钮，将弹出如图 9-162 所示的对话框，拖曳滑块到需要的位置。对象加速调和效果如图 9-163 所示，颜色加速调和效果如图 9-164 所示。

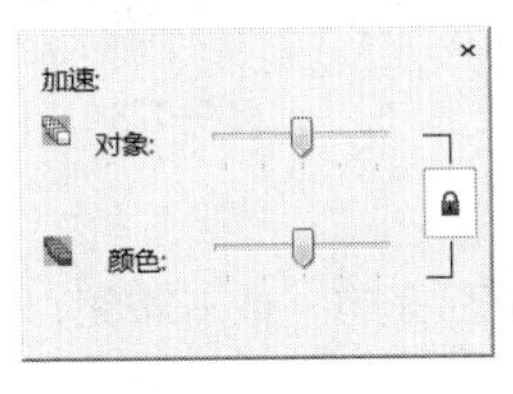

图 9-162

图 9-163

图 9-164

“调整加速大小”按钮：可以控制调和的加速属性。

“起始和结束属性”按钮：可以显示或重新设定调和的起始及终止对象。

“路径属性”按钮：使调和对象沿绘制好的路径分布。单击此按钮弹出图 9-165 所示的菜单，选择“新路径”选项，鼠标指针变为，在新绘制的路径上单击，如图 9-166 所示。沿路径进行调和的效果如图 9-167 所示。

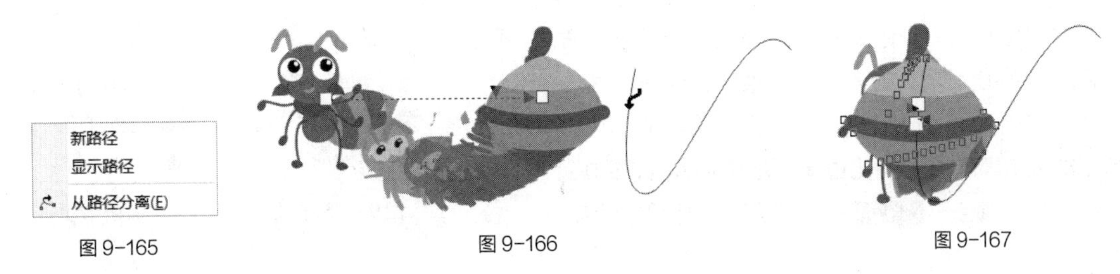

图 9-165

图 9-166

图 9-167

“更多调和选项”按钮：可以进行更多的调和设置。单击此按钮弹出如图 9-168 所示的菜单。“映射节点”命令，可指定起始对象的某一节点与终止对象的某一节点对应，以产生特殊的调和效果。“拆分”命令，可将过渡对象分割成独立的对象，并可与其他对象进行再次调和。勾选“沿全路径调和”选项，可以使调和对象自动充满整个路径。勾选“旋转全部对象”选项，可以使调和对象的方向与路径一致。

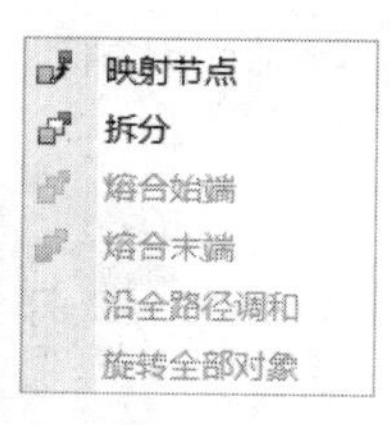

图 9-168

9.2.6 制作阴影效果

阴影效果是经常使用的一种特效，使用“阴影”工具可以快速给图形制作阴影效果，还可以设置阴影的透明度、角度、位置、颜色和羽化程度。下面我们就来介绍如何制作阴影效果。

打开一个图形，使用“选择”工具选取，如图 9-169 所示。再选择“阴影”工具，将鼠标指针放在图形上，按住鼠标左键并向阴影投射的方向拖曳鼠标，如图 9-170 所示。到需要的位置后松开鼠标，阴影效果如图 9-171 所示。

拖曳阴影控制线上的图标，可以调节阴影的透光程度。拖曳时越靠近□图标，透光度越小，阴影越淡，效果如图 9-172 所示。拖曳时越靠近■图标，透光度越大，阴影越浓，效果如图 9-173 所示。

图 9-169　图 9-170　图 9-171　图 9-172　图 9-173

“阴影”工具的属性栏如图 9-174 所示。各选项的含义如下。

“预设列表”选项：选择需要的预设阴影效果。单击预设框后面的 + 或 - 按钮，可以添加或删除预设框中的阴影效果。

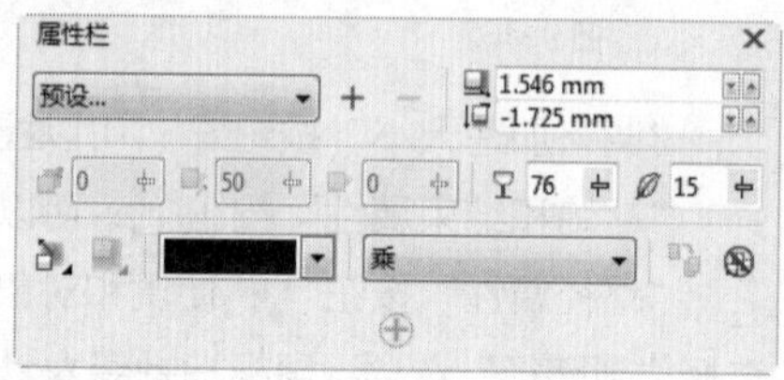

图 9-174

“阴影偏移”框、“阴影角度”框：可以设置阴影的偏移位置和角度。

“阴影延展”框、“阴影淡出”框：可以调整阴影的长度和边缘的淡化程度。

“阴影的不透明”框：可以设置阴影的不透明度。

“阴影羽化”框：可以设置阴影的羽化程度。

“羽化方向”按钮：可以设置阴影的羽化方向。单击此按钮可弹出“羽化方向”设置菜单，如图 9-175 所示。

“羽化边缘”按钮：可以设置阴影的羽化边缘模式。单击此按钮可弹出“羽化边缘”设置菜单，如图 9-176 所示。

“阴影颜色”：可以改变阴影的颜色。

图 9-175

图 9-176

9.2.7 课堂案例——制作家电广告

案例学习目标

使用文本工具、贝塞尔工具和特殊效果工具制作家电广告。

案例知识要点

使用矩形工具和渐变工具制作背景效果；使用文本工具、封套工具和阴影工具制作广告语文字；使用贝塞尔工具、轮廓图工具和拆分轮廓图命令制作阴影效果；使用矩形工具和调和工具制作装饰图形。家电广告效果如图 9-177 所示。

图 9-177

效果所在位置

云盘/Ch09/效果/制作家电广告.cdr。

（1）按 Ctrl+N 组合键，新建一个 A4 页面。单击属性栏中的“横向”按钮，横向显示页面。双击“矩形”工具，绘制一个与页面大小相等的矩形，如图 9-178 所示。分别拖曳控制节点到适当的位置，效果如图 9-179 所示。

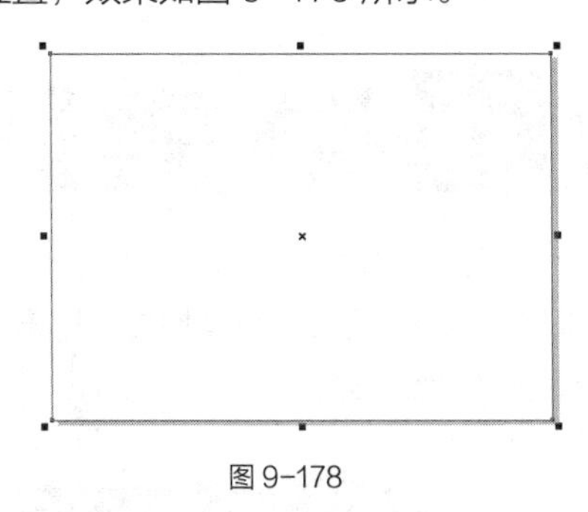

图 9-178

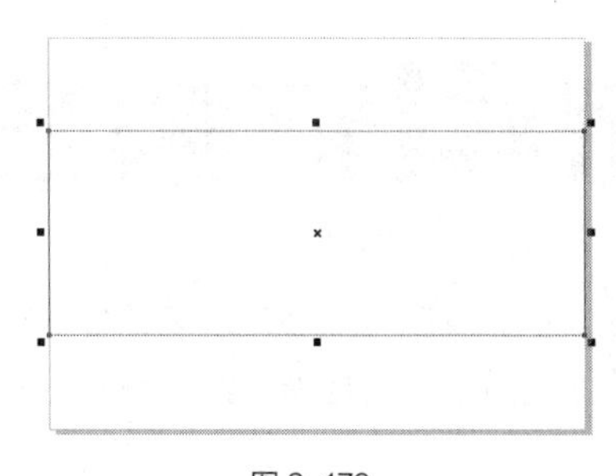

图 9-179

（2）按 F11 键，弹出“编辑填充”对话框，选择“渐变填充”按钮，在“位置”选项中分别添加并输入 0、50、100 几个位置点，分别设置几个位置点颜色的 CMYK 值为 0（0、40、100、0）、50（0、0、54、0）、100（0、40、100、0），其他选项的设置如图 9-180 所示，单击“确定”按钮。填充矩形，效果如图 9-181 所示。

（3）选择“文本”工具，在页面中输入需要的文字，选择“选择”工具，在属性栏中选取适当的字体并设置文字大小，如图 9-182 所示。

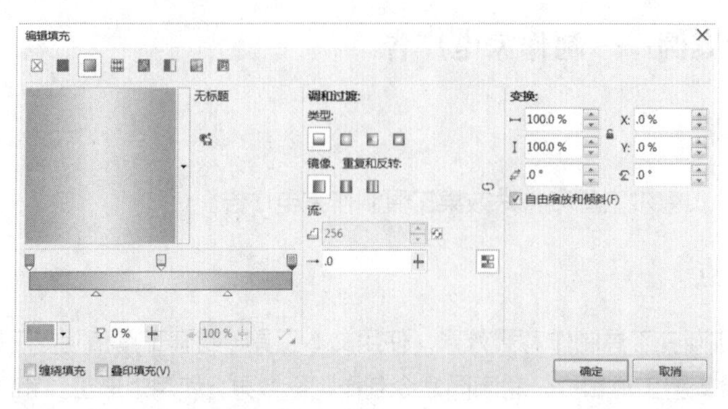

图 9-180

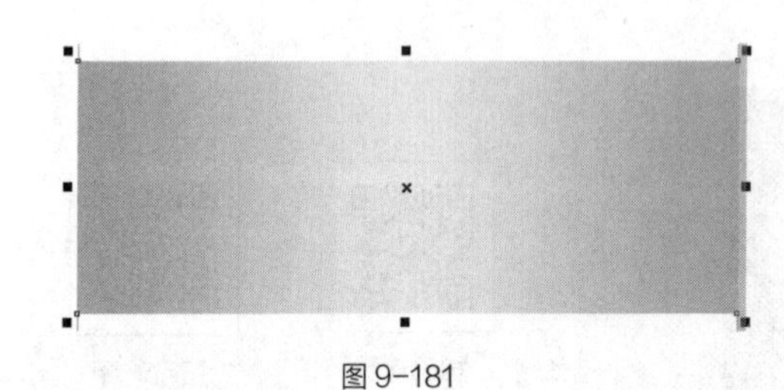

图 9-181

图 9-182

（4）选择“形状”工具，选取需要的文字节点，如图 9-183 所示。在属性栏中设置文字大小，如图 9-184 所示。

图 9-183

图 9-184

（5）选择“封套”工具，在文字周围出现封套节点，如图 9-185 所示。按住 Shift 键的同时，将需要的节点同时选取，如图 9-186 所示，按 Delete 键，删除选取的节点。

图 9-185

图 9-186

（6）按住 Shift 键的同时，将需要的节点同时选取，如图 9-187 所示，在属性栏中单击“转换为直线”按钮，将节点转换为直线点。分别拖曳节点到适当的位置，效果如图 9-188 所示。

图 9-187

图 9-188

（7）选择“选择”工具，选取文字。按 F11 键，弹出“编辑填充”对话框，选择“渐变填充”按钮，在“位置”选项中分别添加并输入 0、52、100 几个位置点，分别设置几个位置点颜色的

CMYK 值为 0（0、20、100、0）、52（5、0、100、0）、100（0、10、70、0），其他选项的设置如图 9-189 所示。单击“确定”按钮，填充文字，效果如图 9-190 所示。

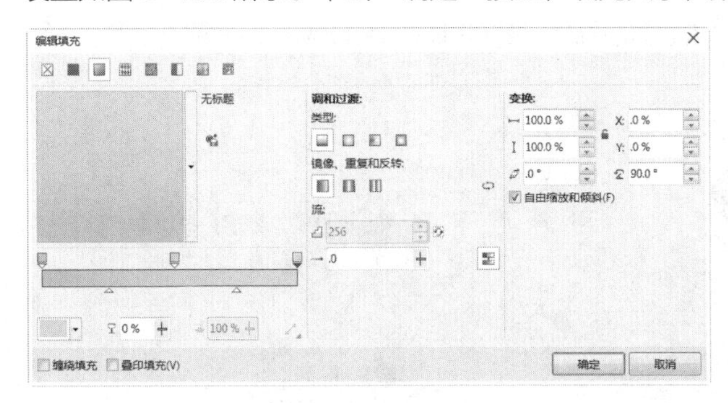

图 9-189

图 9-190

（8）选择“阴影”工具，在文字上从上向下拖曳鼠标添加阴影效果，在属性栏中的设置如图 9-191 所示。按 Enter 键，效果如图 9-192 所示。

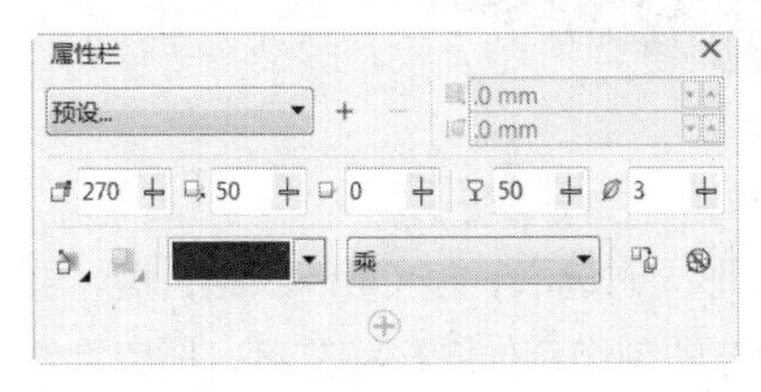

图 9-191

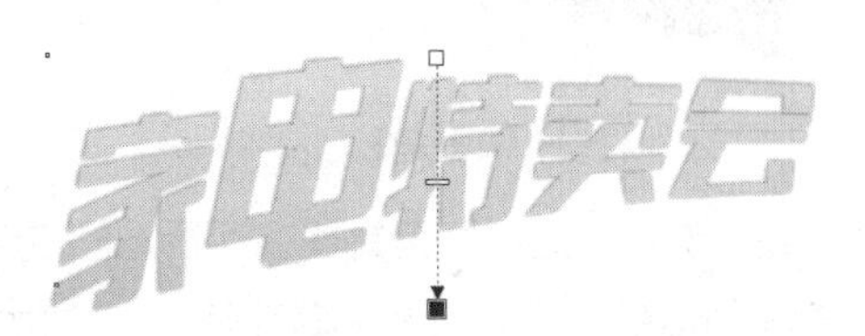

图 9-192

（9）选择“贝塞尔”工具，绘制一个图形，设置图形颜色的 CMYK 值为 0、100、80、0，填充图形，并去除图形的轮廓线，如图 9-193 所示。选择“轮廓图”工具，在属性栏中单击“外部轮廓”按钮，将“填充色”选项的 CMYK 值设置为 40、100、100、20，其他选项的设置如图 9-194 所示。按 Enter 键，效果如图 9-195 所示。

图 9-193

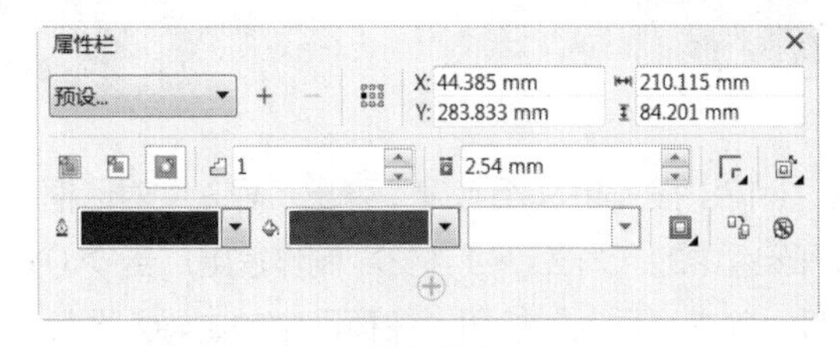

图 9-194

（10）选择“选择”工具，选取图形，选择“对象 > 拆分轮廓图群组”命令，拆分文字。选取下方的图形，按数字键盘上的+键，复制图形，并将其拖曳到适当的位置，效果如图 9-196 所示。

图 9-195

图 9-196

（11）保持图形的选取状态，填充为黑色，效果如图 9-197 所示。选择“透明度”工具，在属性栏中单击“均匀透明度”按钮，其他选项的设置如图 9-198 所示。按 Enter 键，效果如图 9-199 所示。选择“选择”工具，选取需要的图形，按 Ctrl+PageDown 组合键，后移图形，效果如图 9-200 所示。

图 9-197

图 9-198

图 9-199

图 9-200

（12）选择“选择”工具，用圈选的方法将需要的图形同时选取，按 Ctrl+G 组合键，群组图形，拖曳到适当的位置，效果如图 9-201 所示。用相同的方法制作其他图形和文字，拖曳到适当的位置，效果如图 9-202 所示。按 Ctrl+PageDown 组合键，后移图形，效果如图 9-203 所示。

图 9-201

图 9-202

（13）按 Ctrl+I 组合键，弹出“导入”对话框，打开云盘中的“Ch09 > 素材 > 制作家电广告 > 01”文件，单击“导入”按钮，在页面中单击导入图片，选择“选择”工具，将其拖曳到适当的位置并调整大小，效果如图 9-204 所示。连续按 Ctrl+PageDown 组合键，后移图形，效果如图 9-205 所示。

图 9-203

图 9-204

图 9-205

（14）选择“矩形”工具，在适当的位置绘制矩形，设置图形颜色的 CMYK 值为 0、100、100、0，填充图形，并去除图形的轮廓线，效果如图 9-206 所示。按 Ctrl+I 组合键，弹出“导入”对话框，打开云盘中的“Ch09 > 素材 > 制作家电广告 > 02”文件，单击“导入”按钮，在页面中单击导入图片，选择“选择”工具，将其拖曳到适当的位置并调整大小，效果如图 9-207 所示。

图 9-206

图 9-207

（15）按 Ctrl+I 组合键，弹出“导入”对话框，打开云盘中的“Ch09 > 素材 > 制作家电广告 > 03”文件，单击“导入”按钮，在页面中单击导入图片，选择“选择”工具，将其拖曳到适当的位置并调整大小，效果如图 9-208 所示。

（16）选择“阴影”工具，在图形上从左向右拖曳鼠标添加阴影效果，在属性栏中的设置如图 9-209 所示。按 Enter 键，效果如图 9-210 所示。选择“选择”工具，选取图片，按数字键盘上的+键，复制图片。单击属性栏中的“水平镜像”按钮，水平翻转图片，效果如图 9-211 所示。拖曳到适当的位置，效果如图 9-212 所示。

图 9-208

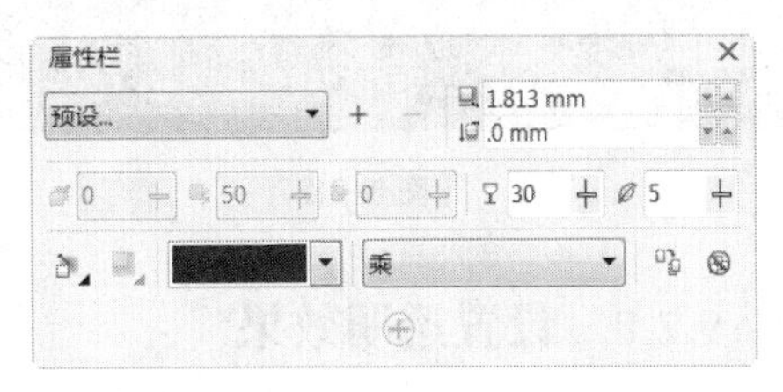

图 9-209

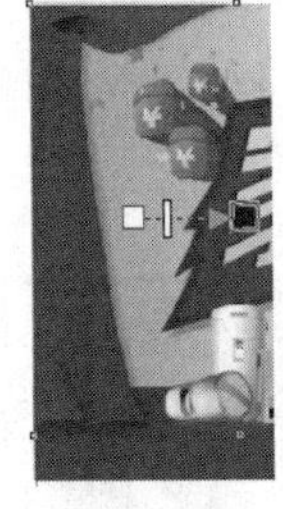
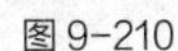
图 9-210

图 9-211

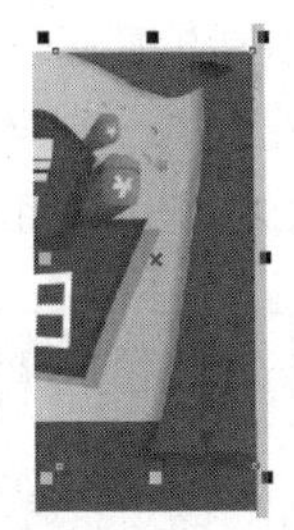
图 9-212

（17）选择“矩形”工具，在适当的位置绘制矩形，设置图形颜色的 CMYK 值为 0、20、100、0，填充图形，并去除图形的轮廓线，效果如图 9-213 所示。选择“选择”工具，按住 Shift 键的同时，将矩形拖曳到适当的位置，复制矩形。设置图形颜色的 CMYK 值为 0、100、100、60，填充图形，效果如图 9-214 所示。

图 9-213

图 9-214

（18）选择“调和”工具，将鼠标指针从左边的图形拖曳到右边的图形上，如图 9-215 所示。在属性栏中的设置如图 9-216 所示。按 Enter 键，效果如图 9-217 所示。家电广告制作完成，效果如图 9-218 所示。

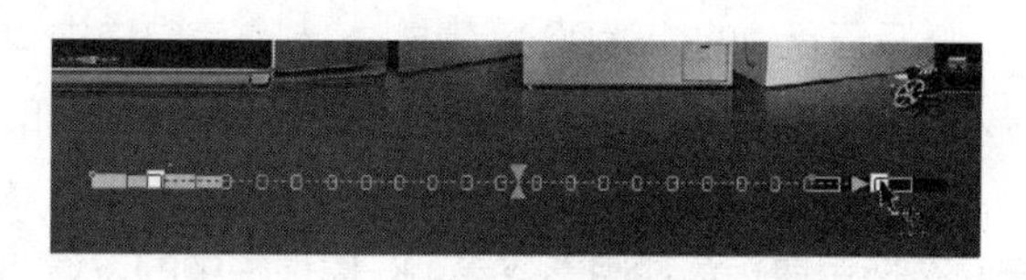

图 9-215

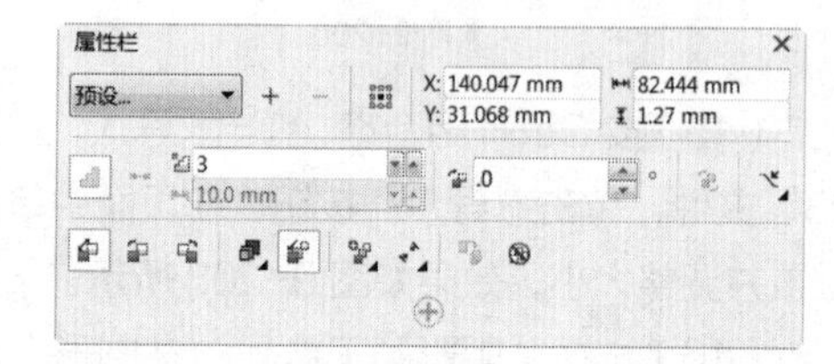

图 9-216

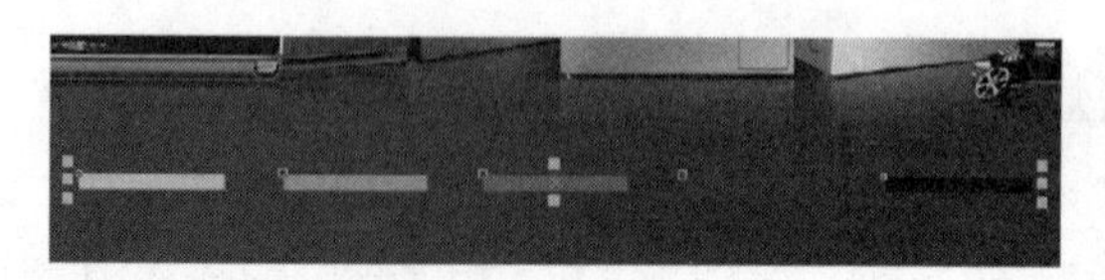

图 9-217

图 9-218

9.2.8 设置透明效果

使用“透明度”工具可以制作出如均匀、渐变、图案和底纹等许多漂亮的透明效果。

绘制并填充两个图形，选择“选择”工具，选择上方的图形，如图 9-219 所示。选择“透明度”工具，在属性栏中可以选择一种透明类型，这里单击“均匀透明度”按钮，选项的设置如图 9-220 所示，图形的透明效果如图 9-221 所示。

图 9-219

图 9-220

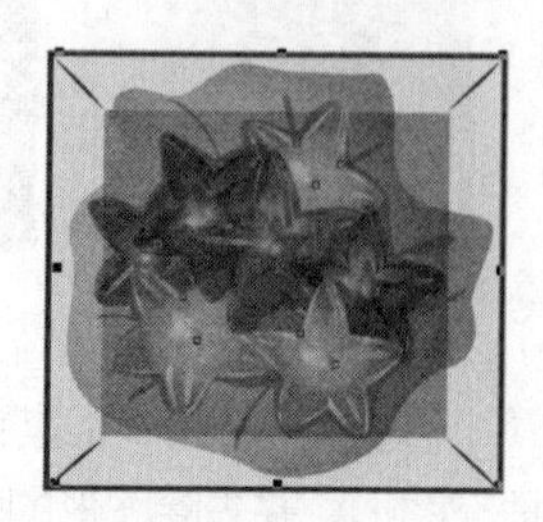

图 9-221

透明属性栏中各选项的含义如下。

按钮、常规选项：选择透明类型和透明样式。

“开始透明度”框 50 ：拖曳滑块或直接输入数值，可以改变对象的透明度。

“透明度目标”选项：设置应用透明度到“填充”“轮廓”或“全部”效果。

“冻结透明度”按钮：冻结当前视图的透明度。

“编辑透明度”按钮：打开“渐变透明度”对话框，可以对渐变透明度进行具体的设置。

“复制透明度属性”按钮：可以复制对象的透明效果。

“无透明度”按钮：可以清除对象中的透明效果。

9.2.9 编辑轮廓图效果

轮廓效果是由图形中向内部或者外部放射的层次效果，它由多个同心线圈组成。下面我们来介绍如何制作轮廓效果。

绘制一个图形，如图 9-222 所示。在图形轮廓上方的节点上单击鼠标右键，并向内拖曳鼠标指针至需要的位置，松开鼠标左键，效果如图 9-223 所示。

“轮廓”工具的属性栏如图 9-224 所示。各选项的含义如下。

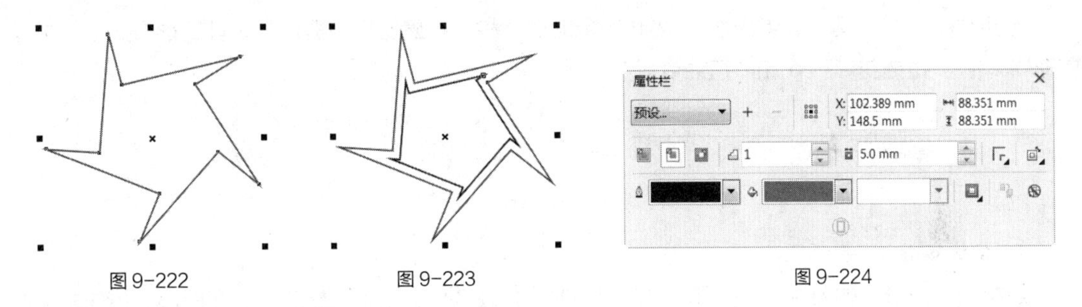

图 9-222　　图 9-223　　图 9-224

“预设列表”选项 预设... ：选择系统预设的样式。

“内部轮廓”按钮、“外部轮廓”按钮：使对象分别产生向内和向外的轮廓图。

“到中心”按钮：根据设置的偏移值一直向内创建轮廓图，效果如图 9-225 所示。

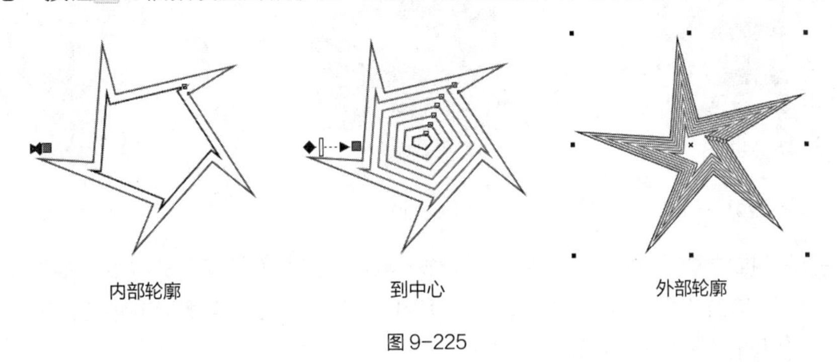

图 9-225

“轮廓图步长”选项 1 和“轮廓图偏移”选项 5.0 mm ：设置轮廓图的步数和偏移值，如图 9-226 和图 9-227 所示。

“轮廓色”选项：设定最内一圈轮廓线的颜色。

“填充色”选项：设定轮廓图的颜色。

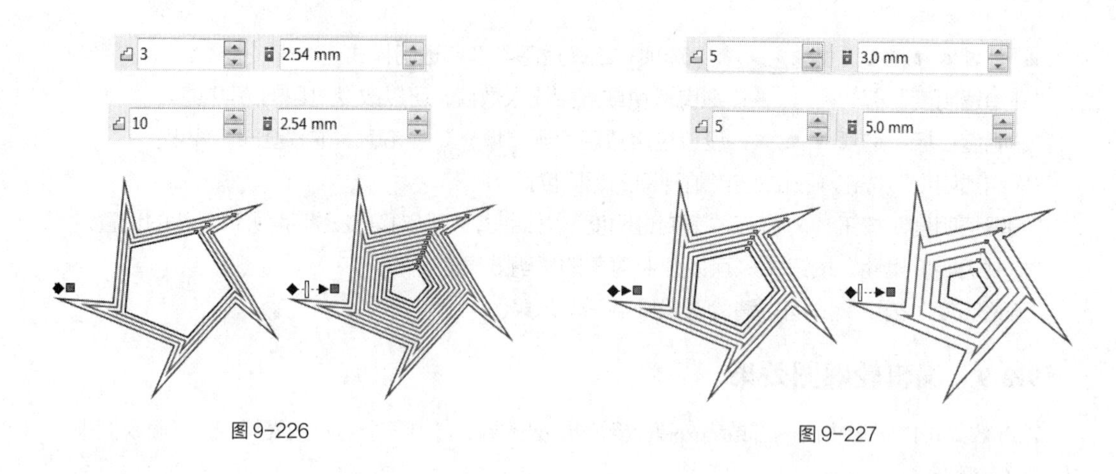

图 9-226　　图 9-227

9.2.10 使用变形效果

利用“变形”工具可以使图形的变形操作更加方便。变形后可以产生不规则的图形外观，变形后的图形效果更具弹性、更加奇特。

选择“变形”工具，弹出图 9-228 所示的属性栏，在属性栏中提供了 3 种变形方式：“推拉变形”、“拉链变形”和“扭曲变形”。

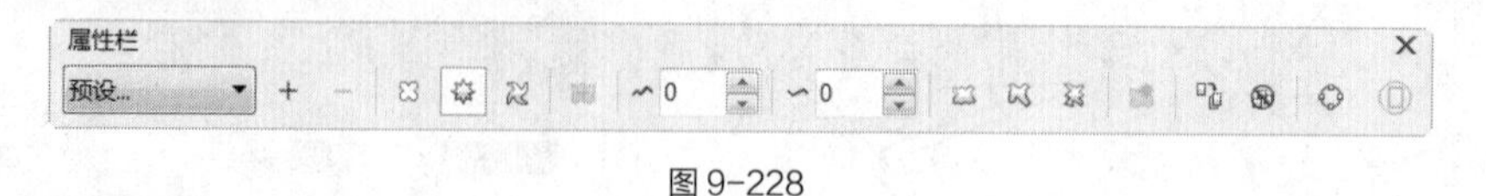

图 9-228

1. 推拉变形

绘制一个图形，如图 9-229 所示。单击属性栏中的“推拉变形”按钮，在图形上按住鼠标左键并向左拖曳鼠标指针，如图 9-230 所示。变形的效果如图 9-231 所示。

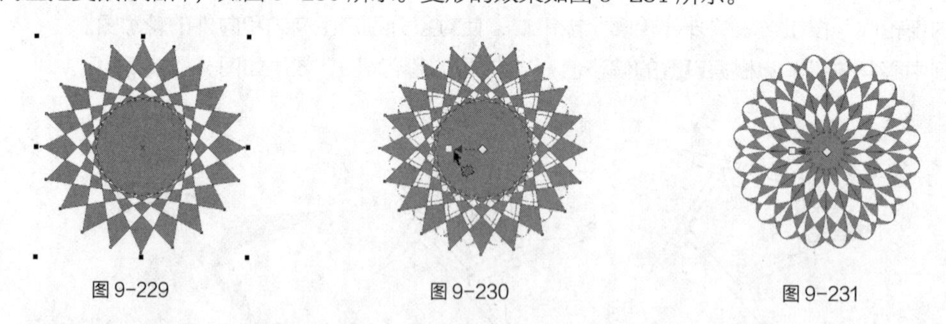
图 9-229　　图 9-230　　图 9-231

在属性栏的“推拉振幅”框中，可以输入数值来控制推拉变形的幅度。推拉变形的设置范围在 -200～200。单击“居中变形”按钮，可以将变形的中心移至图形的中心。单击“转换为曲线”按钮，可以将图形转换为曲线。

2. 拉链变形

绘制一个图形，如图 9-232 所示。单击属性栏中的“拉链变形”按钮，在图形上按住鼠标左键并向左下方拖曳鼠标，如图 9-233 所示，变形的效果如图 9-234 所示。

在属性栏的“拉链失真振幅”框中，可以输入数值调整变化图形时锯齿的深度。单击“随机变形”按钮，可以随机地变化图形锯齿的深度。单击“平滑变形”按钮，可以将图形锯齿的尖角变成圆弧。单击“局部变形”按钮，在图形中拖曳鼠标指针，可以将图形锯齿的局部进行变形。

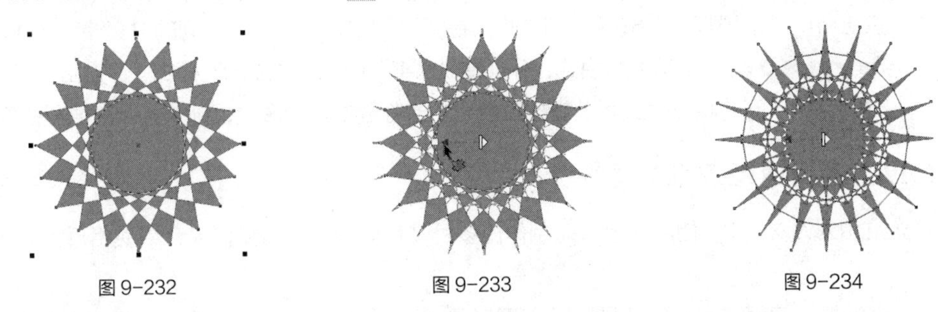

图9-232　　图9-233　　图9-234

3. 扭曲变形

绘制一个图形，效果如图9-235所示。选择“变形”工具，单击属性栏中的“扭曲变形”按钮，在图形中按住鼠标左键并拖动鼠标指针，如图9-236所示。变形的效果如图9-237所示。

单击属性栏中的“添加新的变形”按钮，可以继续在图形中按住鼠标左键并拖动鼠标指针，制作新的变形效果。单击“顺时针旋转”按钮和“逆时针旋转”按钮，可以设置旋转的方向。在“完全旋转”框中可以设置完全旋转的圈数。在“附加角度”文本框中可以设置旋转的角度。

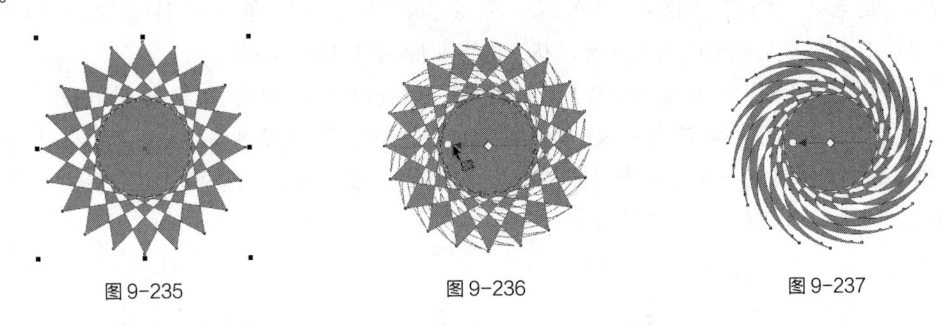

图9-235　　图9-236　　图9-237

9.2.11 制作封套效果

使用“封套”工具可以快速建立对象的封套效果，使文本、图形和位图都可以产生丰富的变形效果。

打开一个要制作封套效果的图形，如图9-238所示。选择“封套”工具，单击图形，图形外围显示封套的控制线和控制点，如图9-239所示。用鼠标拖曳需要的控制点到适当的位置并松开鼠标左键，可以改变图形的外形，如图9-240所示。选择“选择”工具并按Esc键，取消选取，图形的封套效果如图9-241所示。

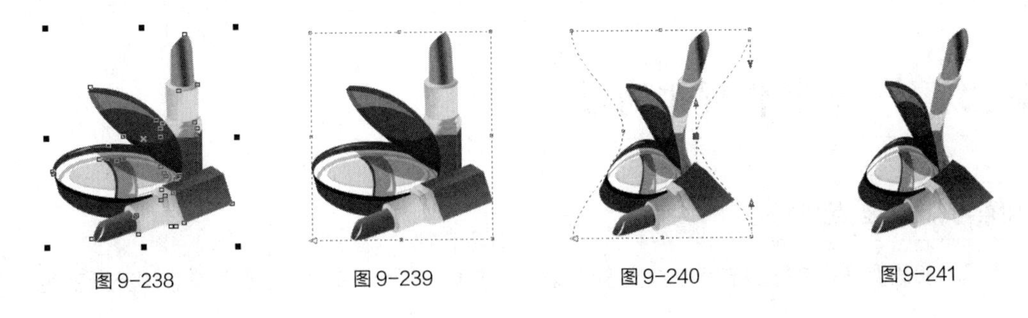

图9-238　　图9-239　　图9-240　　图9-241

在属性栏的“预设列表”选项 预设... 中可以选择需要的预设封套效果。“直线模式”按钮、“单弧模式”按钮、“双弧模式”按钮和“非强制模式”按钮为 4 种不同的封套编辑模式。“映射模式”选项 自由变形 包含 4 种映射模式，分别是“水平”模式、“原始”模式、“自由变形”模式和“垂直”模式。使用不同的映射模式可以使封套中的对象符合封套的形状，制作出所需要的变形效果。

9.2.12　使用透镜效果

在 CorelDRAW X7 中，使用透镜可以制作出多种特殊效果。下面我们来介绍使用透镜的方法和效果。

打开一个图形，使用“选择”工具选取图形，如图 9-242 所示。选择“效果 > 透镜”命令，或按 Alt+F3 组合键，弹出“透镜”泊坞窗，如图 9-243 所示进行设定，单击“应用”按钮，效果如图 9-244 所示。

在“透镜”泊坞窗中有“冻结”“视点”和“移除表面”3 个复选框，选中它们可以设置透镜效果的公共参数。

“冻结”复选框：可以将透镜下面的图形产生的透镜效果添加成透镜的一部分。产生的透镜效果不会因为透镜或图形的移动而改变。

“视点”复选框：可以在不移动透镜的情况下，只弹出透镜下面对象的一部分。单击“视点”后面的“编辑”按钮，在对象的中心出现 x 形状，拖曳 x 形状可以移动视点。

“移除表面”复选框：透镜将只作用于下面的图形，没有图形的页面区域将保持通透性。

透明度 选项：单击列表框弹出“透镜类型”下拉列表，如图 9-245 所示。在“透镜类型”下拉列表中的透镜上单击鼠标左键，可以选择需要的透镜。选择不同的透镜，再进行参数的设定，可以制作出不同的透镜效果。

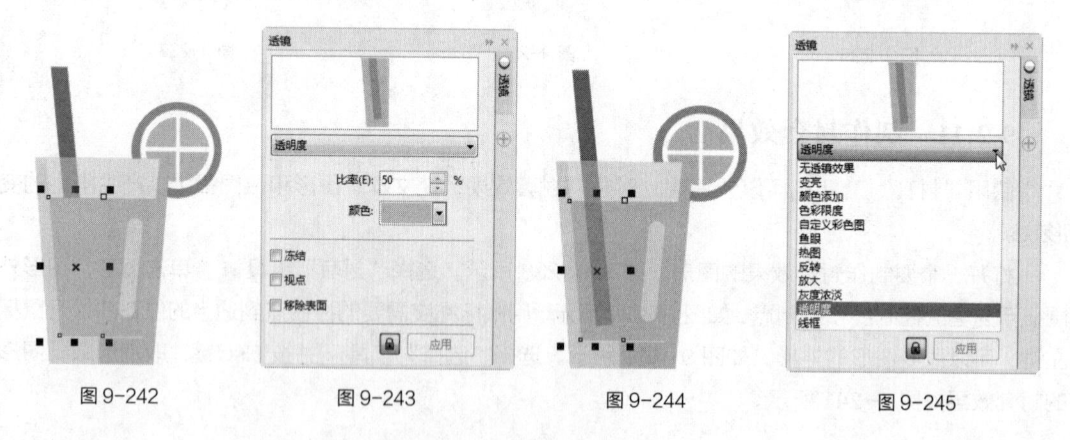

图 9-242　图 9-243　图 9-244　图 9-245

课堂练习——制作促销海报

练习知识要点

使用添加透视命令并拖曳节点制作文字透视变形效果；使用渐变填充工具为文字填充渐变色，使用阴影工具为文字添加阴影；使用轮廓图工具为文字添加轮廓化效果；使用文本工具输入其他说明文字。效果如图 9-246 所示。

图 9-246

效果所在位置

云盘/Ch09/效果/制作促销海报.cdr。

课后习题——制作电脑吊牌

习题知识要点

使用封套工具制作宣传文字效果；使用文本工具输入其他文字；使用封套工具制作文字封套效果。效果如图 9-247 所示。

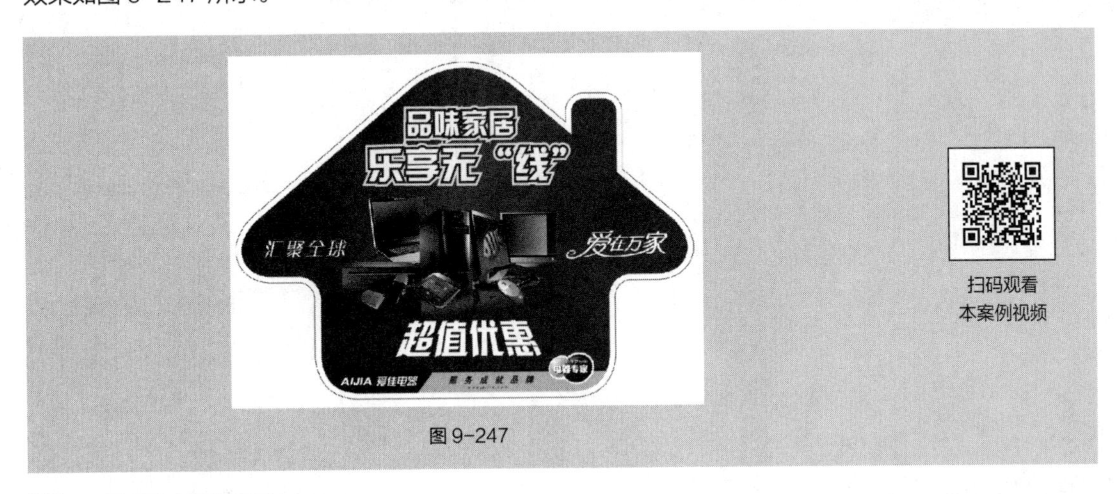

图 9-247

效果所在位置

云盘/Ch09/效果/制作电脑吊牌.cdr。

10 第10章 综合设计实训

本章的综合设计实训案例根据商业设计项目真实情境来训练学生如何利用所学知识完成商业设计项目。多个商业设计项目案例的演练，能使学生进一步牢固掌握 CorelDRAW X7 的强大操作功能和使用技巧，并应用好所学技能制作出专业的商业设计作品。

课堂学习目标

- 掌握 CorelDRAW 的基础知识
- 了解 CorelDRAW 的常用设计领域
- 掌握 CorelDRAW 在不同设计领域的使用

10.1 卡片设计——制作美食代金券

扫码观看
扩展案例

10.1.1 【项目背景及要求】

1. **客户名称**

长江鱼馆餐厅。

2. **客户需求**

扫码观看
本案例视频

长江鱼馆餐厅是一家专门制作鱼料理的餐厅。为了促进消费，提高餐厅业绩，现推出秒杀活动。要求制作该鱼馆的代金券。要求设计合理，能吸引消费者注意。

3. **设计要求**

（1）代金券设计要求色彩丰富，能引起消费者兴趣。

（2）运用美食图片，与文字一起构成丰富的画面。

（3）设计要求表现本店的高品质及优良服务，色彩鲜艳，给人以热情的视觉信息。

（4）要求对文字进行具有特色的设计，使消费者快速了解活动内容信息。

（5）设计规格均为 100mm（宽）×40mm（高），分辨率为 300 点每英寸（dpi）。

10.1.2 【项目创意及制作】

扫码观看
本案例视频

1. **素材资源**

图片素材所在位置：云盘中的“Ch10/素材/制作美食代金券/01～04”。

文字素材所在位置：云盘中的“Ch10/素材/制作美食代金券/文字文档”。

2. **作品参考**

设计作品参考效果所在位置：云盘中的“Ch10/效果/制作美食代金券.cdr”，效果如图 10-1 所示。

图 10-1

扫码观看
本案例视频

3. **制作要点**

使用矩形工具、贝塞尔工具和图框精确剪裁命令绘制背景效果；使用透明度工具制作图形的不透明度效果；使用椭圆形和造型命令制作云图形；使用文本工具、转换为曲线命令和形状工具制作宣传文字效果。

10.2 海报设计——制作手机海报

扫码观看
扩展案例

10.2.1 【项目背景及要求】

1. 客户名称

拍照手机专营店。

2. 客户需求

拍照手机专营店是一家专卖拍照手机的手机卖场。该手机店最新推出了手机促销活动，需要制作宣传单，要求能够适用于街头派发、橱窗及公告栏展示。海报要求内容丰富，重点宣传此次优惠活动。

3. 设计要求

（1）海报要求内容突出，重点宣传此次优惠活动。

（2）添加手机形象，与文字一起构成丰富的画面。

（3）海报设计要求主次分明，对文字进行具有特色的设计，使消费者快速了解优惠信息。

（4）要求画面对比感强烈，能迅速吸引人们注意。

（5）设计规格均为210mm（宽）×297mm（高），分辨率为300点每英寸（dpi）。

10.2.2 【项目创意及制作】

1. 素材资源

图片素材所在位置：云盘中的"Ch10/素材/制作手机海报/01～03"。

文字素材所在位置：云盘中的"Ch10/素材/制作手机海报/文字文档"。

2. 作品参考

设计作品参考效果所在位置：云盘中的"Ch10/效果/制作手机海报.cdr"，效果如图10-2所示。

3. 制作要点

使用钢笔工具和图框精确剪裁命令制作背景效果；使用文本工具、贝塞尔工具、形状工具和编辑锚点按钮制作宣传文字；使用转换为位图命令制作文字的背景效果；使用轮廓图工具制作文字的立体效果；使用导入命令导入产品图片。

图10-2

扫码观看
本案例视频

扫码观看
本案例视频

10.3 广告设计——制作汽车广告

扫码观看
扩展案例

10.3.1 【项目背景及要求】

1. 客户名称

瑞福达风汽车有限公司。

2. 客户需求

瑞福达风汽车有限公司生产的汽车以高质量、高性能得到消费者的广泛认可，目前瑞福达风汽车有限公司最新型号的汽车即将面世，需要为新型汽车的面世制作一款宣传海报。要求以宣传汽车为主要内容，突出主题。

3. 设计要求

（1）广告的画面背景以汽车产品展示为主，突出宣传重点。

（2）画面要求质感丰富，能够体现品牌的品质与质量。

（3）广告整体色调柔和，能够让消费者感受到温馨舒适的氛围。

（4）广告设计整体图文搭配和谐，主次分明，画面整洁大气。

（5）设计规格均为 210mm（宽）× 297mm（高），分辨率为 300 点每英寸（dpi）。

10.3.2 【项目创意及制作】

1. 素材资源

图片素材所在位置：云盘中的“Ch10/素材/制作汽车广告/01 ~ 06”。

文字素材所在位置：云盘中的“Ch10/素材/制作汽车广告/文字文档”。

2. 作品参考

设计作品参考效果所在位置：云盘中的“Ch10/效果/制作汽车广告.cdr”，效果如图 10-3 所示。

3. 制作要点

使用矩形工具和透明度工具绘制背景；使用文字工具和二点线工具添加标题文字；使用椭圆形工具、调和工具、透明度工具、渐变填充工具、文字工具和星形工具绘制标志；使用矩形工具和图框精确剪裁命令制作倾斜的宣传图片；使用表格工具和文本工具添加宣传和介绍文字。

图 10-3

10.4 图书装帧设计——制作旅游图书封面

10.4.1 【项目背景及要求】

1. 客户名称

艾力地理出版社。

2. 客户需求

艾力地理出版社即将出版一本旅游方面的图书，书名为《如果可以去旅行》，目前需要为该书设计封面。本书内容围绕着旅游这一主题，要求在封面得到充分表现，并能够通过封面吸引读者注意。

3. 设计要求

（1）封面的设计使用摄影图片为背景素材，注重细节的修饰和处理。

（2）整体色调清新舒适，色彩丰富，搭配自然。

（3）封面要表现出旅游的轻松和舒适的氛围。

（4）文字设计与图片相迎合，配合图片设计搭配。

（5）设计规格均为378mm（宽）×260mm（高），分辨率为300点每英寸（dpi）。

10.4.2 【项目创意及制作】

1. 素材资源

图片素材所在位置：云盘中的“Ch10/素材/制作旅游书籍封面/01、02”。

文字素材所在位置：云盘中的“Ch10/素材/制作旅游书籍封面/文字文档”。

扫码观看本案例视频

2. 作品参考

设计作品参考效果所在位置：云盘中的“Ch10/效果/制作旅游书籍封面.cdr”，效果如图10-4所示。

图10-4

扫码观看本案例视频

3. 制作要点

使用文本工具、文本属性面板制作封面文字；使用椭圆形工具、调和工具制作装饰圆形；使用手绘工具，透明度工具制作竖线；使用导入命令、矩形工具和旋转命令制作旅行照片；使用插入条码命令添加封面条形码。

10.5 包装设计——制作牛奶包装

扫码观看扩展案例

10.5.1 【项目背景及要求】

1. 客户名称

宝宝食品有限公司。

2. 客户需求

宝宝食品是一家制作婴幼儿配方食品的专业品牌，精选优质原料，生产国际水平的产品，得到了消费者的广泛认可。目前该公司推出了最新研制的心怡特牛奶，需要为该产品制作一款包装，包装设计要求体现产品特色，展现品牌形象。

3. 设计要求

（1）包装风格要求简单干净，使消费者感到放心。

（2）突出宣传重点，使用卡通形象为包装素材。

（3）设计要求使用文字效果，在画面中突出显示。

（4）整体效果要求具有温馨可爱的画面感。

（5）设计规格均为297mm（宽）×210mm（高），分辨率为300点每英寸（dpi）。

10.5.2 【项目创意及制作】

1. 素材资源

文字素材所在位置：云盘中的“Ch10/素材/制作牛奶包装/文字文档”。

2. 作品参考

设计作品参考效果所在位置：云盘中的“Ch10/效果/制作牛奶包装.cdr”，效果如图10-5所示。

3. 制作要点

使用矩形工具、转换为曲线命令和形状工具制作瓶盖图形；使用转换为位图命令和高斯模糊命令制作阴影效果；使用贝塞尔工具和渐变工具制作瓶身；使用文本工具、对象属性泊坞窗和轮廓图工具添加宣传文字。

扫码观看
本案例视频

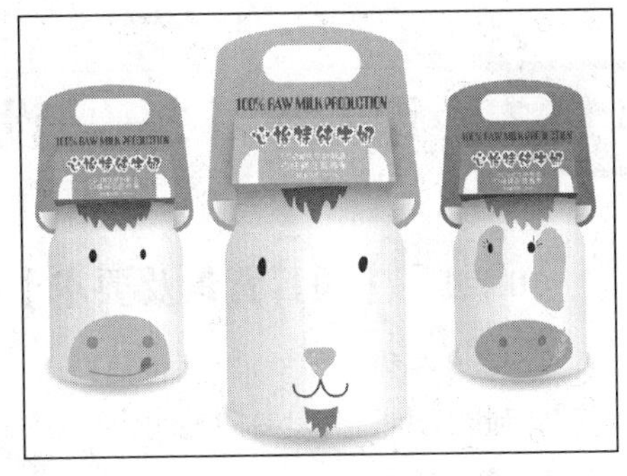

图10-5

10.6 课堂练习1——设计重阳节海报

10.6.1 【项目背景及要求】

1. 客户名称

法克传媒。

2. 客户需求

法克传媒是一家投资及运营电影、电视剧、艺人经纪、唱片、娱乐营销及公益活动等的传媒公司，并且在这些领域都取得了不错的成绩，目前重阳佳节在即，公司即将举办“重阳节”为主题的公益活动，现要求制作一张海报用于宣传，要求海报制作风格清新淡雅。

3. 设计要求

（1）海报风格要求具有古典风格。

（2）要求整个海报的形式以水墨画表现，独具特色。

（3）重点宣传本次活动，内容详细，重点内容要求突出表现。

（4）色彩风格清新淡雅，通过图像与文字的结合体现出了重阳佳节源远流长的特点。

（5）设计规格均为210mm（宽）×297mm（高），分辨率为300点每英寸（dpi）。

10.6.2 【项目创意及制作】

1. 素材资源

图片素材所在位置：云盘中的“Ch10/素材/设计重阳节海报/01～04”。

文字素材所在位置：云盘中的“Ch10/素材/设计重阳节海报/文字文档”。

扫码观看
本案例视频

2. 作品参考

设计作品参考效果所在位置：云盘中的“Ch10/效果/设计重阳节海报.cdr”。

3. 制作要点

使用导入命令、透明度工具和图框精确剪裁命令制作背景效果；使用贝塞尔工具、文本工具、合并命令制作印章；使用文本工具添加介绍文字。

10.7 课堂练习 2——设计房地产广告

10.7.1 【项目背景及要求】

1. 客户名称

金利达房地产开发有限公司。

扫码观看
本案例视频

2. 客户需求

金利达房地产开发有限公司经营范围包括房地产开发经营、房地产营销策划及信息咨询服务，设计制作的房地产宣传单，作为大量派发之用，适合用于展会、巡展、街头派发。宣传单的内容要求较简单，有效地表达出来海景房这个大卖点，以第一时间吸引客户的注意。

3. 设计要求

扫码观看
本案例视频

（1）设计风格清新淡雅，主题突出，明确市场定位。

（2）突出对住宅的宣传，并传达出公司的品质与理念。

（3）设计要求简单大气，图文编排合理并且具有特色。

（4）以真实简洁的方式向观者传达信息内容。

（5）设计规格均为 210mm（宽）×285mm（高），分辨率为 300 点每英寸（dpi）。

10.7.2 【项目创意及制作】

1. 素材资源

图片素材所在位置：云盘中的“Ch10/素材/设计房地产广告/01～03”。

文字素材所在位置：云盘中的“Ch10/素材/设计房地产广告/文字文档”。

扫码观看
本案例视频

2. 作品参考

设计作品参考效果所在位置：云盘中的“Ch10/效果/设计房地产广告.cdr”。

3. 制作要点

使用矩形工具、旋转命令、复制命令和图框精确剪裁命令制作背景效果；使用导入命令导入需要的图片；使用贝塞尔工具和旋转复制命令制作放射图形；使用文本工具、对象属性泊坞窗和轮廓图工具添加文字信息。

10.8 课后习题1——设计舞蹈宣传单

10.8.1 【项目背景及要求】

1. 客户名称

文晓羲舞蹈学院。

2. 客户需求

文晓羲舞蹈学院是一所开展专业舞蹈教育的院校，学校下设古典舞系、民族民间舞系、芭蕾舞系、编导系、舞蹈学系、社会舞蹈系及舞蹈考级等教学单位。现寒假将至，该院特开设寒假培训班，要求为此设计宣传海报，海报的语言要求简明扼要，形式要做到新颖美观，突出宣传点。

3. 设计要求

（1）要求海报将活动的性质、内容及形式进行明确的介绍。

（2）画面要求突出活动标题、图形，使用浅色背景，衬托宣传内容。

（3）海报内容全面详细，版面丰富，富有变化。

（4）信息提炼明确，抓住宣传要点。

（5）设计规格均为 210mm（宽）×297mm（高），分辨率为 300 点每英寸（dpi）。

扫码观看
本案例视频

10.8.2 【项目创意及制作】

1. 素材资源

图片素材所在位置：云盘中的“Ch10/素材/设计舞蹈宣传单/01～03”。

文字素材所在位置：云盘中的“Ch10/素材/设计舞蹈宣传单/文字文档”。

2. 作品参考

设计作品参考效果所在位置：云盘中的“Ch10/效果/设计舞蹈宣传单.cdr”。

3. 制作要点

使用矩形工具、导入命令制作底图；使用快速描摹命令将位图转换为矢量图；使用矩形工具和形状工具绘制装饰图形；使用矩形工具、文本工具、合并按钮添加宣传性文字。

扫码观看
本案例视频

10.9 课后习题2——设计干果包装

10.9.1 【项目背景及要求】

1. 客户名称

菲林农场食品有限公司。

2. 客户需求

菲林农场食品有限公司是一家专门经营干果小食的公司，近期新季核桃上市，需要为该款核桃设计一款外包装，要求设计适用于一个系列的产品，美观简洁。

3. 设计要求

（1）核桃的包装中要求使用透明的包装纸，能够直观地让消费者看到产品。

（2）色彩搭配要符合系列产品的特色。

（3）包装文字清晰直观，使人一目了然。

（4）设计要求简洁大气，图文搭配编排合理，视觉效果强烈。

（5）设计规格均为285mm（宽）×210mm（高），分辨率为300点每英寸（dpi）。

10.9.2 【项目创意及制作】

1. 素材资源

图片素材所在位置：云盘中的“Ch10/素材/设计干果包装/01～05”。

文字素材所在位置：云盘中的“Ch10/素材/设计干果包装/文字文档”。

2. 作品参考

设计作品参考效果所在位置：云盘中的“Ch10/效果/设计干果包装.cdr”。

3. 制作要点

使用贝塞尔工具和图框精确剪裁制作包装正面背景；使用文本工具添加包装的标题文字和宣传文字；使用形状工具调整文字间距；使用模糊命令和透明度工具制作包装高光部分；使用插入条形码命令插入条形码。

扫码观看
本案例视频

扫码观看
本案例视频

扫码观看
本案例视频